Proceedings of the

SEMINAR ON THE MONITORING OF RADIOACTIVE EFFLUENTS

Compte rendu du

SÉMINAIRE SUR LE CONTROLE DES EFFLUENTS RADIOACTIFS

KARLSRUHE 1974

Seminar organised by

THE OECD NUCLEAR ENERGY AGENCY

in collaboration with

THE GERMAN MINISTRY FOR RESEARCH AND TECHNOLOGY

and the

KARLSRUHE NUCLEAR RESEARCH CENTRE

Séminaire organisé par

L'AGENCE DE L'OCDE POUR L'ÉNERGIE NUCLÉAIRE

avec le concours du

MINISTÈRE POUR LA RECHERCHE ET LA TECHNOLOGIE DE LA RÉPUBLIQUE FÉDÉRALE D'ALLEMAGNE

et du

CENTRE DE RECHERCHES NUCLÉAIRES DE KARLSRUHE

The Organisation for Economic Co-operation and Development (OECD), which was set up under a Convention signed in Paris on 14th December, 1960, provides that the OECD shall promote policies designed:

— *to achieve the highest sustainable economic growth and employment and a rising standard of living in Member countries, while maintaining financial stability, and thus to contribute to the development of the world economy;*
— *to contribute to sound economic expansion in Member as well as non-member countries in the process of economic development;*
— *to contribute to the expansion of world trade on a multilateral, non-discriminatory basis in accordance with international obligations.*

The Members of OECD are: Australia, Austria, Belgium, Canada, Denmark, Finland, France, the Federal Republic of Germany, Greece, Iceland, Ireland, Italy, Japan, Luxembourg, the Netherlands, New Zealand, Norway, Portugal, Spain, Sweden, Switzerland, Turkey, the United Kingdom and the United States.

The OECD Nuclear Energy Agency (NEA) was established on 20th April 1972, replacing OECD's European Nuclear Energy Agency (ENEA) on the adhesion of Japan as a full Member. NEA now groups eighteen European Member countries of OECD, Japan and Australia, with Canada and the United States as Associated countries. The Commission of the European Communities takes part in the work of the Agency.

The objectives of NEA remain substantially those of ENEA, namely the orderly development of the uses of nuclear energy for peaceful purposes. This is achieved by:

— *assessing the future role of nuclear energy as a contributor to economic progress, and encouraging co-operation between governments towards its optimum development;*
— *encouraging harmonisation of governments' regulatory policies and practices in the nuclear field, with particular reference to health and safety, radioactive waste management and nuclear third party liability and insurance;*
— *forecasts of uranium resources, production and demand;*
— *operation of common services and encouragement of co-operation in the field of nuclear energy information;*
— *sponsorship of research and development undertakings jointly organised and operated by OECD countries.*

In these tasks NEA works in close collaboration with the International Atomic Energy Agency, with which it has concluded a Co-operation Agreement, as well as with other international organisations in the nuclear field.

* * *

L'Organisation de Coopération et de Développement Économiques (OCDE), qui a été instituée par une Convention signée le 14 décembre 1960, à Paris, a pour objectif de promouvoir des politiques visant :

- *à réaliser la plus forte expansion possible de l'économie et de l'emploi et une progression du niveau de vie dans les pays Membres, tout en maintenant la stabilité financière, et contribuer ainsi au développement de l'économie mondiale ;*
- *à contribuer à une saine expansion économique dans les pays Membres, ainsi que non membres, en voie de développement économique ;*
- *à contribuer à l'expansion du commerce mondial sur une base multilatérale et non discriminatoire, conformément aux obligations internationales.*

Les Membres de l'OCDE sont : la République Fédérale d'Allemagne, l'Australie, l'Autriche, la Belgique, le Canada, le Danemark, l'Espagne, les États-Unis, la Finlande, la France, la Grèce, l'Irlande, l'Islande, l'Italie, le Japon, le Luxembourg, la Norvège, la Nouvelle-Zélande, les Pays-Bas, le Portugal, le Royaume-Uni, la Suède, la Suisse et la Turquie.

L'Agence de l'OCDE pour l'Énergie Nucléaire (AEN) a été instituée le 20 avril 1972, en remplacement de l'Agence Européenne pour l'Énergie Nucléaire de l'OCDE (ENEA) par suite de l'adhésion du Japon en tant que Membre de plein exercice. L'AEN groupe à présent dix-huit pays européens Membres de l'OCDE ainsi que le Japon et l'Australie; le Canada et les États-Unis y participent en tant que Membres associés. En outre la Commission des Communautés Européennes participe également aux travaux de l'Agence.

Les objectifs de l'AEN restent pour la plupart les mêmes que ceux de l'ENEA et concernent la promotion du développement harmonieux des utilisations pacifiques de l'énergie nucléaire. Elle entreprend à cet effet :

- *d'évaluer le rôle futur de l'énergie nucléaire dans la réalisation du progrès économique et d'encourager la coopération entre les gouvernements en vue de son développement optimal;*
- *de promouvoir une harmonisation des politiques et pratiques réglementaires des gouvernements dans le domaine nucléaire, en particulier pour la protection de la santé et la sécurité, la gestion des déchets radioactifs, la responsabilité civile et l'assurance en matière nucléaire;*
- *d'établir des prévisions sur les ressources, la production et la demande d'uranium;*
- *d'assurer le fonctionnement de services communs et d'encourager la coopération dans le domaine de l'information nucléaire;*
- *de patronner des entreprises de recherche et de développement organisées et exploitées en commun par des pays Membres de l'OCDE.*

Pour remplir ces fonctions, l'AEN travaille en étroite collaboration avec l'Agence Internationale de l'Énergie Atomique (avec laquelle elle a conclu un accord de coopération) ainsi qu'en liaison avec d'autres organisations internationales dans le domaine nucléaire.

* * *

FOREWORD

Programmes for the control, monitoring and reporting of radioactive effluents are required at all nuclear installations to ensure compliance with regulatory and licensing provisions as well as provide a basis for estimating the potential annual radiation dose to the public. The objective of these programmes is to secure effective management and control of effluents and adequate operation of the installations with regard to effluent treatment.

Monitoring of radioactive effluents was the topic chosen for a Seminar organised by the OECD Nuclear Energy Agency because it is of particular interest in the present situation in view of the increased importance given to nuclear power production. During the Seminar, questions connected with the monitoring of radioactive effluents prior to their discharge into the environment, current practices in different countries and the technical developments in monitoring methods were discussed. The discussions covered both the regulatory and technical aspects of the control of gaseous and liquid effluents.

The Seminar was attended by 110 experts from 19 countries and 3 international organisations. The full texts of the papers presented by 29 speakers together with the discussions which followed each paper, and the conclusions of the Seminar reached during a Panel Session are reproduced in these Proceedings.

AVANT-PROPOS

Des programmes de contrôle, de surveillance et d'enregistrement des rejets d'effluents radioactifs s'imposent dans toutes les installations nucléaires afin de respecter les dispositions en matière de réglementation et d'autorisation et de fournir une base pour l'estimation des doses annuelles d'exposition aux rayonnements auxquelles le public peut être soumis. Ces programmes ont pour objet d'assurer la gestion et le contrôle efficaces des effluents, ainsi qu'une exploitation appropriée des installations du point de vue du traitement des effluents.

La surveillance des effluents radioactifs a été retenue comme thème d'un séminaire organisé par l'Agence de l'OCDE pour l'Energie Nucléaire car il présente un intérêt particulier dans la conjoncture actuelle, vu l'importance croissante qui est accordée à la production d'énergie nucléaire. Ce Séminaire a permis d'examiner les questions liées à la surveillance des effluents radioactifs préalablement à leur rejet dans l'environnement, les pratiques en cours dans les différents pays et la mise au point, sur le plan technique, des méthodes de surveillance. Les discussions ont porté sur les aspects aussi bien réglementaires que techniques du contrôle des effluents gazeux et liquides.

Le Séminaire a bénéficié de la participation de 110 experts représentant 19 pays et 3 organisations internationales. On trouvera, dans le présent compte rendu, le texte intégral des communications présentées par 29 orateurs et des débats qui ont suivi chaque exposé, ainsi que les conclusions auxquelles ce Séminaire a permis d'aboutir dans le cadre d'une Table ronde.

TABLE OF CONTENTS

TABLE DES MATIÈRES

Session II - Séance II

Chairman - Président : M. L. Fitoussi (France)

PART II - TECHNICAL QUESTIONS

PARTIE II - QUESTIONS TECHNIQUES

Session III - Séance III

Chairman - Président : Dr M.B. Biles (United States)

Session V - Séance V

Chairman - Président : Dr J. Shah (Canada)

OPENING SESSION

SÉANCE D'OUVERTURE

under the Chairmanship of
sous la présidence du

Prof. Dr. O. HAXEL
Geschäftsführer
Gesellschaft für Kernforschung mbH, Karlsruhe
Federal Republic of Germany

in the presence of
en présence de

Dr. J. MEHL
Regierungsdirektor
Bundesministerium des Inneren, Bonn
Federal Republic of Germany

Dr. E. WALLAUSCHEK
Head of Division
OECD Nuclear Energy Agency

THE OBJECTIVES OF RADIOACTIVE EFFLUENT MONITORING

Reg. Dir. Dipl.-Ing. Dr. rer. nat. J. Mehl
Federal Ministry of Interior, Bonn

Radioactive effluent monitoring is one of the various procedures of operational radiation protection. Therefore, any attempt to define the objectives of this procedure must take into account the basic principles, the limitations of radiation exposure and the operational principles of radiation protection, which are based at a worldwide level on the recommendations of the International Commission on Radiological Protection (ICRP).

According to the Statement issued following the meeting of the Commission in November 1972 [1] the Commission Recommendations remain as set out in 1965 in ICRP Publication 9 [2], and as modified by subsequent amendments published in 1969 [3] and 1971 [4]. A replacement of these recommendations is considered for publication by about 1976. With respect to the radiation protection of the public the following general principles for operational radiation protection are given in ICRP Publication 9:

> paragraph 124:
> "The Authority in charge of any establishment or operation which might cause environmental contamination should limit the exposure of members to the public so as to comply with relevant national or local requirements, and with the Commission's recommendation, by controlling the release of radioactive material into the environment....."
>
> paragraph 125:
> "In those instances where the operations associated with the establishment significantly alter the environment with respect to radiation hazards, surveys should be made of the radioactivity and, if necessary, of the radiation dose rates in the environment. These surveys should have as their primary objective the testing of compliance with the relevant national or local requirements, at least insofar as these are based on the recommendations of the Commission."

With respect to the surveys on radioactivity and dose rates in the environment, reference is made to the recommendations of Committee 4 of the Commission which has given more detailed guidance on the principles of the so-called "Environmental Monitoring" in ICRP Publication 7 [5]. Not in these two paragraphs and also not elsewhere in the recommendations of the Commission reference is made to radioactive effluent monitoring. According to these recommendations, evidence whether releases of radioactive material into the environment are controlled in a way that the exposure of the public is limited in compliance with the requirements and recommendations should be obtained through environmental monitoring. Of course there are good reasons for this decision: through environmental monitoring direct information, which is independent e.g. from meteorological and ecological data can in general be readily obtained on changes of the radiological environment which are significant. Obviously in this respect a change of the environment can be considered significant only if the levels of radioactivity and radiation are increased above the already existing levels from natural sources by an amount which is a significant fraction of the dose limits recommended by the Commission for members of the public.

It is well known that the exposure from natural sources leads in the average to doses of about 0.1 rem per year, but doses up to 0.4 rem per year can be found at many inhabited places. According to the recommendations of the Commission the annual whole body dose limit for members of the public is 0.5 rem per year and still higher dose limits apply to partial body exposure.

It is obvious that, prior to exposure to levels which approach this order of magnitude the environment must have been altered in a way which is readily discovered by the detection limits of common environmental monitoring procedures.

According to the recommendations of the Commission environmental monitoring is required only "in those instances, where the operations..... significantly alter the environment....". Therefore, if evidence can be provided that from the radioactive material actually released, the environment cannot be altered significantly, then environmental monitoring would not be required.

This consequence drawn from the recommendations of the Commission is also found in the definition of environmental monitoring given in ICRP Publication 7 by the Committee 4 [5]:

> paragraph 1:
> "..... environmental monitoring means the measurement of radiation and radioactivity outside the boundaries of installations handling radioactive materials or radiation sources, and is restricted to measurements made necessary by the operation of these installations. Monitoring of the process and of the releases of waste are closely connected with any environmental program and, for the great majority of installations, provide sufficient information to make environmental monitoring unnecessary."

This is the first reference to radioactive effluent monitoring. With the text of ICRP Publication 7 and the consequences drawn from the text of ICRP Publication 9 become apparent the general objectives of this method and thereby its extraordinary importance to radiation protection:

Monitoring of radioactive effluents should

- provide information on the extent to which from radioactive substances actually released, the environment with respect to radiation hazards could be altered, and thereby

- provide information to be used in deciding whether or at least the extent to which environmental monitoring should be applied;

- provide information, which is sufficient to serve the purposes for which otherwise environmental monitoring is applied.

It is difficult to understand why since 1965, when the Recommendations of Committee 4 were published, such a large number of meetings and publications, that it is difficult to list them all, have been dedicated to the subject of environmental monitoring (see e.g.: 6, 7, 8, 9, 10, 11, 12, 13). However, the procedure of monitoring radioactive effluents, on which according to Committee 4 the large majority of the authorities in charge can solely provide the evidence that the members of the public are adequately protected has until today - at least at the international level - not received the attention which according to its importance would have been appropriate!

On the other hand, the large number of publications on environmental monitoring clearly indicate that the views on its objectives have fairly well consolidated. This facilitates the task to give a more precise formulation of the objectives of effluent monitoring, including those objectives which are to be met, if environmental monitoring is not applied. With this information the primary objectives of radioactive effluent monitoring in normal situations can be defined as follows:

a) assessment of the adequacy of controls on the release of radioactive materials to the environment;

b) assessment of the potential exposure of man to radioactive material released to his environment, or as a minimum the estimation of upper limits of such exposure;

c) demonstration of compliance with applicable regulations, envirormental standards and other operational limits;

d) clarification whether - or the extent to which - environmental monitoring is required.

Additional benefits from radioactive effluent monitoring may include:

a) increase of knowledge concerning the correlation between the levels and radionuclides (including their chemical and physical form) discharged and the type and form of operations performed ;

b) provision of information which may be used to inform the public;

c) in case, in a addition to effluent monitoring environment monitoring is applied, increase of knowledge concerning the correlation between the levels of discharge and the environmental impact, thus improving the basis for future predictions and for the levels which might arise in the environment in the case of accidental discharges.

The objectives of radioactive effluent monitoring in emergency situations can be defined as follows:

a) the rapid information on a timely basis on the magnitude of hazards to the public for the purpose of defining the type and extent of any necessary counter-measures or emergency procedures;

b) the assessment of any hazard from inhalation, ingestion or external radiation to serve as a basis for the planning of immediate counter-measures;

c) the provision of information for the public regarding the emergency situation ;

d) the provision of information for the leaders of local emergency fighting teams on the efficiency of the counter-measures applied to retain the control over the source which caused the emergency.

Whether these objectives can be met depends primarily upon the answer to the question whether all the releases which may be of concern are covered by the monitoring system and are analysed in an appropriate manner. I still remember well a time not too long ago, when competent authorities requested that effluent monitoring should provide data on the concentration of the radioactive material at the point designated for discharge. Consequently, in order to demonstrate compliance with the applicable standards, methods of monitoring were developed which were aimed at detection limits of fractions of those concentrations which were derived from the dose limits applicable to members of the public. Extreme difficulties arose to meet these requirements for a number of radionuclides of real concern; and in the few cases where levels of real interest were released, the range of these instruments was inadequate to provide the relevant data.

Of course in the meantime there has been some progress. The limitation of internal contamination is based upon intakes of radioactive material within certain time periods rather than on concentration levels. Also the term "dose commitment" is now well understood and will contribute to pay particular attention to radionuclides of long half life /17/. This development was taken into consideration in the 1967 edition of the "Basic Safety Standards for Radiation Protection" of the International Atomic Energy Agency /16/ and did certainly contribute that in the meantime more realistic requirements for effluent monitoring have been established.

After having defined the objectives of effluent monitoring I have done my duty and could leave it to the following speakers to specify the conditions and describe the technical methods by which these objectives can be met.

However, I would not like to conclude before having referred to a development by which effluent monitoring has attained its present importance. Not mentioned hitherto was the requirement which the Commission has put ahead of the list of dose limits in its publication 9 and which reads as follows:

> paragraph 52:
> "As any exposure may involve some degree of risk, the Commission recommends that all closes be kept as low as is readily achievable, economic and social considerations being taken into account..."

This requirement which in the meantime was interpreted in ICRP Publication 22 /14/ has led to the development that releases of radioactive materials - at least from modern commercial light water reactors - have been reduced to an extent, that reference was made already to "zero-release" reactors. Indeed, authorities competent at national /15/ or local level have already required that the exposure of the public under conditions of normal operation should not

- at the location where the impact on the environment is a maximum - exceed about one hundredth of the dose limits applicable to members of the public as specified by the Commission. In such cases it is no longer possible to speak of significant alterations of the radiological environment, so that any detailed environmental monitoring loses its justification. Therefore, in the large majority of nuclear installations, only effluent monitoring is justified and possible and it is to be expected that this applies in the not too distant future also to other types of nuclear installations.

Thus effluent monitoring, at least under conditions of normal operation, is the method of today and of the future!

REFERENCES

1. ICRP
   Statement issued following meeting in November 1972,
   Health Physics 24, 360, 1973.

2. ICRP
   Recommendations of the International Commission on Radiological Protection (Adopted September 17, 1965),
   ICRP Publication 9, Pergamon Press, Oxford, 1966.

3. ICRP
   Report on the 1969 meeting of the Commission,
   Health Physics 17, 389, 1969.

4. ICRP
   Report on the 1971 meeting of the Commission,
   Health Physics 21, 615-616, 1971.

5. ICRP
   Principles of Environmental Monitoring related to the Handling of Radioactive Materials,
   ICRP Publication 7, Pergamon Press, Oxford, 1965.

6. Reinig, W.C.:
   Environmental Surveillance in the Vicinity of Nuclear Facilities,
   Ch. C. Thomas Publishers, Springfield/Ill., 1970.

7. USEPA:
   Proceedings of Southern Conference on Environmental Radiation Protection from Nuclear Power Plants,
   April 21-22, 1971, Report ORP/SID 72-4, US Environmental Protection Agency, Office of Radiation Programs,
   Washington, DC. 20460, 1972.

8. IAEA
   Environmental Aspects of Nuclear Power Stations,
   International Atomic Energy Agency, Vienna, 1971.

9. IAEA
   Environmental Monitoring Related to the Use of Radiation Sources and Radioactive Materials,
   International Atomic Energy Agency, Vienna, 1974.

10. IAEA
Rapid Methods for Measuring Radioactivity in the Environment,
International Atomic Energy Agency, Vienna, 1971.

11. IAEA
Manual of Environmental Monitoring in Normal Operations,
Safety Series no. 16,
International Atomic Energy Agency, Vienna, 1966.

12. IAEA
Environmental Monitoring in Emergency Situations,
Safety Series no. 18,
International Atomic Energy Agency, Vienna, 1966.

13. IAEA
Symposium on Environmental Surveillance Around Nuclear Installations, Warsaw, 5-9 Nov. 1973.

14. ICRP
Implications of the Commission Recommendations that Doses be kept as Low as Readily Achievable,
Publication 22, Pergamon Press, Oxford, 1973.

15. USAEC
Numerical Guides for Design Objectives and Limiting Conditions for Operation to meet the Criterion "as low as practicable" for Radioactive Material in Light Water - Cooled Nuclear Power Reactors (Concluding Statement of the Regulatory Staff)
US Atomic Energy Commission, Washington, 1974.

16. IAEA
Basic Safety Standards for Radiation Protection - 1967 Edition -
Safety Series no. 9
International Atomic Energy Agency, Vienna, 1967.

17. USEPA
Environmental Radiation Dose Commitment: An Application to Nuclear Industry,
Report EPA - 520/4-73-002,
US Environmental Protection Agency, Office of Radiation Protection Programs, Washington, 1974.

Part I
REVIEW OF NATIONAL PRACTICES RULES AND REGULATIONS

Partie I
ÉTUDE DES PRATIQUES ET DES RÉGLEMENTATIONS NATIONALES

REGLEMENTATIONS ET PRATIQUES FRANCAISES EN MATIERE DE REJETS D'EFFLUENTS RADIOACTIFS

J. CHANTEUR et P. ERVET

S C P R I - B.P. n° 35 - 78110 LE VESINET

RESUME

Après une première partie consacrée à une brève récapitulation commentée de la réglementation française relative aux rejets d'effluents radioactifs et à la surveillance de la pollution radioactive du milieu, on développe dans une seconde partie les principes appliqués pour l'autorisation et le contrôle des rejets d'effluents radioactifs des Installations nucléaires de base. Enfin, on indique à titre d'exemple les dispositions prises pour une centrale électronucléaire récemment mise en fonctionnement, dispositions sur la base desquelles une harmonisation va être opérée en application des textes réglementaires en cours de promulgation.

FRENCH REGULATIONS AND PROCEDURES PERTAINING TO DISCHARGES OF RADIOACTIVE EFFLUENTS

ABSTRACT

The first part of the paper gives a brief summary and discussion of French regulations regarding discharges of radioactive effluents and the monitoring of radioactive pollution of the environment. The second part discusses the principles applied in the authorisation and supervision of radioactive discharges from basic nuclear installations. Finally, as an example, the arrangements made for a recently commissioned nuclear power station are described ; these arrangements will be used as a basis for harmonising regulations now being promulgated.

Contrairement à ce que nous avions prévu au moment où le principe de ce séminaire a été retenu, les décrets qui vont fixer en France la nouvelle réglementation applicable aux rejets radioactifs des grandes installations nucléaires n'ont pas encore été promulgués.

Nous avons donc dû nous borner à reprendre les éléments déjà exposés à l'occasion de réunions précédentes consacrées à ce sujet ou à des sujets voisins. Soulignons d'abord deux caractéristiques de la situation française dans ce domaine:

a) Bien qu'il soit théoriquement possible, en droit, d'exploiter dans le secteur privé une de ces grandes installations dites Installations Nucléaires de Base (INB), en fait il n'existe aucune installation de ce type dans le secteur privé, si l'on excepte certains rares établissements de préparation de combustibles nucléaires ou d'irradiation industrielle. La procédure d'autorisation et de contrôle des effluents de ces installations ne serait d'ailleurs pas différente de celle qui est prévue par la réglementation pour les installations du secteur public ou nationalisé.

b) La Santé publique a développé un service technique spécialisé et centralisé le Service Central de Protection contre les Rayonnements Ionisants (SCPRI), doté d'instruments juridiques puissants et solidement équipé pour faire face à la situation dans ce domaine. Le fait que ce service traite l'ensemble des problèmes de radioprotection, et singulièrement les problèmes de contrôle des effluents radioactifs à l'échelon national, et qu'il constitue l'interlocuteur direct des exploitants, a permis de conserver une certaine souplesse dans un domaine en pleine évolution.

1. LES TEXTES LEGISLATIFS ET REGLEMENTAIRES

1.1. Bases légales

C'est dans le cadre général des lois relatives aux pollutions de l'air et des eaux que la pollution nucléaire a été individualisée. Ces lois sont les suivantes:

- la loi du 19 décembre 1917 relative aux établissements dangereux, insalubres ou incommodes a défini un régime de classement des établissements. Elle prévoit trois classes soumises à des règles de plus en plus sévères de la classe 3 à la classe 1.

- la loi n° 61-842 du 2 août 1961 relative à la lutte contre les pollutions atmosphériques.

L'article 4 de cette loi précise que les contrôles et la constatation des infractions, en ce qui concerne les pollutions de tous ordres causées par des substances radioactives, sont effectués par les agents du Service Central de Protection contre les Rayonnements Ionisants ayant la qualité de fonctionnaires commissionnés et assermentés.

- la loi n° 64-1245 du 16 décembre 1964 relative à la lutte contre la pollution des eaux.

L'article 9 de cette loi confirme les dispositions précédentes en ce qui concerne spécialement la pollution radioactive des eaux.

Rappelons que l'utilisation des radioéléments artificiels (et par conséquent les pollutions qu'elle peut entraîner) est soumise à des dispositions restrictives très strictes dont la base légale est inscrite au code de la santé publique (articles L.631 à L.640).

1.2. Textes réglementaires d'application de ces lois

Divers textes réglementaires déterminent les procédures d'autorisation et de contrôle des établissements et de leurs rejets, ainsi que la surveillance de l'environnement.

Les grandes installations nucléaires, dénommées installations nucléaires de base (INB), sont soumises à un régime spécial d'autorisation fixé par le décret n° 63-1228 du 11 décembre 1963 (modifié par le décret n° 73-405 du 27 mars 1973). Ces installations sont:

- les réacteurs nucléaires (à l'exception de ceux qui font partie d'un moyen de transport),
- les accélérateurs de particules d'énergie supérieure à 300 MeV,
- les usines de préparation, de fabrication ou de transformation des substances radioactives (au-dessus de certains seuils), les usines de préparation des combustibles nucléaires, de séparation des isotopes des combustibles nucléaires, de traitement des combustibles nucléaires irradiés ou de traitement des déchets radioactifs,
- les installations destinées au stockage, au dépôt ou à l'utilisation de substances radioactives, y compris les déchets (au-dessus de certains seuils).

Les installations nucléaires de base ne peuvent être créées qu'après autorisation délivrée par décret pris sur le rapport du Ministre de l'Industrie après avis conforme du Ministre de la Santé publique. La procédure comporte une enquête locale et l'avis d'une Commission interministérielle des Installations nucléaires de base, qui permet de garantir une concertation entre les différents départements ministériels intéressés.

La surveillance des INB est exercée par des inspecteurs des INB, et par des inspecteurs appartenant au SCPRI; ces derniers, qui sont commissionnés et assermentés selon la procédure fixée par le décret n° 66-406 du 15 juin 1966, sont notamment chargés de surveiller l'application de la réglementation concernant les rejets d'effluents radioactifs en vue de la protection de la Santé publique. Cette réglementation concernant les rejets radioactifs des INB va faire l'objet de deux décrets relatifs respectivement aux rejets liquides et gazeux dont les principes sont développés dans la deuxième partie de cet exposé.

Les rejets d'effluents radioactifs des établissements non classés INB sont réglementés directement ou indirectement par trois textes:

- le code de la Santé publique (partie réglementaire: articles R.5230 à R.5238) qui détermine le régime d'autorisation préalable des radioéléments artificiels et permet de fixer les conditions de leur évacuation dans le milieu.
- le décret n° 67-964 du 24 octobre 1967 pris en application de la loi du 19 décembre 1917 fixe les seuils de classement des établissements utilisant ou détenant des substances radioactives et les règles qui leur sont applicables, notamment pour l'évacuation des effluents radioactifs de ceux qui utilisent des sources non scellées.
- le décret n° 73-218 du 23 février 1973 qui présente une portée très générale et vise tous les rejets d'effluents liquides.

Enfin un avis aux utilisateurs de radioéléments artificiels soumis au régime d'autorisation prévu par le code de la Santé publique, relatif à l'élimination des déchets radioactifs a été publié au Journal Officiel du 6 juin 1970. Il fixe notamment les modalités d'évacuation des effluents radioactifs liquides.

Ces divers textes visent spécifiquement les installations et leurs rejets. En outre trois autres textes déterminent la surveillance de la pollution des eaux et complètent l'édifice réglementaire dans ce domaine. Ce sont:

- le décret n° 69-50 du 10 janvier 1969 qui fixe la procédure de l'inventaire du degré de pollution des eaux superficielles: les opérations d'inventaire sont conduites, en ce qui concerne la radioactivité, par le SCPRI.
- l'arrêté du 2 septembre 1969 qui précise les modalités de l'inventaire du degré de pollution dans les rivières et les canaux et confirme le rôle du SCPRI.
- l'arrêté du 22 mai 1973 qui désigne les laboratoires chargés du contrôle sanitaire des eaux: les analyses de radioactivité sont effectuées par des laboratoires spécialement agréés, après avis du SCPRI auquel incombe la coordination des mesures et la centralisation des résultats.

Quant au décret n° 66-450 du 20 juin 1966 il édicte les principes généraux de protection contre les rayonnements ionisants conformément à la directive CEE prise en application de l'article 31 du Traité d'Euratom (normes de base).

Le tableau suivant récapitule les divers textes réglementaires précédemment cités:

	Concernant les installations nucléaires de base (INB)	Domaine commun	Concernant les autres installations (non INB)
Textes existants	Décret du 11/12/63 (modifié par décret du 27/03/73) définit les INB, détermine leur régime d'autorisation et de contrôle.	Décret du 15/06/66 fixe les conditions de commissionnement et d'assermentation des agents du SCPRI chargés du contrôle des pollutions radioactives de tous ordres. Décret du 20/06/66 fixe les normes de base. Décret du 10/01/69 fixe la procédure de l'inventaire de la pollution des eaux superficielles. Arrêté du 2/09/69 fixe les modalités de l'inventaire précédent. Arrêté du 22/05/73 désigne les laboratoires chargés du contrôle sanitaire des eaux.	Code de la Santé publique (articles R.5230 à R.5238) fixe le régime d'autorisation des radioéléments artificiels. Décret du 24/10/67 fixe, pour les substances radioactives, les seuils de classement et les règles applicables. Décret du 23/02/73 fixe la procédure de délivrance des autorisations de rejets dans les eaux. Avis du 6/06/70 aux utilisateurs de radioéléments, relatif à l'élimination des déchets radioactifs.
Textes prévus	Décret relatif aux rejets d'effluents radioactifs liquides. Décret relatif aux rejets d'effluents radioactifs gazeux. Arrêtés d'application.		Arrêté relatif aux effluents radioactifs.

2. LES PRINCIPES DE LA REGLEMENTATION FRANCAISE RELATIVE AUX REJETS D'EFFLUENTS RADIOACTIFS DES INSTALLATIONS NUCLEAIRES DE BASE

Les principes fondamentaux de la réglementation à laquelle vont être soumis les exploitants en France sont les suivants:

2.1. Régime d'autorisation préalable explicite

Désormais, l'autorisation de création de l'INB ne suffira plus; tout programme de rejet radioactif de l'industrie nucléaire sera subordonné à une autorisation préalable et explicite avec une interdiction a priori pour les rejets radioactifs dans les eaux souterraines et notification des limites autorisées.

Ces limites seront fixées par arrêté interministériel pour chaque installation ou groupe d'installations nucléaires, et définies en quantités cumulées annuelles, globalement ou pour certains radionucléides, étant entendu que, dans tous les cas, l'exploitant devra prendre toutes dispositions pour répartir les rejets liquides ou gazeux, en vue de se tenir aussi bas que possible au-dessous des limites admises. Ces conditions seront fixées pour une période de trois ans et renouvelables ensuite d'année en année.

2.2. Charge de la preuve incombant à l'exploitant en matière d'acceptabilité par le milieu

L'exploitant doit supporter la charge des études préalables d'acceptabilité par le milieu et réunir l'ensemble des données qui permettront au SCPRI (qui procède, bien entendu, à ses propres vérifications) de fixer les limites, compte tenu en particulier des diverses sources d'irradiation auxquelles le public concerné se trouve éventuellement exposé.

2.3. Obligation de moyens

L'autorisation n'est accordée que si l'exploitant dispose sur place des moyens qui lui permettront de respecter les limites fixées (cuves suffisantes de stockage avant rejet) et de s'assurer en permanence du respect de ces limites (moyens de prélèvement, moyens de mesure appropriés, en continu et sur prélèvements, l'ensemble devant être tenu en état de marche et régulièrement étalonné).

2.4. Obligation de résultats

Disposant des moyens précédents, l'exploitant doit garder en permanence la maîtrise de ses rejets, vérifier avant rejet, et, s'il y a lieu, en cours de rejet, que les caractéristiques qualitatives et quantitatives de l'effluent sont effectivement compatibles avec les spécifications de son autorisation de rejets, vérifier enfin après rejet que le niveau de contamination radioactive dans l'environnement demeure conforme aux limites fixées.

2.5. Obligation d'enregistrement, d'information et d'intercomparaison

L'exploitant doit enfin fournir les éléments qui permettent de contrôler le respect des obligations précédentes et de prendre en temps utile toutes mesures appropriées, c'est-à-dire:

- transmettre au SCPRI des échantillons identiques à ceux qu'il prélève dans les réservoirs de stockage avant rejet des effluents liquides;

- tenir à jour un registre sur lequel sont données toutes indications sur la nature, la quantité et l'activité des effluents radioactifs rejetés et transmettre au SCPRI un état récapitulatif mensuel;

- rendre compte immédiatement au SCPRI si des contrôles de pollution de l'environnement effectués par lui, mettent en évidence que les populations risquent d'être exposées à des équivalents de dose anormaux.

Ces principes concernent les obligations des exploitants. Comme on l'a déjà souligné, le contrôle de ces obligations est dévolu au SCPRI, qui l'exerce en fait depuis 15 ans. Mais le cadre juridique de ce contrôle était jusqu'à présent assez différent puisque les rejets d'effluents radioactifs des INB étaient opérés en vertu d'une convention passée entre le Ministère de la Santé publique et l'exploitant. La réglementation va modifier désormais la nature de la responsabilité des exploitants, puisqu'elle résultera de l'application de dispositions d'ordre public.

Les limites fixées dans les autorisations de rejet qui vont intervenir le seront en fonction de l'irradiation qu'ils peuvent déterminer pour le public. Cette correspondance entre les rejets radioactifs et l'irradiation qui en résulte requiert l'intervention de radiobiologistes et de médecins et ressortit spécifiquement au domaine de la radioprotection, discipline à vocation essentiellement sanitaire. Rappelons au passage que c'est précisément cette vocation sanitaire qui différencie la radioprotection de la sûreté nucléaire laquelle concerne la sécurité de l'installation elle-même et ressortit à une responsabilité d'ingénieurs.

3. LA MISE EN PRATIQUE DE CES PRINCIPES EN FRANCE

A titre d'exemple, pour une centrale de 900 MW électriques, située sur un fleuve d'un débit de l'ordre de 1000 m^3 par seconde, les dispositions suivantes, sur lesquelles vont être fondées les dispositions appliquées à l'ensemble des centrales, ont été prises:

a) Les normes à respecter:

Compte tenu de la capacité radiologique du bassin et du plan d'ensemble des installations à venir, l'activité volumique maximale surajoutée par l'installation, calculée après dilution dans le fleuve, est limitée au maximum à 20 picocuries par litre pour les émetteurs α, β (tritium mesuré séparément, $\beta\gamma$ et γ purs, et 1000 picocuries par litre pour le tritium.

En ce qui concerne les mesures immédiates des effluents gazeux, les activités volumiques moyennes totales, calculées après dilution au niveau du sol, au-delà d'une zone de 1000 mètres au maximum autour de la cheminée de rejet, sont limitées, dans les conditions les plus défavorables, à 40 000 picocuries par mètre cube pour les gaz (activité γ totale) et 100 picocuries par mètre cube pour les aérosols (activité β totale).

b) Les principaux contrôles à effectuer par l'exploitant:

- analyse de composition physico-chimique de tous les effluents liquides avant rejet, et mesure de leurs activités α, β et γ totales, avec mesure séparée du tritium (le rejet continu des effluents avec enregistrement permanent sur la canalisation de rejet n'est pas admis);

- vérification de la dilution en activité β totale dans le fleuve, à mi-durée de tout rejet, sur prélèvement effectué à un kilomètre en aval;

- contrôles trimestriels, en trois forages, de la nappe phréatique avec recherche des radioéléments éventuellement en cause;

- enregistrement continu, à un mètre du sol, du rayonnement γ dans l'air ambiant en trois points du site à une distance maximale de 1000 mètres de la cheminée;

- activité volumique β totale (potassium 40 exclu) de deux prélèvements mensuels de lait provenant d'une ferme située entre deux et cinq kilomètres sous le vent dominant de la cheminée.

c) Les vérifications par le SCPRI:

Le SCPRI est destinataire de tous les résultats correspondants. Il effectue notamment, de son côté, au moins les contrôles suivants:

- analyse détaillée d'un échantillon aliquote moyen mensuel des effluents dits de basse activité prélevés avant rejet (activité volumique totale inférieure à 0,1 microcurie par litre);

- analyse détaillée sur un prélèvement, avant rejet, de tout effluent d'activité volumique totale supérieure, à 0,1 microcurie par litre;

- analyse et contrôle de la dilution, sur prélèvement continu ou périodique, de l'eau du fleuve en aval du site;

- contrôle sur une station d'aspiration extérieure au site de l'activité de l'air;

- tous contrôles supplémentaires à l'intérieur comme à l'extérieur du site, qu'il juge nécessaire, pour faire face à ses responsabilités réglementaires.

4. CONCLUSIONS

Certains des textes réglementaires français n'étant pas encore promulgués, seuls les principes qui les gouvernent ont été exposés. En particulier il est nécessaire de conserver des marges de sécurité raisonnables et de disposer des instruments juridiques permettant un excellent contrôle de la situation, ce qui est effectivement le cas. Il faut souligner enfin que le contrôle à l'émission ne saurait, bien entendu, dispenser du contrôle de l'environnement, ne serait-ce qu'en raison de la multiplicité prévisible des points de rejets et de la nécessité de suivre expérimentalement le devenir des substances radioactives à longue période, et, de toute façon, l'appréciation des mesures à prendre dans ce domaine revient à la Santé publique puisqu'aussi bien c'est la protection de l'homme qui est en cause.

DISCUSSION

I.S. BHAT, India

As I understand the Public Health Authority authorizes the discharges to the environment and the operating authority studies the environment to determine the environmental factors. The question I have is the following : Is the Public Health Authority associated with the operating authority from the beginning in the study of environment before authorizing discharge ?

J. CHANTEUR, France

Oui, l'exploitant fait les études, réunit les données nécessaires et propose des valeurs, mais la santé publique conserve intégralement la possibilité d'apprécier la recevabilité de ces propositions, de demander des éléments complémentaires éventuels, de fixer les niveaux qui sont en définitive imposés par la réglementation.

P. SLIZEWICZ, France

En tant que représentant du ministère de l'Industrie, du Commerce et de l'Artisanat, je voudrais à la fois répondre à la question qui vient d'être posée et apporter un commentaire à la communication de M. le Professeur Chanteur.

C'est bien avant la mise en fonctionnement de l'installation, au moment de la demande d'autorisation de création, que les problèmes d'environnement sont pris en considération. En effet l'exploitant, dans le rapport préliminaire de sûreté qu'il dépose à l'appui de sa demande, doit fournir déjà à ce moment une évaluation, certes un peu sommaire, des rejets qu'il envisage d'effectuer et des conséquences de ceux-ci sur l'environnement.

M.LASER, F.R. of Germany

Si je vous ai bien compris, en France vous basez les autorisations de rejets sur la dose réelle reçue par le public et non sur une dose hypothétique à l'endroit le plus critique. Si c'est le cas, quelle est la dose maximale pour le public que vous acceptez ?

J. CHANTEUR, France

Jusqu'à présent, les Conventions sur la base desquelles ont été effectués les rejets ne se sont référées qu'aux CMA et n'ont pas été fondées sur les doses. Les options définitives n'ont pas encore été arrêtées en ce qui concerne les éléments qui seront pris en considération dans la nouvelle réglementation, mais nous sommes extrêmement prudents en ce qui concerne l'évolution en équivalents de dose, car toute quantification inconsidérée dans ce domaine peut faire ensuite l'objet d'interprétations abusives. Nous estimons que la traduction en équivalents de dose des quantités rejetées ne peut être faite valablement que par des biologistes spécialisés et que c'est même à ce niveau que se situe la frontière entre la responsabilité des ingénieurs qui sont chargés de la sûreté et celle des biologistes qui sont chargés de la radioprotection et de la salubrité.

P. KAYSER, Luxemburg

Si un futur exploitant présente une proposition de rejet d'effluents radioactifs qui respecte les normes de base mais que ces rejets projetés sont néanmoins supérieurs aux rejets pratiqués dans des installations nucléaires comparables, est-ce que vous avez le moyen juridique d'exiger que les rejets autorisés soient diminués par rapport aux propositions de l'exploitant.

J. CHANTEUR, France

Si l'on estime que les rejets demandés risquent d'arriver aux limites de la capacité d'acceptation du milieu, compte tenu des rejets antérieurement autorisés, la question du partage de cette capacité d'acceptation entre divers établissements n'est pas une question exclusivement sanitaire, car elle relève essentiellement d'options de politique industrielle. Les décisions de partage devront donc nécessairement être prises conjointement entre l'Industrie et la Santé publique, mais nous avons effectivement le moyen juridique de réduire les limites demandées.

S. PRETRE, Switzerland

Les autorisations étant données avant tout par le ministère d l'Industrie et non pas par le ministère de la Santé publique, je pense donc que l'installation en fonctionnement reste avant tout sous le contrôle du ministère de l'Industrie. Ma question est alors la suivante: Est-ce que le SCPRI a un accès libre, sans conditions, à l'intérieur des installations pour prendre des échantillons de son choix ?

J. CHANTEUR, France

Les autorisations de création sont données par le ministre de l'Industrie, sur avis conforme du ministre de la Santé publique, mais les autorisations de rejets d'effluents seront données par arrêtés conjoints des ministres de l'Industrie et de la Santé publique, dans lesquels les deux départements ministériels agiront à poids égal. On ne peut donc pas dire que, du point de vue des rejets, l'installation fonctionne avant tout sous le contrôle du ministère de l'Industrie, mais bien sous un contrôle conjoint. Le SCPRI aura, en conséquence, un accès libre pour prendre tous les échantillons nécessaires dans les bassins de rejet.

THE UNITED STATES ATOMIC ENERGY COMMISSION PROGRAM FOR THE CONTROL, MONITORING AND REPORTING OF RADIOACTIVITY IN EFFLUENTS

M. B. Biles – F. E. Coffman
Division of Operational Safety
U.S. Atomic Energy Commission
Washington, D.C. USA

ABSTRACT

Effluent monitoring and reporting programs are maintained at all U.S. Atomic Energy Commission (AEC) facilities discharging concentrations of radioactivity which have potential health and safety or environmental significance. The objective of these programs is to assure effective management and control of effluents. The nature and quantities of radioactivity discharged to the environment vary widely from site to site, primarily due to the wide variety of operations and facilities. Effluent control programs at AEC sites are based primarily on guidance promulgated by the ICRP, the NCRP, and the FRC.

An Effluent Reduction Program, focusing on the reduction of quantities, rather than concentrations, of radioactivity was instituted in late 1970, and has resulted in substantial reductions in quantities of radioactivity released from selected facilities. To maintain an overview of its effluent control practices, the AEC has developed and instituted a computer-based annual effluent data reporting system to assure that effluent control programs are properly maintained. This system has proven to be a very useful internal management tool for evaluating the effectiveness of effluent control programs and for identifying potential problem areas.

PROGRAMME DE LA COMMISSION DE L'ENERGIE ATOMIQUE DES ETATS-UNIS EN MATIERE DE CONTROLE, DE SURVEILLANCE ET DE RELEVE DE LA RADIOACTIVITE CONTENUE DANS LES EFFLUENTS

RESUME

Des programmes de surveillance et de relevé des effluents sont appliqués dans toutes les installations de la Commission de l'énergie atomique des Etats-Unis qui évacuent certaines concentrations de radioactivité susceptibles d'avoir des conséquences pour la santé et la sécurité ou pour l'environnement. Ces programmes ont pour objet de garantir la gestion et le contrôle efficaces des effluents. La nature de la radioactivité et les quantités rejetées dans l'environnement varient considérablement suivant le site, principalement du fait de la grande diversité des opérations et des installations. Les programmes de contrôle des effluents appliqués dans les installations de la Commission de l'énergie atomique des Etats-Unis reposent essentiellement sur les directives promulguées par la CIPR, le NCRP et le FRC.

Un programme de réduction des effluents, axé sur la réduction des quantités, plutôt que des concentrations, de radioactivité qui est entré en vigueur à la fin de 1970, a entraîné une diminution notable des quantités de radioactivité rejetées par certaines installations déterminées. Afin d'avoir un aperçu général des pratiques de ses installations en matière de contrôle des effluents, la Commission de l'énergie atomique a mis au point et institué un système informatisé de relevé annuel des données sur les effluents, en vue de s'assurer que les programmes de contrôle des effluents sont correctement appliqués. Ce système s'est révélé être un instrument de gestion interne fort utile pour l'évaluation de l'efficacité des programmes de contrôle des effluents pour l'identification des domaines critiques éventuels.

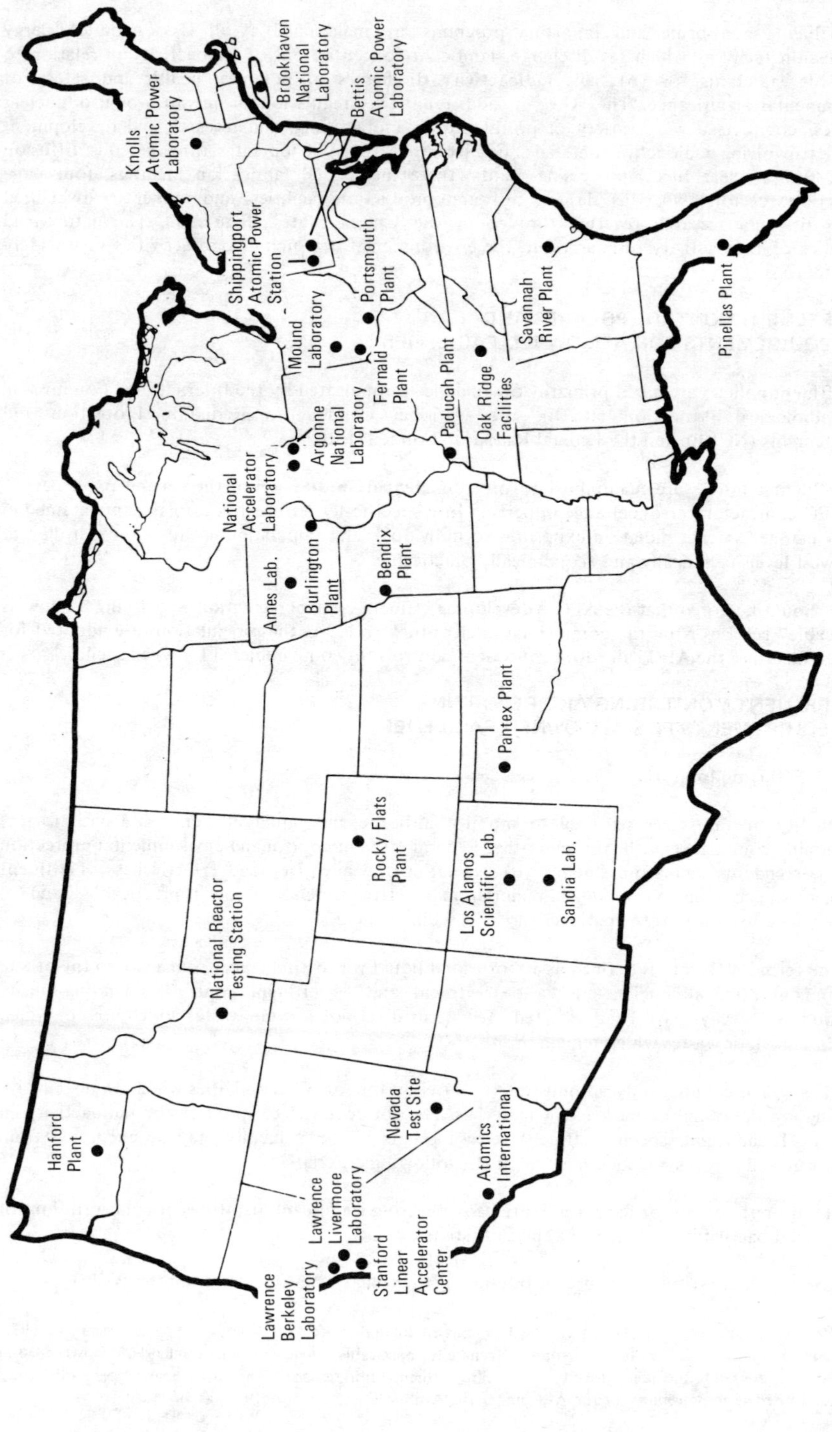

Figure 1
MAJOR AEC SITES

1. INTRODUCTION

Effluent monitoring and reporting programs are maintained at all U.S. Atomic Energy Commission facilities which (a) discharge significant concentrations of radioactivity in relation to applicable standards, or (b) have radioactivity discharges of potential health and safety or environmental significance. The AEC, in addition to its regulation of privately-owned nuclear facilities, conducts a wide variety of production, manufacturing, and research and development activities involving radioactive materials. For example, the AEC operates three gaseous diffusion plants; four nuclear fuel reprocessing plants; three major fuel fabrication facilities; four large production reactors; weapons design, test and production facilities; and numerous diversified laboratories and research reactors throughout the United States (Figure 1). The nature and quantities of radioactivity discharged to the environment from such diverse activities vary widely from site to site.

2. EFFLUENT CONTROL POLICIES AND REQUIREMENTS FOR AEC-OWNED FACILITIES

Effluent policies are based primarily on guidance promulgated by the International Commission on Radiological Protection (ICRP), the National Council on Radiation Protection and Measurements (NCRP), and the Federal Radiation Council (FRC)*.

Effluent controls are maintained to provide adequate protection of the general public, AEC, and AEC contractor personnel and property. More specifically, effluent controls are maintained in such a manner so that radiation exposures to individuals and population groups are controlled to the lowest levels technically and economically practicable.

It should be noted that the AEC is developing effluent control regulations specifying "as low as practicable" releases from the commercial nuclear fuel cycle. As these regulations are adopted for licensed facilities, the AEC will adopt equivalent controls for comparable AEC-owned facilities.

3. EFFLUENT MONITORING AND REPORTING REQUIREMENTS FOR AEC-OWNED FACILITIES

3.1 Effluent Monitoring

Facility operators are required to monitor airborne and liquid effluents as a basis for (a) determining compliance with AEC and other Federal effluent control and environmental protection policies, standards and requirements, (b) evaluating the adequacy and effectiveness of effluent treatment and controls to achieve and maintain radioactive effluents "as low as practicable," and (c) compiling an inventory of the radioactivity released in effluents.

The term "effluent" is defined as airborne and liquid waste discharged from a site to the offsite environment after all engineered waste treatment and all effluent controls, including onsite retention and decay, have been effected. The term does not include wastes which are contained (e.g., in tanks), or wastes which remain onsite.

Sites which conduct only administrative, warehousing, or other activities which do not involve handling or processing of radioactive materials, are not required to monitor for radioactivity in effluents. In addition, specific effluent release points within a facility may be exempted from monitoring and reporting if they meet all of the following criteria:

(1) do not contain or have a potential for releasing significant quantities or concentrations of radioactivity in relation to applicable standards;

(2) do not constitute a significant fraction of the total wastes released from the facility;

---

*FRC functions were transferred to the U.S. Environmental Protection Agency (EPA) in December 1970. EPA now has responsibility for developing "generally applicable environmental standards." However, this responsibility does not include authority to develop effluent limitations or other performance standards which continue to be the responsibility of the AEC under the Atomic Energy Act of 1954, as amended.

FORM AEC-789H
(1-74)
AECM 0513

U.S. ATOMIC ENERGY COMMISSION
RADIOACTIVE EFFLUENT/ONSITE DISCHARGES/UNPLANNED RELEASES

Compatible for Printing by Hand

SECTION O

(A=Air Effl. B=Air Dischg. M=Liq. Dischg. L=Liq. Effl.)

REPORT CONTROL CODES: Op. Ofc. (2)	Area Ofc. (3)	Contr. (4)	Plant (5)	Facility (6)	REFERENCE LOCATION IDENT.: Map No. (7-9)	Effl. Dischg. Point Iden. (10-12)	13	REPORT PERIOD FROM YY MM DD (14-19)	TO YY MM DD (20-25)
I	I	A	T	E	530	758	M	730101	731231

INCIDENT REPORT — DATE: YY MM DD (14-19); NAVY-TIME ZONE: -HH MM Z (20-25)

KEYPUNCH Instr. cc 2-19 (All Cards)
cc 20-26 (For Section 2 ONLY)

26 SECURITY CLASS/ AMENDED DATA DESIGNATION

PREPARED BY: H.W. Batchelder
DATE: 3/12/74 AREA CODE: 208 PHONE: 526-2452

APPROVED BY: R.M. [illegible]
DATE: 3/13/74 AREA CODE: 208 PHONE: 526-2452

SECTION 1 NARRATIVE SUMMARY *(For New Release Points and Amended Data Only)*

01	21	22	23–80
1	0	1	PLANT TITLE: TEST REACTOR AREA
1	0	2	FACILITY TITLE: RETENTION BASIN HOLD TANK
2	0	1	EFFLUENT RELEASE POINT OR ONSITE WASTE DISCHARGE POINT: LEACHING POND
2	0	2	OPERATIONS GENERATING POLLUTANTS: TEST REACTORS, CHEM AND ALPHA LABS, AND HOT CELLS
2	0	3	WASTE TREATMENT SYSTEM: PARTICULATE SETTLING AND TIME DELAY OF FLOW IN HOLD TANK
2	0	4	MONITORING SYSTEM: COMPOSITE SAMPLING
2	0	5	MONITORING SYSTEM CONTINUED:
2	0	6	NO. OF SAMPLES (Approximately): 365; SAMPLE INFORMATION (29): DAILY
2	0	7	NAME OF RECEIVING MEDIA OR STORAGE/DISPOSAL FACILITY RECEIVING DISCHARGE: LITHOSPHERE; STORAGE/DISPOSAL FACILITY CLASS. CODE / STORAGE/DISPOSAL FACILITY NAME CODE (77-79, 80): 758 L

Include Other Information—Detailed comments on the following lines of Section 1

01	21	22	23–80
2	0	8	
2	0	9	
2	1	0	
2	1	1	
2	1	2	
2	1	3	
2	1	4	
2	1	5	
2	1	6	
2	1	7	
2	1	8	

SECTION 2 NUCLIDE DATA

F-Cubic Feet M-Cubic Meters K-Gallons P-Pounds L-Liters

01	STORAGE/DISPOSAL FACILITY OPERATIONAL STATUS: START-UP DATE YY MM DD (28-33)	TERMINATION DATE YY MM DD (35-40)	DISCHARGE/EFFL. POINT GROSS VOLUME (41-49)	UNITS (50)	ASSOCIATED RELEASE/DISCHARGE POINT(S) REPORTED ON OTHER 789's AS EMANATING FROM DISPOSAL FACILITY LISTED IN SECTION 1 (Obtain data from other 789's): SECTION "0" REPORT CONTROL CODES (51-63)	SECTION "0" REPORT CONTROL CODES (64-76)	DO NOT WRITE IN THIS SPACE
3	730101	ACTIVE	+1.017 E +09	L			

UNITS: C-Curies, G-Grams, D-Dis/SEC/ml., M-Microcuries/ml.
S-Soluble RCG is applicable, N-Insoluble RCG is applicable, U-Solubility is unknown

01	NUCLIDE DESCRIPTION (27-40)	AMOUNT OR CONCENTRATION (41-49)	UNITS (50)	51	BRIEF COMMENTS (52-80)
4	BA-LA-140	+2.133 E +01	C	U	
4	BA-140	+6.267 E +0[illegible]	C	U	
4	CE-141	+1.920 E +00	C	U	
4	CE-141-144	+1.043 E +00	C	U	
4	CE-144	+3.500 E +00	C	U	
4	CO-58	+7.249 E -01	C	U	
4	CO-60	+3.770 E +00	C	U	
4	CR-51	+3.224 E +02	C	U	
4	CS-134	+2.354 E +00	C	U	
4	CS-137	+3.926 E +00	C	U	
4	FE-59	+2.537 E -01	C	U	
4	H-3	+1.844 E +02	C	U	
4	I-129	+1.332 E -08	C	U	
4	I-131	+1.332 E +01	C	U	
4	I-133	+4.981 E -01	C	U	
4	LA-140	+4.507 E +00	C	U	
4	MN-54	+6.118 E -01	C	U	
4	NA-24	+8.802 E +02	C	U	
4	NB-95	+6.276 E -01	C	U	
4	RH-106	+1.392 E +00	C	U	
4	RU-103	+8.791 E -01	C	U	
4	RU-103-106	+1.015 E +00	C	U	
4	RU-106	+3.357 E +00	C	U	
4	SB-124	+5.269 E -01	C	U	
4	SR-89	+7.819 E +00	C	U	

Figure 2
KEYPUNCH COMPATIBLE FORM FOR REPORTING RADIOACTIVITY RELEASES

(3) are of no health and safety or environmental significance.

Application of these criteria has resulted in routine monitoring of some 360 airborne and liquid effluent release points at 31 major sites throughout the United States (Figure 1). Table I lists the nuclides which are of particular interest. This list is comprised of (a) high yield, long-lived fission products, (b) special nuclear materials (and high toxicity daughters), (c) transuranics, and (d) noble gases and tritium. Annual reviews are made of all yearly offsite releases and accumulations of radioactivity in onsite disposal facilities which are in excess of the reporting levels shown in Table I. Releases which do not meet the exemption criteria in the preceeding paragraph are reported, even though they may not exceed the thresholds listed in Table I. Experience has indicated that releases which do not exceed these levels result in negligibly-small offsite exposures to the public and pose no potential for contamination of land or other resources.

"Effluent Monitoring" is defined as any collection and analysis of samples or other measurements to characterize the radioactivity in offsite discharges from facilities. Monitoring practices vary widely from site to site, depending upon the nature of the operations and resultant effluent discharges. Concentrations and flow measurements are made to the extent practicable at the point which most closely represents what is being discharged offsite. Measurements are generally made after all onsite treatment and retention for radioactive decay have been effected. However, in some cases the dilution due to combining waste streams from individual facilities at a site makes detection at the site boundary difficult. In these cases, the major contributing sources are monitored to achieve more effective process control, as well as more accurate estimates of radioactivity releases.

Effluents with more significant environmental hazard potential are monitored continuously and have associated alarm systems to advise of accidental releases. Continuous, proportional sampling is in wide use at facilities where the flow rates and/or concentrations vary widely. Batch samples have been found to suffice where batch discharge is utilized or where the effluent stream concentration and flow remain relatively constant with time.

3.2 Effluent Reporting–The AEC Effluent Information System

As part of the Effluent Reduction Program, a uniform system of reporting [1] effluent data and information was developed to facilitate overall management of effluent control, surveillance, and reduction programs, including a computer program to handle the effluent monitoring data. Management directives were issued to provide guidance for uniform monitoring and reporting of effluent data. Prior to establishment of the Effluent Information System, such data were collected manually on a non-uniform basis. As a result of the establishment of uniform annual reporting requirements for radioactive effluents, the Effluent Information System has become an effective management tool in reducing and maintaining radioactive effluent releases at the lowest level practicable.

The report includes (a) a narrative summary of pertinent descriptive and interpretative information to explain any unusual features or occurrences during the previous calendar year, (b) maps showing the locations of all effluent release points, and (c) computer-compatible effluent data forms (Figure 2). A computer-based effluent data system (Table II) is utilized to edit the data and provide a series of annual reports on the nature (Tables III-VI) and trends (Table VII) of radioactivity releases. Unplanned releases of radioactivity in effluents, or spills or leaks which go offsite are also required to be reported on the computer-compatible forms as a part of the annual report for each calendar year.

The computer program package consists of a series of 22 subprograms which maintain a current nuclide data base and narrative summary for each effluent release point at all AEC-owned facilities throughout the United States. Computer printouts are provided to summarize the data into routine annual output reports. The programs are written in American National Standard COBOL language and are run on an IBM 360/75, with machine requirements consisting of 144,000 bytes, two 9–track tape drives, and IBM Model 2314 disk storage space (Table II).

The input data are collected annually on keypunch-compatible standard forms (Figure 2). A series of computer programs for editing and cross-check editing are utilized to assure correctness of the data processed (Tables VIII and IX). There are approximately eighty separate edit and error checks performed with an associated error message printout. In addition, trend reports (Table VII) compare year-to-year releases for each isotope and each release point to (a) identify errors in reporting the data, (b) denote trends (i.e., significant increases or decreases) in radioactivity releases, and (c) detect changes in the level of effluent control at individual facilities.

For flexibility, effluent volumes may be reported in liters, pounds, cubic meters, or gallons. Amounts or concentrations may be reported as curies, grams, microcuries per ml. or disintegrations per second per ml. The computer program converts all output data to standard metric units. The annual releases are corrected for radioactive decay of each radionuclide (Table VI) to provide a current decay - corrected value for cumulative releases to the environment. Releases of unidentified nuclides (e.g., "Unidentified Beta & Gamma") cannot be decay-corrected. However, they comprise a very small part of the total radioactivity reported.

In addition to the basic set of routine compile, edit, trend, and output reports, a system of "command" and "subcommand" programs have been devised to provide on-line remote access to the computer data bank via a teletypewriter and conventional telephone lines. One can thus call out of the computer a wide assortment of data arrays to answer special information requests in a short time. Efforts are nearing completion to alter the program to handle radioactive effluent data from AEC-licensed facilities. A test run, using effluent data from licensed facilities, has been made. It now appears that a cost savings can be effected by using the basic program package now in existence for both AEC-owned and licensed facilities. The computer program package for AEC-owned facilities was designed, developed, and tested at a total cost of $46,000. The annual costs are $13,000 to keypunch, process, and provide computer printouts for each year of effluent release data. This annual cost is quite nominal compared to the approximate annual cost of $6,000,000 for other aspects of AEC's effluent surveillance and reporting activities.

Since computer programs are written in ANSI Standard COBOL language, they can be utilized at other computer facilities. On the basis of success to date with this system, it is recommended for use by others who are responsible for the control of effluents. It should be noted that the system is being redesigned to collect monitoring data for all onsite radioactive discharges to ponds, trenches or other facilities which retain the radioactivity onsite (excluding solid waste burial and high-level waste tank storage to which it is also adaptable).

4. THE NATURE OF RADIOACTIVE EFFLUENTS FROM AEC FACILITIES

A radioactive Effluent Reduction Program was instituted in 1970, as part of AEC's long-established policy and continuing effort to control the release of radioactivity to the "lowest practicable" level. Although radioactivity releases from our facilities complied with Federal Radiation Council (FRC) guides and the standards prescribed by AEC, past effluent control efforts had focused on the control of the concentrations of radioactivity in effluents and the environment, with emphasis on those effluent streams and radionuclides which presented the greatest potential for exposure to man. This new Effluent Reduction Program focused instead on the quantities of radioactivity being released. Each liquid and airborne effluent stream at each facility was reexamined with a view toward reducing the quantities of radioactivity discharged to the lowest practicable levels, using currently available technology and considering economic and technical feasibility. A variety of techniques were employed to reduce discharges as summarized in Table X. Primary attention was given to those radionuclides which tend to persist in the environment and are of greater biological significance such as plutonium, ^{90}strontium, ^{137}cesium, and ^{60}cobalt.

Considerable attention was also given to control of the noble gases and tritium since these nuclides predominate in terms of total curies released, although they have a rather low "per curie" hazard potential and do not persist or reconcentrate in the environment. Over 97 percent of the radioactivity currently released from AEC facilities consists of the noble gases and tritium.

Although these releases are large in terms of curies, they consist primarily of isotopes of quite low radiotoxicity (e.g., ^{85}krypton, ^{41}argon, and tritium), so that the resultant offsite health and safety impacts are small [2]. For example, calculations of offsite whole body exposures from ^{85}krypton releases at AEC-owned facilities show that the maximum offsite doses are less than 1 millirem in all cases. The vast majority of the krypton releases come from four fuel reprocessing plants. The tritium releases arise primarily from certain weapons handling facilities, and make a very small contribution to the tritium inventory from other sources.

The effluent reduction program has progressed toward the initial goals in that (a) significant reductions have been effected at reasonable costs within available appropriations, (b) an updated effluent surveillance and reporting program has been established, and (c) the program has served to reemphasize and further implement the AEC's "as low as practicable" philosophy.

5. SUMMARY AND CONCLUSIONS REGARDING AEC-OWNED FACILITIES

The AEC has based its effluent control program primarily on radiation protection guidelines promulgated by the ICRP, NCRP, and the FRC, and has maintained an ongoing program to reduce effluents "as low as practicable." This policy has been successful in that (a) no exposures to the public have occurred in excess of radiation protection guidelines from routine effluent releases, and (b) no radioactivity buildup has occurred in the offsite environment which could pose a possible restriction on the use of land or other resources.

The existing computerized effluent data system and associated output reports have proven to be an effective internal AEC management tool for identifying effluent control problem areas and for overview of the Effluent Reduction Program. The trend reports (Tables IV and VII) facilitate the detection of gradual changes in the effectiveness of waste treatment system as well as administrative errors, such as failure to monitor a particular release point in a given year. Other reports (Tables V and VI) are useful for identifying effluent release points which have higher concentrations or quantities in the discharge stream. Hence, some judgment may be exercised in monitoring or providing for additional waste treatment of effluent streams. The year-to-year trend reports and the extensive computer edit and error checks have improved the reliability of the reported effluent data. Adoption of a uniform, centralized reporting system (Figure 2) improved the credibility of the data and has allowed management to better compare the effectiveness of effluent control practices at AEC sites.

APPENDIX 1—REFERENCES

1. "Effluent and Environmental Monitoring and Reporting," U.S. Atomic Energy Commission Manual Chapter 0513, 1973.

2. Welty, C. G., and Biles, M. B., "The U.S. Atomic Energy Commission Program for Monitoring the Behavior of Radionuclides Released to the Environment," Proceedings, IAEA Symposium on Environmental Behavior of Radionuclides Released in the Nuclear Industry, Aix-en-Provence, France, May 1973.

Table I
ANNUAL RELEASE AND CUMULATIVE DISPOSAL FACILITY INVENTORY THRESHOLD LIMITS FOR THE ANNUAL AEC REVIEW OF RADIOACTIVITY RELEASES

Nuclide	Yearly Discharge Limit (Curies)	Cumulative Disposal Facility Inventory Limit (Curies)
Total Radioactivity	1	10
Americium-240	0.0001	0.001
Americium-241	0.0001	0.001
Americium-243	0.0001	0.001
Argon-41	100	1000
Curium-242	0.0001	0.001
Curium-244	0.0001	0.001
Cobalt-60 (includes CO-60 and CO-58-60)	0.1	1.0
Cesium-137 (includes CS-137 and CS-134-137)	0.1	1.0
Californium-252	0.0001	0.001
Hydrogen-3	100	1000
Halogens (includes HALOGENS and All Iodine Nuclides)	0.1	1.0
Iodine-129	0.1	1.0
Krypton-85	100	1000
Mixed Fission Products	0.1	1.0
Plutonium (includes All Plutonium Nuclides)	0.0001	0.001
Plutonium-238	0.0001	0.001
Plutonium-239	0.0001	0.001
Radium-226	0.001	0.01
Radium-226-228	0.001	0.01
Radium-228	0.001	0.01
Strontium-90 (includes SR-90 and SR-89-90)	0.1	1.0
Technetium-99	0.1	1.0
Thorium (includes TH-NAT and TH-232)	0.001	0.01
Uranium (includes All Uranium Nuclides)	10 pounds	100 pounds
Uranium-233	10 pounds	100 pounds
Unidentified Alpha	0.001	0.01
Unidentified Beta and Gamma	0.001	0.01

Table II
USAEC EFFLUENT INFORMATION SYSTEM ABSTRACT

1. TITLE:	USAEC Effluent Information System (EIS)
2. COMPUTER:	IBM 360/75
3. PURPOSE:	The EIS maintains a current Nuclide Data Base containing records with information about Airborne and Liquid Effluent Releases under the control of AEC Operations Office across the United States. In addition, a Narrative Summary Data Base is maintained which contains records with information describing each Effluent Release Point in detail. Reports are provided to summarize the data contained in the Nuclide Data Base, with descriptive information being provided by the Narrative Summary Data Base.
4. METHOD OF SOLUTION:	Through a series of 22 programs, the two data bases are updated and maintained with the appropriate reports being generated and provided to the user.
5. RUNNING TIME:	For entire update and report process: Approximately 30 minutes from input of card decks to the conclusion of processing.
6. MACHINE REQUIREMENTS:	2 Tape Drives (9-Track) IBM Model 2314 Disk Storage Space
7. PROGRAMMING LANGUAGE:	American National Standard COBOL
8. OPERATION SYSTEM:	IBM 360 Operating System
9. OTHER PROGRAMMING INFORMATION:	Uses System 360 SORT/MERGE, IBM Utility Programs: IEBGENER, IEBUPDTE, IEHMOVE Assembler Language Subroutines: ABEND, DTCCAL FORTRAN Subroutine: DCYRTE

Table III

EXAMPLE OF COMPUTER PRINTOUT OF A NARRATIVE SUMMARY AND NUCLIDE DATA SUMMARY FOR AN INDIVIDUAL RELEASE POINT

NARRATIVE SUMMARY AND NUCLIDE INFORMATION

SECTION 0: A IKA[illegible]1B72[illegible]81[illegible]

OPERATIONS OFFICE:	ALBUQUERQUE OPERATIONS OFFICE
CONTRACTOR:	LOVELACE FOUNDATION FOR MEDICAL EDU & RES

SECTION 1:

PLANT TITLE:	LOVELACE FISSION PRODUCT INHALATION LAB
FACILITY TITLE:	PATHOLOGICAL WASTE INCINERATOR
DISCHARGE POINT:	PATHOLOGICAL WASTE INCINERATOR STACK
OPERATIONS GENERATING POLLUTANTS:	REFUSE INCINERATION
WASTE TREATMENT SYSTEM:	SECONDARY COMBUSTION
MONITORING SYSTEM:	FILTER SAMPLE COLLECTED BY AN ISOKINETIC PROBE IN STACK AN D ANALYZED BY GROSS BETA COUNTING
SAMPLE INFORMATION:	222 SAMPLES PER YEAR PROPORTIONAL
STORAGE/DISPOSAL FACILITY:	ATMOSPHERE [illegible]1 R
OTHER INFORMATION:	INCINERATOR OPERATED ONLY UNDER FAVORABLE ATMOSPHERIC COND ITIONS. ALL REFUSE MONITORED BEFORE INCINERATION TO INSUR E THAT ONLY LOW LEVEL CONTAMINATED WASTES ARE INCINERATED.

SECTION 2: 72/01/01 - 72/12/31 ANNUAL REPORT PERIOD DATES

START-UP DATE	TERM. DATE	REL./DIS. POINTS	GROSS VOLUME	NUCLIDE	RCG CODE	CURIES	CONC.	COMMENTS
59/06/01	ACTIVE		+8.682E+05 L	BA-133	U	+2.000E-04	+2.304E-10	
				CE-144	S	+2.200E-03	+2.535E-09	
				CO-60	N	+1.000E-05	+1.152E-11	
				CS-137	U	+5.500E-04	+6.336E-10	
				FE-59	S	+3.500E-06	+4.032E-12	
				SR-90	N	+2.000E-04	+2.304E-10	

Table IV

EXAMPLE OF A PRINTOUT WHICH SHOWS THREE YEAR TRENDS AND AVERAGES OF CURIES AND CONCENTRATIONS OF INDIVIDUAL NUCLIDES RELEASED FROM FACILITIES

ONSITE DISCHARGE ANALYSIS REPORT
FOR CALENDAR YEARS 1971 THROUGH 1973

SAVANNAH RIVER OPERATIONS OFFICE
DU PONT DE NEMOURS (E.I.) & CO
SAVANNAH RIVER PLANT

FACILITY / ONSITE DISCHARGE POINT NUCLIDE RCG CODE	CY 1971	CY 1972	CY 1973	AVERAGE OF YEARS REPORTED
F-AREA SEPARATIONS PLANT				
LIQUID DISCHARGES FOR BUILDINGS 211F AND 242F VIA TREBLER (47G). (continued from Previous Page)				
U-NAT S				
CURIES	2.200E-01	2.300E-01	1.578E-01	2.026E-01
% OF TOTAL	0.690	0.729	0.276	0.565
CONC. (UCI/ML)	1.792E-06	1.506E-06	7.587E-07	1.352E-06
% OF ONSITE RCG	0.358	0.301	0.152	0.270
ZR-95 U				
CURIES	3.620E+00	4.020E+00	9.750E+00	5.797E+00
% OF TOTAL	11.347	12.738	17.071	13.718
CONC. (UCI/ML)	2.948E-05	2.633E-05	4.687E-05	3.423E-05
% OF ONSITE RCG	1.474	1.316	2.344	1.711
TOTAL CURIES	3.190E+01	3.156E+01	5.711E+01	4.019E+01
TOTAL VOLUME (LITERS)	1.228E+08	1.527E+08	2.080E+08	1.612E+08
TOTAL CONC. (UCI/ML)	2.598E-04	2.067E-04	2.746E-04	2.470E-04
200 SEPARATIONS AREA				
LIQUID DISCHARGES FOR 200 AREA LIQUID DISCHARGES				
H-3 U				
CURIES	1.893E+04	2.223E+04	3.183E+04	2.433E+04
% OF TOTAL	100.000	100.000	100.000	100.000
CONC. (UCI/ML)	4.469E-02	5.661E-02	7.527E-02	5.885E-02
% OF ONSITE RCG	44.688	56.608	75.266	58.854
TOTAL CURIES	1.893E+04	2.223E+04	3.183E+04	2.433E+04
TOTAL VOLUME (LITERS)	4.236E+08	3.927E+08	4.229E+08	4.131E+08
TOTAL CONC. (UCI/ML)	4.469E-02	5.661E-02	7.527E-02	5.885E-02

Table V

EXAMPLE OF A PRINTOUT SHOWING THE CUMULATIVE RELEASES FOR EACH FACILITY AND FOR INDIVIDUAL NUCLIDES, BEFORE AND AFTER DECAY

SAN FRANCISCO OPERATIONS OFFICE

RADIOACTIVITY BEFORE DECAY ACCUMULATED FROM JAN 1971 THRU DEC 1972				RADIOACTIVITY AFTER DECAY DECAYED THRU DEC 1972		
AIRBORNE (CURIES)	LIQUID (CURIES)	TOTAL (CURIES)	PLANT / FACILITY / NUCLIDE	AIRBORNE (CURIES)	LIQUID (CURIES)	TOTAL (CURIES)
			LAWRENCE LIVERMORE LABORATORY - LIVERMORE SITE			
			LIGHT ISOTOPES HANDLING FACILITY			
3.800E+03		3.800E+03	H-3	3.566E+03		3.566E+03
			LIVERMORE POOL TYPE REACTOR			
7.900E+03		7.900E+03	AR-41	0		0
			ICT ACCELERATOR FACILITY			
3.120E+02		3.120E+02	H-3	2.894E+02		2.894E+02
			100 MEV LINEAR ELECTRON ACCELERATOR FACILITY			
2.400E+02		2.400E+02	N-13	0		0
2.800E+02		2.800E+02	N-13+O-15	0		0
3.500E+02		3.500E+02	O-15	0		0
4.890E-05		4.890E-05	UN-ID-B+G	4.890E-05		4.890E-05
8.700E+02		8.700E+02	. . . . FACILITY TOTALS.	4.890E-05		4.890E-05
			DECONTAMINATION FACILITY			
9.870E-06		9.870E-06	UN-ID-B+G	9.870E-06		9.870E-06
			PLANT SEWER EFFLUENT			
	3.300E+01	3.300E+01	H-3		3.123E+01	3.123E+01
	2.500E-03	2.500E-03	HALOGENS		0	0
	4.100E-03	4.100E-03	I-131		6.018E-10	6.018E-10
	6.800E-06	6.800E-06	RA-226		6.799E-06	6.799E-06
	3.500E-04	3.500E-04	RA-228		2.915E-04	2.915E-04
	1.850E-03	1.850E-03	SR-90		1.808E-03	1.808E-03
	5.200E-03	5.200E-03	UN-ID-ALPHA		5.200E-03	5.200E-03
	3.800E-02	3.800E-02	UN-ID-B+G		3.800E-02	3.800E-02
	3.305E+01	3.305E+01	. . . . FACILITY TOTALS.		3.127E+01	3.127E+01
1.288E+04	3.305E+01	1.292E+04	. . . . PLANT TOTALS	3.855E+03	3.127E+01	3.887E+03

NOTE: NO ENTRY IN COLUMN = NO RADIOACTIVITY REPORTED

Table VI
EXAMPLE OF A PRINTOUT ANALYZING EACH RELEASE POINT FOR EACH NUCLIDE IN TERMS OF PERCENT OF TOTAL RELEASE, AND PERCENT OF THE OFFSITE RADIOACTIVITY CONCENTRATION GUIDES

DISCHARGE POINT ANALYSIS REPORT
FOR CALENDAR YEAR 1973

SAVANNAH RIVER OPERATIONS OFFICE
DU PONT DE NEMOURS (E.I.) & CO
SAVANNAH RIVER PLANT

FACILITY / ONSITE DISCHARGE POINT	NUCLIDE	RCG CODE	CURIES	% OF TOTAL	CONC. (UCI/ML)	% ONSITE RCG	COMMENT
SAVANNAH RIVER LABORATORY (SRL)							
BUILDING 773-A							
LIQUID	H-3	U	3.000E+00	82.882	4.137E-04	0.414	OXIDE
	SR-89-90	S	1.110E-02	0.307	1.531E-06	15.308	
	U-NAT	S	5.600E-03	0.155	7.723E-07	0.154	
	UN-ID-ALPHA	U	3.014E-01	8.327	4.157E-05		
	UN-ID-B+G	U	3.015E-01	8.330	4.158E-05		
	TOTALS . . .		3.620E+00	100.00	4.992E-04		
F-AREA SEPARATIONS PLANT							
BUILDINGS 211F AND 242F VIA TREBLER (47G).							
LIQUID	CE-144	U	3.100E-01	0.543	1.490E-06	0.497	
	CM-244	U	7.770E-02	0.136	3.736E-07	0.187	
	CS-137	N	4.130E+00	7.231	1.986E-05	1.986	
	I-131	S	1.790E+00	3.134	8.606E-06	14.343	
	NB-95	U	1.034E+01	18.104	4.971E-05	1.657	
	PM-147	U	5.900E-01	1.033	2.837E-06	0.047	
	PU-238	N	3.100E-02	0.054	1.490E-07	0.019	
	PU-239	N	5.770E-02	0.101	2.774E-07	0.035	
	RU-103	U	2.150E+00	3.764	1.034E-05	0.517	
	RU-106	U	2.750E+01	48.149	1.322E-04	44.071	
	SB-124-125	U	5.000E-02	0.088	2.404E-07	0.008	
	SR-89	S	9.000E-02	0.158	4.327E-07	0.144	
	SR-90	S	9.000E-02	0.158	4.327E-07	4.327	
	U-NAT	S	1.578E-01	0.276	7.587E-07	0.152	
	ZR-95	U	9.750E+00	17.071	4.687E-05	2.344	
	TOTALS . . .		5.711E+01	100.00	2.746E-04		
200 SEPARATIONS AREA							
200 AREA LIQUID DISCHARGES							
LIQUID	H-3	U	3.183E+04	100.000	7.527E-02	75.266	OXIDE
H-AREA SEPARATIONS PLANT							
BLDGS 211H,242H,244H VIA 48G.							
LIQUID	CE-141	U	1.150E+00	2.776	5.351E-06	0.178	
	CE-144	U	3.390E+00	8.183	1.577E-05	5.258	

Table VII
EXAMPLE OF A PRINTOUT SHOWING THE YEAR-TO-YEAR INCREASES AND DECREASES IN DISCHARGES FROM EACH RELEASE POINT

ONSITE DISCHARGE TREND REPORT
INCREASES IN CURIES DISCHARGED FOR CALENDER YEAR 1973

SAVANNAH RIVER OPERATIONS OFFICE

PLANT / SAVANNAH RIVER PLANT

ONSITE DISCHARGE POINT NAME	SECTION 0 CODES	NUCLIDE	CURIES THIS YEAR	CURIES PAST YEAR	INCREASE FACTOR
			** INCREASE BY FACTOR OF 10 OR MORE **		
BUILDING 773-A	S DSA004776M LIQ	SR-89-90	1.110E-02	4.600E-04	24.1
			** INCREASE BY FACTOR OF 2 TO 10 **		
BUILDING 773-A	S DSA004776M LIQ	UN-ID-ALPHA	3.014E-01	7.180E-02	4.2
		UN-ID-B+G	3.015E-01	3.190E-02	9.5
BUILDINGS 211F AND 242F VIA TREBLER (47G).	S DSF00147GM LIQ	NB-95	1.034E+01	3.690E+00	2.8
		SR-89	9.000E-02	2.000E-02	4.5
		ZR-95	9.750E+00	4.020E+00	2.4
BLDGS 211H,242H,244H VIA 48G.	S DSH00248GM LIQ	CE-144	3.390E+00	1.390E+00	2.4
		CO-58	3.900E-01	1.000E-01	3.9
			** INCREASE BY FACTOR OF 1.2 TO 2 **		
BUILDINGS 211F AND 242F VIA TREBLER (47G).	S DSF00147GM LIQ	CS-137	4.130E+00	2.720E+00	1.5
		I-131	1.790E+00	1.280E+00	1.4
		PM-147	5.900E-01	5.000E-01	1.2
		RU-106	2.750E+01	1.591E+01	1.7
200 AREA LIQUID DISCHARGES	S DSG00100BM LIQ	H-3	3.183E+04	2.223E+04	1.4
BLDGS 211H,242H,244H VIA 48G.	S DSH00248GM LIQ	CE-141	1.150E+00	8.800E-01	1.3
		CO-60	4.000E-02	3.000E-02	1.3
		PU-239	3.590E-02	3.000E-02	1.2
		SR-90	7.300E-01	5.200E-01	1.4
BUILDING 105-K DISASSEMBLY BASIN.	S DSK00388GM LIQ	H-3	3.361E+04	2.379E+04	1.4
			** NOT REPORTED IN PAST YEAR **		
BUILDING 773-A	S DSA004776M LIQ	U-NAT	5.600E-03		
BUILDINGS 211F AND 242F VIA TREBLER (47G).	S DSF00147GM LIQ	CM-244	7.770E-02		
		SB-124-125	5.000E-02		
BLDGS 211H,242H,244H VIA 48G.	S DSH00248GM LIQ	CM-244	1.530E-02		
		SB-124-125	3.100E-01		
		U-NAT	1.590E-02		

Table VIII

NARRATIVE SUMMARY DATA EDIT MESSAGES

1. OAC NAME FILE IS OUT OF SEQUENCE
2. THIS CARD DOES NOT CONTAIN A 1 OR 2 IN COLUMN ONE
3. INVALID OPERATIONS OFFICE CODE
4. INVALID AREA OFFICE CODE
5. INVALID CONTRACTOR CODE
6. INVALID PLANT CODE
7. INVALID FACILITY CODE
8. INVALID MAP NUMBER
9. INVALID EFFLUENT RELEASE POINT IDENTITY
10. INVALID WASTE TYPE CODE
11. INVALID SECURITY CLASSIFICATION CODE
12. NEW RECORD CODE AND EXISTING RECORD ON DATA
13. AMENDED RECORD CODE AND NO RECORD FOUND ON DATA BASE
14. SECTION ONE IS MISSING
15. THERE ARE MORE THAN TWO SECTION ONE CARDS
16. INVALID CONTROL CODE
17. INVALID REPORT SUBMISSION DATE
18. INVALID PLANT TITLE CARD
19. INVALID FACILITY TITLE CARD
20. PLANT TITLE CARD IS MISSING
21. FACILITY TITLE CARD IS MISSING
22. ERROR--SECTION TWO IS MISSING
23. THERE ARE MORE THAN 18 SECTION 2 CARDS
24. INVALID CONTROL CODE
25. DUPLICATE CONTROL CODE
26. INVALID REPORT SUBMISSION DATE
27. INVALID EFFLUENT REL. POINT CARD
28. INVALID OPER. GEN. POLLUTANTS CARD
29. INVALID WASTE TREAT. SYSTEM CARD
30. INVALID MONITORING SYSTEMS CARD
31. INVALID SAMPLE INFORMATION CARD
32. INVALID RECEIVING MEDIA CARD
33. INVALID OTHER INFORMATION CARD
34. EFFLUENT RELEASE POINT CARD IS MISSING
35. OPERATIONS GENERATING POLLUTANTS CARD IS MISSING
36. WASTE TREATMENT SYSTEM CARD IS MISSING
37. MONITORING SYSTEM CARD IS MISSING
38. RECEIVING MEDIA CARD IS MISSING

Table IX
NUCLIDE DATA EDIT MESSAGES

1. DATE CARD WAS NOT PROVIDED--JOB TERMINATED
2. TABLE-OF-NUCLIDES FILE DID NOT CONTAIN ANY RECORDS--JOB TERMINATED
3. TABLE-OF-NUCLIDES FILE IS OUT OF SEQUENCE--JOB TERMINATED
4. OAC NAME FILE DID NOT CONTAIN ANY RECORDS--JOB TERMINATED
5. OAC NAME FILE IS OUT OF SEQUENCE--JOB TERMINATED
6. NARRATIVE SUMMARY DATA BASE DID NOT CONTAIN ANY RECORDS--JOB TERMINATED
7. NARRATIVE SUMMARY DATA BASE IS OUT OF SEQUENCE--JOB TERMINATED
8. OLD NUCLIDE DATA BASE IS OUT OF SEQUENCE--JOB TERMINATED
9. SORTED NUCLIDE DATA UPDATE CARDS FILE DID NOT CONTAIN ANY RECORDS--JOB TERMINATED
10. SORTED NUCLIDE DATA UPDATE CARDS FILE IS OUT OF SEQUENCE--JOB TERMINATED
11. INVALID DATE IN CONTROL CARD--JOB TERMINATED
12. MORE THAN 240 ENTRIES IN TABLE-OF-NUCLIDES--JOB TERMINATED
13. MORE THAN 300 ENTRIES IN OAC NAME FILE--JOB TERMINATED
14. THE FOLLOWING CARD DOES NOT CONTAIN A 3 OR 4 IN COLUMN ONE
15. THERE IS MORE THAN ONE CARD CODE 3 CARD FOR THE FOLLOWING RECORD
16. THERE IS MORE THAN 25 CARD CODE 4 CARDS FOR THE FOLLOWING RECORD
17. INVALID REPORT PERIOD - FROM DATE
18. INVALID REPORT PERIOD - TO DATE
19. FROM-DATE IS NOT EARLIER THAN TO-DATE
20. INVALID INCIDENT REPORT DATE
21. INVALID INCIDENT TIME
22. INVALID INCIDENT TIME ZONE CODE
23. INVALID SECURITY CLASSIFICATION CODE
24. ERROR--NEW RECORD CODE AND EXISTING RECORD ON DATA BASE
25. ERROR--AMENDED RECORD CODE AND NO RECORD ON DATA BASE
26. ERROR--NO NARRATIVE SUMMARY DATA BASE RECORD FOUND
27. FROM-DATE AND TO-DATE ARE NOT IN SAME YEAR
28. ERROR--SECTION ONE IS MISSING
29. INVALID GROSS VOLUME VALUE
30. INVALID UNIT CODE FOR GROSS VOLUME
31. ERROR--SECTION TWO IS MISSING
32. INVALID NUCLIDE DESCRIPTION
33. INVALID AMOUNT OR CONCENTRATION VALUE
34. INVALID UNIT CODE FOR AMOUNT OR CONCENTRATION
35. CURIES PER GRAM CONVERSION FACTOR IS ZERO

TABLE X

EXAMPLES OF TECHNIQUES UTILIZED TO EFFECT EFFLUENT REDUCTIONS AT AEC FACILITIES

1. REVISION OF OPERATING PROCEDURES
2. IMPROVED SEGREGATION, FURTHER PROCESSING OR RECYCLING OF WASTE
3. ADDITIONAL RETENTION OR HOLD-UP TO ALLOW DECAY
4. CORRECTION OF DEFICIENCIES IN EXISTING WASTE TREATMENT SYSTEMS
5. MODIFICATION OR IMPROVEMENT OF:
   - a) EFFLUENT MONITORING LOCATIONS
   - b) INSTRUMENT SENSITIVITY
   - c) ANALYTICAL PROCEDURES

DISCUSSION

S. HERMISTON, United Kingdom

I understood you to say that stack monitoring was now considered to be more appropriate than measurements made at the site boundaries.

Do you expect, in the future, that operators will have to demonstrate that their stack monitoring arrangements are adequate, by continuing to carry out detailed environmental surveys ? Or, is stack monitoring taking precedence, because of the technical difficulties in measuring the very low levels of environmental contamination expected as a result of your current policies on effluent discharges ?

M.B. BILES, United States

Stack monitoring is more effective for the control of radioactive effluents since off-site concentrations are very low.

Operators will be expected to demonstrate adequacy of monitoring. At present, in the U.S. contractor plants are subject to inspection by AEC personnel and private plants are inspected under regulatory procedures.

D.A. WATSON, Canada

You mentioned that you exempt from monitoring those effluent streams which do not have potential for significant discharge of radioactive materials to the environment. Have you defined "significant" in a manner that will allow plant or facility operators to take a consistent approach at all facilities ?

M.B. BILES, United States

Significant discharge has not been defined. If a question arises, it is resolved between the operator and AEC safety staff. Final authority to make such interpretations rests with the AEC.

A.M.F. OP DEN KAMP, Netherlands

Is there a uniform way of measuring the concentrations and activities in the liquid effluents ? If so is this measurement based on β or γ activities ?

M.B. BILES, United States

There are no uniform procedures for measurement of concentration. Each contractor can select his procedure. However, they are generally quite competent and generally perform well. The AEC is planning to issue internal "advisory" guidelines in the near future.

A.M.F. OP DEN KAMP, Netherlands

Is the computer program only written for all nuclear power plants, or are other industries, for example medical research centres, which can also have important liquid effluents, also incorporated in this system ?

M.B. BILES, United States

At present it is in use for AEC-owned facilities and AEC-licensed facilities.

I.S. BHAT, India

Is the recent trend of "as low as practicable" limit on releases relaxed on the basis of environment ? For example, does the AEC insist on the "as low as practicable" limit for radioiodine discharges on a site where there are no grazing lands, dairy farms or populations nearby, or is the discharge limit relaxed to suit the site environment ?

M.B. BILES, United States

Strictly speaking, site environment should not affect the determination of "as low as practicable". From a practical standpoint, site environment becomes a consideration, particularly where priorities become involved.

L. FITOUSSI, France

Ma question rejoint celle qui vient d'être posée par M. Bhat car, si j'ai bien compris ce que vous nous avez expliqué, les critères présentés dans votre Tableau I s'appliquent à toutes les installations nucléaires, quelles soient situées dans des régions agricoles, désertiques, à forte ou à faible densité de population. Ces critères ayant été établis sur le principe du rejet aussi faible que possible, sans tenir compte du risque potentiel réel pour les populations. Dans ces conditions, pouvez-vous nous dire si des études sur l'accroissement des coûts (investissements-fonctionnement) ont été faites et, en particulier, si des analyses coût-avantages ont été effectuées.

M.B. BILES, United States

No formal cost studies were performed. However, the requirement to monitor effluents was broadly considered within AEC and its contractors. Since much of the equipment and capability existed already, it is not believed that the new requirement imposed hardships.

R.B. PEPPER, United Kingdom

Are the licensed sites in the U.S. required, under the terms of their licence, to analyse every discharge of liquid gaseous effluents for the specific nuclides listed in Table I ?

M.B. BILES, United States

The AEC has required licensees to analyse effluents for specific nuclides for the past several years.

J.R.D. STOUTE, Netherlands

In your Table I concerning the yearly discharge limits, there was an item "unidentified alphas : 10^{-3} Ci per annum". How does this compare with the limits for Pu or Am which are 10^{-4} Ci per annum ?

M.B. BILES, United States

This flexibility would permit an occasional discharge which the operator is unable to identify. However, it cannot be used to permit regular discharges of Pu in excess of 10^{-4} Ci/yr.

E. WALLAUSCHEK, NEA

In the U.S., you have defined yearly discharge limits and a national programme to lower the yearly effective discharge amounts "as low as practicable". Have you established in some special cases a more flexible system to allow seasonal or even daily fluctuations to take into account factors like wind direction changes or seasonal changes in the environmental capacity ?

M.B. BILES, United States

These factors should not affect a decision on "as low as practicable" levels, although they may affect priorities, costs, etc. For example, an effluent predominantly towards a populated area would require monitoring under most conditions.

G. AGAOGLU, Turkey

Where do you discharge your liquid effluents and what is America's policy on zero release ?

M.B. BILES, United States

High-level wastes are stored in tanks. Intermediate and low level effluents are released to on-site ponds, trenches, deep well injections, etc. Some low-level wastes are discharged to inland waters, although this practice is decreasing. We have no firm policy on zero release although we are stressing it for persistent nuclides such as Pu.

S. AMARANTOS, Greece

Have you ever faced the need to analyse samples independently of the operator ?

M.B. BILES, United States

Contractors' programmes are audited and independent samples can be analysed if necessary. The AEC regulargly takes independent samples of effluents at licensee plants.

S. AMARANTOS, Greece

My question also refers to the attitude of the public.

M.B. BILES, United States

I do not know of a case where the public has questioned the results of discharge monitoring. However, we know that public confidence is increased through independent checks. In this regard, the Environmental Protection Agency (EPA) and some States monitor the environment around both AEC and private facilities.

P. TOLKSDORF, F.R. of Germany

Do the operators keep the samples which they have analysed themselves ?

M.B. BILES, United States

There is no standard practice for retention of samples. I am aware that some operators do follow such a practice.

E.L. SARICI, Turkey

We know there are long-lived isotopes in radioactive waste releases to the environment. I think they will create a problem in future. What is the United States' decision in this field ? Are your standards sufficient for protection ?

M.B. BILES, United States

I agree that long-lived isotopes will be a problem. It is this very factor that prompted us to reduce our effluents to the lowest practicable levels. For such isotopes we are striving now to achieve zero releases. Present standards are only sufficient to prevent build-up in the environment if "as low as practicable" guidance is interpreted strictly.

REGLEMENTATION ET PRATIQUE EN MATIERE DE CONTROLE DE REJETS RADIOACTIFS EN BELGIQUE

G.E. Cantillon
Institut d'Hygiène et d'Epidémiologie
Ministère de la Santé publique, de la
Famille et de l'Environnement
Bruxelles

P. Stallaert
Administration de la Sécurité du Travail
Ministère de l'Emploi et du Travail
Bruxelles

Communication présentée par M. G. Penelle

Résumé

La réglementation belge concernant les rejets radioactifs liquides et gazeux est citée et commentée. Son application aux rejets des centrales nucléaires de Doel et de Tihange est brièvement exposée.

REGULATIONS AND PRACTICES FOR THE CONTROL OF RADIOACTIVE WASTE IN BELGIUM

Abstract

The belgian legislation which applies to the liquid and gaseous radioactive releases is mentioned and commented. Its application to the releases of the nuclear power plants located in Doel and Tihange is briefly explained.

1. REGLEMENTATION RELATIVE AUX REJETS RADIOACTIFS

La réglementation belge en matière de protection de la population contre le danger des radiations ionisantes est reprise dans l'arrêté royal du 28.2.1963 [1] paru au Moniteur belge du 16 mai de la même année.

Certains articles de ce règlement s'appliquent aux rejets radioactifs provenant des activités nucléaires. Résumons brièvement ces articles.

1.1. Classification des établissements

Les installations nucléaires et les établissements où sont détenues ou mises en oeuvre des sources de rayonnements ionisants sont rangés en trois classes que l'on peut présenter sous la forme suivante

classe I : installations impliquant un risque de criticité (réacteurs, usines de retraitement) ;

classe II : établissements s'occupant de la collecte et du traitement, du conditionnement et du stockage des déchets radioactifs et établissements où sont mises en oeuvre des quantités de radionuclides dont l'activité est comprise dans une gamme définie en fonction de leur radiotoxicité ;

classe III : établissements où sont mises en oeuvre des activités de radionuclides comprises dans une gamme inférieure à celle définie pour la classe II.

1.2. Procédure d'autorisation

D'après la classe à laquelle l'établissement appartient, le règlement prévoit une procédure d'autorisation spécifique. Le dossier qui est introduit par l'exploitant doit comporter un nombre de renseignements sur les rejets radioactifs.

Pour les établissements de classe I, ceci concerne

- pour les déchets liquides :

1° le volume des eaux usées déversées par mois ainsi que les maxima déversés par jour ;

2° la nature des substances radioactives susceptibles de s'y trouver et, pour chacune d'elles, la quantité maximum par jour et par mois, exprimée en curies ;

3° l'usage éventuel d'une conduite d'évacuation existante ou d'une conduite d'évacuation à construire ;

4° un extrait du plan cadastral ou de la carte d'état-major à l'échelle 1/15 000 indiquant l'endroit de la décharge et le tracé de la conduite d'évacuation ;

5° la section de la conduite d'évacuation et la nature des matériaux la constituant ;

6° dans le cas d'un déversement direct dans un cours d'eau, l'estimation du débit d'étiage du cours d'eau récepteur ;

7° dans le cas d'un déversement à l'égout :

7°1 la situation en ce qui concerne l'application du tout à l'égout dans la localité ;

7°2 la situation en ce qui concerne l'épuration des eaux d'égout ;

7°3 un plan terrier des égouts avec indication de l'emplacement de la décharge dont il s'agit ;

7°4 l'emplacement et le dispositif de la chambre de visite du réseau d'égout ;

8° la description détaillée des dispositifs de stockage des déchets liquides ;

- pour les effluents gazeux :

1° le volume des gaz contaminés rejetés par jour et leur température à la bouche d'évacuation ;

2° la nature des substances radioactives susceptibles de s'y trouver et pour chacune d'elles, la quantité maximum par jour et par mois, exprimée en curies ;

3° l'usage éventuel d'une cheminée d'évacuation et, dans ce cas, son emplacement, ses dimensions, et les matériaux dont elle est constituée ;

4° les renseignements sur les conditions météorologiques et climatiques du site et sur les vents dominants dans la région ;

5° le périmètre le plus large où, dans les conditions les plus défavorables, le 1/10e des valeurs prévues aux tableaux annexés au présent règlement peut être atteint ;

6° les dispositifs d'épuration utilisés et leur efficacité présumée pour les diverses substances radioactives en cause ;

7° les stations permettant la surveillance des conditions météorologiques et du taux de radioactivité de l'atmosphère.

Le dossier de la demande d'autorisation est soumis à l'avis du collège échevinal et de la députation permanente et ensuite transmis à une commission spéciale. Cette commission est composée de délégués des administrations compétentes ainsi que de dix personnalités choisies en vertu de leurs compétences scientifiques particulières dans certaines disciplines.

Dans les cas prévus à l'article 37 du Traité de Rome cette commission sollicite l'avis de la Commission de l'Euratom. Le dossier soumis à Euratom donne des indications sur le site et ses environs, les caractéristiques météorologiques et hydrographiques ainsi que les conséquences des rejets proposés pour les effluents liquides et gazeux.

La Commission spéciale peut solliciter l'avis de tout expert ou organisme national, international ou étranger sur les aspects généraux ou particuliers de la sécurité ou de la salubrité de l'établissement. C'est ainsi que pour les centrales nucléaires de Doel et de Tihange, le dossier d'autorisation a été soumis à l'avis de la Direction générale des affaires industrielles et technologiques de la C.C.E., qui à cette occasion a réuni un comité consultatif d'experts internationaux.

Il est à noter que la Commission peut proposer aux autorités compétentes, et c'est toujours le cas, des conditions d'exploitation non prévues au règlement.

Ces conditions peuvent donc imposer des quantités de rejets inférieures à celles admises par le règlement.

1.3. Effluents radioactifs

a) L'évacuation des déchets liquides radioactifs dans les eaux visées à l'article premier de la loi du 11 mars 1950 [2], est interdite lorsque leur teneur en nuclides radioactifs dépasse le dixième de la CMA pour l'eau de boisson "travailleurs 168 h par semaine". Cette interdiction s'étend également aux voies d'écoulement à ciel ouvert, lacs, étangs, bassins et pièces d'eau.

La loi dont question classait les eaux en quatre classes définies en fonction de l'eau réceptrice ; ainsi la classe I reprenait les cours d'eau dont l'eau servait ou pouvait servir à l'alimentation de la population en eau potable. Les rejets autorisés étaient fixés d'après une formule qui tenait compte de la qualité de l'eau réceptrice.

Cette loi a été remplacée par celle du 26.3.1971 [3] dont les premiers arrêtés d'exécution viennent d'être publiés. [4] Cette loi crée trois sociétés pour l'épuration des eaux, chaque société traitant un bassin (bassin côtier, bassin de l'Escaut, bassin mosan).

Il paraît intéressant de faire observer le changement intervenu dans l'esprit de la loi : le législateur s'intéresse cette fois à la qualité de la décharge et cette évolution constitue un progrès dans le sens de l'assainissement des eaux. Il est à noter que la législation sur la protection des eaux de surface ne traite pas des effluents liquides radioactifs.

Les arrêtés d'autorisation pour les établissements de classe I et II peuvent fixer des limites de rejets autres que celles prévues par le règlement. Dans ce cas, ces arrêtés fixent soit les concentrations maximales admissibles instantanées et moyennes des radionuclides susceptibles d'être contenus dans les déchets, soit l'activité totale qui peut être évacuée en une période de temps déterminée, soit les deux simultanément (voir deuxième partie de l'exposé).

Par exemple dans le cas de la Meuse (Tihange) il faut signaler l'importance particulière de cette rivière comme source d'eau potable pour une importante partie de la population belge. Les autorités des Pays-Bas sont également fort intéressées par cette question. Ceci a amené les autorités sanitaires belges à appliquer à cette rivière la formule dite "Benelux". Il s'agit d'une formule fixée par la Commission spéciale pour la santé publique créée au sein de l'Union Benelux et publiée dans le numéro 4 du bulletin de 1961 de Benelux [5]. Elle adapte les CMA "travailleurs 168 h semaine" à la population dans son ensemble en se basant sur la recommandation de la CIPR de limiter à 1,5 rem/30 ans l'exposition par inhalation et ingestion de la population habitant en dehors du voisinage des installations nucléaires. Il s'agit d'une formule qui n'est pas reprise dans la réglementation nationale mais qui a le grand mérite de constituer une base pratique d'appréciation.

Le tritium est comptabilisé séparément (voir deuxième partie de l'exposé).

Remarquons encore que tout sera surveillé dans le milieu récepteur, étant donné que le contrôle à l'émission et la surveillance de l'environnement sont deux volets complémentaires. Le contrôle à l'émission est plus précis et permet de faire intervenir des dispositifs d'arrêt, mais il ne donne aucun renseignement sur le comportement de la radioactivité dans le milieu extérieur, ni sur les processus de concentration et de cheminement. Or, cette surveillance est indispensable pour vérifier la validité des hypothèses et pour déterminer les conditions qu'il faudra appliquer aux futures centrales construites sur la même rivière.

b) L'évacuation des déchets liquides radioactifs dans les égouts ou collecteurs souterrains est interdite lorsque leur teneur en radionucléides dépasse la CMA pour l'eau de boisson "travailleurs 168 h par semaine".

L'évacuation des déchets liquides radioactifs dans le sol est interdite lorsque leur teneur en radionucléides dépasse 1/100 de la même CMA.

Pour les deux cas, les autorisations des établissements de classe II ou III peuvent également fixer d'autres limites.

c) L'évacuation de substances radioactives dans l'atmosphère sous forme de gaz, de poussières, de fumées ou de vapeurs est interdite lorsque la concentration en substances radioactives au point d'émission dans l'atmosphère est supérieure au dixième de la CMA air pour les travailleurs 168 h par semaine.

Les arrêtés d'autorisation délivrés aux établissements de classe I et II peuvent fixer d'autres limites de rejet.

Remarquons que chaque site nucléaire a fait l'objet d'une étude météorologique qui s'est étendue sur plusieurs années en vue de déterminer les coefficients de diffusion atmosphérique et de calculer les activités volumiques et les dépôts au sol à différentes distances et pour des durées de rejets différentes.

Dans le cas de la centrale de Tihange, le modèle mathématique développé par le C.E.N. à Mol a été vérifié quant à la validité de son application au cas de Tihange. Une campagne de rejets tracés à une hauteur de 150 m a permis de s'assurer que le modèle pouvait être utilisé avec une approximation satisfaisante.

On a appliqué le Regulatory Guide 1.42 de l'USAEC "Interim licensing policy on as low as practible for gaseous radioiodine release from light water cooled nuclear power reactors" et évalué les rejets de gaz nobles et d'aérosols sur base d'hypothèses semblables à celles du R.G. 1.42, afin d'escompter les rejets et de calculer les conséquences radiologiques.

d) En ce qui concerne les effluents radioactifs des centrales nucléaires, les limitations prévues ont été rédigées de manière souple de façon à concilier les impératifs sanitaires et les exigences de l'exploitation.

En effet, des dépassements exceptionnels et limités des valeurs imposées peuvent être accordés moyennant une concertation entre l'exploitant, l'organisme agréé chargé du contrôle physique de l'établissement et le Ministère de la Santé publique.

e) Il est prévu pour les centrales nucléaires que l'exploitant doit transmettre mensuellement à l'Institut d'Hygiène et d'Epidémiologie et à l'organisme agréé une série d'informations détaillées sur l'activité des effluents liquides et gazeux rejetés.

f) Les limites de rejet mentionnées dans la deuxième partie de cet exposé ne concernent que les unités de production de puissance dont il est question. Il va de soi que leur multiplication éventuelle sur les mêmes sites nécessiterait une étude approfondie de la coordination des rejets.

2. PREMIERES APPLICATIONS PRATIQUES DE LA REGLEMENTATION AUX CENTRALES NUCLEAIRES BELGES

En ce début d'année 1974, la situation des deux premières centrales PWR construites en Belgique est la suivante, en ce qui concerne l'autorisation d'établissement prévue par la législation : l'arrêté royal autorisant l'établissement d'une centrale nucléaire à Doel a été promulgué, tandis que les examens qui doivent conduire à l'autorisation de la centrale de Tihange sont en cours. Par conséquent, s'il est possible de résumer les limitations qui ont été officiellement imposées aux rejets de la centrale de Doel, on ne peut qu'indiquer les limitations proposées pour les rejets de la centrale de Tihange telles qu'elles figurent dans le rapport destiné aux experts du comité de l'Article 37.

Centrale de Doel

L'autorisation accordée concerne deux unités comprenant chacune un réacteur PWR d'une puissance thermique de 1192 MW et un groupe turbo-alternateur d'une puissance électrique nette de 390 MW. Les limitations imposées aux rejets radioactifs sont celles qui étaient citées dans le document soumis aux experts du Comité de l'Article 37 [6]

a) Rejets liquides dans l'Escaut

Les limitations relatives aux rejets liquides radioactifs font appel à la notion de "Curie équivalent de rejet (Ci.EQ)" ; celui-ci est défini comme étant la quantité de radioactivité, contenue dans l'eau de boisson, dont la radiotoxicité équivaut à celle de 1 Ci d'un isotope fictif dont la concentration maximale admissible dans l'eau de boisson pour personnes professionnellement exposées de catégorie A, durant 168 h par semaine (C.M.A.), est de $3\ 10^{-5}$ Ci/m^3.

A c (Ci) d'un isotope i de $(C.M.A.)_i$ correspond alors un nombre c' (Ci.EQ) tel que $c' = c \times \frac{3\ 10^{-5}}{(CMA)_i}$ et le rapport $\frac{3\ 10^{-5}}{(CMA)_i}$ est appelé le "coefficient de sévérité", relatif à l'isotope considéré.

On a adopté les valeurs suivantes pour les coefficients de sévérité f :

- tout isotope mesuré séparément	$\frac{3\ 10^{-5}}{(CMA)_i}$	$(CMA)_i$ étant la valeur figurant dans le règlement belge
- toute activité alpha	5	
- toute activité mesurée globalement, si les activités de ^{131}I, ^{90}Sr et l'activité α sont mesurées séparément	1	
- toute activité mesurée globalement, si on mesure séparément :		
- les activités de ^{131}I et ^{90}Sr	5, soit f_α	
- les activités α et ^{131}I	7,5, soit $f^{90}Sr$	
- les activités α et ^{90}Sr	3, soit $f^{131}I$	

Le cas du tritium a été considéré d'une autre façon, comme on le verra plus loin.

Ces coefficients de sévérité ont été obtenus de la manière suivante :

activité alpha : le coefficient 5 est la valeur la plus sévère pour les émetteurs α qui pourraient apparaître en quantités significatives dans les rejets : ^{238}U (f = 5), ^{210}Po pouvant provenir d'une source de neutrons (f = 4,3), et d'autres pour lesquels $f \leq 5$.

Activité mesurée globalement, si les activités α, ^{131}I, ^{90}Sr sont mesurées séparément : seuls quelques isotopes ont un facteur f > 1 tels ^{126}I, ^{129}I, ^{210}Pb, ^{227}Ac, ^{228}Ra mais ils ne figurent pas en quantités significatives dans les rejets.

^{90}Sr, ^{131}I par application de la définition $f = \frac{3\ 10^{-5}}{(CMA)_i}$ on obtient les valeurs de 7,5 pour le ^{90}Sr et de 3 pour ^{131}I.

Les limitations imposées aux rejets sont alors les suivantes :

- si d est le débit instantané dans la tuyauterie de rejet et si D est le débit instantané dans le collecteur de décharge auquel aboutit la tuyauterie de rejet, il faut qu'à tout instant

$$\Sigma_i\ (\text{conc. EQ})_i \leq 3\ 10^{-6}\ \frac{D}{d}$$

le tritium n'étant pas considéré dans la sommation des concentrations instantanées (curies équivalents de rejet/m^3) dans la tuyauterie de rejet. Il en résulte que la somme des concentrations instantanées exprimée en curies équivalents de rejet par m^3 est, au maximum, de $3\ 10^{-6}\ \frac{D}{d}$ dans la tuyauterie de rejet, et de $3\ 10^{-6}$ dans le collecteur de décharge.

- le rejet radioactif calculé sur une période de 52 semaines consécutives ne peut, en principe, dépasser 10^{-2} Ci.EQ par MW de puissance thermique des réacteurs, le tritium n'étant pas considéré dans cette comptabilité.

Pour les deux unités, dont la puissance thermique totale avoisine 2400 MW, le rejet annuel permis est donc de l'ordre de 24 Ci.EQ. Toutefois, compte tenu du facteur de sécurité important que cette limitation comporte (voir ci-après), les Autorités compétentes pourraient éventuellement admettre qu'elle soit temporairement dépassée en cas de difficulté, étant entendu que les rejets ne devraient en aucun cas dépasser la limite de 10^{-1} Ci.EQ/MWt-an et, au total, de 500 Ci.EQ/an

- pour le tritium, on ne peut rejeter plus de 0,3 Ci/MWt-semaine et de 1,5 Ci/MWt-an

Pour l'ensemble des deux unités, le rejet permis en ^3H vaut donc 3600 Ci/an.
Les limites qui viennent d'être définies incluent des facteurs de sécurité importants.
Pour les isotopes autres que le tritium, le rejet de 24 Ci.EQ/an dans l'Escaut dont le débit annuel moyen vaut 2,8 10^9 m^3/an, conduirait à une concentration moyenne de 8,6 10^{-9} Ci.EQ/m^3.
Or, la C.M.A. dans l'eau de boisson pour travailleurs professionnellement exposés, 168 heures par semaine, a été choisie, dans la méthode d'équivalence employée, égale à 3 10^{-5} Ci/m^3 ; pour les individus de la population et pour la population dans son ensemble, la concentration maximum admissible dans l'eau de boisson vaut 3 10^{-6} Ci/m^3. La concentration dans l'eau de l'Escaut serait au moins 350 fois inférieure à cette valeur.
Pour le tritium, on peut montrer de manière analogue que le facteur de sécurité correspondant à la limite fixée serait de l'ordre de 1300.

b) Rejets atmosphériques

Les limites suivantes ont été imposées :

Tritium : aucune eau de la centrale ne peut contenir plus de 7,5 mCi ^3H/kg H_2O

Gaz rares : concentration instantanée dans les effluents < 4 mCi/m^3
rejet annuel < 40 000 Ci

Aérosols (iode exclu) :
concentration instantanée des effluents < 2 10^{-7} Ci/m^3
rejet annuel < 2 Ci (5Ci moyennant autorisation spéciale)

Iode 131 : concentration moyenne horaire < 7 10^{-9} Ci/m^3
concentration moyenne hebdomadaire < 10^{-9} Ci/m^3
rejet annuel < 0,2 Ci (0,5 Ci moyennant autorisation spéciale).

Ces limitations sont complétées par des spécifications relatives à l'interruption automatique de la ventilation du bâtiment d'une chaudière nucléaire et à l'insertion automatique des filtres dans la ventilation du bâtiment des auxiliaires nucléaires.

Compte tenu de l'étude météorologique du site, et d'hypothèses sur les caractéristiques des rejets, on a pu montrer qu'à l'endroit le plus exposé, les doses annuelles reçues par un enfant en bas âge dans le cadre des limitations précitées et pour des rejets continus seraient au maximum de 6,5 mrem au corps entier et de 39 mrem à la thyroïde ; si des autorisations spéciales étaient accordées pour des rejets de courte durée de gaz rares (40 000 Ci, 1 j), d'aérosols (5 Ci, 6,8 j), et d'iode 131 (0,5 Ci, 6,8 j) ces doses deviendraient respectivement : 130 mrem et 640 mrem.

Centrale de Tihange

L'autorisation est demandée pour une unité comprenant un réacteur PWR d'une puissance thermique de 2660 MW et qui développe une puissance électrique nette de 870 MW.

Les limitations des rejets radioactifs sont proposées dans le document qui sera examiné par les experts du comité de l'Article 37 [7].

a) Rejets liquides dans la Meuse

Une méthode analogue à celle qui a été exposée pour le cas de Doel a été suivie ; elle est donc basée sur les notions de "Curie équivalent de rejet" et de coefficient de sévérité. Les valeurs numériques de ces derniers sont restées inchangées mais une valeur de 10^{-3} a été ajoutée pour le tritium qui est considéré comme les autres isotopes.
La limitation imposée, à tout instant, au rejet, est identique à celle qui avait été fixée pour Doel ; toutefois, le tritium intervient dans cette comptabilité.
Le rejet radioactif calculé sur une période de 52 semaines consécutives ne peut, en principe, dépasser 3 10^{-3} Ci.EQ/MWt, le tritium n'étant pas considéré.
Compte tenu de la puissance thermique de la centrale, le rejet annuel permis est donc de l'ordre de 8 Ci.EQ.
En cas de nécessité, les Autorités pourraient accorder un relèvement de cette limite sans toutefois dépasser 50 Ci.EQ/an.
En ce qui concerne le rejet de tritium calculé sur une période de 52 semaines consécutives, il doit rester inférieur à 1,5 Ci/MWt ; pour la puissance de la centrale, ceci équivaut à un rejet annuel de 3990 Ci de ^3H.
De plus, la concentration en tritium ajoutée en Meuse ne peut à aucun moment dépasser 3,5 10^{-6} Ci/m^3.
Le débit moyen annuel minimum de la Meuse étant de l'ordre de 3,15 10^9 m^3/an, soit un peu supérieur à la valeur correspondante pour l'Escaut, et les rejets annuels admis étant inférieurs (ensemble des isotopes sauf le tritium) ou légèrement supérieurs (tritium), les facteurs de sécurité inclus dans les limitations proposées sont du même ordre que pour Doel, ou encore plus importants.

b) Rejets atmosphériques

Sans entrer dans le détail des propositions faites concernant les concentrations instantanées en gaz rares, en aérosols et en iode dans les effluents rejetés à la cheminée de 160 m ou à l'évent de la salle des machines, on peut dire en résumé que les propositions relatives à la concentration limite en ^3H des eaux de la centrale et aux rejets annuels maxima en gaz rares, aérosols et iode sont identiques aux spécifications qui ont été citées pour la centrale de Doel. Dans les hypothèses les plus défavorables de rejet (quantités maxima permises dégagées en des temps courts) on montre que la dose au corps entier d'un enfant atteindrait 28 mrem/an tandis que la dose à la thyroïde de cet enfant serait de 207 mrem/an.

CONCLUSION

Ce bref exposé des limites de rejets radioactifs imposées ou proposées pour les premières centrales nucléaires belges montre que le souci des Autorités compétentes est d'assurer des marges de sécurité importantes vis-à-vis des niveaux admissibles tout en préservant une certaine souplesse d'application ; celle-ci permet, dans certaines limites et sous le contrôle des Autorités précitées, de faire face à des difficultés momentanées conduisant à des rejets plus élevés qu'en temps normal.

REFERENCES

[1] Arrêté royal portant Règlement général de la protection de la population et des travailleurs contre le danger des radiations ionisantes
Arrêté Royal du 28 février 1963 modifié par les Arrêtés royaux du 17 mai 1966, du 22 mai 1967, du 23 décembre 1970 et du 23 mai 1972.

[2] Loi du 11 mars 1950 sur la protection des eaux contre la pollution.

[3] Loi du 26 mars 1971 sur la protection des eaux de surface contre la pollution.

[4] Arrêté royal du 23 janvier 1974 portant règlement général relatif aux déversements des eaux usées dans les égouts publics et les eaux de surface.

[5] Mesures de protection sanitaire relatives à l'utilisation pacifique de l'Energie nucléaire-recommandations de la Commission Spéciale pour la Santé Publique de Benelux 1961-4
Secrétariat Général du Benelux, rue de la Régence 39 Bruxelles 1000

[6] Ontwerp Kerncentrale Doel. Twee eenheden van 390 MW.e
Algemene gegevens in het kader van Art. 37 van het Verdrag van Rome.

[7] Projet de centrale nucléaire à Tihange. Puissance électrique nette de 870 MW.
Données générales au sens de l'Article 37 du Traité d'Euratom.

DISCUSSION

L. FITOUSSI, France

Pouvez-vous nous dire quelles sont les méthodes de calcul que vous avez été amené à utiliser pour calculer les équivalents de dose annuels que recevrait un enfant en bas âge. Avez-vous, par exemple, tenu compte de la diffusion de l'iode, de son transfert dans les plantes puis, après ingestion par la vache, dans le lait, car il semble que les résultats que vous présentez sont très élevés comparativement aux rejets (39 mrem à la thyroïde pour un rejet continu annuel de 0,2 Ci) ?

G. PENELLE, Belgium

Les hypothèses principales qui sont à la base du calcul de dose à la thyroïde sont les suivantes :

enfant de six mois ; mélange isotopique des isotopes de l'iode se trouvant dans le circuit primaire ; relation dose-contamination de l'air en iode, pour l'inhalation, égale à 1.450 rem m^3/Ci.s ; relation dose-contamination des pâtures en I-131 égale à 1,56 10^7 rem m^2/Ci pour un enfant qui ne boirait que du lait de vaches nourries d'herbe contaminée ; relation dose-contamination de l'air en gaz rares égale à 7,5 10^{-2} rem m^3/Ci.s ; rejets distribués dans toutes les directions ; rejets annuels maxima de 40.000 Ci de gaz rares et de 0,2 Ci d'I-131 ; coefficients de diffusion atmosphérique les plus défavorables, en moyenne annuelle, résultant de mesures faites en 1968, 1969, 1971 ; rejets au niveau le plus bas possible ; coefficient de diffusion pour les concentrations dans l'air : 1,5 10^{-6} s/m^3 ; idem pour le taux de dépôt d'I-131 ; 1,1 10^{-8}/m^2 ; dose à la thyroïde égale à la somme de la dose d'inhalation d'iode, de la dose d'ingestion d'iode, de la dose due aux gaz rares dont on suppose qu'ils affectent la thyroïde comme le corps entier, soit :

- inhalation d'iode :	concentration intégrée dans l'air :	3 10^{-7} Ci.s/m^3 an
	dose à la thyroïde :	4,35 10^{-4} rem/an
- ingestion d'I-131 :	taux de dépôt intégré :	2,2 10^{-9} Ci/m^2 an
	dose à la thyroïde :	3,45 10^{-2} rem/an
- exposition aux gaz rares :	concentration intégrée dans l'air :	6 10^{-2} Ci.s/m^3 an
	dose à la thyroïde :	4,5 10^{-3} rem/an
Total		39,5 mrem/an

J.J. MARTIN, France

La formule de calcul de rejet prévoit la mesure de I-131, Sr-90, activité α et H-3, ainsi qu'une mesure globale de l'activité. Quelle est la méthode retenue pour la mesure globale ? Est-elle définie par la réglementation ou résulte-t-elle d'une convention de calcul entre organisme de contrôle et exploitants ?

G. PENELLE, Belgium

La méthode qui sera adoptée n'a pas été définie par la réglementation ; elle doit résulter d'un accord entre les exploitants, d'une part, les autorités de santé publique et l'organisme agréé chargé de superviser le contrôle physique de la centrale, d'autre part.

L. STRACKEE, Netherlands

From the maximum authorized radioactivity discharges for the power reactor at Doel it seems to me that these limits were derived from drinking water standards. Does this also apply to the proposed liquid effluent limits for Tihange that discharges into the River Meuse ? Has reconcentration of the radiological material released into the environment by Hydro Biota, especially fish been taken into account ? What is the dose contribution due to the consumption of fish caught locally ?

G. PENELLE, Belgium

En ce qui concerne la centrale de Doel, il a été spécifié par les autorités qui l'ont autorisée, que des études écologiques détaillées devraient être poursuivies. En réalité, l'écart entre la concentration en matières radioactives dans l'Escaut, évaluée de manière pessimiste, et la concentration admissible dans l'eau de boisson pour les individus de la population, et pour la population dans son ensemble, est tellement grand qu'il n'est pas vraisemblable que des études écologiques puissent modifier de manière significative la conclusion selon laquelle les limites imposées aux rejets sont sûres.

La centrale de Tihange n'a pas encore été autorisée mais des études écologiques concernant la Meuse sont en cours.

I.S. BHAT, India

Are the (MPC)w and (MPC)a used for discharge limits in Belgium given in the paper derived from ICRP and IAEA recommendations ?

G. PENELLE, Belgium

Ces valeurs sont celles qui figurent en annexe au règlement belge ; toutefois, celui-ci reprend les valeurs adoptées par la Communauté Européenne et publiées au JCE ; à leur tour, ces valeurs sont, à quelques exceptions près, celles qui ont été fixées par la CIPR.

PRACTICES AND REGULATIONS ON THE CONTROL OF RADIOACTIVE EFFLUENTS IN ITALY

G. DE CECCO

C.N.E.N. - HEALTH PROTECTION DIVISION

ABSTRACT

In the present paper, the author reviews the technical and administrative problems of control which public authorities in Italy exercise over radioactive effluents released from nuclear plants. Beginning with the illustration of the qualifying points concerning the environment included in the Italian nuclear laws, the basic criteria at present adopted in Italy for the definition and surveillance of the discharge limits for radioactive effluents are outlined. Finally a method to define practical reference levels of radioactive contamination in environmental samples collected for surveillance purposes around nuclear sites is remembered.

PRATIQUES ET REGLEMENTATION RELATIVES AU CONTRÔLE DES EFFLUENTS RADIOACTIFS EN ITALIE

RESUME

L'auteur de cette communication passe en revue les problèmes techniques et administratifs liés au contrôle que les autorités publiques exercent, en Italie, sur les effluents radioactifs rejetés par les centrales nucléaires. Après avoir mis en lumière les éléments statutaires concernant l'environnement qui figurent dans la législation nucléaire de ce pays, il décrit dans leurs grandes lignes les critères fondamentaux qui y sont actuellement adoptés pour définir et surveiller les limites de rejet des effluents radioactifs. Enfin, il rappelle une méthode permettant de définir les niveaux pratiques de référence pour la contamination radioactive dans des échantillons prélevés à des fins de surveillance au voisinage des sites d'installations nucléaires.

ADMINISTRATIVE PROCEDURES FOR THE SURVEILLANCE ON HEALTH PROTECTION OF POPULATIONS

Nuclear legislation has developed in Italy in a substantially organic way and on the basis of the obligations of the country to the European Community. A first set of provisions of a general nature, also concerning nuclear plants, was introduced into the field of legislative norms with the law of ratification (October 14, 1957) of the Institute Treaty of the European Community of Atomic Energy [1].

A second set of provisions, concerning more specifically the problem of surveillance over Italian nuclear plants was introduced with the law which instituted the National Committee for Nuclear Energy (CNEN), (August 11, 1960) [2], successively precised and completed by the law of ristructuration of CNEN (December 15, 1971) [2]. The task of exercising a technical control and surveillance over the construction and operation of nuclear plants was entrusted to this Agency in fact, as well as effecting the operations of technical tests of the plants themselves. There was still a gap from a legislative point of view, but a notable sense of fair play among the users, the State Administrations and the technical departments of CNEN, and the continual reference to international regulations and recommendations, allowed for an adequate solution of the numerous practical problems which arose in the course of surveillance activity.

This gap was finally met with the issuance of the Nuclear Law (December 31, 1962) [2], which basically straightened on the entire subject of nuclear activities. In fact, it institutes a regimen of authorization, establishes the administrative assignments as reserved to the Public Administration, and the technical responsibilities to CNEN, and states a legislative delegation for the preparation of a Presidential Decree (published as DPR, February 13, 1964, n. 185) [2] on the safety of plants and health protection of workers and populations against the hazards of ionizing radiations deriving from the peaceful uses of nuclear energy.

This Decree contains the regulations for the application of the Nuclear Law. Limiting the attention to the aspects of interest in the present report, a substantial part of the Decree is devoted to the procedures ruling the construction and operation of nuclear plants, through a series of specific norms relating to the authorization of construction, to the testing of the plants and to the granting of the operating license. This is accompanied by the norms relating to the inspections and to the institution of the corps of inspectors of CNEN, which provide for the means for the practical application of the surveillance action. A chapter of the Decree dedicated to the provisions particularly regarding the protection of populations, establishes the assignments and the tasks of the organs in charge of public health, and faces above all the problems of disposal of radioactive wastes and of the control of environmental contamination, and so on [3].

As far as the problem of risks is concerned, the widest jurisdiction has been entrusted to the Ministry of Industry and to CNEN, its technical organ. The Ministry of Industry in fact, has the responsibility of granting authorizations with regard to the safety of nuclear plants. A more direct surveillance over the protection of the population is conducted by the Ministry of Health within the framework of its general jurisdiction in the field of hygiene and public health. The technical tasks of control in the application of the laws are to a great extent entrusted to CNEN, which carries them out through its technical and inspective offices of nuclear safety and of health protection.

An important aspect of the procedure and necessary condition for an adequate regulation is the existence of an advisory body of experts in the various fields concerned with safety and protection, with the task of evaluating the findings of the technical investigations and to formulate an opinion there of. This need in Italy is met by the existence of the Technical Commission of CNEN for nuclear safety and health protection; it is composed of experts appointed by the Public Administrations concerned with nuclear problems and by officers of CNEN. It has been instituted also for the purpose of attaining the solution, in a spirit of reciprocal collaboration, of problems interesting several Public Administrations. Therefore the technical investigation performed by the specialized offices of CNEN and the opinions of the Ministries consulted are presented to the Technical Commission, which expresses a technical opinion, specifying the possible specifications to be established for the execution of the project. Finally CNEN reports to the Ministry of Industry its final formal opinion based on that of the Technical Commission, with the possible observations and opinions of the various Public Administrations. The Technical Commission is consulted several times in the course of the examination of the same plant. Successively the inspectors of CNEN carry out technical surveillance during the construction, checking the correspondence of the different parts of the plant with the previously approved design. Recently the Commission enlarged its policy, consulting local authorities for any plant under examination, in order to involve in the discussion the communities directly interested in the plant.

ENVIRONMENTAL SAFEGUARD IN THE ITALIAN LICENSING SYSTEM

Italian nuclear laws saw the light in the period included between the first nuclear achievements in Italy (three power plants, two nuclear research centers) and the great development of nuclear energy, foreseen for the 1970s. They could avail themselves of a partial and reduced national experience and of a wider knowledge from other Countries.

Though being prepared before the starting of the ecological movement for the safeguard of natural environment, Italian nuclear laws contain some qualifying points concerning the environment [4].

First of all, they state the necessity for anybody fostering the realization of a nuclear plant (either a public or private company) of obtaining a previous approval on the proposed site through a procedure which is identical for all cases. The analysis the competent authorities carry out to decide whether a proposed site is suitable is based on nuclear safety and health protection aspects. The expression "health protection" has here a rather wide meaning of protection of man in his living environment.

The laws are also unequivocal in stressing the importance of radioactive waste disposal, since the first analysis of a proposed site and then during the licensing procedure for the construction and the operation of the plant. This problem is evidenced by the request for assessment of the environmental risks associated with radioactive waste disposal and by means of limitations to the discharges and monitoring prescriptions.

Both main principles of radiation protection are put into operation in Italy for the environmental safeguard in the development of nuclear energy. The first one, and the more obvious, consists in not exceeding in any condition the maximum dose levels (and consequently the maximum radioactivity levels) permitted for the various circumstances and persons. This principle secures the environment from being contaminated by radioactivity, if the term "contamination" is intended here as an unacceptable situation from the health standpoint.

The second principle states that, within the above mentioned limits, it is also necessary to make radiation doses to persons as low as readily achievable. Each dose, in fact, though small, is not surely free from an even minimum health hazard. Obviously this principle, when transferred into actual situations, becomes very potent and reduces to really negligible levels the presence of radioactivity in the environment.

In the present years the health protection concept is evolving in an important way among the Italian competent authorities. While some years ago protection was substantially intended in the sense of preventing diseases and accidents, now many protection experts are inclined to assure not only the absence of disease, but also the physical and psychological welfare of individuals and communities. This attitude of taking care of the health and welfare of the individuals and of the population results in an increase of the safeguard of natural environment, since the latter - as hygienists, sociologists and ecologists affirm - represents a determining factor of the psychological and physiological welfare. According to this viewpoint, the safeguard of the environment is intended as all those actions aiming at maintaining its wholesomeness and amenity, in the frame of local and global ecological requirements.

With the existing laws and the radiation protection principles reported, it is reasonable to foresee that the development of nuclear energy should take place in Italy in next years in the respect of the environment, if they will be correctly carried out.

Some questions should however be pointed out in order to better outline the practical way which Italian Public Authorities follow for authorizing the discharge of radioactive effluents into the environment and their control.

THE PRACTICE OF THE LIMITATION OF THE RADIOACTIVE DISCHARGE

The protection of the public must be guaranteed by means of an appropriate system of limitations and control on radioactive discharges [5].

In order to be effective, these limitations and control must be supported for each site by a good understanding of the environmental conditions and by radioecological studies primarily aiming at reassuring the Regulatory Authorities, the public and the nuclear operators themselves that the surrounding population is not subject to undue risks deriving from the disposal of radioactive wastes. The discharge limits in fact, following modern criteria, are defined on the basis of the knowledge of the so-called limiting capacity of the environment for radioactive wastes. Such capacity is to be understood, as is well known, as the maximum quantity of radioactivity that may be released in a certain period to a given environment originating risks to the population which are still acceptable.

This level of acceptability corresponds to the Dose Limits for individual members of the population.

In other words, the discharge of radioactive effluents at such a rate as will saturate the capacity of a given environment would involve an average dose to the individuals of the critical group of population not higher than the Dose Limit.

The practice followed in Italy by the controlling

Authorities is that of granting discharge limits which are only a fraction of the maximum acceptable limit represented by the environmental capacity. The magnitude of this fraction is determined case by case, based on many factors, and is generally a matter of delicate technical negotiations between the operators and the licensing Authority, because it is not possible to establish standard values.

The policy of the latter is based on two general principles. One is, as we have already seen, the elimination not only of the unacceptable risks, that is, those deriving from exceeded Dose Limits, but also of the undue risks, that is those which are not justified by actual needs. This is well in agreement with the ICRP philosophy, following which the exposure of the population must be "as low as readily achievable".

The second principle is that of apportionment of the limiting capacity of a given environment into which the effluents of several nuclear plants may come together. In fact, the apportionment of the discharge possibilities offered by the capacity of the environment among the various operators siting their nuclear plants in that environment is the responsibility of the regulatory and licensing Authority.

These criteria are applied in Italy by replacing the pure and simple limitations on the concentrations of activity in the liquid and gaseous effluents at the discharge points with the so-called discharge formulae relating to the different effluents, liquid and gaseous, and to the different radionuclides involved.

The discharge formula specifies the maximum activity that it is permitted to discharge in a year, and moreover the "peak" activities that can be released to the environment in shorter periods to allow some flexibility in nuclear plant operation.

For this purpose, a quarterly peak is generally specified, corresponding to one half of the annual discharge limit, to allow for general maintenance periods or similar needs, and a daily peak, equal to one tenth of the annual limit, to allow for any sudden increase in waste production resulting, for example, from plant malfunctioning or minor accidents.

It is evident that the study and definition of a similar formula of discharge should be based on the results of appropriate environmental and ecological studies, such as will give an actual indication of the environmental capacity, of course, the depth and breadth of these studies should be commensurate with the importance of the plant and the magnitude of the consequent risks to the population.

It is evident that the knowledge of the parameters affecting the determination of the discharge limits and thus the environmental studies and surveys at a nuclear plant site depends to a great extent on the type of environment in which the site lies. In this context it should be noted that Italy is an extremely heterogeneous country and that the environment changes from one point to another for the territory and may differ greatly from the type of environment considered typical of Europe.

To mention a few of the most salient characteristics in Italy, we may take, for example, the Po valley where the average meteorological conditions do not favor diffusion of gaseous effluents from the industrial plants in that area. The reason is the high frequency and persistence of fogs, of inversion of the thermal gradient, and in general the stability of the lower layers of the atmosphere. Moreover, the Italian coasts encircle seas which, unlike oceans and the Northern Sea, are closed in and generally not very deep in a wide belt along the shoreline. For instance, the Adriatic sea, which wets about a thousand kilometers of the eastern Italian coast remains mostly above the 200-m isobath.

Except for the Po, the Italian rivers are rather limited in flow rate and length as compared with other European rivers, and often present the characteristics of a torrent. A great deal of the Italian territory is covered by mountains, notably the Western Alps which reach heights of over 4,000 meters and determine a particular situation. Instead, the Apennines, the orogenesis of which is more recent and still under way, are much lower and present wide areas of smooth-rolling hills. However, they involve the whole length of the peninsula. Last but not least, we must remember that Italy is a very densely populated country with all the problems involved from the environmental point of view (doses evaluation, siting, etc.).

The discharge formulae, together with some other prescriptions dealing with the waste management, constitute a relevant part of Technical Specifications which are imposed to the licensee and which indicate the limits and conditions within which the operation of the plant must be conducted, in order to guarantee the safety and to safeguard the protection of the workers and of the population against the risk due to the ionising radiations.

The Technical Specifications are prepared by the technical offices of CNEN on the basis of proposal put forth by the operators, of results of the safety and protection analysis and of supervisory controls carried out during the construction and testing of the plant, and with the relevant influence of opinions expressed by the Technical Commission.

The Technical Specifications generally do not enter to a great extent into the operative details, because italian law assigns precise responsibilities in this field to the health physicist of the plant, who is obligatory member of the directory of "qualified experts" for the physical surveillance of protection.

ENVIRONMENTAL SURVEILLANCE ORGANIZATION IN ITALY

In order to assess the exposure of the population living around nuclear installations for each site, following ICRP Report n. 7 indications, it is concluded a program of environmental investigations to establish the existence of critical groups having particular living characteristics. Owing to Italian people dietary habits, largely consisting of locally produced food consumption (like leaf vegetables and fruit) it is not generally possible to define a prevalent critical pathway for the ingestion of food. In fact the contribution to the total dose coming from the various food-stuffs are often of the same order of magnitude [6].

It must be noted that dose evaluations by the Italian Public Health Authority are based upon the assumption that in the critical groups the limiting factors are generally set by the presence of children under five years of age. This attitude is in agreement with national regulations asking that the MPC's for the adults of the population must be reduced by a factor three, when in the critical group there are children under five years of age.

Nuclear installations in Italy have different construction and site characteristics. Of the three operating power plants, the Latina (GCR) station is on the sea-coast and the others are located on rivers: the Po river (PWR) and the Garigliano river (BWR). A large BWR is under construction on the Po river. For these plants local conditions and dietary habits of population are quite different as the Po river flows in northern Italy and the Garigliano river flows in the southern part of the country. Beside nuclear power stations there are two pilot reprocessing plants, two relatively large research centers, some fuel elements fabrication plants, and some small research facilities scattered all over the country.

During the last years discharge limits have been issued for all these installations. The discharge limits are linked in a discharge formula displaying a number of terms, each corresponding to the nuclides significant from the viewpoint both of the radiation hazard to man or of the discharge rate. As long as discharge limits were issued on the basis of MPC's in the discharges the licensees used to monitor total activity in the effluents at the discharge point and to measure radioactive concentration in some environmental samples (generally water, air and milk) collected around the installations. The CNEN (the Italian Control Authority) by means of inspections, controlled that the situation was within the established limits and that radioactive effluents were correctly monitored in the environment.

Now that the new discharge limits (viz. formulae) are issued under the critical pathways and groups phylosophy, control and monitoring procedures have to be suited to this approach. Therefore the radiological control of the effluents is performed in two phases. The first phase consists in the effluents monitoring at the discharge point, which is very useful for characterising them quantitatively and qualitatively in order to guarantee the compliance with discharge formulae, for each term of which suitable radiological measurements must be executed. During the second phase radiological measurements must be performed in different environmental segments in order to control the radiological impact of the plant as well as to evaluate, if possible, the actual behaviour of the radionuclides in the environment and doses to the population.

CNEN analyzes surveillance data supplied by the licensee to assess the environmental impact of nuclear plants in terms of exposure of the population from radioactive wastes releases.

Starting from 1972 selected environmental data and dose evaluations are published in a revised form of the national radioactivity Bulletin, that shall reach central and local authorities with the aim of supplying to the public a correct information about radioactive effluents management and impact.

The variety of nuclear installations and of local conditions makes it not easy to compare all the collected environmental data among themselves and to assess related dose-commitments. A means by which radioactivity concentration in foodstuff may be connected to doses to man, is the use of derived reference levels. International literature may supply such levels (DWL), but the technical offices of CNEN found them often inadequate to the italian situation and rather rigid if applied on a nation-wide basis.

For these reasons the technical offices of CNEN prepared for each site a set of reference levels, expressed as concentrations in the various segments of the environment, that correspond (taking also into account the contributions from other segments of the environment) to the limits of dose-commitments or to the limits of discharge-rates. These reference levels are related to the limiting radiological capacity of the environment. Two kinds of reference levels are suggested: the first, ECC (Environment Compliance Concentration) corresponds to the concentration of a given nuclide expected in an environmental segment if the authorized discharge was released; it serves the purpose of directly verifying the plants compliance with the authorized limits. The second level, ELC (Environment Limit Concentration) represents the concentration of a given nuclide expected in a segment in correspondence of the limiting radiological capacity; it allows a prompt evaluation of the exposure of the public. The practical reason for establishing two such levels lies in the fact that for a given radionuclide the authorized limit is not always the same fraction of its limiting radiological capacity, as this limit is a compromise between operational needs and the necessity of keeping exposure of public as low as possible ("as low as readily achievable" principle).

Since for the radiological capacity evaluation all the

possible contributions from dietary and living habits have been considered by means of a computer code, for each radionuclide there will be a series of reference levels each related to an exposure pathway. To avoid too many a figure, values corresponding to either the most contaminated or the easiest to collect and measure environmental materials have been choosen.

These levels might find a useful application acting as a check-means for the radioecological studies which describe the behaviour of the effluents in the environment.

The approach to environmental surveillance control by means of a set of reference levels is, in our opinion, very interesting from a Control Authority point of view. In fact, as we have just pointed out, the use of reference levels allows a first control of a plant discharge behaviour and a prompt evaluation of the consequent radiation doses to the public. Of course, the reference levels are not, in our mind, fixed standard values nor regulatory ones, but they have to be subjected to review on the basis of surveillance data, in order to attain an always more realistic figure related to the sites under control. During operation life of the plant it is possible in fact to investigate the correspondence between the preliminary studies and the picture resulting from the environmental surveillance data.

Another important feature of these levels, which we should like to remark, is that a new site is submitted to the Regulatory Authority for the licensing procedure, the derivation of reference levels and their comparison with those established for the operating plants, contributes to ascertain if the preoperational surveys are adequate, and makes it easier to shape correctly the subsequent environmental studies and surveillance program with the adoption of the most convenient measurements methods.

REFERENCES

[1] Legge 14 ottobre 1957, n. 1203: "Trattato istitutivo della Comunità Europea dell'Energia Atomica" - Gazzetta Ufficiale, 23 dicembre 1957, n. 317.

[2] C.N.E.N.: "Il regime giuridico dell'impiego pacifico della energia nucleare" - Vol. I: normativa nazionale, Roma, dicembre 1972.

[3] Ilari, O.: "Technical Criteria and Administrative Procedures for the Health Protection of Populations against the Hazards from Nuclear Plants", In press on Progress in Nucl. En., series XII, Health Physics.

[4] Ilari, O., Polvani, C.: "Development of Nuclear Energy and Environmental Safeguard in the Italian Licensing System", paper presented to the International Nuclear Industries Fair, Basel/Switzerland, 16-21 October 1972.

[5] Bramati, L. et al.: "Organisational and Economic Aspects of Environmental Investigations and Monitoring in the Vicinity of Nuclear Facilities", Proceedings Symp. Radioecology Applied to the Protection of Man and his Environment, Vol. 1, pp. 105-138, C.E.C., Rome 1971.

[6] Boeri, G., Brofferio, C.: "Practical Reference Levels for Radioactive Contamination in Environmental Surveillance", paper presented to the Symp. Environmental Surveillance around Nuclear Installations, IAEA, Warsaw, November 5-9, 1973.

DISCUSSION

I.S. BHAT, India

Does CNEN get samples of effluents from all nuclear installations in Italy for cross-checking the results of the operating authority ?

G. DE CECCO, Italy

At the beginning (in the 1960s) no samples were collected directly by controlling authorities (CNEN), except for some particular cases, because the organisation of the Health Protection Division was not able to afford it. At that time CNEN used to limit its control actions to analysing surveillance data supplied by the operators. In recent years, a great effort has been made by CNEN in order to perform its control actions. At the present time these actions are carried out also by means of a set of reference levels for each site, which are briefly discussed in the paper.

S. HERMISTON, United Kingdom

I was interested in your statement that precise responsibilities for operative details concerning implementation of the technical specifications are assigned to the plant health physicist. Are these responsibilities confined to measurements, and the surveillance and keeping of records, or has the health physicist some special responsibility for controlling the amounts of activity discharged ?

G. DE CECCO, Italy

The operator cannot discharge the radioactive effluents into the environment without the authorization of his health physicist (the so-called "qualified expert"). The latter is responsible for seeing that discharge formulae are respected; these are now issued in such a manner that the effluents could be monitored at the discharge point in order to characterize them quantitatively and qualitatively.

THE MONITORING OF RADIOACTIVE GASEOUS EFFLUENT DISCHARGED FROM NUCLEAR INSTALLATIONS IN THE UNITED KINGDOM

J A Carr
Food Science Division
Ministry of Agriculture Fisheries & Food
LONDON

and

G Stott
HM Industrial Pollution Inspectorate for Scotland
Scottish Development Department
EDINBURGH

ABSTRACT

The principles governing the control of emissions of radioactive gases to atmosphere from nuclear sites in the United Kingdom are discussed. Specific limits for the radionuclides discharged are not usually detailed by the authorising departments who generally prefer to rely on the "best practicable means" approach to minimise emissions.

SURVEILLANCE DES EFFLUENTS RADIOACTIFS GAZEUX REJETES PAR LES INSTALLATIONS NUCLEAIRES DU ROYAUME-UNI

RESUME

Les auteurs de cette communication examinent les principes régissant le contrôle des émissions, dans l'atmosphère, de gaz radioactifs provenant des sites d'installations nucléaires du Royaume-Uni. En général, les services chargés de délivrer les autorisations ne fixent pas de limites précises pour le rejet de radionucléides ; ils préfèrent en effet se fier à la méthode du "meilleur moyen possible" pour réduire les émissions au minimum.

1. INTRODUCTION.

The source of radioactive gases in licensed nuclear establishments is a function of the type of site. In nuclear reactors, neutron activation of the materials within the biological shield and of the carbon dioxide coolant gas, which contains nitrogen and argon as impurities plus fission products in gaseous form leaking from fuel elements results in the emissions to atmosphere of ^{41}A, ^{16}N, ^{3}H, ^{35}S, ^{131}I from the small coolant gas leak which is continuous from Magnox reactors and from blow down procedures. In fuel processing plants the range of fission product gases escaping to atmosphere during dissolution includes ^{131}I, $^{95}Zr/^{95}Nb$, ^{137}Cs.

According to the nuclide involved discharges to atmosphere may result in a potential tissue dose to man by at least one of four modes viz:-

(a) via inhalation

(b) from immersion in or radiation from contaminated air

(c) from radiation emitted from activity deposited on the ground

(d) from deposited activity entering the food chain.

Usually one mode of human exposure is predominant for a specific emission but, exceptionally, cases can arise where two modes are of comparable importance for example the deposition of ^{137}Cs on certain soil where possible food contamination via foliar retention and root uptake and whole body gamma irradiation from activity retained in the upper soil layers both present potential hazards.

It is with these factors in mind that United Kingdom Government Departments approach the proposed operation of licensed nuclear sites, bearing in mind that such plant may be capable of normal and abnormal operation and may be subject to accidents outside the direct control of the plant operators. Usually it is possible to distinguish between the provisions made for normal operation and minor accidents and those made for the major accident conditions.

In the United Kingdom the prime responsibility for ensuring control of the discharges under normal operating conditions lies with the authorising Departments. These are the Ministry of Agriculture Fisheries & Food (MAFF) and the Department of the Environment in England, MAFF and the Welsh Office in Wales and the Scottish Development Department in Scotland. Where such provisions as the method of operation, quantities involved per operation, scrubbing and filtration, for normal operations and minor accident conditions are common, there is an overlap of interest between the authorising Departments and the Licensing Authority which is currently the Nuclear Installations Inspectorate (NII) of the Department of Energy. While the prime responsibility for stipulating the provisions to be made to reduce discharges in the case of a major accident, especially in the case of commercial nuclear reactors, lies with the NII as the "recipients" of such an accidental discharge the authorising Departments cannot be disinterested in the potential performance of such special provisions as Emergency Iodine Adsorption Beds.

2. GENERAL APPROACH.

The authorising Departments apply the principles first enunciated in a Government White Paper entitled "The Control of Radioactive Wastes" [1] so far as technical requirements such as stack heights and reduction of the discharges are concerned. These principles can be summarised as follows:-

To ensure, irrespective of cost, that no member of the public receives more than the Dose Limits recommended by the International Commission on Radiological Protection (ICRP).

To ensure, irrespective of cost, that the whole population of the country does not receive an average dose of more than 1 rem per person in 30 years.

To do what is reasonably practicable, having regard to cost, convenience and the national interest to reduce the doses far below these levels.

Historically in the realm of gaseous discharges in the UK the authorising Departments have never encountered the situation where the dose to any member of the public might approach the ICRP Dose Limits nor has the calculated population dose from all points of emission approached more than a very small fraction of the maximum of 1 rem per person in 30 years. In practice then the Departments have been concerned with implementing the third objective for waste disposal (mentioned above) "to do what is reasonably practicable... to reduce the doses far below these levels". In respect of discharges to atmosphere this objective is met by inserting a clause in the authorisations issued to the effect that the discharges must be reduced by the "best practicable means" the word "practicable" has been defined as "reasonably practicable having regard, amongst other things to local conditions and circumstances, to the financial implications and to the current state of technical knowledge" [2].

In the UK, in contradistinction to the case of liquid effluents such authorisations do not include specific limits for the nuclides discharged to atmosphere from a given point of emission. There are arguments both for and against setting definite limits to stack discharges. The main objection to setting a specific limit lies in the fact that it tends to be regarded as a working limit which is clearly not desirable if practical experience indicates that discharges may be held significantly below the level selected. As an abstract conception, however, it must be admitted that there might be some difficulty in its logical justification. Nevertheless this particular approach to stack discharges has in practice proved very successful.

One of the alleged benefits of the best practicable means approach for proposed plant is that it provides a target for the designer. It is, however, essential to remember that the object of the exercise is to express the consequence of the discharges in terms of human tissue dose. The designer is then faced with estimating the composition and quantity of nuclides likely to be discharged in the absence of treatment, the theoretical reduction afforded by various forms of treatment and the environmental impact in terms of radiation dose to human tissue. The likely discharges in the absence of treatment are invariably a matter of some conjecture and may require such steps as an "ab inito" assessment of induced activities from neutron irradiation and the escape of fission products from fuel elements. Theory may be aided by specific experiments and/or extrapolation from the behaviour of a pilot plant. It is however a fact that the operating conditions, plant configuration and specifications for materials m ay differ between the pilot plant and the commercial plant proposed so that more than a simple change in the scale of the operations may be involved and these differences may to some extent invalidate extrapolations regarding both the estimated untreated discharges and the estimated efficiency of the treatment system. Some uncertainty also arises over the actual performance of the treatment plant as opposed to its predicted performance while theoretical estimates of the environmental impact are of necessity imprecise particularly where previous experience of the behaviour of the nuclide considered in the chemical form predicted is not available.

It is clear that at the design stage of a new installation the designers must have some numerical target to aim at but that considerable uncertainties can exist at this stage over what the actual discharge will be and in assessing the resultant human tissue dose. Of course where previous experience of the operation, discharges and environmental impact of a similar plant has been accumulated the uncertainties are reduced. In essence in the UK the practice is at this stage to fix the upper limit to the human tissue dose arising from gaseous discharges to 5% of the ICRP Dose Limit and then to work backwards using pessimistic factors at each stage in the calculations. The net effect of this approach is to render it highly probable that the environmental impact will be in practice considerably less. Where in theory, at least, the proposed plant might produce levels of contamination in the environment resulting in this 5% level being reached, the ability to further reduce discharges should this prove necessary in practice, has to be seen to be available and the authorisation (with its absence of numerical limits) is issued on the understanding that these additional measures will be demanded should they prove necessary. Equally, should operational experience indicate that discharges can be held to lower levels at relatively small cost or effort, this will be demanded.

3. MONITORING OF DISCHARGES.

3. 1 REASONS FOR MONITORING.

Monitoring at the point of discharge is usually initiated in an attempt to correlate the site discharges with the subsequent environmental impact and to substantiate (or otherwise) the design estimates. The environmental impact of releases at the design rate will be known approximately and for cases where these are negligible the stack or vent monitoring may be restricted to a limited initial period to confirm the design predictions. As a generality, however, even for such low levels of emission under normal operational conditions careful consideration must be given to the actual operations and to the possibility of abnormal releases due to operator misjudgement or accident. In practive except where the quantities of material handled are trivial, some check on discharges to atmosphere, albeit spot checks, will be required. For other situations where actual or potential discharges have some significance, the monitoring of stacks or vents thus serves the additional function of giving an early indication of an abnormal discharge and assists in locating its source. For stacks in large establishments receiving contributions by ducting from several laboratories or buildings the rapid location of the source of the abnormal release may well be assisted by additional monitoring facilities which may be installed permanently in the duct or by providing facilities in such ducts for the rapid installation of such devices.

It may well be, especially where adequately representative monitoring in the environment can be extremely expensive eg continuous air sampling, that great reliance may be placed on the monitoring of discharges to provide adequate, even though approximate, estimates of the environmental impact eg the potential inhalation hazard. It would be improper to consider here the relative importance of monitoring the discharges to atmosphere and the environmental monitoring undertaken, but from the above it will be apparent that irrespective of the merits of environmental monitoring in demonstrating a satisfactory situation, environmental measurements are not regarded as satisfactory in rapidly indicating plant malfunction and locating its source. Of course with large reactors or chemical reprocessing plant other instrumentation should also give an early indication that an abnormal situation is developing.

The point of discharge would also seem the logical place to check the chemical forms and the nuclides involved since at any subsequent point considerable dilution will have occurred.

3. 2 PRACTICAL CONDITIONS.

The quantitative estimation of discharges to atmosphere is subject to limitations which may not be immediately apparent. It is not proposed to deal with these problems in detail at this stage since the technical papers will render the difficulties more obvious. However, it is worth while stating the basic problem ie to obtain a truly representative sample from a known fraction of the volume discharged and to analyse the sample correctly. Each stage presents its own difficulties. Thus discharges may be continuous and even, continuous but uneven, repeated but not continuous and each "repeat" can vary between being comparable to the previous volume discharged to having no relation to it. Under some of these conditions the sampling of a known fraction of the volume discharged will present difficulties while where sampling is by adsorption of a gaseous effluent on impregnated filter papers or thin packs (eg of activated charcoal) the "contact time" may be all important in obtaining a reproducible collection efficiency.

4. EXAMPLES OF PREDISCHARGE MONITORING.

4. 1 For a large nuclear establishment such as Harwell there may be some 50 stacks or vents discharging from areas in which radioactive work could take place. At any one time many of these areas are inoperative in so far as radioactive material is concerned and control is exerted partly by designating certain stacks as "Principal Points of Emission" which are monitored continuously according to an agreed programme and by reliance on administrative control. The latter implies that the establishment administration enacts local rules which require that their Health Physics Division scrutinize proposals for active work undertaken outside of areas venting via the "Principal Points of Emission" and decide whether or not stack sampling is required.

4. 2 At the nuclear fuel reprocessing plant at Dounreay, Caithness, where irradiated fuel elements from material testing reactors and the experimental Dounreay Fast Reactor are processed and plutonium and depleted uranium recovered the authorisation permitting gaseous discharges requires the continuous use of the "best practicable means for reducing such discharges" and these "means" include the liquid scrubbing of vent gases from the dissolvers to reduce the emissions of gaseous ^{131}I.

Extract ducts from experimental laboratories are fitted with filters to prevent radioactive particles passing into the atmosphere via the chemical group stack.

Although there are no numerical limits to the quantities of gaseous effluents discharged the authorisation also requires the taking of "such samples of the waste discharged from the premises..........as shall be required by the Secretary of State and shall make such determinations on the samples.......". The system of stack sampling involves the taking of an isokinetic sample of the gas being discharged, on a continuous basis. The gas sample is divided into two streams, one passing through a moving filter paper roll which is monitored for gross beta and alpha activity; the monitoring instruments are attached to an alarm system sited in an operations control room and the alarm is set off if the gas sample contains particulate activity greater than

10^{-6} uCi/ml of beta activity

4×10^{-9} uCi/ml of alpha activity.

The other half of the gas sample passes through a glass fibre filter then an activated charcoal loaded glass fibre filter and finally through an activated charcoal pack. These filters are changed and analysed daily by gamma spectrometry and the levels of activity discharged to atmosphere are recorded and sent to the authorising department. An abridged example of the returns made is shown in Table I.

It is always possible on theoretical grounds to link the measured activity in the gaseous effluent to a Derived Working Limit of a specific radionuclide in the food chain. For example it has been calculated that an emission of 150 mCi of elemental ^{131}I from the Chemical Group Stack each day will result in an equilibrium level of 0.4 mCi of ^{131}I in milk in certain areas around the site. Thus predischarge monitoring of gaseous effluent is justified on the grounds that some knowledge of the dose to man can be determined in advance of environmental monitoring and analysis.

TABLE I

Gaseous discharges to atmosphere from the main Dounreay stack.

	mCi of fission products discharges	mCi of individual nuclides discharged				
		^{144}Ce	^{131}I	$^{103}Ru/^{106}Ru$	^{137}Cs	$^{95}Zr/^{95}Nb$
1/10/73	51				39	12
2/10/73	43	13			6	24

References

[1] Anon. The Control of Radioactive Wastes Cmnd 884 HMSO LONDON (1959)
[2] Anon. Clean Air Act 1956.

DISCUSSION

I.S. BHAT, India

Dr. Carr, you mentioned that you don't specify maximum discharge limits for stack release for individual installations. Doesn't the operating department insist on giving some specific working limits for the sake of ease of operation ?

J.A. CARR, United Kingdom

While actual limits are not contained in the legal document which constitutes the "authorization" this does not mean that the situation has not been thoroughly explored prior to its issue. In these discussions informal agreement has been reached with regard to the human tissue dose which would be acceptable so that in this sense all concerned know approximately the magnitude of the discharges which will be regarded as acceptable. As the paper indicates, this procedure has now become more formal precisely for the reason that prompted the question.

E. WALLAUSCHEK, NEA

When you were talking about monitoring at the release point norms environmental monitoring, you mentioned that "as far as the general public is concerned, there is no substitute for environmental monitoring to satisfy the public". Have you already observed a trend in the U.K., giving more and more emphasis to release monitoring (and reducing environmental monitoring), meaning that the general public may become satisfied with this in the not too distant future ?

J.A. CARR, United Kingdom

It is purely my personal opinion that the general public will always require the reassurance provided by actual measurements made in the environment and that further, they require the additional reassurance of measurements made independently of the operators.

A.M.F. OP DEN KAMP, Netherlands

I should like to make a remark and not put a question. I cannot understand your objections against setting specific limits for the discharges to the atmosphere from a given point of emission. The Dutch government does not follow this policy. Besides the given specific limits for the discharges, which include discharges from possible minor accidents, there is the general rule in the licence that discharges should be as low as possible. With this rule we have the same, what you called "psychological weapons", to put pressure on the operators to minimize the discharges, and not to interpret the limits as working limits.

J.A. CARR, United Kingdom

The paper outlines the U.K. approach which historically has worked well given the U.K. conditions. I would not claim that other approaches would not work satisfactorily in other countries. As a matter of interest we would not regard accidental releases as "authorized". In other words an "authorization" in the U.K. refers to normal plant operation which is fully within the operators' control.

S. AMARANTOS, Greece

Which are the main principles (or ideas) applied in the selection of a certain fraction of the ICRP population dose, for controlling the releases ?

J.A. CARR, United Kingdom

In essence the figure was arrived at after an intensive consideration of the various factors involved in implementing the third set of conditions mentioned in the Government White Paper, namely "to do what is reasonably practicable, having regard to cost, convenience and the national interest to reduce the doses far below the (ICRP) levels". It is thought that in practice even the 5% figure mentioned will not in fact be attained.

MONITORING OF RADIOACTIVE GASEOUS EFFLUENTS FROM NUCLEAR POWER PLANTS IN THE FEDERAL REPUBLIC OF GERMANY

by

J. Schwibach and I. Winkelmann
Federal Health Office

Abstract

Monitoring of radioactive gaseous effluents from nuclear power plants must prove that applicable radiation protection standards and licensing conditions are met, that the actual discharge of radionuclide substances may be reported to the public, and that any accidental release of radionuclides may be detected immediately.

Therefore, the total activity of radioactive substances in the gaseous effluents must be determined continuously by direct measurement prior to discharge, whereas radionuclide mixtures or single radionuclides which may contribute significantly to the radiation exposure of the public, even if amounting only to a very minor fraction of the total activity discharged, may be determined separately by continuous or discontinuous sampling and measuring methods which provide the necessary detection limit. The control of the discharge of radioactive gaseous effluents shall be completed by environmental monitoring in the vicinity of the nuclear power plant.

SURVEILLANCE DES EFFLUENTS RADIOACTIFS GAZEUX EN PROVENANCE DES CENTRALES NUCLEAIRES DE LA REPUBLIQUE FEDERALE D'ALLEMAGNE

Résumé

La surveillance des effluents radioactifs gazeux en provenance des centrales nucléaires doit permettre de s'assurer que les normes de radioprotection et les conditions d'autorisation applicables sont bien observées, que le public peut être informé de la quantité de substances radioactives effectivement rejetée et que toute libération accidentelle de radionucléides peut être immédiatement détectée.

En conséquence, l'activité globale des substances radioactives présentes dans les effluents gazeux doit être constamment évaluée au moyen de mesures directes pratiquées préalablement au rejet ; par contre, les mélanges de radionucléides, ou les radionucléides distincts, qui sont susceptibles de contribuer de façon significative à l'exposition du public aux rayonnements, même s'ils ne représentent qu'une très faible proportion de l'activité globale rejetée, peuvent être évalués séparément, à l'aide de méthodes d'échantillonnage et de mesure atteignant les limites de détection requises, appliquées soit en mode continu soit par intermittence. Le contrôle du rejet des effluents radioactifs gazeux s'accompagnera d'une surveillance des conditions ambiantes à proximité de la centrale nucléaire.

1. Introduction[1)]

Discharge of radioactive substances in gaseous effluents from nuclear power plants and their control are dealt with in the licensing of the nuclear power plant as demanded by the Atomic Energy Law and the Radiation Protection Ordinance [1] . Because of the principle to keep radiation exposure of the public as low as practicable, large safety factors to restrict exposure of the public are applied and the technical specifications for discharge of radioactive substances in gaseous effluents are based on calculations with exposure models that take into account the more important potential exposure pathways in the environment.

Today, the discharge only of strictly limited residual amounts of radioactive substances in gaseous effluents will be licensed [2]. A good design of the plant will have been asked for to minimize discharge rates, and to facilitate efficient control of the discharge. This gives rise to special requirements for monitoring of the gaseous effluents at the stack, the point of final control prior to discharge. Although it may be more difficult to measure even minor amounts of radionuclides in the gaseous effluents, monitoring programmes for control of the discharge may well be simplified if for the minor constituents short-term discharge rates are not of interest and sampling methods also give good results. On the other hand, a programme of environmental monitoring in the vicinity of the nuclear power plant to complete control most of all in case of accidental releases is always called for.

---

1) Includes reports on research sponsored by the Federal Ministry of the Interior - Department of Radiation Protection and Reactor Safety

2. Objectives of monitoring of radioactive gaseous effluents from nuclear power plants

By monitoring of the radioactive gaseous effluents from nuclear power plants at the stack, first of all, it must be proven that authorized limits of discharge of radioactive substances in the gaseous effluents are not exceeded. Otherwise, the operator of the plant must correct the situation or even shut down the plant.

It is very important, also, that monitoring of the gaseous effluents must allow to quickly detect and to assess the magnitude of any accidental release of radioactive substances.

According to the Radiation Protection Ordinance of the F.R.G. the activity concentration of radioactive substances in the gaseous effluents should be determined to prove that maximum permissible concentrations in air in unrestricted areas as given in the ordinance are not exceeded. Thereby, maximum permissible concentrations given for mixtures of radioactive substances may be used.

Control by determining the total activity concentration of radionuclide mixtures may be unsatisfactory with regard to dose calculations if the composition of the mixtures involved is varying. Moreover, the exposure models of submersion or inhalation on which the calculation of these maximum permissible concentrations is based do not take into account other exposure pathways in the environment. This possibility would only be covered by environmental surveillance programmes.

However, in licensing of nuclear power plants special technical limits of discharge of radionuclides or mixtures of radionuclides are specified which are based on dose calculations for the more important radionuclides and on other potential exposure pathways in the environment.

In general, the total activity of radioactive substances in the gaseous effluents should be measured continuously prior to discharge in order to detect any rise in discharge levels or accidental releases immediately.

Radionuclide mixtures or single radionuclides, however, which may contribute significantly to the radiation exposure of the public, even if amounting only to a very minor fraction of the total activity discharged, may be assessed separately by continuous sampling and measuring methods which provide the necessary detection limit. Also other inplant information or measurements may be made use of in this connection.

It should be noted here that registration and evaluation of meterological data during routine releases should not be aimed at. The main effort in effluent discharge control must be prevention of unnecessary releases. This will be achieved, most of all, by a good design of the plant. With a view to the already very low levels to be expected short-term meteorological conditions should be unimportant for routine operation.

3. Methods of monitoring the discharge of radioactive gaseous effluents at the stack of nuclear power plants

3.1 General

In general, for nuclear power plants with light-water cooled reactors the following mixtures of radionuclides or single radionuclides should be monitored separately at the stack:

a) radioactive fission and activation gases
(residual nuclides in off-gas from primary gas retention; nuclides in ventilation air from leakage of radioactive coolant or from activation)

b) short-lived radioactive aerosols[2)]
(natural Rn- and Tn-daughters; Rb-88 and Cs-138)

---

2) May be omitted, of total discharge per year is likely to be less than some Ci.

c) long-lived radioactive aerosols
(e.g. Fe-, Mn-, Co-nuclides; Sr-89 and Sr-9o;
J-131 in particulates)

d) radioiodines
(J-131 in gaseous compounds)

e) special radionuclides
e.g. tritium; actinides)

Methods of sampling and measurement for these radionuclide mixtures include:

a) continuous sampling and continuous measurement at the stack if the activity concentration in air or the discharge rate must be known at any time,

b) continuous sampling at the stack and discontinuous measurement if short-term fluctuations of the discharge rate are not of interest or if necessary detection limit depends on sample enrichment,

c) discontinuous sampling and measurement for checking purposes or in case of special operating conditions (supported by other in-plant information or measurements).

The Federal Health Office has recently published a report [3] summarizing technical details of the stack monitoring systems currently in use at the nuclear power plants in Kahl, Gundremmingen, Lingen, Obrigheim, Würgassen and Stade. The data have been submitted by the operator of the plants mentioned. A Summary of detection limits of the measuring methods in use is given in appendix 1 (tables I, II and III). An overview of activity concentration and discharge rate of radionuclide mixtures or single radionuclides in gaseous effluents from nuclear power plants is given in appendix 2.

3.2 Standardisation of monitoring of radioactive gaseous effluents at the stack of nuclear power plants with light-water cooled reactors

In cooperation with the operators of nuclear power plants in the F.R.G. and other experts the Federal Health Office recently has elaborated the following draft of proposals for a standardisation of monitoring of radioactive gaseous effluents from nuclear power plants with light-water cooled reactors /3/ :

I. Measurement of radioactive gases

a) Radioactive gases in the gaseous effluents shall be determined by continuous measurement of their activity concentration in the effluents.

b) They shall be sampled after sufficient mixing at the stack in a by-pass.

c) The measurement shall be carried out continuously in a calibrated measuring chamber protected against contamination with aerosols by a prefilter.

b) The detector used for the measurement should provide a detection limit of 2.10^{-7} Ci/m^3.

e) A high measuring range for accidental releases shall be provided by an additional special measurement method (e.g. with a less sensitive or shielded detector).

f) The measuring results shall be recorded and displayed in the main operating of the reactor.

g) Two independent measuring and recording installations shall be supplied for reliable detection of increased discharge rates at any time.

h) Alert or operational countermeasures (e.g. ventilation shutdown) shall be initiated at preselected levels of activity concentration or discharge rate.

i) Continuous measurement and registration of effluent flow in the stack and in the by-pass shall be provided.

II. Measurement of short-lived radioactive aerosols

a) Short-lived radioactive aerosols in the gaseous effluents shall be determined by enrichment on an aerosol filter.

b) They shall be sampled with the aerosol filter after sufficient mixing at the stack in a short by-pass.

c) Measurement shall be carried out periodically or in case of need by measuring the beta activity of the aerosol filter.

Remarks:

Currently this type of measurement is being carried out with a stepwise moved filter band installation. This method may be continued. Continuous measurement of short-lived radioactive aerosols may be omitted if the total activity per year is likely to be less than some Ci.

III. Measurement of longlived radioactive aerosols

a) Longlived radioactive aerosols in the gaseous effluents shall be determined by enrichment on an aerosol filter.

b) They shall be sampled with the aerosol filter after sufficient mixing at the stack continuously in a short by-pass.

c) The sampling period should be at least 1 week and not more than 3 months, to achieve a detection limit comparable to current fall out net work techniques (ca. $1o^{-12}$ - $1o^{-13}$ Ci/m^3). In general, a weekly sampling interval with an effluent throughout of 1ooo m^3 should be provided. In case of need the sampling time may be shortened.

d) The measurement shall be carried out after a decay time of 5 days by measurement of the beta-activity. Also, gamma-spectrometric analysis for single radionuclides may be provided. If necessary, radiochemical analysis for Sr-89 and Sr-9o shall be carried out. For the time, measurement of the beta-activity is satisfactory.

IV. Measurement of radioiodines

a) Radioiodines in gaseous compounds in the gaseous effluents shall be determined by enrichment on a special iodine filter.

b) They shall be sampled with the iodine filter after sufficient mixing at the stack continuously in a short by-pass after the aerosol filter for sampling of longlived radioactive aerosols. The iodine filter shall also retain organic compounds of iodine.

c) The sampling period shall be, as rule, one week. In case of need the sampling time may be shortened.

d) The measurement shall be carried out by measurement of the beta-activity or by gamma-spectrometric analysis of J-131 and the other shortlived isotopes of iodine; for the time, measurement of the beta-activity or gamma-activity after a decay time of 48 hours will be satisfactory.

Remarks:

A specification of the iodine filters and the measuring methods will be forwarded shortly.

V. Measurement of special radionuclides

Insofar as monitoring of coolant and effluents within the plant is not sufficient, continuous or discontinuous sampling of the effluent at the stack with appropriate samples taking in a by-pass shall be provided.

Remarks:

A proposal on type and frequency of measurement of tritium water vapour in the gaseous effluent will be forwarded shortly. A proposal of measurement of alpha emitting nuclides (actinides) must be postponed.

3.3 Current status of studies on the monitoring of radioactive gaseous effluents

Within the last year or two the Federal Health Office has started a programme of investigations in cooperation with the operators of nuclear power plants to gather more data on radionuclide composition of the radioactive substances discharged in the gaseous effluents from the operating nuclear power plants and to compare the different measuring and sampling methods in use.

These studies include:

a) Regular gamma-spectrometric analysis of weekly samples of aerosols and iodines from the stack monitors.

The nuclear power plants in Gundremmingen, Obrigheim, Würgassen and Stade take weekly samples of aerosols and iodine-filter in a by-pass at the stack. These filters are sent to the Federal Health Office for determination of nuclide composition by gamma-spectrometry with a sensitive semiconductor detector and computerized evaluation for up to 2o different radionuclides. Technical data on the method employed and detection limits are given in appendix 3. The aim of the study is to report the results of weekly measurements of the more important gamma emitters over some period of time. The first report is now being distributed to the participants of the study and will be published thereafter.

b) Spot check analysis of weekly samples of aerosol-filters from the stack monitor or analysis of special samples for determination of alpha emitting nuclides

The analysis of selected weekly samples of aerosolfilters from the stack monitor or of special samples taken in the plant for determination of alpha emitting nuclides has been initiated to decide if periodic measurement of gross-alpha activity at the stack or determination of the more important alpha emitting nuclides (actinides) should be undertaken routinely. The analytical work is carried out by the alpha surveillance laboratory of the Radiation Research Centre at Neuherberg.

c) Spot check analysis of weekly samples of aerosolfilters from the stack monitors for Sr-89 and Sr-9o

More data on the content of Sr-89 and Sr-9o in the weekly samples of the aerosolfilters of the stack monitors are desired before formulating requirements for routine analysis. The Federal Health Office is now starting spot check analysis for Sr-89 and Sr-9o of aerosol filters already analysed by gamma-spectrometry.

d) Determination of tritium water vapour in the gaseous effluents at the stack of nuclear power plants

Samples of water vapour from the gaseous effluents in the stack of some of the operating nuclear power plants are collected with a cooling coil apparatus of the Federal Health Office for determination of tritium over a period of time.

e) Comparison measurements of the activity concentration of radioactive gases at the stack with a measuring chamber

After a preparatory run at the research reactor at Neuherberg a measuring chamber for radioactive gases has been operated for some weeks at the stack of the nuclear power plants in Gundremmingen and Obrigheim. This measuring chamber has been equipped with a gamma-detector and a beta-sensitive detector. It is now being redesigned for better mechanical performance and improved geometry and also fitted with a plastic scintillation detector. Some details of the new measuring chamber are:

dimension: 3o · 3o · 1o cm
first detector system: 3" · 3" NaJ-detector
second detector system: large area counter (3o · 3o cm) for beta-activity measurement with sandwiched second counter for gamma-compensation
third detector system: plastic scintillation detector (15 cm diameter)

f) Determination of the radionuclide composition of radioactive gases in the gaseous effluents at the stack

More data on radionuclide composition of the discharged radioactive gases are needed to formulate requirements for routine measuring methods. Some experts already have taken a very advanced point of view in asking for continuous analysis of nuclide composition of radioactive gases at the atack. This should not be necessary in case of low discharge rates. The Federal Health Office has started some preliminary measurements of composition of radioactive gases at Obrigheim. Now with improved sampling equipment and a sensitive semiconductor detector studies on composition of the radioactive gases will be carried out at the other operating nuclear power plant. The results will be compared with data forwarded by the operators of nuclear power plants before deciding on routine requirements.

4. Environmental monitoring in the vecinity of nuclear power plants

4.1 General

Environmental monitoring completes control of the discharge of radionuclides in effluents from nuclear power plants. Restriction of environmental monitoring programmes to the vicinity of the site is called for in case of nuclear power plants with low discharge rate during normal operation. And in case of accidental releases, too, effects in the vicinity will be important first of all.

By experience, the following regions of environmental monitoring may be dealt with somewhat separately.

I	Air and precipitation
II	Soil and vegetation
III	Foodschains on land
IV	Surface waters and ground water
V	Foodschains in water

This takes into account, most of all, different physical characteristics of environmental media, different levels of radioactivity to be expected, and different location and time scales for the main exposure pathways that must be considered.

Environmental safety of operation of nuclear power plants must be proven for some decades of plant operation. Primary control of environmental effects or radiation exposure of the public, therefore, must be based on control measures within the plant. On the other hand, general control of environmental radioactivity and radiation exposure of the public should not be assigned to operators of nuclear power plants but must be undertaken by bodies entrusted therewith by the competent authorities taking into account all contributions from the nuclear industry.

Accordingly, the main objectives of the environmental monitoring programme of the operator of a nuclear power plant are:

a) recording of preoperational levels of environmental radioactivity and training of staff before start of operation,

b) control of the routine operation of the nuclear power plant by regular monitoring of the environment, and

c) detection and assessment of accidental releases of radionuclides in the environment.

A) <u>Recording of preoperational levels of environmental radioactivity</u>

In order to detect even small effects of radionuclides released to the environment during routine operation of a nuclear power plant or in case of accidental releases, it is useful to record preoperational levels of environmental radioactivity.

For the elaboration of the preoperational environmental investigation programme it is necessary to start from general information on local conditions and possible relevant environmental factors. On the basis of this information which in the lengthy course of licensing will become available, objects and methods of the preoperational survey may be determined. Most important in this connection will be selection of reference points to be controlled routinely and, in particular, in case of an accidental release, and recording of their radioactivity levels, as well as to train the staff before starting operation of the plant.

B) Environmental monitoring programmes for routine operation

Environmental monitoring programmes for routine operation should concentrate on the most critical points in the vicinity. Continuous surveillance of released radionuclides in the transporting media air and water, may be restricted to a few but representative places in the near vicinity of the plant.
This shall be supplemented by periodic surveillance in all regions of environmental monitoring where the released radionuclides could accumulate.

It will also be desirable to make use of standard surveillance techniques the results of which are easily to be compared with other environmental networks.

C) Detection and assessment of accidental releases of radionuclides in the environment

One objective of environmental monitoring always has been to detect very early releases of radionuclides which somehow may have escaped control within the plant. A large part of environmental monitoring will be mainly justified to cover this possibility.

In case of accidental releases of radionuclides radioactivity levels in the environment should be assessed quickly. Early emergency monitoring must aim at rapid measurements and should be rehearsed regularly during routine operation to assure reliability in case of need. Therefore, the early emergency monitoring programme to be carried out by the staff of the plant operator should be integrated into the routine environmental monitoring programme of the plant.

Methods of measurement or sampling in environmental monitoring programmes include:

1) continuous measurement of gamma-radiation from air in situ (measuring station)

2) periodic measurement of gamma-radiation from air in situ (survey teams)

3) continuous sampling in situ and measuring of samples in the laboratory (sampling station)

4) periodic sampling in situ and measurement of grab samples or mixed samples (survey team)

5) supplementary, e.g.
   integrating measurement of gamma-dose in situ (solid state dosemeters),

   continuous or periodic sampling in situ with measurement only in case of need, and

   measurement of special samples from the environment.

4.2 Standardisation of environmental monitoring programmes at nuclear power station with light-water cooled reactors

In cooperation with the operators of nuclear power plants in the Federal Republic of Germany and other experts the Federal Health Office recently has elaborated the following draft of proposals for a standardisation of environmental monitoring programmes of the operators of nuclear power stations with light-water cooled reactors [4] .

A) Recording of preoperational levels of environmental radioactivity, elaboration of the routine environmental monitoring programme in the vicinity, and basic training of staff

I. Air

a) Measuring stations to be put into operation with monitoring programme as later routinely required

b) Survey teams go out at selected routes and take up measurements at selected points as later routinely required

II. Soil and vegetation

a) Identification of sampling points according to local conditions which later on may be of interest in case of need or for comparison purposes

b) Measurements as later on routinely required

III. Food chains on land

a) Identification of sampling points and objects according to local and ecological conditions which later on may be of interest in case of need or for comparison purposes

b) Measurements as later on routinely required

IV. Surface water and ground water

a) Identification of sampling points according to local conditions which later on may be of interest in case of need or for comparison purposes

b) Measurements as later on routinely required

V. Food chains in water

a) Identification of sampling points and objects according to local and ecological conditions which later on may be of interest in case of need or for comparison purposes

B) Routine environmental monitoring programme [3)]

I. Air

type of monitoring	measuring or sampling point	frequency
a) continuous measurement of γ-radiation from air	2 measuring stations; area of main deposition; second main wind direction - where applicable at elevated height	continuous
b) continuous sampling of aerosol activity on filter	the same	fortnightly [4)] for ß-activity; quarterly by γ-spectrometry
c) continuous sampling of radioiodines on charcoal filter	the same	fortnightly I-131
d) integrated γ-dose (solid stated dosemeter)	4o locations in the vicinity (at populated areas e.g.)	yearly
e) periodic measurement of γ-radiation from air, aerosol activity and I-131	measurements as specified in the emergency monitoring programme for the survey team in one wind sector	monthly, one survey team on specified route

II. Soil and vegetation

type of monitoring	measuring of sampling point	frequency
a) measurement of deposition on soil and vegetation	sampling points as specified in the emergency monitoring programme for the survey team in one wind direction	monthly, one survey team on specified route

3) Tritium and actinides not included; are being dealt with on a case by case basis

4) Measurement after 5 days decay time

III. Food chains on land

type of monitoring	measuring or sampling point	frequency
a) J-131 ß-activity and γ-spectroscopy in grab sample of milk	nearest farm, if possible in area of main deposition	monthly during time of fresh fodder feeding
b) J-131 ß-activity and γ-spectroscopy in mixed sample of milk	local milk distribution	semiannual (once during time of fresh fodder feeding)
c) ß-activity and γ-spectroscopy of grab samples of locally important agricultural products	nearest producers, if possible in area of main deposition	yearly

IV. Surface waters and ground water

type of monitoring	measuring or sampling point	frequency
a) ß-activity and γ-spectroscopy in continuously taken water sample	in flowing and outflowing coolant water	monthly
b) ß-activity and γ-spectroscopy of water samples	wells, water works and lakes within local ground water area	yearly

V. Foodchains in water

type of monitoring	measuring or sampling point	frequency
a) ß-activity and γ-spectroscopy of grab samples of water, suspended matter and silt	receiving water body	semianually

C) <u>Early emergency measuring programme</u>

a) Measurement of γ-radiation from air by a γ-sensitive measuring instrument 1 m above ground; measuring points as specified in the emergency monitoring programme for the prevailing wind direction

b) Taking of an aerosol sample on a filter with mobile air sampling equipment (e.g. for 1o min), and measurement the sampled ß-activity immediately with a large area counter (or measurement in the laboratory later on and after decay of short-lived natural radionuclides); at the same measuring points as above in C.a.

c) Taking of an iodine sample on a charcoal filter with the air sampling equipment (measurement later on in the laboratory); at the same measuring points as above in C.a.

d) Measurement of contamination of soil and vegetation by a ß-sensitive measuring instrument (large area counter e.g.) 5 cm above ground[5] and

e) Taking of samples of soil including vegetation for later measurement in the laboratory by γ-spectrometry; at the same measuring points as above in C.a.

<u>Remarks:</u>

This programme is mainly intended for early emergency monitoring during the first two hours of an accidental release situation. Of course, from the beginning of the emergency all measuring results from in-plant and stack monitors or measuring stations in the vicinity will be made use of. As soon as the emergency control organisation of the competent authorities takes over control, additional measurements will be initiated as demanded by the circumstances under the responsibility of the official emergency control organisation.

It is the opinion of some experts that a larger number of automatic continuously recording measuring stations distributed in the vicinity of nuclear power plants with computerised evaluation of measuring data including meteorological forecasts for dose calculations should be provided. Such technical effort, however, will also have its limitations and should not be necessary for nuclear power plants.

---

5) This proposal may be omitted pending the results of current discussions.

5. Reporting of discharge of radioactive substances in gaseous effluents from nuclear power plants to the public

Reporting of discharges radioactive substances in gaseous effluents from nuclear power plants to the public should give information on the more important constituents with regard to radiation exposure of the public. This includes very minor amounts of radionuclides masked in the total activity of the discharged radioactive gases which only by enrichment processes in the environment - maybe extending over decades of plant operation - may give rise to a significant radiation exposure. However, for such radionuclides accounting over weeks, months or even years of discharge will give sufficient information, as their licensed discharge limits are already calculated for the whole plant life.

At the time, for reporting the discharge of radioactive substances in gaseous effluents to the public the following scheme is envisaged:

a) Yearly discharge of radioactive gases

aa) Total activity of gases per year (Ci/a)

ab) Supplementary information on nuclide composition (e.g. activity of off-gas from primary gas retention or estimated nuclide composition based on discontinuous - monthly or so - nuclide analysis)

b) Yearly discharge of short-lived radioactive aerosols (Ci/a)[6]

ba) Total activity of short-lived aerosols discharged (based on measurements with the stepwise-moved filterband installation; including natural radioactivity)

bb) Supplementary information on nuclide composition (Rb-88 and Cs-138)

c) Yearly discharge of long-lived radioactive aerosols (mCi/a)

ca) Total activity of long-lived aerosols discharged (as sum of measured activity of weekly sample on the aerosol filter after 5 days of decay)

---

6) May be omitted, if total discharge per year is less than some Ci.

ca) Supplementary information on nuclide composition (based on gamma-spectrometric analysis of the weekly samples on the aerosol filter)

d) Yearly discharge of radioiodine in gaseous compounds (as sum of measured activity of weekly sample on iodine filter after 48 hours of decay)

e) Yearly discharge of tritium as tritium-water vapour (Ci/a)

ea) Estimated yearly discharge (based on measurements of check samples of water condensate from the gaseous effluents or other samples)

or:

eb) Total activity of tritium water vapour (based on continuous or periodic samples of water condensate from the gaseous effluents at the stack)

Data on yearly discharge of radioactive gaseous effluents from nuclear power plants in the F.R.G. from start of plant operation up to now documented for publication according to the scheme given above by the operators of the nuclear power plants.

In general, improved reporting of the results of monitoring of radioactive gaseous effluents at the stack, and of the environmental monitoring programme including more data on the more important radionuclide mixtures or single radionuclides is desired. Also, improved interpretation of such data in official reports will be increasingly important. Explanation in terms of potential dose to the public based on commonly accepted exposure models and including all important potential exposure pathways will help in the public discussion of environmental effects of nuclear power plants.

References:

/1/ J. Schwibach:

Strahlenschutzrichtwerte für die Genehmigung der Ableitung radioaktiver Stoffe

7. IRS-Fachgespräch 9.11.1971 - Tagungsbericht IRS-T-23 (Juli 1972) and: Atomwirtschaft-Technik 17, 153-154, 196-198, 28o-282 (1973)

/2/ K. Aurand, M. Ruf, W. Schikarski a. J. Schwibach:

Environmental exposure by radionuclides in gaseous and liquid effluents from nuclear power plants in the F.R.G.

Fourth United Nations International Conference on the Peaceful Uses of Atomic Energy A/Conf. 49/ P/399, Genf 6-16.9.1971

/3/ J. Schwibach, I. Winkelmann a. H. Riedel:

Bericht über die Überwachung der Abgabe radioaktiver Stoffe in der Abluft von Kernkraftwerken in der BRD. Teil I: Überwachungseinrichtungen am Kamin von Kernkraftwerken mit leichtwassergekühltem Reaktor

Report STH-2/73 of the Federal Health Office, Neuherberg, May 1973

/4/ J. Schwibach, I. Winkelmann a. H. Riedel:

Bericht über die Überwachung der Abgabe radioaktiver Stoffe in der Abluft von Kernkraftwerken in der BRD Teil II: Umgebungsüberwachung bei Kernkraftwerken mit leichtwassergekühltem Reaktor

Report ST-5/73 of the Federal Health Office, Neuherberg Oct. 1973

Appendix 1

Examples for monitoring of radioactive gaseous effluents at the stack of nuclear power stations with light-water-cooled reactors in the F.R.G.

Table I: Measurement of radioactive gases

nuclear power plant	type of measurement	detection limit
Kahl	γ-activity (NaJ)	$(1-2)\cdot 10^{-6}$ Ci/m^3
Gundremmingen	γ-activity (NaJ)	$2\cdot 10^{-6}$ "
Lingen	γ-activity (NaJ)	$1\cdot 10^{-6}$ "
Lingen	dose rate (ionisation chamber)	$5\cdot 10^{-5}$ "
Obrigheim	ß-activity (large area counter	$1,8\cdot 10^{-6}$ "
Obrigheim	ß-activity (window counter)	$1\cdot 10^{-4}$ "
Obrigheim	γ-activity (Geiger-Müller-counter)	$1,3\cdot 10^{-2}$ "
Würgassen	ß-activity (counter)	$2,5\cdot 10^{-7}$ "
Würgassen	ß-activity (plastic-scintillator)	$5\cdot 10^{-7}$ "
Stade	ß-activity (large area counter)	$5\cdot 10^{-7}$ "
Stade	γ-activity (Geiger-Müller-counter	$3,5\cdot 10^{-3}$ "

Table II: Measurement of long-lived radioactive aerosols

nuclear power plant	type of measurement	detection limit
Kahl	ß-activity with moving paperfilter	10^{-11} Ci/m^3 (2h delay) $5\cdot10^{-13}$ " (72h delay)
Gundremmingen	ß-activity with stepwise moved filter	10^{-11} "
Gundremmingen	ß-activity of weekly sample on filter	$2\cdot10^{-12}$ "
Lingen	ß-activity with stepwise moved filter	$5\cdot10^{-10}$ "
Obrigheim	ß-activity with stepwise moved filter	$6\cdot10^{-11}$ "
Obrigheim	γ-spectrometry of weekly sample on filter	10^{-10} " (for J-131) $2\cdot10^{-10}$ " (for Co-58, Co-60)
Würgassen	ß-activity with stepwise moved filter	$2\cdot10^{-11}$ "
Würgassen	γ-spectrometry of weekly sample on filter	$4\cdot10^{-11}$ " (for J-131)
Stade	ß-activity with stepwise moved filter	10^{-12} "
Stade	ß-activity of weekly sample on filter	$3\cdot10^{-13}$ "

Table III: Measurement of radioiodine

nuclear power plant	type of measurement	detection limit
Kahl	γ-spectrometry of weekly sample on charcoal filter	$2 \cdot 10^{-12}$ Ci/m^3
Gundremmingen	γ-spectrometry of weekly sample on charcoal filter	$1 \cdot 10^{-12}$ "
Lingen	γ-spectrometry of weekly sample on charcoal filter	$4 \cdot 10^{-11}$ "
Obrigheim	γ-spectrometry of weekly sample on charcoal filter	$1 \cdot 10^{-12}$ "
Würgassen	ß-activity of weekly sample on charcoal filter (also γ-spectrometry in case of higher activity)	$2.3 \cdot 10^{-12}$ "
Stade	γ-spectrometry of weekly sample on charcoal filter	$1 \cdot 10^{-13}$ "

Appendix 2

Activity concentration of radioactive substances in gaseous effluents from nuclear power stations (effluent flow $2 \cdot 10^5 m^3/h$ resp. $6 \cdot 10^5 m^3/h$ in case of 12oo mWe PWR resp. 12oo MWe BWR)

Ci/m^3	Ci/a	remarks	maximum permissible concentration
$> 10^{-4}$	$> 2.6 \cdot 10^5$	upper range of operational discharges	
10^{-5}	$2\text{-}6 \cdot 10^4$	limits of licensed discharge for gases	
10^{-6}	$2\text{-}6 \cdot 10^3$	operational level of discharge rate of gases	$3 \cdot 10^{-6}$ Kr-85u.Xe-133 $2 \cdot 10^{-6}$ H-3 $1 \cdot 10^{-6}$ Xe-135
10^{-7}	$2\text{-}6 \cdot 10^2$	detection limit for gases	$4 \cdot 10^{-7}$ Ar-41 $2 \cdot 10^{-7}$ Kr-87
10^{-8}	$2\text{-}6 \cdot 10$	operational level for short-lived aerosols?	
10^{-9}	2-6	maximum of natural ra-radioactivity in open air	$3 \cdot 10^{-9}$ Co-6o $2 \cdot 10^{-9}$ J-131
10^{-10}	$2\text{-}6 \cdot 10^{-1}$	operational levels for J-131 and long-lived aerosols	$1 \cdot 10^{-10}$ Sr-9o
10^{-11}	$2\text{-}6 \cdot 10^{-2}$		$1 \cdot 10^{-11}$ mixture without alpha emitter
10^{-12}	$2\text{-}6 \cdot 10^{-3}$	detection limit for long-lived aerosols	
10^{-13}	$2\text{-}6 \cdot 10^{-4}$	current worldwide fall-out levels	$6 \cdot 10^{-13}$ Pu-239 $4 \cdot 10^{-13}$ any mixture
10^{-14}	$2\text{-}6 \cdot 10^{-5}$	single nuclides in fall-out	

Appendix 3

Method and detection limit of measurement of radionuclide composition of weekly sample of radioactive aerosols

Sampling:	1ooo m^3 gaseous effluent per week on aerosol filter at the stack
Detector:	Ge(Li) semiconductor (38 cm^3)
Method:	Multi chanel-analyser with computerised spectrum aquisition and evaluation by a peak-finding programme; nuclide identification for 2o nuclides with up to 1o gamma energies each; computation of activity of the identified nuclides.
List of nuclides:	Mn-54, Fe-59, Co-57, Co-58, Co-6o Zn-65, Nb-95, Zr-95, Ru-1o3, Ru-1o6, Ag-11om, J-131, Xe-133, Cs-134, Cs-137, Ba-14o, La-14o, Ce-141, Ce-144
Detection limit:	(1ooo min measuring time) Mn-54 5 pCi Co-57 3 pCi Co-58 4 pCi Co-6o 5 pCi J-131 7 pCi Cs-137 5 pCi La-14o 4 pCi ($3\text{-}7 \cdot 1o^{-15}$ Ci/m^3 based on 1ooo m^3 (sampled)

DISCUSSION

L. FITOUSSI, France

Puisque vous avez parlé de normalisation pour ces types d'appareils de mesure, je voudrais, avant d'ouvrir la discussion sur votre communication, vous faire part de l'existence d'un Groupe de travail international, au sein du Sous-Comité 45B de la Commission Electrotechnique Internationale (CEI), lequel est chargé d'établir des recommandations pour les appareils de contrôle des effluents gazeux et liquides. Ce Groupe de travail a été créé pour s'occuper de ces travaux à la suite d'une demande formulée conjointement par les comités nationaux américains et yougoslaves. J'ai l'honneur personnellement de participer à ces travaux en tant que secrétaire de ce groupe de travail.

J.J. MARTIN, France

Les détecteurs placés au rejet dans les centrales nucléaires et dont le type est indiqué dans les Tableaux 1 et 2, sont de types différents. Chaque détecteur est étalonné pour un contaminant donné. La composition des effluents pouvant être différente, notamment entre les réacteurs P et B, existe-t-il une intercomparaison, entre les mesures faites par les centrales, qui permette d'intercomparer les résultats d'activité rejetée, indiqués par les exploitants ?

J. SCHWIBACH, F.R. of Germany

Nous avons entrepris des recherches à ce sujet, mais elles ne sont pas terminées. En ce qui concerne les centrales nucléaires utilisant les filtres à charbon actif, la différence, relative à la composition des radionucléides des réacteurs P (à eau pressurisée) et B (à eau bouillante), n'est pas aussi marquée que pour les usines plus anciennes.

J.J. MARTIN, France

Y a-t-il un intérêt à la mesure des aérosols à vie courte, à la cheminée, compte tenu du fait que, dans les réacteurs à eau en particulier, la majorité de ces aérosols provient de la descendance des gaz nobles mesurés par ailleurs et que, d'une part, le devenir de ces aérosols est très limité dans l'environnement en raison de leur courte période, et d'autre part, les calculs de concentration maximale admissible supposent déjà les gaz en équilibre avec leurs descendants ?

J. SCHWIBACH, F.R. of Germany

Les aérosols contenant des radionucléides à vie courte sont intéressants, du point de vue de la radiobiologie, comparés aux autres matières radioactives contenues dans les effluents. Il serait cependant utile de connaître les valeurs du niveau des effluents, dans le cas où celles-ci dépasseraient quelques curies par an.

I.S. BHAT, India

Has any correlative study been made between the stack release data and environmental monitoring data ? What I mean is : is there a correlation between dose estimated from release and actually observed dose ?

J. SCHWIBACH, F.R. of Germany

With low release rates it is extremely difficult to measure environmental contamination levels. Such studies have recently been carried out in the USA. We have in mind to enforce such investigations by scientific bodies in the public, to be able to give numbers to effected environmental contamination levels, low as they may be. The first step, to get more data on nuclide composition of the gaseous effluents at the stack was already taken two years ago.

M. LASER, F.R. of Germany

La surveillance de l'environnement que vous proposez est sans doute nécessaire. Elle n'est certainement pas gratuite ! Les mesures seront-elles effectuées, et supportées, par l'Etat, ou est-ce les centrales de puissance qui devront payer ? Si l'on considère que l'effet d'une centrale sur l'environnement est très faible et que la contamination en un certain lieu peut être due à plusieurs centrales ou même principalement à des usines de retraitement, ne peut-on pas penser que la charge financière que représente le contrôle demandé à une centrale particulière est inutile ?

J. SCHWIBACH, F.R. of Germany

D'après moi, ce n'est pas une question de coût. Les exploitants des centrales nucléaires s'occupent depuis toujours de la surveillance de l'environnement, mais la responsabilité du contrôle général de la radioactivité ambiante incombe exclusivement aux Autorités compétentes chargées de cette tâche.

THE MONITORING OF RADIOACTIVE LIQUID EFFLUENT DISCHARGED INTO THE ENVIRONMENT FROM NUCLEAR INSTALLATIONS IN THE UNITED KINGDOM

G Stott
HM Industrial Pollution Inspectorate for Scotland
Scottish Development Department
EDINBURGH

and

J A Hetherington
Fisheries Radiobiological Laboratory
Ministry of Agriculture Fisheries & Food
LOWESTOFT
Suffolk

Abstract

In the United Kingdom the disposal of radioactive liquid waste into the environment from nuclear sites is formally authorised. The monitoring of such effluent streams prior to discharge is necessary for a number of reasons. This paper describes the philosophy of the United Kingdom authorising departments in requiring pre-discharge monitoring of liquid effluents by nuclear site operators. Sources of wastes and isotopic analyses of some effluents are discussed.

SURVEILLANCE DES EFFLUENTS RADIOACTIFS LIQUIDES REJETES DANS L'ENVIRONNEMENT PAR LES INSTALLATIONS NUCLEAIRES DU ROYAUME-UNI

Résumé

Au Royaume-Uni, l'évacuation dans l'environnement de déchets radioactifs liquides en provenance des sites d'installations nucléaires est autorisée de façon officielle. La surveillance de ces courants d'effluents, préalablement au rejet, s'impose pour diverses raisons. Les auteurs de cette communication décrivent les principes dont s'inspirent les services du Royaume-Uni chargés de délivrer les autorisations lorsqu'ils exigent des exploitants de centrales nucléaires une surveillance, avant rejet, des effluents liquides. Ils examinent l'origine des déchets et les analyses isotopiques de certains effluents.

FIGURE 1

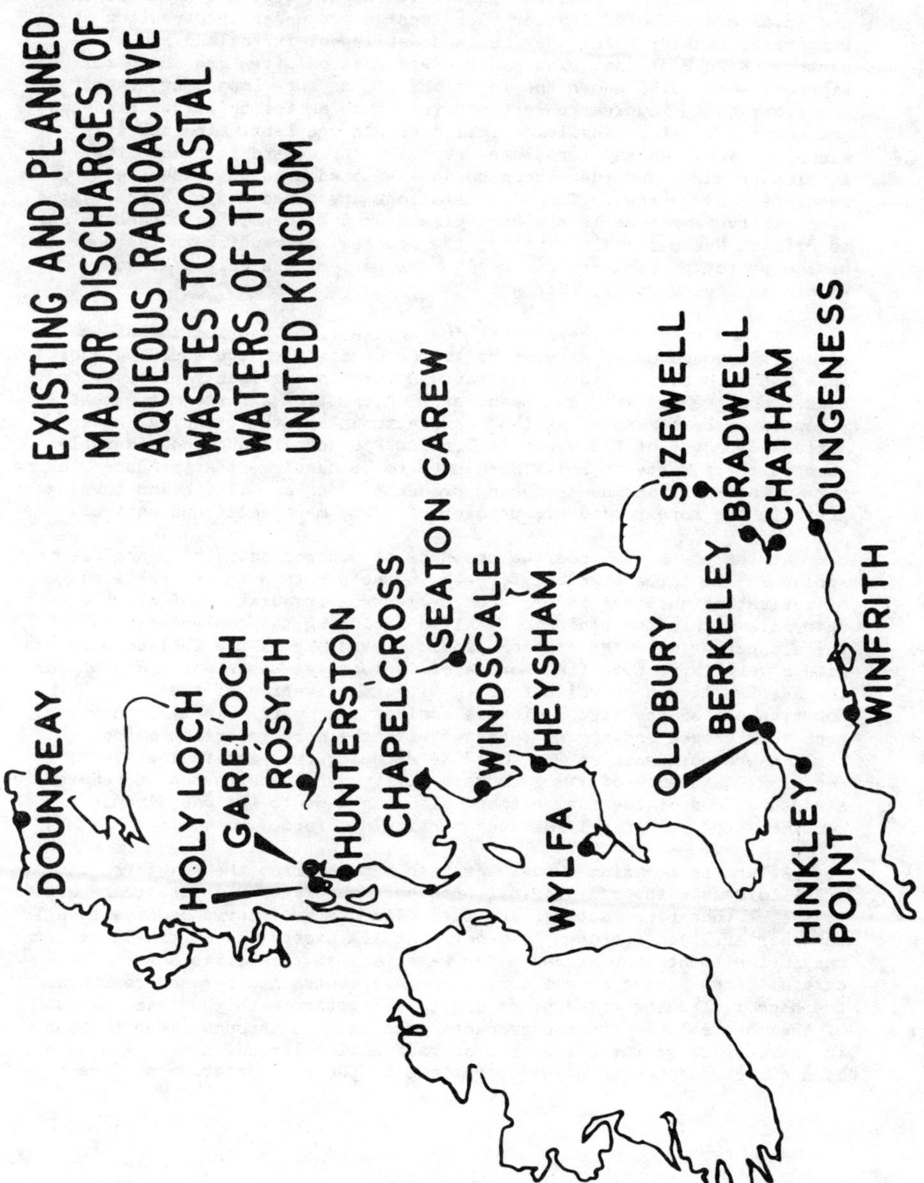
EXISTING AND PLANNED
MAJOR DISCHARGES OF
AQUEOUS RADIOACTIVE
WASTES TO COASTAL
WATERS OF THE
UNITED KINGDOM
DOUNREAY
HOLY LOCH
GARELOCH
ROSYTH
HUNTERSTON
CHAPELCROSS
SEATON CAREW
WINDSCALE
HEYSHAM
WYLFA
OLDBURY
BERKELEY
SIZEWELL
BRADWELL
CHATHAM
DUNGENESS
WINFRITH
HINKLEY
POINT

1. SOURCE OF WASTES.

At the present time the electrical generating capacity of the United Kingdom (UK) is approximately 64000MW. Of this 3550MW are produced by nuclear means /1/ and the intention is to increase the operating nuclear capacity to 8500MW over the next 3 years. All the reactors currently operating are of the gas-cooled Magnox type and units of the new advance gas-cooled reactor (AGR) design are under construction at Dungeness, Hinkley Point, Heysham and Hartlepool in England and at Hunterston in Scotland. The major power station sites are shown in Figure 1 which also shows the locations of the more important plants ancillary to the nuclear power industry, such as Springfields, Windscale and Dounreay. At Springfields fuel elements are fabricated and at Windscale and Dounreay irradiated fuel is reprocessed to remove the fission products and the plutonium and depleted uranium which are recovered and refined. The power stations are owned and operated by the electricity boards while the Springfields and Windscale factories belong to British Nuclear Fuels Limited; the Dounreay site which is the home of the prototype fast breeder reactor is part of the United Kingdom Atomic Energy Authority (UKAEA).

At each stage of the nuclear fuel cycle, from fabrication of the elements through power generation to reprocessing of the depleted fuel, some waste in solid, liquid and gaseous form is inevitably produced and each stage presents its own peculiar problems from a waste management viewpoint. For example, at the fabrication stage the principal radioactive component of the waste is Uranium 238 and although considerable quantities of waste in solid form have to be handled, that produced in the form of aerosols and dusts during processes such as milling and turning presents the more formidable problem of waste management and control.

At the power stations the products of neutron activation and fission appear in all three physical forms. In the reactors themselves a range of activation nuclides is produced by neutron irradiation of all the materials within the biological shield including the coolant gas and these together with the fission product inventory of the fuel combine to give a very large potential source of radioactive waste which may appear in gaseous, liquid or solid forms. Direct activation of the constituents of the carbon dioxide coolant gas, particularly impurities such as nitrogen and argon, together with the more important gaseous fission products such as ^{85}Kr and ^{133}Xe escaping from the fuel elements constitute a source of true gaseous activity, while corrosion of reactor structures and of the fuel element cladding adds to the gas circuit contamination in a finely divided particulate form.

After the irradiated fuel has been removed from the reactors, in order to reduce the radiological problems associated with its transport to the reprocessing factory, the fuel elements are stored on site to allow the shorter lived isotopes to decay. At all except one of the UK stations the fuel elements are stored under water and at this stage however carefully the pond chemical conditions are controlled some corrosion of the Magnox cladding takes place and this together with the leaching out of the more soluble fission products such as ^{137}Cs through imperfections in the cans constitutes a source of radioactive liquid waste. Almost all maintenance and many routine operations in the power station produce contaminated solid waste in one form or another.

At the reprocessing stage when the cladding is removed from the elements and the uranium dissolved prior to the separation of the fission products from plutonium and depleted uranium all forms of radioactive wastes must be expected and catered for.

2. WASTE MANAGEMENT POLICY.

In the UK's approach to the management of radioactive wastes the main emphasis has always been on the provision of high integrity storage capacity for the waste. This applies not only to the high level wastes (with a specific activity of 10,000 to 1,000,000 curies per cubic metre) from fuel element reprocessing but also to waste from other stages in the power cycle which contains either large amounts of activity or else is contaminated with elements of high radio toxicity. Typical examples of these categories are the ion exchange resins used to decontaminate fuel element cooling pond water and the sludges and Magnox debris which have accumulated over the years in the ponds at some of the power stations and which on removal are stored in the reactor vaults. It has been recognised however that in the management of radioactive waste there comes a point when it is economically unjustifiable to attempt any further decontamination of liquid effluent streams and in these circumstances a policy of controlled discharge to the environment has been adopted. This approach was considered by a group of experts, appointed by the Radioactive Substances Advisory Committee, which reported its findings in a Government White Paper in 1959 [2]. This group accepted that some irradiation of the general public from the disposal of radioactive waste would be unavoidable if the benefit of processes producing radioactive waste were to be enjoyed by the nation as a whole, but they did so with the provision that strict control should be exercised over both the production and disposal of the waste in order to ensure

irrespective of cost, that waste disposal should be so controlled that no member of the public receives more than the Dose Limits recommended by the International Commission on Radiological Protection (ICRP) and that the whole population of the country does not receive an average dose of more than 1 rem per person in 30 years

and having regard to cost, convenience and the national interest to reduce the doses as far below these levels as is reasonably practicable.

The recommendations of the expert group were given effect in the Radioactive Substances Act 1960 [3] which provides inter alia the basis for the control of all radioactive wastes in the UK. The details of the legislation and the administrative arrangements for its implementations have been described [4] and that Paper emphasised the two important principals of the UK approach to the control of radioactive waste:

(i) that the ultimate responsibility for the control should rest with the central government

(ii) that the control should be achieved by a system which requires the registration of anyone wishing to keep and use radioactive material and the authorisation of anyone wishing to dispose of radioactive waste.

In the particular context of the nuclear fuel cycle, with which this meeting is concerned, the governmental responsibility for the control of waste of all forms rests jointly with the Department of the Environment and the Ministry of Agriculture, Fisheries and Food (MAFF) in England, the Welsh Office and MAFF in Wales and with the Scottish Development Department in Scotland. All discharges of radioactive effluent from nuclear sites must be authorised by these Departments as appropriate.

3. BASIS OF AUTHORISATIONS.

The nuclear sites, most of which are the major producers of low active liquid waste disposed of into the environment are granted authorisations only after the authorising d epartments are satisfied

(i) that there is a need by the operator to dispose of waste

(ii) that the environment into which the discharges will be made is capable of receiving the waste without any of the relevant ICRP Dose Limits being exceeded.

In considering the first of these points, the operators estimate of the amounts of radioactive waste likely to arise when a site becomes operational are reviewed and special scrutiny is made of the predicted isotopic composition of the effluent in relation to both the need to discharge and the other criterion - the environmental capacity.

The environmental capacity defined as the rate of input of radioactivity into an environment which would result in exposure at a rate equal to the appropriate ICRP recommended limits is calculated by a technique which has become known as the critical path approach. This method, recommended by the ICRP [5], has been developed and used successfully in the UK for the past 25 years. Its detailed application in the United Kingdom has been described on several occasions [6, 7] and its advantages have been compared with other possible methods [4]. However, in view of the particular importance of this critical path approach in understanding the role of effluent monitoring inthe UK control procedure, it is appropriate to summarise the main aspects of the technique in this present context.

Following each application for permission to discharge radioactive liquid waste the behaviour in the environment of the component radionuclides likely to be discharged is evaluated so that the relationship between a given rate of discharge and the consequent doses to man is established. This evaluation which in general rests on a mixture of theoretical prediction, laboratory studies and information obtained from existing effluent discharge situations aims to identify the pathways by which the proposed discharge can lead to human exposure and the routes which prove to be most important are designated the critical pathways. The group of people most highly exposed through a critical pathway are termed the critical group and those nuclides responsible for most of the exposure to the group are called the critical nuclides. It is not always possible to measure the effect of discharges directly in terms of a dose to man and a secondary standard known as the Derived Working Limit (DWL) may be used [8]. If the assumption is made in the critical path approach are accurate then the relevant Dose Limits will not be exceeded if the DWLs are not exceeded. Because of uncertainties in some of the assumptions used it is usual to reduce the calculated environmental capacity by at least an order of magnitude and to reassess the environmental capacity once discharges have been made.

4. CONDITIONS OF AN AUTHORISATION.

Once the environmental capacity has been assessed and the need to dispose of waste accepted a certificate of authorisation is issued setting out the conditions and limitations under which the operator is permitted to discharge waste. The general form of the authorisation granted to the operators of nuclear licenced sites are similar and state limits on the amount of radioactivity which may be discharged in any given period and also the conditions under which discharges may be made. Conditions vary from one site to another but they generally include some requirements in the matter of sampling and analyses of the effluents and reflect the powers given to the authorising Ministers by the Radioactive Substances Act 1960 both to require the operators to demonstrate that they are discharging within their permitted limits and also to enable Inspectors appointed by the Ministers to substantiate by duplicate sampling and analyses that the operators control procedures are satisfactory.

5. OBJECTIVES OF EFFLUENT MONITORING.

From the foregoing it is possible to identify three purposes for which effluent monitoring is carried out in the United Kingdom. These are

(i) to demonstrate that the limits set in each authorisation are being observed

(ii) to check the validity of the predictions regarding the isotopic effluent composition upon which depends the critical path approach and to provide information for the refinement of the critical path and if necessary the terms of the authorisation in the light of operational experience

(iii) to provide information on the behaviour of various radionuclides in the environment and in important food chains which may be used to assess later applications to discharge waste.

The way in which the controlling authorities in the United Kingdom set about achieving these objectives are described in the remainder of this Paper.

6. AUTHORISED LIMITS AND EFFLUENT MONITORING.

In all the authorisations permitting disposal of liquid radioactive waste from nuclear licence sites specific numerical limits are placed on the quantity of radioactivity which may be discharged in a given period. The actual limits and conditions reflect the particular circumstances at the site in question. At the fuel element reprocessing plants, where relatively large quantities of waste are produced the environmental capacity is usually the limiting factor and the authorised limits dictated by this must take into account the cumulative effect on dose commitment of, for example, the reconcentration of several different radionuclides in any particular food chain.

In contrast, at all the power stations save two the operators' needs to discharge are small compared with the environmental capacity and the authorised limits are set according to the operators' requirements with no need to specify a critical nuclide. The two exceptions are Bradwell and Trawsfynydd where the critical radiation exposure pathways have a higher significance and specific limitations have been placed on particular nuclides. In view of the relatively large amounts of tritium which are produced at the power stations, the difficulties of removing it from the effluent streams and the low radio toxicity of the isotope compared with other components of the waste, tritium is treated as a special category and is usually subject to a separate limit.

Examples of UK requirements for effluent monitoring as they are specified in certificates of authorisations are discussed below. Retrospective analysis should at all times be discouraged even if there is a generous gap between what can be discharged in terms of authorised limits and what the operator believes will be discharged from analyses of effluent streams passing to the final monitoring tank.

6.(1) CONDITIONS OF AUTHORISATION AT SELECTED SITES.

At the nuclear fuel reprocessing site at Dounreay, Caithness, irradiated fuel elements from material test reactors and from the experimental Dounreay Fast Reactor are processed. There are two critical pathways for Dounreay, the first leading to beta irradiation of the hands of salmon fishermen working in the area, the second less clearly defined being the gamma dose received by individuals frequenting the relatively inaccessible rocky inlets in which radioactive sludge is from time to time deposited. Low active liquid effluent is discharged to sea through a pipeline with outlets 610 metres from the high water mark in accordance with an authorisation which includes the following:

"The waste shall be discharged into the sea by means of the main effluent pipeline constructed for that purpose"

"For the purpose of ascertaining the amount of radioactive elements discharged and the rate of this discharge........... shall take such measures including the taking and analysing of representative samples as may be specified.........."

The contents of the low active effluent holding tanks can be recirculated sampled and analysed prior to discharge. The practise is to recirculate for one to two hours prior to discharge during which a sample of the liquid is taken using a proportional sampling device. This sample is analysed for total alpha, beta and gamma activity and no discharge is made until the results of the analyses have been received and their effect on the cumulative total discharge so far during the period have been assessed. While the discharge to sea is taking place another proportional sample is taken and subsequently analysed in a similar manner to the first sample. In addition samples of the discharged effluent are bulked and analysed for uranium, strontium 90 and tritium. The authorising department requires the operator to provide samples of the effluent discharged at least once per month; these are analysed by the Laboratory of the Government Chemist at the request of the authorising department. The results of this analysis of the effluent are compared with the operators' analysis and the agreement is excellent.

6.(2) THE RADIOCHEMICAL CENTRE.

Discharges of radioactive liquid wastes are made to the River Thames which is a source of drinking water for an exposed population of several million people living in London; consequently the discharges are severely limited. For example the following conditions are specified in the certificate of authorisation permitting discharges from the Radiochemical Centre, Amersham.

(i) that the radioactivity in curies of the discharges due to radium multiplied by 2,500, plus that due to all the remaining alpha-emitters, taken together, multiplied by 420, plus that due to radiocalcium and radiostrontium, taken together, multiplied by 50, plus that due to all the remaining beta-emitters (other than tritium and those to which sub-paragraph (c) of this paragraph relates), taken together, does not exceed:-

in any one calendar month - 6

or in any one day - 1.5;

(ii) that the radioactivity in curies of the discharges due to tritium does not exceed:-

in any one year beginning on the 1 January - 400

or

in any one calendar month - 50;

(iii) that, for the purpose of ascertaining the radioactivity of the discharges, the Company takes samples of each discharge and carries out such determinations on them and by such methods as are approved on behalf of the Secretary of State;

(iv) that, in addition, a representative sample of each discharge is taken and preserved for the use of any person authorised by the Secretary of State in that behalf, for a period of not less than two calendar months from the time of taking;

These discharge limits, which were derived from recommendations made by the UK Medical Research Council, effectively limited the concentrations of specific radionuclides at the point of discharge to a fraction of the ICRP drinking water maximum concentrations for occupational workers [4].

The condition common to all certificates of authorisation is that samples of effluent shall be taken and analysed by methods specified or approved by the appropriate Secretary of State. This allows the sampling and analytical methods to change with improvements in science and technology without the need for a revision of the formal certificates.

9. ISOTOPIC ANALYSIS OF LIQUID EFFLUENT.

In order to meet objectives (ii) and (iii) of effluent monitoring (see Section 5) isotopic analysis is carried out on the effluent from all the licensed sites in the UK producing significant amounts of liquid waste. In addition the isotopic analysis is useful in respect of objective (i) since it helps to vindicate the methods of effluent analysis which are often used for the day-to-day control of liquid discharges. These are often simple measurements of gross activity by means of liquid or gas flow geigers and it is useful to have detailed isotopic analysis to show that the every day methods are not seriously under or over estimating any particular component of the waste.

This work is complementary to both the effluent analysis conducted by the operators as a condition of the authorisation and the check monitoring of the authorising departments described above. The effluents from the civil power stations in particular have been the subject of a collaborative programme between the Central Electricity Generating Board, Ministry of Agriculture, Fisheries and Food and the Department of the Environment on whose behalf analyses have been carried out by the Scientific Service of the South East Region of CEGB, Fisheries Radiobiological Laboratory and the Laboratory of the Government Chemist respectively. As a result of this programme proportionated samples of the effluent from all the operating stations in England and Wales have been analysed for some 30 of the more important fission and activation product nuclides discharged since 1966. The details of the sampling procedure, the analytical methods and some of the results have been reported already [9] but it is appropriate here to review the result of the Fisheries Radiobiological Laboratory (FRL) on effluent from Bradwell to show the value of the information acquired in the ongoing task of refining the result of the critical path approach to liquid effluent discharge situations both existing and planned.

7. (1) BRADWELL.

This station, which was commissioned in 1962, discharges liquid radioactive waste into the estuary of the Blackwater. In the preoperational stage, when the radiological consequences of the discharge were being considered in preparation for the granting of an authorisation it was predicted that the critical exposure path would be due to the reconcentration of ^{65}Zn by the oysters in the commercial fishery in the estuaries.

An analysis carried out by MAFF, described in detail by Preston [10], showed that the environmental capacity would permit a maximum daily discharge of ^{65}Zn of 0.2 Ci. Accordingly and in order to provide a margin of safety, a specific discharge limit of 5 Ci per year for this isotope was written into the authorisation, in addition to the limit of 50 Ci per year on total activity. In view of the particular limit on ^{65}Zn and the anticipated production rate of this nuclide a special stage of effluent treatment was installed to remove zinc [11].

The station began to operate in 1962 and in the light of the experience gained the 50 Ci limit was relaxed to 200 Ci per year and a special clause permitting up to 1500 Ci per year of tritium included in 1965. The annual rate of discharge of total radioactivity excluding tritium and, of the more important radiotoxic constituents are shown in Figure 2 and it is seen that the rate of discharge of total activity rose steadily during the first 5 years of operation to a level of approximately 100 Ci per year. As expected ^{65}Zn appeared in the effluent but as may be seen from the results of the isotopic analysis shown in Table I, the prediction that it would be the most abundant constituent was not fulfilled and the annual rate of discharge has been not only lower than the original design estimate but also than the estimate based on the experience gained during the first 2 years of operation.

Table I allows comparison to be made between the relative abundances of the principal radionuclides in the Bradwell effluent as predicted in the design stages and also as measured during the first 10 years of operation. The differences between the predicted and measured compositions is striking and it is seen that whereas the activation products such as ^{51}Cr, ^{55}Fe and ^{65}Zn were expected to predominate it has

FIGURE 2

BRADWELL POWER STATION: ANNUAL RATES OF DISCHARGE OF RADIOACTIVITY TO RIVER BLACKWATER

FIGURE 2

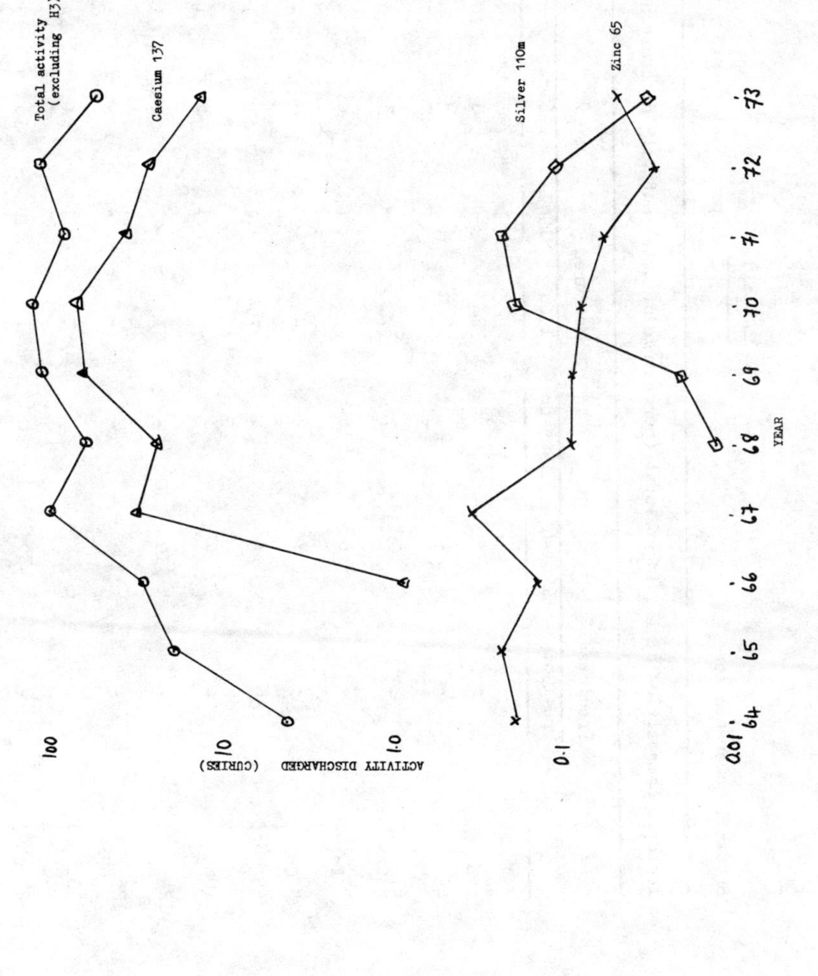

TABLE I

Bradwell power station

Isotopic composition of liquid effluent (percentage of total activity discharged)

	Predicted*			Measured						
	Pre-1961	1961-64	1964-66	1966	1967	1968	1969	1970	1971	1972
^{35}S	-	-	6	72	44	40	20	3	10	15
^{45}Ca	5	<1	3	-	-	-	-	-	-	-
^{51}Cr	-	-	27	7	4	3	3	1	2	3
^{55}Fe	-	6	16	7	6	5	3	1	2	1
^{60}Co	-	7	2	-	-	-	-	-	-	-
^{65}Zn	85	26	4	1.4	1	<1	<1	<1	<1	<1
^{110m}Ag	-	-	-	$\ll 1$	$\ll 1$	<1	<1	<1	<1	<1
^{124}Sb	-	10	-	<1	<1	<1	<1	<1	<1	<1
^{125}Sb	-	-	-	-	-	-	-	3	6	6
^{90}Sr)				<1	<1	NA	NA	2	2	18
^{134}Cs)	10	25	20	1	10	15	19	18	13	8
^{137}Cs)				3	31	33	54	65	53	31

NA = not analysed

*Reference [13]

TABLE II

Concentration of ^{65}Zn, ^{110m}Ag and ^{137}Cs in oysters from the nearest commercial bed to the Bradwell Outfall, expressed as a percentage of the DWL in each case.

	1964	1965	1966	1967	1968	1969	1970	1971	1972	1973
^{65}Zn	0.04	0.11	0.13	0.14	0.09	0.05	0.03	0.02	0.01	0.01
^{110m}Ag	-	-	-	0.01	0.03	0.04	0.12	0.15	0.14	0.14
^{137}Cs	-	-	-	0.03	0.06	0.01	0.03	0.01	0.02	0.01

been the fission products ^{134}Cs, ^{137}Cs and more recently ^{90}Sr which have accounted for the bulk of the radioactivity discharged. In addition the regular analyses have revealed the presence of some isotopes such as ^{110m}Ag which were not envisaged at all in the design stages. A discussion of operational factors and the events which have led to these patterns of discharge together with an assessment of the radiological consequences for the general public has been presented in a recent paper by Wasson and Mitchell [12].

In accordance with the usual practice of the authorising departments the result of the effluent analysis and the environmental monitoring gathered since the station became operational have been used to check and to refine the critical path assessment of the consequences of the discharges. Although the amount of ^{65}Zn discharged has been less than envisaged, there has been sufficient to produce measurable contamination of the oysters and the maximum acceptable discharge rate, deduced from the measurements made of ^{65}Zn in effluent and in oysters, has been shown [10] to agree with the original theoretically based estimate to within a factor of 3. Thus the results gained during the course of operation had effectively confirmed the calculated environmental capacity for ^{65}Zn and the restriction on this nuclide has been retained in the authorisations.

It is also noteworthy that despite its low abundance in the effluent, both in absolute terms and in comparison with the amount predicted, ^{65}Zn remained the critical component of the liquid waste from the date of commissioning of the station until 1970, even though this period saw an increase in the rate of discharge of isotopes of caesium to a figure more than 100 times the rate for ^{65}Zn. Table II shows the relative radiological significance of these two nuclides by expressing their concentration in the oysters of the nearest commercial bed to the outfall as a fraction of the respective DWLs. The principal reason for this lies, of course, in the fact that oysters reconcentrate zinc to a much greater degree than caesium but this clear demonstration of the vast difference in the radiological significance of the various components of an effluent underlines the need, not only for the critical path approach, but also for good data about isotopic composition upon which the approach depends.

In 1968/69 in response to the increasing amounts of caesium in the effluent the original zinc removal plant was replaced by one whose primary aim was the extraction of caesium. In addition to removing caesium isotopes, this bed of synthetic zeolite was found to remove zinc also and with a greater efficiency than the original zinc removal resin and in consequence the amount of ^{65}Zn being discharged to the estuary dropped to an even lower level. At about this time ^{110m}Ag was first detected in both effluent samples and oysters and by 1970 this nuclide had overtaken ^{65}Zn in terms of both abundance in effluent and radiological significance in the marine food chain. (See Table II). The source of the ^{110m}Ag was traced to a process whereby some elements had been stained, for the purposes of identification, by pickling in a silver nitrate solution [12] and this process was stopped with the result that the rate of discharge of ^{110m}Ag has fallen again to a level less than that of ^{65}Zn. The appearance of this isotope of silver which was not even envisaged at the time of the authorisation was drawn up, coupled with its evident radiological significance further emphasises the need for regular effluent analysis and there is no doubt that had it not been possible to irradicate the source of this contaminant revision of the authorisation to include a specific reference to silver 110m would have had to have been considered.

REFERENCES

/1/ KENWARD, M., "The Nuclear Outlook", New Scientist Vol. 61 pp.123-124 (1974)

/2/ ANON. The Control of Radioactive Wastes, Cmnd. 884, H.M.S.O. London (1959)

/3/ ANON. Radioactive Substances Act 1960 H.M.S.O.

/4/ KENNY, A. W., MITCHELL, N.T., "U.K. waste management policy." "Management of low- and intermediate-level radioactive wastes", pp.69-90, I.A.E.A. Vienna, (1970)

/5/ International Commission on Radiological Protection "Principles of Environmental Monitoring related to the handling of Radioactive Materials" I.C.R.P. Publication 7 (1966)

/6/ PRESTON, A., JEFFERIES, D.F., "The assessment of the principal public radiation exposure from and the resulting control of discharges of aqueous radioactive waste from the U.K.A.E.A. factory at Windscale, Cumberland." Health Physics 13 pp.447-485 (1967)

/7/ PRESTON, A., "The U.K. approach to the application of the I.C.R.P. standards to the controlled disposal of radioactive waste resulting from nuclear power programs." In: Environmental Aspects of Nuclear Power Stations, pp.147-157 I.A.E.A. Vienna (1971)

/8/ International Commission on Radiological Protection "General Principles of Monitoring for Radiation Protection of Workers" I.C.R.P. Publication 12 (1969)

/9/ DUTTON, J.W.R., HARVEY, B.R. "Studies of liquid radioactive effluent discharged to the aquatic environment from C.E.G.B. nuclear power stations - a sequential scheme for the analysis of major metallic radioisotopes." Water Research, Vol 1. pp.743-757 (1967)

/10/ PRESTON, A., "The concentration of ^{65}Zn in the flesh of oysters related to the discharge of cooling pond effluent from the C.E.G.B. nuclear power station at Bradwell-on-Sea, Essex." In: Radioecological concentration processes. Proceedings of a symposium held in Stockholm Ed. by B. Aborg and F.F. Hungate. Pergamon Press, Oxford pp.995-1004 (1966)

/11/ DOUGALL, I., NEWELL, J.E., "Management of low- and intermediate-level radioactive wastes at the nuclear power stations of the United Kingdom Central Electricity Generating Board". In: Management of low- and intermediate-level radioactive wastes, pp.275-295 I.A.E.A. Vienna (1970)

/12/ WASSON, M.M., MITCHELL, N.T., "Impact of ten years liquid waste management practices on environmental safety at Bradwell Power Station." 3rd International Congress of the International Radiation Protection Association. Washington, D.C. (1973)

/13/ PEPPER, R., CARTER, P.A., "Radiological Conditions and Effluent released at C.E.G.B. nuclear stations - a comparison between forecasts and operational experience." In: Proceedings of 4th International Conference on Peaceful uses of Atomic Energy, Vol II, U.N./I.A.E.A. Vienna (1972)

DISCUSSION

P. TOLKSDORF, F.R. of Germany

What is the reason for the increase of the Ag-110 m release ?

G. STOTT, United Kingdom

Some fuel elements had been stained for identification purposes by pickling the fuel element cans in a silver nitrate solution. As soon as the source of Ag-110 m was discovered this practice was stopped.

S. PRETRE, Switzerland

Une comparaison des communications de MM. Stott et Carr montre que l'on applique en Grande-Bretagne une philosophie différente pour les limites de rejets gazeux d'une part et les limites de rejets liquides d'autre part. Pour les rejets gazeux vous vous êtes fixés 5% des limites CIPR, mais pour les rejets liquides vous utilisez cette limite CIPR à 100%. Pourriez-vous commenter cette apparente inconsistence dans la philosophie anglaise de radioprotection ?

G. STOTT, United Kingdom

Because, in the United Kingdom, industrial gaseous discharges to atmosphere had been controlled for about 100 years using a "best practicable means" philosophy, this approach was applied to radioactive gaseous discharges. But, in order to provide some guidance to designers of nuclear plant it was stated that the effect of radioactive gaseous discharges should not lead to an individual dose of more than 5% of the ICRP dose limits. Knowing this one can work back and consider plant design which will handle the gases in an appropriate manner.

The ICRP states that all doses should be kept as low as practicable because it has to be assumed that all radiation is harmful and ICRP says that it does not matter if individuals in the population are exposed to dose limits or even exceed these. The U.K. approach is to ensure that no one exceeds the relevant dose limits and to do what is reasonably practicable having regard to cost, convenience etc. to reduce doses far below the dose limits. In practice, liquid waste discharges have not exposed individuals in the population to anything approaching a dose limit. The effects of liquid waste discharges in the environment are always more clearly detected than those of gaseous waste discharges which are normally rapidly dispersed.

R. WOLTER, F.R. of Germany

For some years S-35 was a main contributor to the total activity. Can you give information concerning the source of this nuclide ?

G. STOTT, United Kingdom

S-35 arises from the neutron irradiation of sulphur which is an impurity in the graphite.

P. SLIZEWICZ, France

Je voudrais demander à l'orateur si les rejets de l'installation de Bradwell représentent un cas particulier ou nous ont-ils été présentés comme un exemple parmi d'autres ?

G. STOTT, United Kingdom

The Bradwell effluent analyses are described as an example of effluent analyses at other stations, but Bradwell is unusual in that there is a critical radionuclide whose discharge to the environment is limited. The actual compositions of the effluents will vary from station to station.

F. LUYKX, CEC

You stated that, with respect to liquid discharges, the principle applied in the U.K. is to keep discharges as low as practicable and to limit exposure of the population to minimal values. However, in looking at the actual discharges by the U.K. power plants, one is astonished to see that these discharges often exceed by an order of magnitude those of similar power plants in other countries.

G. STOTT, United Kingdom

What is important is not the quantity discharged, but the environmental capacity ; a critical path approach might permit vastly different discharges of the same nuclide from different stations. After all most power plants discharge large amounts of tritium which radiologically is one of the least significant nuclides.

L. FITOUSSI, France

Je voudrais appuyer la réponse de M. Stott en soulignant que ce qui est important c'est finalement le dommage (détriment) qui en résulte pour "l'homme". L'importance du rejet pourrait être à la limite secondaire, s'il est prouvé que la fraction du rejet qui peut atteindre "l'homme" est très faible et que les conséquences qui peuvent en résulter sont négligeables.

I.S. BHAT, India

Is there a particular national critical pathway of exposure due to discharges considered in total from all the nuclear installations in U.K. ?

G. STOTT, United Kingdom

No.

REGULATION OF THE RELEASE OF RADIOACTIVE WASTE WATER FROM NUCLEAR POWER PLANTS IN THE FEDERAL REPUBLIC OF GERMANY

K. AURAND

Institut für Wasser-, Boden- und Lufthygiene
des Bundesgesundheitsamtes, Berlin-Dahlem

Paper introduced by Prof. J. Schwibach

Abstract

In the Federal Republic of Germany the regulation of the discharge of radioactive effluents from nuclear power plants is based on the principle of keeping the releases as low as possible. Rules for the discharge of radioactive waste water adopted for licensing procedures of nuclear power installations demand the following control measures:
1) Collection of all the waste water possibly contaminated radioactively;
2) Inhibition of discharge if the activity concentration exceeds 5×10^{-4} Ci/ m^3;
3) Storage of samples of each discharge;
4) Determination of the released activities of the different radionuclides;
5) Annual discharge limits;
6) Continuous γ-counting in the discharge line and the outlet of the cooling water;
7) Continuous water sampling from the inlet and outlet of the cooling water.

REGLEMENTATION DU REJET DES EFFLUENTS RADIOACTIFS LIQUIDES EN PROVENANCE DES CENTRALES NUCLEAIRES DE LA REPUBLIQUE FEDERALE D'ALLEMAGNE

Résumé

En République fédérale d'Allemagne, la réglementation du rejet des effluents radioactifs en provenance des centrales nucléaires est fondée sur le principe selon lequel les quantités libérées doivent être aussi faibles que possible. En vertu des règles afférentes au rejet des effluents radioactifs liquides qui ont été adoptées pour les procédures d'autorisation des installations nucléaires, les mesures de contrôle suivantes doivent être prises :
1) Collecte de tous les effluents liquides susceptibles d'être contaminés par la radioactivité ;
2) Interdiction du rejet au cas où la concentration d'activité dépasserait 5×10^{-4} Ci/m^3 ;
3) Stockage des échantillons prélevés dans chaque rejet ;
4) Détermination des quantités d'activité libérées par les différents radionucléides ;
5) Limites annuelles de rejet ;
6) Comptage gamma effectué en continu dans la conduite d'évacuation et à la sortie du circuit d'eau de refroidissement ;
7) Prélèvement continu d'échantillons d'eau à l'entrée et à la sortie du circuit d'eau de refroidissement.

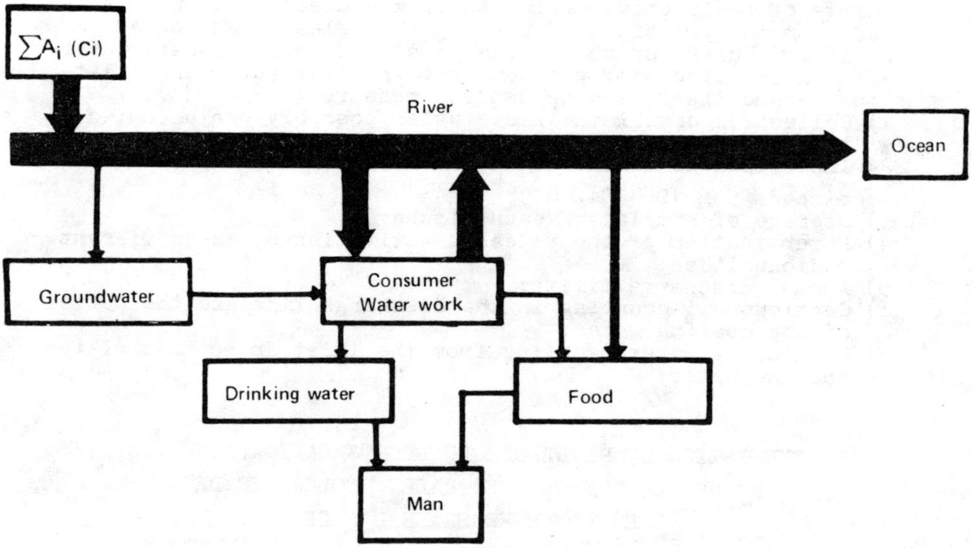

Fig. 1. Risk estimation of releases of radioactive waste water

1. Basic Principles

The discharge of radioactive liquid effluents from nuclear power plants in the Federal Republic of Germany is subjected to a licensing procedure based on atomic energy as well as water legislation. From the very beginning according to the EURATOM basic standards and the German legislation on radiation protection the principle of keeping the release of radioactive substances in effluents as low as possible has been obeyed. For § 21 of the 1. Strahlenschutzverordnung (First Radiation Protection Ordinance) says that when handling radioactive substances it is necessary to keep the amounts of these substances which get into air and water as small as possible. Moreover, the representatives of water works and experts concerned, having dealt intensively with problems of radioactive substances in water before the event of atomic energy legislation - due to the problems of the worldwide radioactive fallout from nuclear weapons testing - set up very strict and strong regulations within the framework of the licensing procedure according to water legislation. At that time the main concern was to set up concentration limits as still practised today in many cases. Here the relatively simple gross radioactivity measurements had proved useful for the evaluation of the fallout activities. Recently, however, according to the basic principles of radiation protection the principle of limiting and reducing as far as possible the quantity of release of radioactive substances rather than the principle of observing concentration limits has been taken into account more and more.

The disposal of radioactive substances by waste water into a river involves that these substances will likely be taken up by man (figure 1). This incorporated part is of decisive importance in view of radiation protection. Additionally, radioactive nuclides deposited in the river may cause external irradiation. The radiation dose becoming effective is thus determined less by the concentration the substances are discharged with, but mainly by the activities released and the particular use of the surface water. When considering the intake by drinking water, the water of the river carrying radioactive wastes is assumed to be used as drinking water after treatment or bank filtration. Passing the agricultural chain radioactive substances may reach man by irrigation and accumulation in food.

In any case man - as the creature most sensitive to radiation - has to be considered to be the critical link in radiation protection. Apart from this when looking at ecological problems the selective theoretical risk of certain forms and stages of life of other organisms has to be taken into account.

According to a comprehensive research project concerning the control and evaluation of radioactive waste water from nuclear power stations - on which Mr. Wolter will report elsewhere in more detail - "Rules for Measuring and Control of Release of Radioactive Waste Water from Nuclear Power Stations with Light Water Reactors" have been elaborated and passed the Länderausschuß für Atomkernenergie (Committee of the Länder on Nuclear Energy) in December 1972 (1). These regulations have also been taken into account by the Länderarbeitsgemeinschaft Wasser (LAWA) (Working Group of the Länder on Water Problems) when formulating comprehensive "Rules for the Release of Radioactive Substances from Nuclear Technical Plants into Surface Water" prepared by the Study Group on Radioactive Contamination of Surface Water (2).

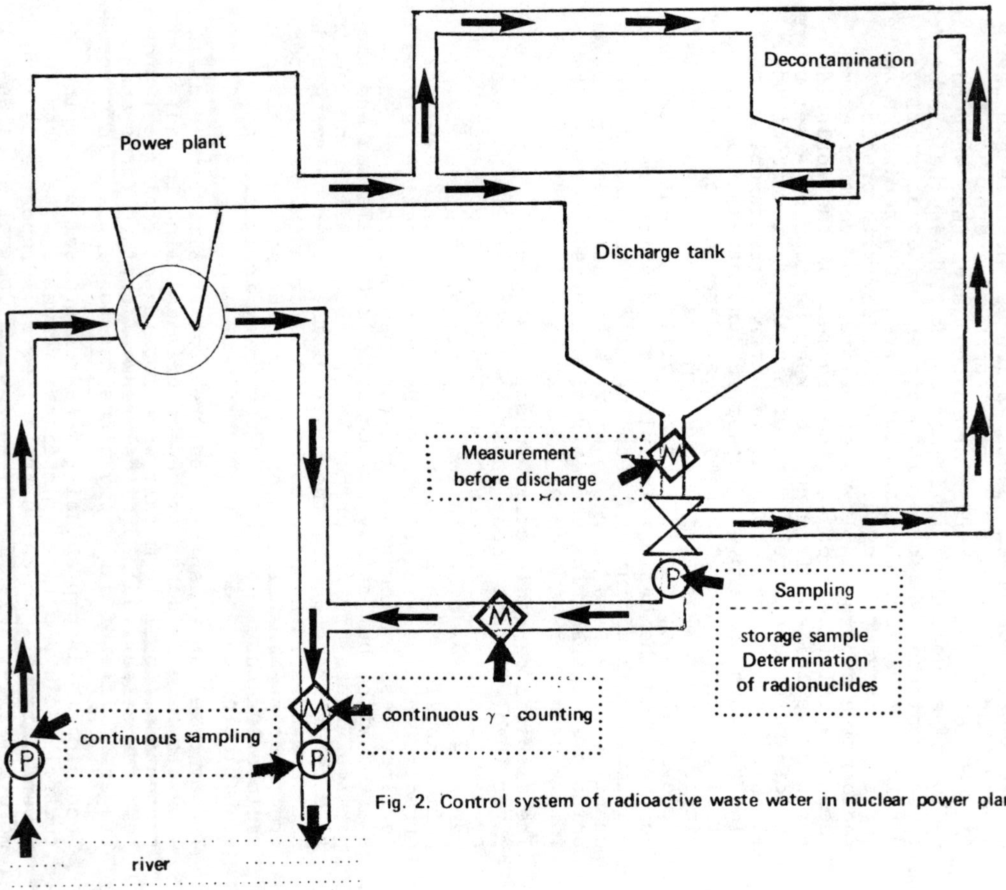

Fig. 2. Control system of radioactive waste water in nuclear power plants

Licences that will be issued in the Federal Republic of Germany in future will be set up in conformity with these regulations containing the experiences made by the nuclear power stations running at the time being. Therefore these rules will be described in the next chapter.

2. Description of the Regulations

2.1 Waste Water System. At first the basic conception of the waste water system of nuclear power plants shall be described:
a) "All waste waters contaminated radioactively or possibly radioactively in normal power plant operation have to be conducted to the collecting tanks by passing through the waste water system intended for this purpose".

b) "Non-radioactive waste water from beyond the controlling and monitoring area of the nuclear power station must not be conveyed into this system."

c) "The waste water system has to be constructed in a way granting the separate collection of waste water of different radionuclide content and different chemical quality in order to guarantee an extensive decontamination."

d) "The radioactively contaminated waste water may only be discharged from discharge tanks;"

"The pipes should be conducted in such a way that there will be no possibility of avoiding the discharge tanks",

"Unsolved substances are to be removed by suitable measures" and "While discharging it is not allowed that any water be conveyed to the discharge tank". (2)

To keep the danger of accidental discharging as low as possible the waste water may only be pumped out of the discharge tank but not be drained off by gravity.

2.2 Control and Monitoring

2.2.1 Measurement before Discharge. In order to decide promptly whether waste water can be released from a discharge tank into the environment, the "Measurement before Discharge" is carried out. Before emptying a discharge tank, its contents has to be homogenized so that a representative sample can be taken. From this the amount of one liter is used for measurement in order to decide on the release. The γ-counting rate of the one liter sample has to be determined by integral γ-measurement for energies above 0.1 MeV. The activity concentration in Ci/m^3 is given by comparing with Cs-137 (Cs-137 equivalent). The conversion of the measured γ-rate into activity concentration is done by comparing the ratio of activity/counting rate to that determined by measurement of a 1 liter Cs-137 standard solution under equal conditions (figure 2).

This simple γ-measurement is sufficient as the fission and corrosion products which are produced in reactor operation are mainly γ-emitters, except Sr-89, Sr-90, and H-3 which are pure ß-emitters, but never appear isolated, yet.

The contents of the discharge tank may only be pumped out if

a) the activity concentration is not greater than 5×10^{-4} Ci/m^3 Cs-137 equivalent and

b) the activity release permitted for a certain time interval is not exceeded.

The evaluation of the analyses of 1000 effluent samples from commercial nuclear power plants in the Federal Republic of Germany during the last three years has shown that the decision level of 5×10^{-4} Ci/m^3 guarantees sufficient security when discharging radioactive waste water (3).

2.2.2 Storage Sample. A further 1 l - sample of the contents of the discharge tank has to be stored for one year. It may be identical with the one used for measurement before discharge. If necessary, the supervising authorities may use this sample for subsequent investigations.

2.2.3 Determination of Specific Nuclides. From other parts of the sample samples are to be mixed weekly, monthly and every three months proportional to the amount of waste water released. Since these as well as the storage samples are only essential if waste water is actually being discharged it is also possible to take them from the discharge line of the discharge tank (figure 2). The table shows the radionuclides which were identified at least once in the effluents of the operating nuclear power plants with light water reactors in a research programme of the Institut für Wasser-, Boden- und Lufthygiene des Bundesgesundheitsamtes during the past years. The weekly mixed samples should be analysed or made to be analysed as to their contents of γ-emitting radionuclides by γ-spectroscopy within one week after the last sampling. The detection limits given in the table have to be attained. They are attainable by using a Ge-Li-detector (e. g. effective volume of 28 cm^3) and a counting time of two hours. "The monthly samples have to be analysed or made to be analysed as to the contents of Sr-89 and Sr-90 within one month after mixing, the 3-monthly samples as to the contents of H-3. In these cases, too, the detection limits mentioned in the table are to be attained. The activities of the different radionuclides measured should be referred to the middle of the sampling interval taking the decay time into account. The releases of radioactive substances should be recorded and the responsible authorities should be notified." (2)

2.2.4 Total Activity Releases. The annual releases of fission and activation products without tritium as well as the tritium amounts to be released are limited in the licensing procedure. The former ones are to be determined by summing the corresponding annual discharges of radionuclides. In the licensing procedure the applicant"has to prove that state of the art in the different operational processes renders the release of the quantity required necessary. According to the experiences made up to now with light water reactors an annual release from 0.5 to 1.0 Ci per 100 MW_{el} excluding tritium is adequate. Concerning the release of tritium, discharges of 50 Ci/100 MW_{el} from boiling water reactors and 200 Ci/100 MW_{el} from pressurized water reactors have shown appropriate." (2)

2.2.5 Continuous Monitoring by γ-Counting

In figure 2 additional points for continuous monitoring using γ-counting devices are marked in the diagram of the waste water system of a nuclear power station. For additional control of the release of radioactive waste water a continuously operated γ-detector should be installed into the discharge line from the discharge tank which automatically stops the discharge

Table:
Physical data and detection limits of radionuclides found in liquid effluents of nuclear power plants

Nuclide	Halflife		Decay	E_γ* (MeV)	Detection limit (Ci/m^3)	MPC_w (Ci/m^3)
H-3	12,26	a	$\beta-$		$1 \cdot 10^{-6}$	$3 \cdot 10^{-2}$
Cr-51	27,8	d	K, γ	0,320	$5 \cdot 10^{-6}$	$2 \cdot 10^{-2}$
Mn-54	314	d	K, γ	0,835	$1 \cdot 10^{-6}$	$1 \cdot 10^{-3}$
Fe-59	45,6	d	$\beta-, \gamma$	1,099	$2 \cdot 10^{-6}$	$5 \cdot 10^{-4}$
Co-57	270	d	K, γ	0,122	$3 \cdot 10^{-7}$	$4 \cdot 10^{-3}$
Co-58	71,3	d	K, $\beta+, \gamma$	0,811	$8 \cdot 10^{-7}$	$9 \cdot 10^{-4}$
Co-60	5,27	a	$\beta-, \gamma$	1,173	$1 \cdot 10^{-6}$	$3 \cdot 10^{-4}$
Sr-89	50,5	d	$\beta-$		$2 \cdot 10^{-8}$	$1 \cdot 10^{-4}$
Sr-90	28	a	$\beta-$		$2 \cdot 10^{-8}$	$1 \cdot 10^{-6}$
Zr-95	65,5	d	$\beta-, \gamma$	0,757	$2 \cdot 10^{-6}$	$6 \cdot 10^{-4}$
Nb-95	35	d	$\beta-, \gamma$	0,766	$8 \cdot 10^{-7}$	$1 \cdot 10^{-3}$
Ru-103	40	d	$\beta-, \gamma$	0,497	$7 \cdot 10^{-7}$	$8 \cdot 10^{-4}$
Ru-106	368	d	$\beta-, (\gamma)$	0,622	$7 \cdot 10^{-6}$	$1 \cdot 10^{-4}$
Ag-110 m	255	d	$\beta-, \gamma$	0,885	$1 \cdot 10^{-6}$	$3 \cdot 10^{-4}$
Sb-124	60,4	d	$\beta-, \gamma$	1,691	$2 \cdot 10^{-6}$	$2 \cdot 10^{-4}$
Sb-125	2,71	a	$\beta-, \gamma$	0,428	$2 \cdot 10^{-6}$	$1 \cdot 10^{-3}$
J-131	8,05	d	$\beta-, \gamma$	0,365	$7 \cdot 10^{-7}$	$1 \cdot 10^{-5}$
Cs-134	2,05	a	$\beta-, \gamma$	0,769	$8 \cdot 10^{-7}$	$9 \cdot 10^{-5}$
Cs-137	30	a	$\beta-, \gamma$	0,662	$8 \cdot 10^{-7}$	$2 \cdot 10^{-4}$
Ba-140	12,8	d	$\beta-, \gamma$	0,537	$3 \cdot 10^{-6}$	$2 \cdot 10^{-4}$
La-140	40,2	h	$\beta-, \gamma$	1,596	$7 \cdot 10^{-7}$	$2 \cdot 10^{-4}$
Ce-141	32,5	d	$\beta-, \gamma$	0,145	$7 \cdot 10^{-7}$	$9 \cdot 10^{-4}$
Ce-144	284	d	$\beta-, \gamma$	0,134	$3 \cdot 10^{-6}$	$1 \cdot 10^{-4}$

* γ - Energy used for analysis

"if a) the concentration of radioactive substances of the water in the discharge line exceeds

5×10^{-4} Ci/m^3 Cs-137 equivalent or

b) the measuring device is out of operation." (2)

This γ-measurement is done for security reasons in order to prevent incorrect discharges.

Similar conditions are valid for the registering γ-sensitive measuring device continuously operating in the outlet of the cooling water. This detector should have a detection limit of 1×10^{-7} Ci/m^3 Cs-137 equivalent. It has the task to send optical and acoustic warning signals to the control room as soon as the concentration of 1×10^{-5} Ci/m^3 Cs-137 equivalent is exceeded. By this measurement the total amount of water leaving the nuclear power plant is being monitored additionally. Radioactive substances emitted accidentally, e. g. by leakage in the steam generators or the condenser, can be detected as early as possible, thus preventing unnecessary contamination of surface water.

2.2.6 Continuous Sampling. From the inlet and the outlet of the cooling water a daily mixed sample of at least 1 l is to be continuously collected by automatically operating devices (figure 2). The daily mixed samples collected during one month (30 days) are to be kept for 30 more days. After this time a sample is to be mixed, part of which is to be analysed or made to be analysed as to specific nuclides. "1 l of any mixed sample is to be kept for one year." (2)

This sampling makes it possible to determine the radionuclides actually released by the power plant in relation to those the river water has been contaminated with before by calculating the difference.

3. Conclusion

These conditions for the release of radioactive liquid effluents set up jointly by scientists, supervising authorities, and nuclear power licensees, fulfil in an exemplary manner the demands of environmental protection for a complete emission control as a basis for optimal population protection taking the polluter-pays-principle into account. When extended to gaseous and particulate radioactive effluents, the emission information system developed for radioactive waste water in the course of this work, will render the estimation and evaluation of radiation exposure of population groups by operation of nuclear power stations and by other emitters of radioactive substances possible.

References

1. K. Aurand, J. Arndt, H. Rühle, R. Wolter: Kontrolle des Abwassers aus Kernkraftwerken mit Leichtwasserreaktoren. Regeln für Messung und Kontrolle für Ableitungen radioaktiver Wässer aus Kernkraftwerken mit Leichtwasserreaktoren. Bundesgesundheitsblatt 16 (1973) 230 - 232

   and

   IRS - Kurzinformation 1973, Reihe C, Nr. 9

2. Länderarbeitsgemeinschaft Wasser (LAWA):
   Richtlinien für das Einleiten radioaktiver Stoffe aus kerntechnischen Anlagen in die Gewässer (ausgearbeitet von der LAWA - Arbeitsgruppe - Radioaktivitätsbelastung der Gewässer -) Stand Dezember 1973

3. K. Aurand: Erfassung radioaktiver Abwässer aus Kernkraftwerken als Aufgabe des Umweltschutzes
   Vortrag auf der Reaktortagung 1974 in Berlin

DISCUSSION

L. STRACKEE, Netherlands

What percentage of the stored samples of discharge tanks are analysed by the Bundesgesundheitsamt for supervision purposes ?

R. WOLTER, F.R. of Germany

Since 1970 we have analysed a great number of samples, maybe 50% of all stored samples. Since the beginning of 1972 all discharges of waste water from the 7 nuclear power plants in the Federal Republic of Germany are controlled in co-operation with the licensees on a voluntary basis.

D.A. WATSON, Canada

Please comment on the type of gamma monitor used in your discharge lines and the physical layout. We have had very poor experience with this type of monitor due to build-up of activity on discharge piping interfering with the signal at such low activity levels.

R. WOLTER, F.R. of Germany

We intend to use NaI-detectors capsuled hermetically, positioned in the discharge line. If necessary, the detector capsule can be decontaminated by washing the discharge line with detergents or chemical solutions.

S. AMARANTOS, Greece

Are there cases where the critical pathway analysis method has been practised in the F.R. of Germany ?

J. SCHWIBACH, F.R. of Germany

With low release rates the critical pathway approach will only ascertain the fact that the releases are low. Some restrict releases to levels as low as practicable even if the critical pathway approach allows higher releases. However, the licensing authority will always be careful to make sure that local conditions and total accumulation of released activity are safe for any critical pathway to be expected. To this effect in the licensing procedures, the scientific opinion of competent experts or expert bodies is presented to prove that the licensed release rates fulfil the required objectives for any critical pathway.

I.S. BHAT, India

Regarding radionuclide identification in the effluents I would like to ask whether you have seen any Ni-63 and Sn-113 in the effluents from light water power reactors and also whether you have analysed for transuranics. From our experience I suggest you look for Ni-63 which is a low beta emitter with long half-life in BWR effluents; Ni-63 is a bone seeker too.

R. WOLTER, F.R. of Germany

We have not included these nuclides in our routine measurements. We have in mind to develop methods in case we have some indication of the presence of these nuclides in the liquid effluents we are investigating.

J. SCHWIBACH, F.R. of Germany

We think that supplementary investigations for special nuclides in the effluents should always be considered as an important task for scientific bodies. Only if such investigations do not provide sufficient results, special nuclides must be determined routinely by the operators of nuclear power plants.

J.J. MARTIN, France

La contamination des détecteurs continus placés sur les lignes de rejet que nous avons observées sur nos installations interdit de les considérer comme des appareils de mesure. Ils ne peuvent être que des détecteurs à alarme et le niveau d'alarme doit être nettement supérieur à l'activité volumique de l'effluent rejeté normalement. Ils ne peuvent, en aucune manière, servir à établir le bilan de l'activité rejetée qui doit être fait par la mesure d'échantillons dans les réservoirs de contrôle.

Vous avez signalé que les rejets n'étaient autorisés que si l'activité volumique de l'effluent était inférieure à 5.10^{-4} Ci/m^3, cette activité volumique étant obtenue par une mesure que l'on peut qualifier de grossière, puisqu'il s'agit d'une mesure γ globale. Est-il prévu d'autoriser des rejets d'activité volumique supérieure à 5.10^{-4} Ci/m^3 si une mesure détaillée des contaminants a été faite avant le rejet ?

J. SCHWIBACH, F.R. of Germany

Je suis d'accord avec votre commentaire. Quant à votre question la réponse est oui, car l'activité rejetée ne doit pas dépasser les valeurs autorisées (données par exemple en Ci/an ou Ci/mois). En général, on peut prévoir que la valeur de 5.10^{-4} Ci/m^3 n'est pas dépassée pour les rejets épisodiques.

B. GUSTAFSSON, Eurochemic

Concerning γ-in line monitoring: at Eurochemic experience has shown that the use of γ-in line on streams at the order of a 5×10^{-4} Ci/m^3 is rather difficult due to the contamination problem of the monitor (increased background).

R. WOLTER, F.R. of Germany

At some nuclear power plants γ- monitors are positioned in the discharge line in special containers. If contamination occurs the detector can be easily removed and decontaminated. The container can be decontaminated easily too.

G. AGAOGLU, Turkey

What are the construction materials of discharge tanks and the lifetime of these tanks ? What types of treatment do you have to reduce the contamination and corrosion apart from circulation of the effluent in the tank ?

J. SCHWIBACH, F.R. of Germany

Les réservoirs sont en général en acier au carbone, avec un revêtement intérieur de gomme ou de matière plastique. On a prévu, pour une décontamination éventuelle des ouvertures permettant l'entrée dans les réservoirs, des écoulements dans le fond et, dans plusieurs cas, des anneaux de rinçage. Il n'y a pas de corrosion si la qualité de l'eau est conforme aux spécifications. Des dégâts éventuels seraient découverts et réparés lors des inspections qui sont effectuées régulièrement. La durée de vie des réservoirs est comparable à celle de la centrale.

THE U.S. ATOMIC ENERGY COMMISSION REGULATORY PROGRAM FOR THE CONTROL MONITORING AND REPORTING OF RADIOACTIVITY IN EFFLUENTS - AN OVERVIEW

L. B. Higginbotham
Directorate of Regulatory Operations,
J. T. Collins
Directorate of Licensing,
Regulation
U.S. Atomic Energy Commission
Washington, D. C. 20545
United States of America

Paper introduced by Dr. M.B. Biles

Abstract

Programs for control and monitoring of radioactive effluents are required at all facilities regulated by the U. S. Atomic Energy Commission (AEC). Limitations and requirements for control and monitoring of radioactive effluents are expressed in AEC Regulations issued under Title 10, Code of Federal Regulations. AEC regulations and policies for control of exposures from radiation and radioactive materials are based primarily on guidance promulgated by the ICRP, the NCRP, and the FRC. Conditions in operating licenses issued by AEC Regulatory require appropriate surveillance and monitoring programs as a basis for demonstrating compliance with AEC regulatory limits for the release of radioactive effluents.

PROGRAMME REGLEMENTAIRE DE LA COMMISSION DE L'ENERGIE ATOMIQUE DES ETATS-UNIS EN MATIERE DE CONTROLE, DE SURVEILLANCE ET DE RELEVE DE LA RADIOACTIVITE CONTENUE DANS LES EFFLUENTS - APERCU GENERAL

Résumé

Toutes les installations régies par la Commission de l'Energie Atomique des Etats-Unis sont tenues d'appliquer des programmes de contrôle et de surveillance des effluents radioactifs. Les limitations et conditions afférentes au contrôle et à la surveillance des effluents radioactifs sont énoncées dans les réglementations de la Commission de l'Energie Atomique publiées sous le titre 10 du Code de la réglementation fédérale. Les réglementations et politiques de la Commission de l'Energie Atomique en matière de contrôle des expositions dues aux rayonnements et aux substances radioactives sont principalement fondées sur les directives promulguées par la CIPR, le NCRP et le FRC. Aux termes des autorisations d'exploitation délivrées par l'organe réglementaire de la Commission de l'Energie Atomique, des programmes de contrôle et de surveillance appropriés doivent être appliqués en vue de démontrer que les limites réglementaires fixées par la Commission de l'Energie Atomique pour le rejet des effluents radioactifs sont respectées.

1. Introduction

In recent years the national policies of the United States have emphasized the importance of maintaining environmental quality. The implementation of these policies by the various U.S. Federal agencies is reflected in part by the increased emphasis on environmental pollution studies, surveillance and abatement activities, and development of effluent limitations and environmental standards.

Along with the increasing national emphasis on maintaining environmental quality, the AEC has been reassessing its policies and regulations with regards to radioactive waste management and effluent control systems for licensed commercially operated facilities.

The AEC requires all commercially operated-licensed facilities to maintain effluent controls and monitoring programs. Limitations and requirements for control and monitoring of effluents which may contain radioactive materials are expressed in AEC Regulations issued under Title 10, Code of Federal Regulations (10 CFR). Two of the pertinent regulations for control and monitoring of radioactive materials, are 10 CFR Part 20, "Standards for Protection Against Radiation," and 10 CFR Part 50, "Licensing of Production and Utilization Facilities." These regulations are based primarily on guidance promulgated by the International Commission on Radiation Protection (ICRP), the National Council on Radiation Protection and Measurement (NCRP), and the Federal Radiation Council (FRC).

Specific limitations on the release of radioactive material in gaseous and liquid effluents are included as conditions on operating licenses issued by the AEC. The limits are based on radiation protection guides and potential exposures of the public to radiation and radioactive materials from the discharge of effluents. Conditions in operating licenses require appropriate surveillance and monitoring programs as a basis for demonstrating compliance with AEC regulatory limits for the release of radioactive material in effluents.

2. Effluent Control Policies and Requirements

The AEC has always subscribed to the general principle that, within established radiation protection guides, radiation exposures to the public should be kept "as low as practicable". Amendments to 10 CFR Part 20 and 10 CFR Part 50 published in 1970 gave appropriate regulatory effect, with respect to radioactivity in effluents from nuclear power reactors, to the qualitative guidance of the Federal Radiation Council that radiation doses should be kept as low as practicable.

While the releases of radioactive materials in effluents from nuclear power reactors now in operation in the U. S. have generally been small fractions of AEC regulatory limits, further reduction of these releases can be achieved by the application of improved technology for effluent treatment and controls. The AEC now has under consideration proposed amendments to its regulations which provide quantitative guidance for maintaining releases of radioactive materials in effluents as low as practicable.

The quantitative guidance, specifically applicable to light-water-cooled nuclear power reactors, is in the form of numerical design objectives for radioactive waste systems and for limiting conditions of facility operation. The AEC Regulatory staff is developing amendments to its regulations together with appropriate quantitative guidance, for maintaining releases from fuel cycle facilities as low as practicable.

The numerical design objectives to meet the criterion "as low as practicable" for radioactive material released in gaseous and liquid effluents from light-water-cooled nuclear power reactors are discussed below.

One design objective in the proposed amendment to AEC regulations is to maintain the total quantity of all radioactive material in liquid effluents from all reactors at a site to: (a) a level that would keep the annual dose or dose commitment to the total body or any organ of an individual in an unrestricted area from all pathways of exposure to not more than 5 millirems or (b) not more than 5 curies, except tritium and dissolved gases, for each reactor at a site, whichever quantity is limiting. For some sites the quantity based on keeping the annual dose to 5 millirems will be more limiting and for other sites the 5 curies quantity will be more limiting.

The design objective in the proposed regulation dealing with external dose from radioactive material in gaseous effluents give separate treatment to total-body dose from gamma radiation and skin dose from beta radiation. The annual dose would be controlled by the annual gamma and beta radiation air dose at any location near ground level that might be occupied by individuals at or beyond the site boundary. The annual air dose level for particular sites may vary, therefore, subject to keeping the annual dose to an individual who may occupy an unrestricted area to not more than 5 millirems to the total body or 15 millirems to the skin. An annual dose to the skin of 15 millirems is one-half of one percent of the radiation dose limits for a member of the public recommended by the International Commission on Radiological Protection (ICRP).

The design objective for radioactive iodine and radioactive material in particulate form, is to maintain the annual dose or dose commitment to any organ, including the thyroid of any individual in an unrestricted area from all pathways of exposure, to not more than 15 millirems per year. In determining the quantity based on the annual dose or dose commitment, the portion due to intake of radioactive material via the food pathways may be evaluated at the locations where the food pathways actually exist. In addition, the design objective annual total quantity for releases of iodine-131 is 1 curie for each light-water-cooled nuclear power reactor at a site.

In most cases the design objective quantity based on keeping the annual dose to the thyroid from the milk pathway to less than 15 millirems will be more limiting than the 1 curie design objective quantity.

3. Effluent Monitoring and Reporting Requirements

AEC Regulatory imposes conditions on operating licenses which require licensees to monitor and to report the identity and quantity of radioactive materials released to the environment. This information, together with meteorological data, is used by both the licensee and the Regulatory staff for the purposes of: (a) ascertaining whether AEC regulatory requirements have been met and whether radioactive material in effluents have been kept as low as practicable; (b) evaluating the adequacy and performance of containment, waste treatment methods, and effluent controls; and (c) evaluating the environmental impact of radioactive materials in effluent including estimates of the potential annual radiation doses to the public.

To achieve a degree of uniformity in effluent monitoring programs at licensed nuclear power plants, AEC Regulatory has published guidance on acceptable methods to be used for measuring and reporting data on releases of radioactive material. This document, one of a series of "Regulatory Guides" gives general guidelines for monitoring. It embraces the general philosophy of using standardized methods to the extent practicable, by referencing applicable standards of the American National Standards Institute relating to monitoring and sampling of radioactivity.

The Regulatory Guide does not contain detailed specifications for sampling and analysis of radioactive effluents or the type of instrumentation, since these aspects generally need to be tailored to the requirements of each specific facility. Specific monitoring programs are included as requirements in each operating license.

Continuous sampling is required for effluent streams where the flow rates and/or concentrations of radioactivity may vary widely. Continuous monitoring is required at points or on streams of normal releases of liquid and gaseous effluents. Generally, continuous monitoring systems have alarms or isolation functions to advise the operator of inadvertent releases and/or to automatically terminate release of radioactive material above limits specified in the operating license.

Batch samples are required where tank storage with batch discharge is utilized, or where the effluent stream concentration and flow remain relatively constant with time.

The Regulatory Guide includes general criteria on sensitivity of effluent measurements. These criteria are stated in terms of concentrations or releases rates and are based generally on technical feasibility and the potential significance in the environment of the quantities of effluent released. A proposed revision to the guide modifies these criteria on sensitivity in order to reflect the considerations for as low as practicable effluent releases. The proposed revision states that the sensitivity of measurements should be sufficient to detect that level of release rates and concentrations at the point or source of release which, when dispersed in the offsite environs, would result in a dose to individuals of a small fraction of natural background radiation.

The revised guide will also include provisions for applying the measured effluent and meteorological data to acceptable dose models in calculating potential doses to individuals and populations living in the vicinity of the facility. Provisions for reporting these calculated dose estimates have also been included.

Adherence to required monitoring programs and evidence of compliance with regulatory limits on effluents gives reasonable assurance that potential annual radiation doses to individuals and populations living near the boundary of nuclear facilities are within radiation protection guidelines. The AEC maintains an overview of adherence to required programs and compliance with limits through the process of routine inspections by AEC personnel. Additional assurance is provided by the reports and data obtained from licensee's monitoring programs which measure levels of radiation and radioactive materials in the site environs.

The results of licensees effluent monitoring programs are required to be reported to the AEC each six months. The specific requirements for reporting are included in operating licenses. Generally, the information required to be reported will (a) allow evaluation of compliance with regulatory limits for release of effluents, (b) allow evaluation of the performance of waste treatment systems, and effluent controls, and

(c) permit evaluation of environmental impact, including estimation of the potential radiation doses to the public.

The information from these reports are used to prepare summaries and reports of effluent data. For the past several years, reports of effluents from licensed nuclear power plants have been prepared and made available to the general public.

4. The Nature of Radioactive Effluents from AEC-Licensed Facilities

The release of radioactive materials in effluents from licensed light-water-cooled nuclear power reactors has generally been low in comparison with the limits set forth in operating licenses and in the AEC's regulation, 10 CFR Part 20, "Standards for Protection Against Radiation."

Tables I through IV reflect summaries of total releases of radioactive material in liquid and gaseous effluents discharged over the past several years. These tables show that the largest portion of total radioactivity released from AEC-licensed facilities consists of noble gases. Although the releases appear large in terms of total curies, the resultant impact in terms of population dose is small when compared to population doses resulting from normal background radiation. Resultant exposures to the public living in the immediate vicinity of operating power reactors have been small percentages of Federal radiation protection guides.

5. Summary and Conclusions

The AEC, in its regulation of the privately owned nuclear power industry, has based its regulations for controlling radioactive effluents and radiation exposures primarily on radiation protection guidelines issued by the ICRP, NCRP and the FRC.

The AEC has proposed amendments to its regulations which will provide quantitative guidance for releases of radioactive effluents. This guidance is in the form of numerical design objectives for radioactive waste system and for conditions of plant operation.

It is expected that conformance with the proposed changes in AEC regulations will continue to provide reasonable assurance that annual radiation doses to individuals living near the boundary of a site from radioactive effluents from all reactors at the site will generally be less than a few percent of average doses from natural background radiation.

The AEC requires, in its operating licenses, programs for monitoring and reporting of radioactivity released in effluents during facility operation. The objective of these programs is to provide information to be used by both the licensee and the Regulatory staff for the purposes of assuring and demonstrating compliance with regulatory limits, and providing a basis for estimating the potential annual radiation doses to the public.

The AEC has published guidance which describes effluent measuring and reporting programs which are acceptable to its Regulatory staff. The guidance does not include detailed procedures, but it does recommend minimum frequencies for sampling and analysis to determine specific radionuclides in effluents. The guide also includes general criteria for sensitivity of measurements of radioactivity at the point or source of release from the plant.

TABLE I

LIQUID EFFLUENT COMPARISON BY YEAR

Mixed Fission and Activation Products

Curies

Facility	1970	1971	1972
Boiling Water Reactors			
Oyster Creek	18.5	12.1	10.0
Nine Mile Point	28.0	32.3	34.6
Millstone 1	-	19.7	51.5
Dresden 1	8.2	6.2	6.75
Dresden 2,3	-	23.2	22.1
LaCrosse	6.4	17.1	48.5
Monticello	-	0.01	2.90×10^{-6}
Big Rock Point	4.7	3.5	1.09
Humboldt Bay	2.4	1.8	1.4
*Pilgrim	-	-	1.45
Quad Cities 1,2	-	-	2.41
*Vermont Yankee	-	-	None
Pressurized Water Reactors			
*Maine Yankee	-	-	0.0169
Palisades	-	-	6.81
Yankee	0.03	0.01	0.0206
Indian Point 1	7.8	81.1	25.4
R. E. Ginna	10	0.96	0.375
Connecticut Yankee	6.7	5.9	4.78
H. B. Robinson	-	0.74	0.826
San Onofre	7.6	1.54	30.3
Point Beach 1,2	-	0.15	1.53
Surry 1	-	-	0.0252
Nonwater Reactors			
Peach Bottom 1	0.006	0.007	0.0209
Fermi	-	0.01	0.222

*Plants operated less than 1 year.

TABLE II

LIQUID EFFLUENT COMPARISON BY YEAR

Tritium

Curies

Facility	1970	1971	1972
Boiling Water Reactors			
Oyster Creek	22.0	21.5	61.6
Nine Mile Point	20.0	12.4	27.8
Millstone 1	-	12.7	20.9
Dresden 1	5.0	8.7	43.3
Dresden 2,3	31.0	38.5	25.9
LaCrosse	20.0	91.4	120.0
Monticello	-	0.6	7.6×10^{-5}
Big Rock Point	54.0	10.3	10.4
Humboldt Bay	<7	<7.5	13.0
*Pilgrim	-	-	4.18
Quad Cities 1,2	-	-	4.7
*Vermont Yankee	-	-	None
Pressurized Water Reactors			
*Maine Yankee	-	-	9.22
Palisades	-	-	208.0
Yankee	1500	1680	803.0
Indian Point 1	410	725	574.0
R. E. Ginna	110	154	119.0
Connecticut Yankee	7400	5830	5890.0
H. B. Robinson	-	118	405.0
San Onofre	4800	4570	3480.0
Point Beach 1,2	-	266	563.0
*Surry 1	-	-	5.03
Nonwater Reactors			
Peach Bottom 1	<50	14	1.7
Fermi	None	None	None

*Plants operated less than 1 year.

TABLE III

AIRBORNE EFFLUENT COMPARISON BY YEAR

Noble Gases

Curies

Facility	1970	1971	1972
Boiling Water Reactors	(X1000)	(X1000)	(X1000)
Oyster Creek	110	516	866
Nine Mile Point	9.5	253	517
Millstone 1	-	276	726
Dresden 1	900	753	877
Dresden 2,3	-	580	429
LaCrosse	0.95	0.53	30.6
Monticello	-	75.8	751
Big Rock Point	280	284	338
Humboldt Bay	540	514	430
*Pilgrim	-	-	18.1
Quad Cities 1,2	-	-	132
*Vermont Yankee	-	-	55.2
Pressurized Water Reactors			
*Maine Yankee	-	-	0.002
Palisades	-	-	0.505
Yankee	0.017	0.0128	0.0183
Indian Point 1	1.7	0.36	0.543
R. E. Ginna	10	31.8	11.8
Connecticut Yankee	0.7	3.25	0.645
H. B. Robinson	-	0.018	0.257
San Onofre	0.42	7.67	19.1
Point Beach 1,2	-	0.838	2.81
*Surry 1	-	-	1/(0.0126)
Nonwater Reactors			
Peach Bottom 1	0.006	0.122	0.058
Fermi	-	0.18	0.184

1/Actual value, X1000 does not apply.

*Plants operated less than 1 year.

TABLE IV

AIRBORNE EFFLUENT COMPARISON BY YEAR

Halogens and Particulates
(Half-life greater than 8 days)

Curies

Facility	1970	1971	1972
Boiling Water Reactors			
Oyster Creek	0.32	2.14	6.48
Nine Mile Point	<0.001	<0.06	0.969
Millstone 1	-	4.0	1.32
Dresden 1	3.3	<0.67	2.75
Dresden 2,3	1.6	8.68	5.89
LaCrosse	<0.06	<0.001	<0.712
Monticello	-	0.052	0.589
Big Rock Point	0.13	0.61	0.148
Humboldt Bay	0.35	0.3	4.79×10^{-1}
*Pilgrim	-	-	0.0319
Quad Cities 1,2	-	-	0.747
*Vermont Yankee	-	-	0.171
Pressurized Water Reactors			
*Maine Yankee	-	-	3.71×10^{-6}
Palisades	-	-	9.7×10^{-3}
Yankee	<0.001	<0.0001	7.77×10^{-4}
Indian Point 1	0.08	0.21	0.928
R. E. Ginna	0.05	0.17	0.035
Connecticut Yankee	0.002	0.03	0.0181
H. B. Robinson	-	None detected	0.0268
San Onofre	<0.001	<0.0001	4.74×10^{-4}
Point Beach 1,2	-	<0.0001	0.0297
*Surry 1	-	-	1.75×10^{-4}
Nonwater Reactors			
Peach Bottom 1	<0.001	<0.003	None
Fermi	-	<0.001	0.001

*Operated less than 1 year.

Appendix 1

References

1. "Concluding Statement of Position of the Regulatory Staff, Public Rulemaking Hearing on: Numerical Guides for Design Objectives and Limiting Conditions for Operation to Meet the Criterion As Low As Practicable for Radioactive Material in Light-Water-Cooled Nuclear Power Reactors", February 20, 1972, Docket RM-50-2, U.S. Atomic Energy Commission.

2. "Measuring and Reporting of Effluents from Nuclear Power Plants", Regulatory Guide 1.21, December 29, 1971, U.S. Atomic Energy Commission.

DISCUSSION

P. SLIZEWICZ, France

Si j'ai bien compris les rejets gazeux peuvent délivrer 5 mrems/an à l'organisme entier (donc 5 mrems/an à la thyroïde), les rejets liquides 5 mrems/an à l'organisme entier (donc 5 mrems à la thyroïde), il ne reste donc plus pour les rejets d'iode que 5 mrems/an pouvant irradier la thyroïde ?

M.B. BILES, United States

Experience has shown that the gaseous, liquid and iodine discharges do not generally affect the same population. Therefore, it is not necessary to consider multiple exposure pathways as you suggest.

L. FITOUSSI, France

En effet, comme je le dirai dans ma communication, les populations demeurant dans les environs d'une centrale nucléaire peuvent être soumises à l'irradiation externe due aux gaz nobles, alors que les populations concernées par les rejets éventuels d'iodes et d'aérosols sont celles qui se trouvent à l'extrémité de la chaîne alimentaire (réseaux de distribution compris) des produits agricoles et d'élevage susceptibles éventuellement d'avoir été contaminés par ces rejets. Nombreux sont les exemples dans la littérature qui montrent que ces deux catégories de populations sont généralement différentes.

S. PRETRE, Switzerland

What is the status now concerning the introduction in the Regulations of the proposed Appendix 1 ? I would particularly like to know if you plan to make a fundamental difference between design limits and operational limits.

M.B. BILES, United States

The present Appendix 1, published for comment in 1971, remains in the proposal state. The Regulatory staff is currently developing a revision ; the principle features were discussed in the paper. The final version may be issued in several months. The Regulations will distinguish between design and operating limits.

R.F. BARKER, United States

Response to second part of question : Will AEC revised Regulations make a distinction between design objective and generating limits ?

Yes, as set out in the paper, the design limits relate to total quantities released from all reactors at one site whereas, as a result of as low as practicable considerations, some reactors will have generating limits quite different from the design objectives set out as conditions at generation.

J.J. MARTIN, France

En ce qui concerne la limite de 5 Ci/an des rejets liquides des centrales à eau et partant du fait que les rejets de 5 Ci/an de Co-60, I-131 ou Ra-226, par exemple, ne sont pas équivalents du point de vue de l'environnement, comment est décomptée cette activité ? En particulier, s'agit-il d'une activité équivalente, du point de vue de la dose supportée par l'environnement, à un rejet d'un nucléide particulier, Sr-90 par exemple ?

M.B. BILES, United States

The 5 Ci/yr limit on liquid releases includes all isotopes, except tritium and dissolved gases, regardless of effect on the environment. (Ra-226 is not controlled by AEC). Experience shows that water reactors can meet this limit.

G. STOTT, United Kingdom

How does the AEC propose to measure an annual cumulative dose of 5 mrem from gaseous discharges ?

M.B. BILES, United States

The Regulatory staff has drafted a guide. "Calculation of annual average doses to man from routine releases of reactor effluents", for the purpose of implementing Appendix 1. This will be published soon and can be used by licensees to satisfy the 5 mR/yr requirement.

K. AURAND, F.R. of Germany

Is a limitation of the concentration to 10^{-7} μCi/ml justified by radiobiological facts if the limit of activity to be discharged is set at 5 Ci/yr and the dose limit to 5 mrem/yr ?

M.B. BILES, United States

The new proposed Appendix 1 will not include concentration limits, as previously proposed. The new limits will be in terms of curie releases and annual exposures.

S. PRETRE, Switzerland

M. Stott vient de mettre en doute la possibilité technique de mesurer 5 mrem dans l'environnement. J'aimerais préciser ici qu'il a été démontré par Auxier (Oak Ridge, thèse de doctorat présentée à Georgia-Tec) que la plupart des nucléides présents dand l'environnement à une concentration telle qu'ils sont responsables d'une dose annuelle de 1 mrem, sont identifiables et détectables.

Part II
TECHNICAL QUESTIONS

Partie II
QUESTIONS TECHNIQUES

THE MONITORING OF GASEOUS EFFLUENTS FROM SEVERAL INSTALLATIONS AT THE PETTEN RESEARCH CENTRE

J.R.D.Stoute

Health Protection Department
Reactor Centrum Nederland
PETTEN, THE NETHERLANDS.

ABSTRACT.

The paper deals with the current practices of monitoring the gaseous and liquid effluents from several installations, such as a pool-type research reactor (45 MWatt) of Euratom, a waste treatment plant, a radio-chemistry building and a hot-laboratory of R.C.N. and an isotope production plant owned by Philips Duphar. Information is given about monitors for noble gases, aerosols and radio-iodine species as well as about monitoring the liquid wastes which are released into the North Sea.

SURVEILLANCE DES EFFLUENTS GAZEUX EN PROVENANCE DE PLUSIEURS INSTALLATIONS DU CENTRE DE RECHERCHE DE PETTEN

RESUME

Cette communication porte sur les pratiques actuelles de surveillance des effluents gazeux et liquides en provenance de plusieurs installations, telles qu'un réacteur de recherche du type piscine (45 MWatt) d'Euratom, une usine de traitement des déchets, un bâtiment de radiochimie et un laboratoire chaud du RCN, ainsi qu'une usine de production d'isotopes appartenant à Philips Duphar. L'auteur donne des renseignements sur les moniteurs de gaz rares, d'aérosols et d'espèces d'iode radioactifs, de même que sur la surveillance des déchets liquides rejetés dans la Mer du Nord.

1. INTRODUCTION.

A task of the management of nuclear establishments with regard to the radioactive effluents of these establishments is to prove that the quantities that are released into the environment do not give rise to exposure of members of the general public to radiation doses above values considered as permissible. Two aspects of this task can be distinquised: [1]

- Monitoring of the environment itself to be sure that activity levels in the environment are sufficiently low. This gives rise to the need of taking samples and measuring the activity of, for example, herbage, soil, seawater and foods. The monitoring program which is necessary in this way can grow to a very extended one and as the amounts of activity involved are very small, there will be need for extremely sensitive methods to measure these amounts. This can mean a heavy economical and technical burden for the establishment.
- Monitoring the effluents of the establishment to prove that the amounts of activity released are below certain amounts usually specified by the appropriate Government Authorities. These specified amounts are derived using average values of parameters, such as stack height, meteorological circumstances, population and, for discharging into the sea, seawater currents etc. Accurate monitoring of stack outputs, also in case of an unvoluntary release, means monitoring at places where the possible contamination is still diluted as little as possible, with consideration of concentration and the characteristics of the monitoring device such as sensitivity and probability of contamination of connection tubes and detector housings.

In this paper the effluent monitoring program established at the Petten Research Centre will be described.

2. PRINCIPLES OF MONITORING OF AIRBORNE RELEASES.

2.1. Aims of the program.

The purpose of the monitoring of exhaust air is twofold: [2]

- continuous monitoring to indicate any increase in airborne activity above the normal sothat steps can be taken to restrict the release of such material as well as to trace the source of such a release;
- continuous monitoring in order to determine the total quantity of radioactive material released during a certain period.

In general, provision is made to observe and monitor the following components:

- particulate activity, that is alpha or beta-gamma activity attached to dust particles or in other aerosol form;
- radioactive noble gases where generally only beta-gamma activity is present;
- radioactive vapors or gases of which iodine is mentioned in particular because it presents monitoring problems and requires special attention.

2.2. Sampling method for particulate contaminants.

Exhaust air is monitored at a convenient flow rate. The sampling point must be placed in such a position and must have such a form that a representative sample of the exhaust air can be obtained. The sampling must take place at a point where well-mixed exhaust air will be sampled. Where aerosols are to be sampled it is important that sampling should be isokinetic, that is the linear flow in the sample pipe opening should be equal to the linear flow in the exhaust duct. This all implies a good knowledge of the flow and of the velocity profile in the ducts.

The sample air stream is sucked through a highly efficient particulate filter and the particulate alpha- and beta-gamma activity remaining on the filter is measured with suitable detectors. Some ways in which this can be carried out are given here.

2.2.1.

The filter is present as a filter tape which moves continuously past the collection point, where the activity is measured.

Although the beta-gamma contribution from the decay products of radon-thoron gives a certain background reading, the relative hazard of beta-gamma emitters is such that they can be distinguised sufficiently above this background. Alpha detection is done at a point where approximately six hours have elapsed between collection and measurement of the alpha activity, thus giving the opportunity to the alpha background to decay sufficiently.

2.2.2.

The filter is fixed and the collected activity is recorded continuously with aid of a linear or logarithmic countratemeter.

The accumulation of radon-thoron activity will take place according to the equation:

$$A = Qa(1-e^{-\lambda t})$$

Where A = activity on filter (Ci)

Q = sampling flow rate (m^3/h)

a = concentration in duct (Ci/m^3)

λ = (effective) decayconstant (h^{-1})

t = collecting time (h)

With an effective half-life of approximately 30 minutes it can be shown that an equilibrium of A will be obtained after about two hours. The release of radioactivity containing hazardous nuclides (which generally have longer half-lives) will cause an increase above the equilibrium value and alarm levels are set at levels as low as practically with respect to variations in the background.

The use of fixed filters has some advantages, of which the following are mentioned here: [3]

- As a result of the longer collection time, the sensitivity can be high.
- The activity collected on the filter is a measure of the activity possibly inhaled by a person present in the air which is monitored. This is of special importance when the monitor is used in a working area.
- The sampling system can be rather simple. This is due to the fact that the problem of air tightness can be solved easily and that the whole system which holds the filter can be simple.
- The counting efficiency is not influenced by the fact that the deposit of radioactive material is moving along the counter window.
- Individual samples can be handled and stored easily.
- The response of the system to varying aerosol concentrations [4] can be interpretated relatively simply.

2.2.3.

The filter is fixed and the collected activity is measured in suitable counting rigs.

This technique offers the possibility to measure activity with very low backgrounds and with extended counting times. Because the counting rigs are generally used for more purposes the mentioned technique is a very economic one. Besides, it is preferred in most cases where filter systems are applied consisting of more than one filter in series. The drawback is of course the time delay between collection and measurement of the activity.

2.3. Sampling iodine.

It is well known that iodine vapor released into air will partly attach to aerosols, and partly will form organic compounds such as methyliodide, ethyliodide etc. All three forms present their own sampling problem and in order to cope with this problem a compound filter pack is used [5]. The filter pack consists of:

- a glass fibre filter paper with a high efficiency for aerosols,
- two carbon impregnated filterpapers with an efficiency for elemental or molecular iodine of some 90-99 %, [6,7]
- a layer of charcoal specially treated for collection of iodine compounds. This material must yield high collection efficiencies also under relatively bad conditions regarding to relative humidity etc.

2.4. Measurement of noble gases.

A detector is placed in a ventilation duct there where particulate activity has been removed from the air stream by HEPA-filters. The detector (generally a GM-tube or a proportional gasflowcounter) measures continuously the concentration of the activity in the air stream. Recording is achieved with aid of a linear or logarithmic countratemeter and integrating by a scaler. Alarms can be set at specified levels at the ratemeter, corresponding with concentration levels, or at a preset value at the scaler, corresponding with a certain total release.

The dimensions of the part of the duct where the detector is located should be large enough to ensure a reasonable sensitivity of the system. If necessary, an enlargement of the exhaust pipe can be introduced in which the detector can be housed.

3. REALISATION OF MONITORING AT R.C.N.

3.1. The R.C.N.-airdustmonitor.

In the R.C.N.-airdustmonitor a fixed filter is applied. The pump units have been constructed in two models:

- for beta-gamma monitoring with a heavy shielding and with a 2" end-window GM-tube (Philips 18546);
- for alpha monitoring with a light sample holder and with a 2" ZnS-scintillator and photomultiplier (EMI 9656 L).

Both models can accommodate 5 cm diameter glassfibre filters, whereas in the beta-gamma monitor also charcoal impregnated filter paper discs can be used for the detection of iodine.

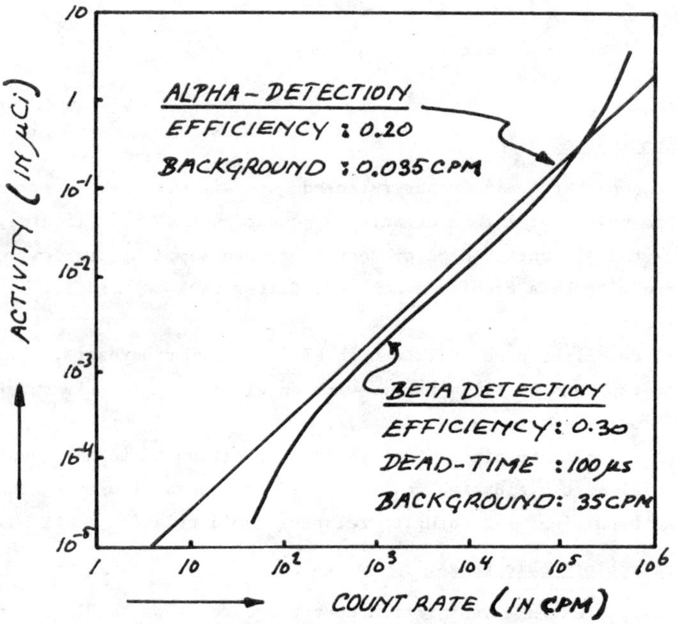

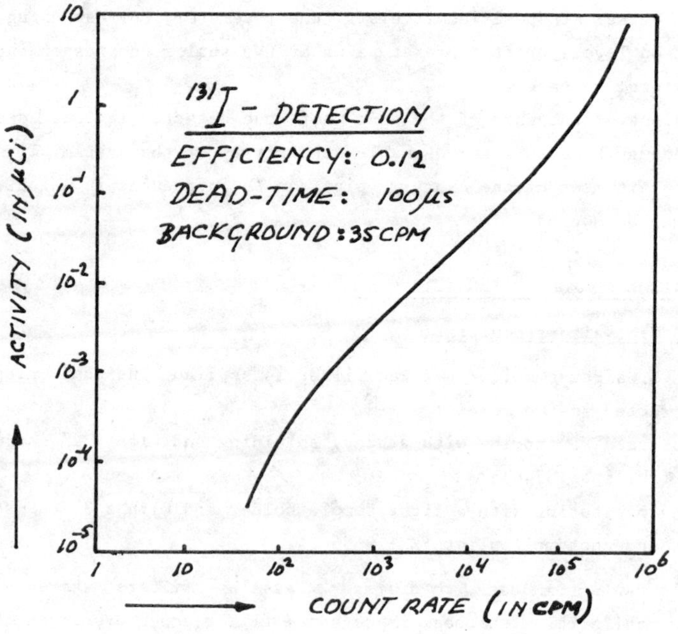

Figure 1 : response of the R.C.N.-dustmonitor.

The sampling flowrate is of the order of 8 m^3/h and the counting efficiency is 30 % for the beta-gamma monitor (calibrated with uranium) and 37 % for the alpha monitor (calibrated with plutonium). The resulting sensitivity is given in figure 1.

The central display unit, with which up to six pump units can be coupled, contains among other things:

- a six point recorder and a NIM bin with:
- up to six logarithmic ratemeters, Berthold Frieseke LB 2250;
- up to six high voltage units, Nuclear Enterprises NE 4660.

Alarms can be given (locally as well as remotely):

- when the countrate exceeds a preset level;
- when the pumpmotor is out of operation;
- when the flowrate is lower than a preset value, which is set by a lamp and a photocell coupled with a flowmeter.

3.2. The R.C.N.-stackmonitor.

All stacks at the R.C.N.-site are monitored with compound filter packs because of the possibility of iodine releases.

A stack monitor consists of:

- a pump, giving a sampling flow rate of 1.5 m^3/h;
- a gasmeter.

Both are located in a suitable housing, together with a working time meter.

The R.C.N.-compound filter pack [8] is shown in figure 2. It consists of a 5 cm diameter perspex holder comprising:

- a glassfibre filter, Whatman GF/A or Schleicher & Schüll nr 9;
- two charcoal impregnated filterpapers Whatman ACG/B;
- 5 cm charcoal, 2 % KI impregnated.

The filterpacks are placed in special holders in order to facilitate the changes and to avoid repeatedly loosening of hose clamps. Because of the decay of iodine-131 with its half-life of 8.05 days, the filterpacks are changed and analysed weekly. The glassfibre filter is counted after 3 days to allow the radon-thoron daughters to decay. In routine analysis the accumulated dust is counted for total alpha activity and for total beta activity. The counting rigs are calibrated in terms of ^{239}Pu (alpha activity) and of ^{238}U (beta activity).
The charcoalfilterpaper and the holder with the impregnated charcoal are analysed gamma-spectrometrically.

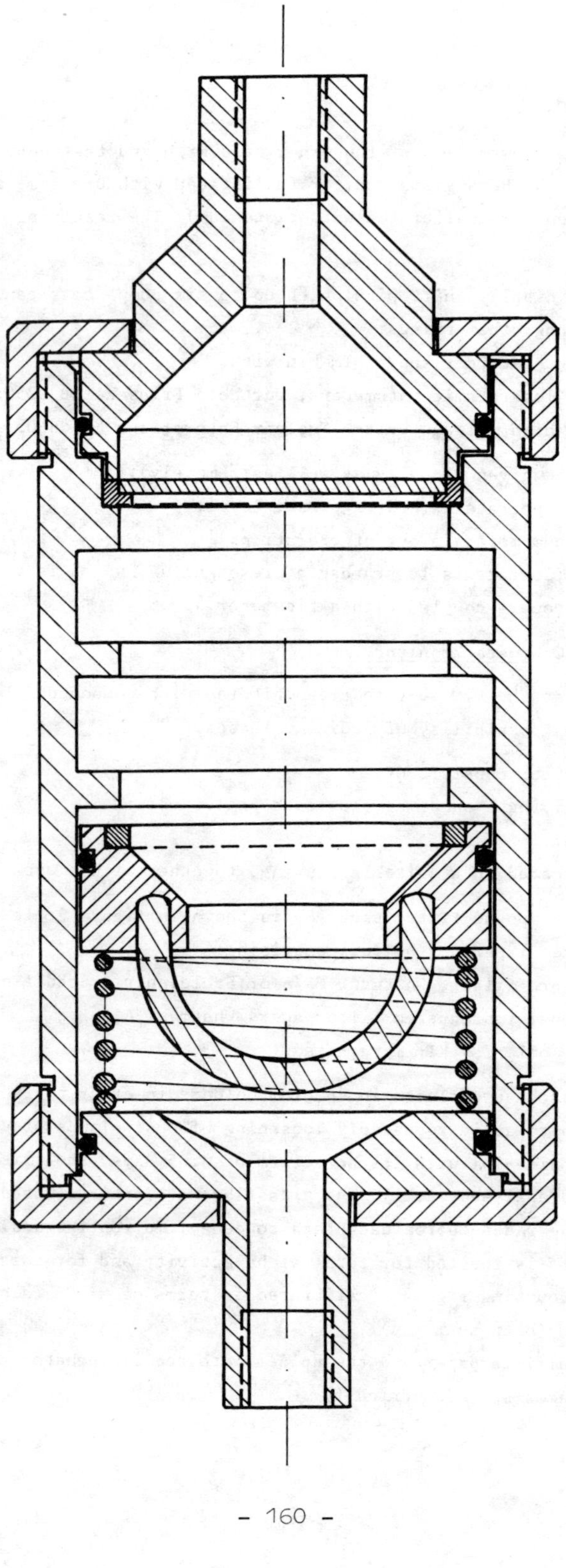

Figure 2 : the R.C.N.-compound filter pack.

The sampling efficiencies of the various parts of the compound filter can be regarded to be 100 % without considerable error. Therefore the released activities can be found by multiplying the activities as found on the filter with the ratio of stack flow to sampling flow.
From the data of the counting equipment the minimum detectable release(MDR) can be derived. The minimum activity (MDA) which can be detected in a counting rig with efficiency e, background counting rate b and counting time t can be expressed as:

$$MDA = k.\frac{1}{e}\sqrt{\frac{b}{t}}$$

where k is a reliability factor, which can be chosen according to the desired degree of reliability of the minimal detection.

For k = 4 and t = 10 min., the MDA is with the alpha-counter 0.36 pCi (for ^{239}Pu) and with the beta-counter 13 pCi (for uranium). With a stackflow of 100,000 m^3/h and a sampling flowrate of 1.5 m^3/h, the corresponding MDR values for a sampling period of one week are: for alpha-activity $4x10^{-6}$ Ci and for beta-activity $1.5x10^{-4}$ Ci.
For the gamma-spectrometric assessment of ^{131}I on a routine basis, a reasonable MDA is 500 pCi for a counting time of 10 min. This corresponds to a MDR value of $5x10^{-3}$ Ci for a sampling period of again one week.

3.3. Gasmonitors.

Gasmonitors are realised in various ways and some of them are dealt with here.

3.3.1. A large GM-tube in a wide duct.

The charm of this system is its simplicity. The detector is unshielded sothat the background countrate with its variations as determined by the environment, are relatively high. The sensitivity of such a measuring system is therefore rather low.
As an example: a GM-tube, type Berthold BZ 120 (45 mm diameter x 360 mm long) in a duct with sufficiently large dimensions (2 m x 2 m and some meters long) gives a countrate of 1 cps for an argon-41 concentration of $5x10^{-9}$ Ci/m^3 with a background of some 7 cps. This leads to a MDA of $6x10^{-8}$ Ci/m^3(for ^{41}A)and to a MDR of 1.0 Ci per week for a stack flow of 100,000 m^3/h.

3.3.2. A large gasflowcounter in a duct of moderate dimensions.

In order to improve the response of the detector towards a variety of beta-gamma isotopes which can have various beta-energies, a proportional counter with a thin wall can be used.

To improve the geometric efficiency, the area of the detector can be made rather large. The background can be depressed by application of anti-coïncidence techniques. This all can be found in the large counters such as Berthold-Frieseke or Münchener Apparatebau. At R.C.N. some gasflow-counters are in use mounted on a duct of 50x50 cm and some meters long. Their MDA for ^{41}A is $4x10^{-8}$ Ci/m^3, corresponding with a MDR of 0.6 Ci per week for a stack flow of 100,000 m^3/h.

The detectors have a large thin window (25x25 cm, thickness 0.9 mg/cm^2). As a result, they are very difficult to maintain in the circumstances which are found in stacks, where pressure differences due to hard wind cause electrical breakthroughs in the counters. To a large extend, these difficulties are solved by mounting an extra window between the duct and the counter. This extra window consists of some plastic mosquito gauze and a sheet of thin plastic material (HOSTAFAN 0.8 mg/cm^2).

3.3.3. Gasmonitors of a special design.

A number of gasmonitors have been designed and constructed at R.C.N.(Dutch Patent application nr 7013369, corresponding patents are pending in Germany, France, U.K., U.S.A. and Japan). They have the following special features:

- In order to avoid overloading in case of a severe accident with the reactor, the gasmonitors connected with the reactorventilation have a reduced sensitivity, obtained by application of rather small GM-tubes.
- In order to avoid contamination of the wall of the measuring volume with decay products of noble gases, this wall is made from porous filter material, machined to a thickness of 2 mm. The wall is continuously flushed by a clean air stream from outside, sothat the sample gas does not reach the wall. The detector is placed outside the measuring volume, so it can not be contaminated.

As an example some data of the offgasmonitor are given. The thickness of measuring volume wall (200 mg/cm^2) plus GM-tube wall (50 mg/cm^2) is such that the beta radiation from a number of fission noble gases does not reach the sensitive volume of the counter. So it reacts mainly on the gamma emission of the gases, thus having a rather low sensitivity: calibration with ^{41}A yielded a sensitivity of $3x10^{-6}$ Ci/m^3 per cps. With a background of 0.3 cps and RC-time of counting equipment of 30 sec , the MDA is 10^{-6} Ci/m^3. This corresponds with a MDR of 0.3 Ci per week for an offgas flowrate of 2.000 m^3/h.

4. LIQUID RADIOACTIVE WASTE.

Liquid radioactive waste from the site and from several institutes in the Netherlands is treated at the R.C.N.-waste treatment plant. Low activity liquid from this plant is released into the North Sea via a pipe line of 5 km length. Before releasing, the liquids are collected in pools and sampled simply by taking aliquots from the pools.
The samples are subsequently analysed gammaspectrometrically and their total alpha- and beta-activity is assessed.
As a check on the analyses mixed samples are sent to RIV, the Dutch Central Health Laboratory where they are analysed in a similar way.

5. REFERENCES.

[1] Stoute,J.R.D., Monitoring the off-site gaseous release at R.C.N.-Research Establishment, Colloque International Sur la Pollution Radio-active des Milieux Gazeux, pp 255-260, Saclay(1963).

[2] Kruger,J. and G.M.Keet, The monitoring of gaseous Radioactive Waste at Pelindaba, Report PEL 223(1972).

[3] Lafont-Rapnouil,M., Choix du mode de Collection et de Mesure pour un Moniteur d'Aerosols à filtre, Assessment of Airborne Radioactivity, pp 241-246, Vienna(1967).

[4] Baron,H., Réponse Dynamique d'un Appareil de Détection des Aerosols Radioactifs, Assessment of Airborne Radioactivity, pp 265-295, Vienna (1967).

[5] Megaw,W.J. and F.G.May, The Behaviour of Iodine released in Reactor Containments, J.Nucl.Energy(parts A/B)16, p 427(1962).

[6] Stevens,D.C. and R.J.Hounam, Charcoal Impregnated Filter-Papers for Sampling Aerosols and Vapours, Report AERE-M 1089(1963).

[7] Vogt,K.J. and J.Meringdal, Messung der Adsorption-Eigenschaften verschiedener Filter für gasformiges Jod, Report Jül-363-ST(1966).

[8] Stoute,J.R.D. and G.C.H.Groen, Experiences with charcoal filtersystems installed in several Buildings at the R.C.N.-site, Seminar on Iodine Filter Testing Karlsruhe, pp 503-509, Luxembourg (1974).

DISCUSSION

M.B. BILES, United States

What quantity of liquid radioactivity is released into the North Sea ?

J.R.D. STOUTE, Netherlands

The RCN is licensed to release 0.015 Ci per day with a maximum concentration of 2×10^{-4} Ci/m^3. A rough estimation is that about 3 days per week, the maximum amount of 0.015 Ci is released into the sea.

A.M.F. OP DEN KAMP, Netherlands

You mentioned that the exhausted air is monitored continuously. The third method as given in your paper (paragraph 2.2.3) has the drawback of the time delay between collection and measurement of the activity. Can you give any more information about this, together with indications on this time delay ?

J.R.D. STOUTE, Netherlands

When the filters are changed weekly, the time delay of a certain release and the moment at which the delay is measured can be one week. Normally however, in a research centre, the Health Protection Department is aware of a release (via other ways of information) and in such a case the filters can be changed on demand.

J. SCHEIDHAUER, France

Les rejets liquides, émis à l'extrémité d'une conduite de 5 km, sont rejetés à quelle profondeur ?

J.R.D. STOUTE, Netherlands

The depth depends on the tide, but I think that the jet at the end of the pipe is at least 5 m below sea level.

J. SCHEIDHAUER, France

Cette longue canalisation est-elle prévue, dans l'avenir, pour des rejets plus importants ?

J.R.D. STOUTE, Netherlands

Until now, there has been no need for a licence to release more than some 5 Ci per year (15 mCi per day).

L. FITOUSSI, France

M. Stoute pourrait-il nous donner quelques informations complémentaires relatives aux dimensions et plus particulièrement au volume du système de détection et de mesure des gaz rares tel qu'il est décrit au paragraphe 2.4 de sa communication ?

J.R.D. STOUTE, Netherlands

The dimensions of the ducts are some 2 m x 2 m and 50 cm x 50 cm, narrower ducts (pipes) are enlarged up to some 50 cm x 50 cm.

L. FITOUSSI, France

S'agit-il d'une mesure γ ou β,γ des rayonnements émis par les gaz nobles ? Dans chacun de ces cas, y-a-t-il eu une étude du volume optimal à utiliser ?

J.R.D. STOUTE, Netherlands

The detectors are so thin (35 mg/cm^2 maximum) that there is a substantial contribution of the β-rays to the measured count-rate. We have not carried out a study on the optimum measuring volume, but we make use of a large duct or else enlarge a ventilation pipe to a volume of some 50 cm x 50 cm.

REGULATIONS AND CURRENT PRACTICES ON MONITORING ENVIRONMENTAL RELEASES FROM MAJOR NUCLEAR INSTALLATIONS IN INDIA

I.S. Bhat
Health Physics Division
Bhabha Atomic Research Centre
Bombay - 400 085
India.

Abstract

Nuclear installations like power reactors, fuel reprocessing plants and uranium production plants in India have controlled releases of low level radioactive liquid and gaseous wastes to the environment. These environmental releases are regourously monitored before release. The regulations on environmental releases are formulated by a separate organisation than plant operation. The limits on releases and current practice of effluent monitoring at the nuclear power stations at Tarapur and Kota, Rajasthan are discussed in the paper.

REGLEMENTATION ET PRATIQUES ACTUELLES EN MATIERE DE SURVEILLANCE DES EFFLUENTS RADIOACTIFS REJETES DANS L'ENVIRONNEMENT PAR LES PRINCIPALES INSTALLATIONS NUCLEAIRES DE L'INDE

Résumé

Les installations nucléaires, telles que les réacteurs de puissance, les usines de retraitement du combustible et de production d'uranium situées en Inde peuvent, sous réserve d'un contrôle, rejeter dans l'environnement des déchets radioactifs liquides et gazeux de faible activité. Ces rejets dans l'environnement sont soumis, au préalable, à une surveillance rigoureuse. Les règles afférentes aux rejets dans l'environnement sont édictées par un organisme distinct de celui chargé d'exploiter l'installation. L'auteur de cette communication examine les limites imposées aux rejets et les pratiques actuelles en matière de surveillance des effluents observées dans les centrales nucléaires de Tarapur et de Kota (Rajasthan).

1. INTRODUCTION

1.1 The major nuclear installations in India are widely distributed in the country. Atomic Power Stations at Tarapur and Kota, uranium mining and milling at Jadugoda are major operations presently releasing low level radioactive wastes to the environment. In the near future other centres like power station at Kalpakkam and Fuel Reprocessing Plant at Tarapur will be ready.

1.2 The Health Physics Division(HPD) of Bhabha Atomic Research Centre at Bombay is responsible for the regulation of radiation exposure at all nuclear installations in the country. Right from the stage of selection of site to commissioning, the safety requirements are referred to them. The Environmental Studies Section of Health Physics Division programmes for environmental monitoring and field investigations.

1.3 Meteorological studies are conducted at all sites to decide the stack height and permissible air borne activity discharges. The Environmental Survey Laboratory(ESL) on the site does all the environmental surveillance monitoring work after radwaste is released from the installations. The maximum permissible releases limits for gaseous and liquid radwaste releases are set by the Division after thorough investigation of the site. ESL on site monitors compliance to set release limits of effluents by the operations.

1.4 Monitoring the effluents before release from nuclear plant and to ensure that the release to the environment never exceed the permissible limits set for each unit is the responsibility of the operating personnel. Gaseous waste releases and liquid effluents are sampled before discharge and analysed in the control laboratory of the installations.

The paper describes briefly discharge regulations and current practice of effluent monitoring at the Tarapur Atomic Power Station(TAPS). The one unit of Rajasthan Atomic Power Station(RAPS) is just reaching full power operation and monitoring of discharges here is briefly discussed.

2. REGULATIONS ON PERMISSIBLE DISCHARGE LIMITS

2.1 The national radiation exposure regulations are derived on the basis of ICRP recommendations. The total radioactivity released to the environment from any installation should not give any one from general public living out side the fence post an average annual dose of 500 mrem.

2.2 The annual dose of 500 mrem is apportioned such that half of it is for gaseous and another half for liquid effluent releases. The liquid effluent releases to large water bodies either fresh water or sea water should conform to the maximum permissible concentration in drinking water either on unidentified or radionuclide identification basis.

2.3 ICRP standards have been modified to suit the Indian conditions[1]. Maximum permissible body burdens recommended by ICRP had to be scaled down by a factor of 0.56 to 0.80 due to the difference of body weight and organ weights of ICRP and Indian standard man. $(MPC)_w$ values for most of the radionuclides were further scaled down by a factor of 2 due to the increased water consumption of 4.1 litres/day compared to ICRP's 2.2 litres/day[2].

3. MONITORING OF EFFLUENT RELEASE-PRACTICE AT THE OPERATING NUCLEAR POWER PLANTS

3.1 Tarapur Atomic Power Station(TAPS)

Tarapur nuclear station with twin boiling reactors of 210 MWe capacity each, has been sucessfully operating since its commissioning in October 1969. The station has generated 7.63 x 10^6 MWhrs till the end of 1973.

3.2.1 The gaseous waste produced in the power station is discharged through a 110 metre high stack after passing through 30 minute delay line and two absolute filters in series[3]. After the study of meteorological condition at Tarapur site, the maximum permissible stack release has been set as 580 mCi/sec.

3.1.3 The primary steam line and condenser air ejector off gas line are continuously monitored by radiation monitors and these have arrangements to isolate the active system in case of high radioactivity. The stack effluents are continuously monitored by a 7.5 cm x 7.5 cm NaI(Tl) detector. The stack effluent drawn from the middle of the stack through an isokenetic probe, passes through a millipore particulate filter followed by an activated charcoal cartridge before it goes to the NaI detector. The main constituents have been found to consist of 6 active inert gas nuclides and a representative emmission rates of individual constituent are given in Table I. The gamma spectrum of gaseous effluent is shown in Figure 1.

The particulates collected on filter paper mainly have ^{88}Rb and ^{138}Cs as short lived activity and ^{58}Co, ^{60}Co, ^{140}Ba - ^{140}La, ^{99}Mo - ^{99m}Tc, ^{133}I and ^{131}I as longer lived activities (3). The gamma spectrum of particulate sample is shown in Figure-2. Radiochemical analysis of the particulate filters is also carried out for radiostrontium content.

The monitoring data are recorded as weekly, monthly and annual average release rates. The annual release rates and the percent of permissible release rate from 1969 to 1973 are shown in Table II.

3.1.4 The liquid radioactive waste (1.35×10^5 litres/day) is diluted by the condenser coolant sea water flow of 2.8×10^4 litres/sec before it is released to sea along the coast through the open discharge canals on south and north side of the plant.

All the waste effluent batches are monitored before release. The usual release rate would be about 6 l/sec for 4 to 6 hrs per day. The maximum permissible concentration in the discharge canal flow is set as 10^{-7} uCi/ml on unidentified basis.

3.1.5 The liquid effluent samples are analysed by a 7.5 cm x 7.5 cm NaI(Tl) detector connected to multichannel gamma spectrometer and also by radiochemical analyses for non-gamma emitters. Figure-3 shows the gamma spectrum of a representative sample. The weekly, monthly and annual discharges are recorded with data on total activity discharged, average release concentration and percent of maximum permissible release. The annual release data from 1969 to 1973 are shown in Table-II.

3.1.6 Whenever the gross activity of the batch cannot conform to the 10^{-7}uCi/ml release concentration, radionuclide identification is carried out to see the permissibility of release. The radionuclides usually identified in the TAPS liquid waste for evaluation of release are shown in Table III. Major attentation is given to evaluate the activation products like ^{58}Co, ^{60}Co and ^{63}Ni, ^{113}Sn, ^{54}Mn, ^{55}Fe, ^{59}Fe, ^{51}Cr in the effluents since they are considerably long lived and has been seen to biologically concentrate in the sea food. The Tarapur effluents had so far negligible activities of ^{55}Fe, ^{59}Fe, ^{51}Cr. Tritium in the effluent is monitored regularly by liquid scintillation counting. The level of tritium activity in the effluent before dilution is 3×10^{-3} uCi/ml.

The pH adjustment and filtration is the main treatment given for the radwaste before effluent is sent to the sampling tank. At times when the filter does not function properly the activity of activation products in the effluents rise. The activation product and fission product activities of a sample of effluent normally observed and when filters do not function properly are given in Table - IV.

3.1.7 The liquid effluents samples are also analysed for transuranium elements. ^{239}Np and ^{242}Cm have been usually found in the radwaste. The level of ^{239}Np is 1×10^{-3} uCi/ml and that of ^{242}Cm is 2×10^{-7} uCi/ml in the radwaste before dilution by the condenser coolant sea water. The alpha activity of TAPS radwaste is mainly due to the ^{242}Cm.

TABLE - I

FISSION GAS EMISSION RATES IN THE T.A.P.S. STACK DISCHARGES

Gaseous Nuclides	Half life	Emission rate in the stack release at 502 MwT power uCi/sec (1.10.1971)
Xe - 138	17 minutes	4.77×10^{4}
Kr - 87	78 minutes	7.16×10^{3}
Kr - 88	2.8 hrs.	8.35×10^{3}
Kr - 85 m	4.4 hrs.	2.11×10^{3}
Xe - 135	9.13 hrs.	5.96×10^{3}
Xe - 133	5.27 days	2.54×10^{3}

TABLE- II

ENVIRONMENTAL RELEASES FROM TAPS FROM 1969 to 1973

	Liquid radwaste		Fission gases		Iodine + particulates	
Year	Actual curies released	Percent of maximum permissible	Average release rate uCi/sec	Percent of maximum permissible	Average release rate uCi/se	Percent of maximum permissible
1969	14.92	30.8	1.63×10^{3}	0.9	5.06×10^{-4}	.02
1970	97.51	46.5	1.78×10^{4}	3.0	8.87×10^{-3}	0.34
1971	441.98	88.7	5.80×10^{4}	10.0	1.83×10^{-1}	7.0
1972	358.42	61.0	3.91×10^{4}	6.75	8.72×10^{-2}	3.4
1973	499.10	56.1	8.01×10^{4}	13.80	1.22×10^{-1}	4.7

TABLE- III

RADIONUCLIDES ANALYSED INDIVIDUALLY IN THE LIQUID WASTE OF TAPS FOR THE PURPOSE OF RELEASE ON RADIONUCLIDE IDENTIFICATION BASIS

Nuclide	Half life	Nuclide	Half life
^{131}I	8.14 d	^{60}Co	5.27 y
^{133}I	20.5 hrs	^{140}Ba-^{140}La	12.8 d
^{134}Cs	2.3 y	^{99m}Tc	6.04 hrs
^{137}Cs	33 y	^{89}Sr	53 d
^{136}Cs	13.7 d	^{90}Sr	30 y

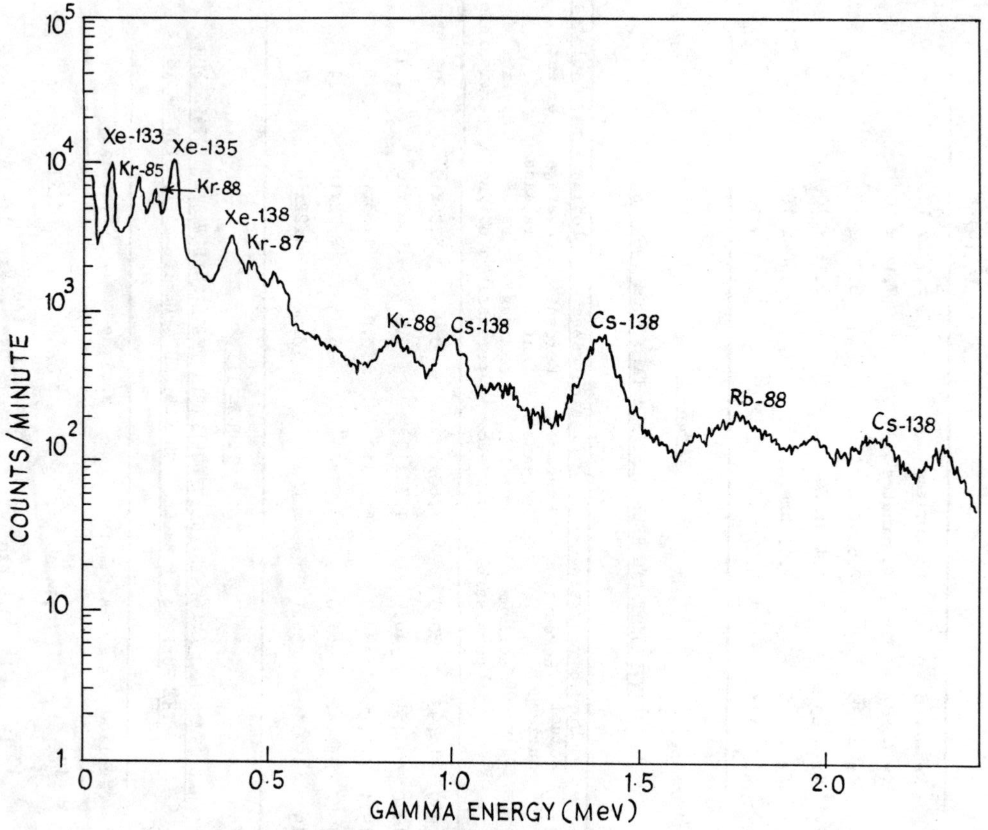

FIG.1. GAMMA SPECTRUM OF OFF-GASS SAMPLE AT TAPS.

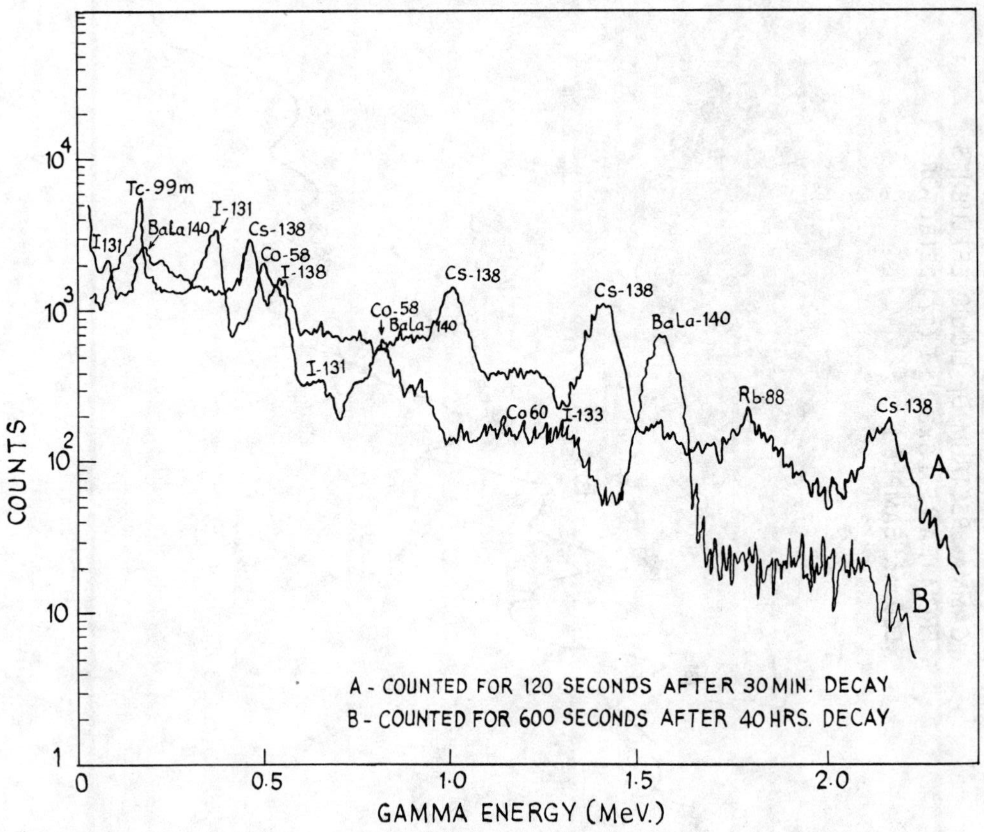

FIG. 2. GAMMA SPECTRUM OF PARTICULATE SAMPLE FROM TAPS STACK

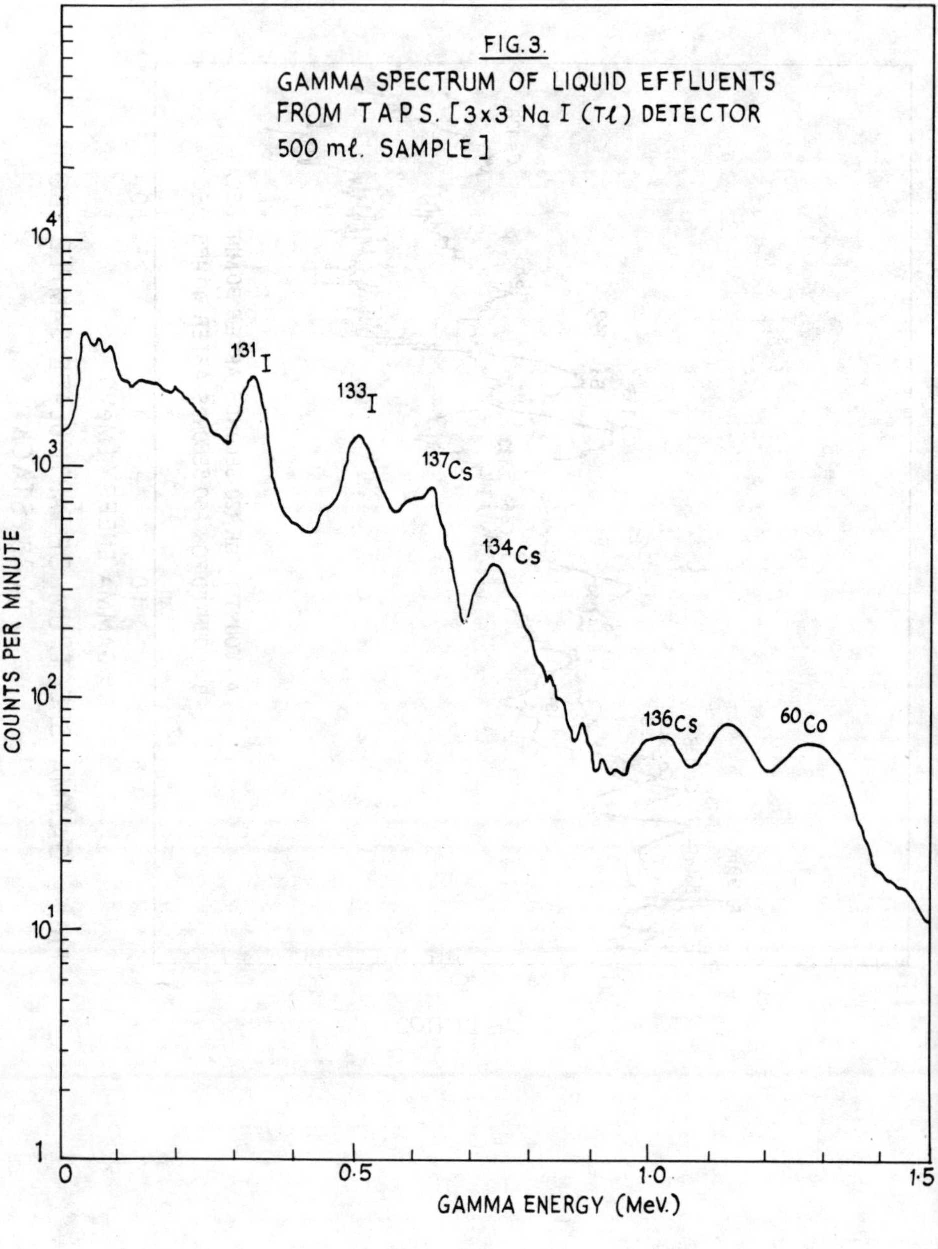
FIG.3.
GAMMA SPECTRUM OF LIQUID EFFLUENTS
FROM TAPS. [3x3 Na I (Tl) DETECTOR
500 ml. SAMPLE]
COUNTS PER MINUTE
10^4
10^3
10^2
10^1
1
131I
133I
137Cs
134Cs
136Cs
60Co
0
0·5
1·0
1·5
GAMMA ENERGY (MeV.)

TABLE - IV

RADIONUCLIDE CONSTITUENTS OF TAPS LIQUID EFFLUENTS*

Activation Products(uCi/ml)			Fission Products(uCi/ml)(Contd)		
Nuclide	Normally observed	When radwaste filters fail	Nuclide	Normally observed	When radwaste filters fail
^{58}Co	2.9×10^{-5}	3.0×10^{-4}	^{99m}Tc	7.2×10^{-5}	8.2×10^{-5}
^{60}Co	1×10^{-4}	2×10^{-3}	^{89}Sr	9.7×10^{-4} (89Sr + 90Sr)	6.73×10^{-5}
^{63}Ni	2.5×10^{-5}	1.8×10^{-4}	^{90}Sr		6.97×10^{-4}
^{54}Mn	5.0×10^{-6}	2.1×10^{-4}	^{95}Zr	Negligible	7.35×10^{-4}
^{59}Fe	B.D.	8.1×10^{-5}	^{103}Ru	Negligible	2.94×10^{-4}
^{51}Cr	B.D.	3.05×10^{-5}	^{106}Ru	Negligible	1.78×10^{-4}
^{32}P	2.8×10^{-5}	1.5×10^{-5}	^{134}Cs	1.63×10^{-2}	1.5×10^{-2}
^{65}Zn	B.D.	B.D.	^{137}Cs	2.53×10^{-2}	2.4×10^{-2}
Fission Products(uCi/ml)					
^{131}I	7.8×10^{-4}	7.7×10^{-4}	^{144}Ce	Negligible	5.9×10^{-4}
^{133}I	6.7×10^{-6}	6.8×10^{-5}	^{144}Ce	Negligible	1.13×10^{-3}
^{99}Mo	5.3×10^{-5}	7.4×10^{-5}	^{140}Ba	1.5×10^{-4}	7.29×10^{-3}
			$^{3}H_{1}$	3.4×10^{-3}	3.3×10^{-3}

* Results are for samples taken at the end of 1973.

B.D. = Below detection.

3.1.8 An arrangement has been made to continuously sample the discharge canal sea water to which the active effluents have been discharged. A weekly sample from this sampler is also monitored by ESL for individual radionuclide content as a double check on the liquid effluent release.

3.1.9 The environmental studies carried out by the ESL has shown that there are certain coastal marine organism concentrating the discharged radionuclides(4). Power plant released radioactivity has been found to reach general public through sea food critical pathway. Eventhough the TAPS releases are about 50% of permissible, the radwaste treatment facility is being augmented with chemical treatment plant, evaporators and ion exchange systems for the purpose of additional safety.

3.2 Rajasthan Atomic Power Station(RAPS)

3.2.1 Atomic Power Station at Kota consists of two units of 200 MWe capacity. These are heavy water moderated and cooled, natural uranium fuel, pressure tube type of reactors. Only one of the unit has been commissioned and it is just reaching its rated full power. Till the end of February 1974, the station has generated 4.0×10^5 MWhrs. of power. This power station is different from the Tarapur Station in its environmental releases, tritium being the major nuclide in both gaseous and liquid effluents.

3.2.2 The meteorological studies at RAPS site has enabled to set the limits for air borne activity release through a 93.27 metres high stack(5). The main constituents of activity release through a stack with the maximum release limits for each given as Ci/day inside the brackets are: ^{41}A(5000), ^{3}H(5900) Noble gas fission products (9500) ^{131}I(0.20) ^{89}Sr + ^{90}Sr(137) & ^{137}Cs(6). The normally expected routine releases are 440 Ci/day ^{41}A, and 30 Ci/day ^{3}H and 0.01 Ci/day ^{131}I.

3.2.3 The gaseous effluents are monitored through effluent duct mounted monitors. There are separate iodine activity monitor, beta-gamma activity and particulate beta activity monitors in the stack ducting to monitor the environmental discharges. The $^{3}H_1$ release is monitored by air sampling for tritium in various locations. D_2O release is measured by an infrared detector.

3.2.4 The present gaseous release rates observed are 2.5 Ci/day $^{3}H_1$ to 2.5 uCi/day particulates and 5 to 50 uCi/day ^{131}I and 100 Ci/day ^{41}A at 150 MWe power level.

3.2.5 The low level liquid radwastes are released to the fresh water (Ranapratap Sagar) reservoir in the Chamb River after dilution with the condenser coolant (1.9×10^6 litres/min) drawn from the same reservoir. From the study of radionuclides concentration by the fresh water organisms, the maximum permissible release to the lake has been set as 90 mCi ^{90}Sr or equivalent per day for every 1000 Cusecs of flow rate of the river(5). The permissible concentration in the release is 2×10^{-8} uCi/ml on unidentified basis. Permissible limit for ^{3}H release has been set as 3 pCi/ml subject to a daily maximum of 15 Ci.

3.2.6 The liquid waste samples from each batch are analysed for ^{3}H, ^{89}Sr + ^{90}Sr, ^{129}I and activation products ^{60}Co, ^{54}Mn, ^{59}Fe and ^{24}Na. The analysis is carried out by gamma spectrometry using Ge(Li) detector, liquid scintillation counting and radiochemical analysis. Monthly and annual average discharges are regularly recorded. The present monthly average discharges are 27.9 curies of $^{3}H_1$ and 0.6 curies of beta-gamma activity. The station out fall average concentrations are 2.42 pCi/ml of $^{3}H_1$ and 0.52×10^{-4} pCi/ml of gross beta gamma. Since the gross beta gamma activity is too low individual isotopic analysis is not required for the purpose of release.

3.2.7 There is a possibility of accidental activity leakage to the service water system by failures of heat exchanger tubes. The effluents from service water system drain to the lake. Three in line gamma monitors [NaI (Tl)] have been installed to detect any such activity leakages. The detection limit of these monitors is about 50 pCi/ml.

3.2.8 As a check on the amount of activity which is actually released, a sample collection system has been installed in the main outfall. Three representative samples are collected daily from this system and they are analysed for long lived radionuclides. Improvements in monitoring and individual radionuclide analysis may have to be made after attaining full power operation of the plant.

4. CONCLUSION

In the effluent monitoring at the nuclear installations, in addition to the analysis of normally radiotoxic $^{89}Sr + ^{90}Sr$, ^{137}Cs, efforts are made to monitor the activation products and transuranic elements. Improvements are being made in monitoring instrumentation using Ge(Li) detector for gamma spectrometry and Si surface barier detectors for alpha spectrometry to obtain better results. In arriving at the permissible release limits for individual installation national standards have been modified considering local factors affecting the limits

5. ACKNOWLEDGEMENTS

Author is grateful to Dr. A.K. Ganguly, Director, Chemical Group for encouragement and permission to publish the paper. Thanks are due to IAEA for giving the opportunity for participating and presenting the paper at the seminar.

6. REFERENCES

1. K. Venkataraman, S. Somasundaram and S.D. Soman
An evaluation of radiation protection standards for Indian conditions,Health Physics Vol. 9,pp.647-652,1963.

2. V.M. Raghunath and S.D. Soman
Water Intake data for Indian standard man, Environmental Health, Vol. 11, 1-7(1969).

3. P. Abraham, D. Patnaik and S. Parameswaran
Atmospheric Releases from Tarapur. Industrial Safety Chronicle, Volume III, No. 1, 1971.

4. I.S. Bhat, P.R. Kamath and A.K. Ganguly
Dispersal and uptake of radioactive elements in the Tarapur environment, BARC-644, BARC Bombay 1972.

5. Rajasthan Atomic Power Station Safety Report
Volume 1, DAE, PPED, 1971.

DISCUSSION

G. STOTT, United Kingdom

In India, working to the ICRP dose limit of 0.5 rem/yr for individuals in the population means that for parts of India, in particular the Kerala coast, the permitted dose is a fraction of the dose from natural background, whereas in other countries ICRP dose limits are several times greater than the total background dose per year. The discharges of liquid waste from Tarapur are limited to about 1,000 Ci per year ; was this limit set by the environmental capacity or by the station's needs ? In other words was an exposure pathway analysis carried out ?

I.S. BHAT, India

Regarding the first comment I would like to say that the limits for exposures due to operation of nuclear plants are set without considering the natural background, and these exposures are permitted above the background exposures. The background in the Tarapur coastal area is not as high as on the Kerala coast, only 10 to 15 μr/hr.

Answering the question, we do not have a yearly limit for liquid waste discharges at Tarapur ; instead we limit the discharge concentration which should be below $(MPC)_w$ before reaching the main water stream. As for the capacity of the environment to accept the discharges, studies have been carried out - using dye tracer - on dispersal and dilution of discharges in the Tarapur coastal environment.

S. PRETRE, Switzerland

In the liquid effluents of the Tarapur station you have identified Tc-99m and P-32 which are unusual in reactor effluents. Have you some explanations on the question : where do these nuclides come from - what is their origin ?

I.S. BHAT, India

Tc-99m and P-32 are not regular constituents in the wastes. Tc-99m is a fission product from defective fuel ; P-32 is an activation product from S impurities in the water used. The amount of P-32 reported is quite low and the levels are negligible after dilution in the environment.

MATERIELS ET METHODES DE CONTROLE DES EFFLUENTS UTILISES A ELECTRICITE DE FRANCE

J.J. Martin

Département de Radioprotection - Electricité de France

Les matériels et méthodes de contrôle des effluents gazeux et liquides que je me propose de décrire sont actuellement utilisés de manière uniforme dans six centrales graphite-gaz, une centrale eau lourde-gaz et une centrale à eau pressurisée en service, et seront appliqués, en principe, dans les quatre centrales à eau pressurisée en construction et les treize centrales à eau pressurisée et quatre centrales à eau bouillante qui vont être commencées par Electricité de France dans les trois ou quatre années prochaines.

Je décrirai successivement les contrôles d'effluents gazeux et liquides qui sont faits par l'exploitant sous sa responsabilité et le contrôle de qualité assuré par le Département de Radioprotection d'Electricité de France.

Chaque orifice de rejet d'effluent gazeux actif donne lieu à un prélèvement à débit constant pour la mesure des gaz nobles, des aérosols et des produits volatils.

La mesure des gaz nobles est continue et obtenue par circulation du gaz, après filtration, dans une chambre d'ionisation différentielle permettant une mesure β globale, l'étalon de référence étant le krypton 85. Ce matériel présente à notre avis l'avantage d'une très bonne compensation du rayonnement ambiant, si celui-ci reste dans des limites raisonnables, et d'une réponse pour les contaminants tels que le xénon 133 et le xénon 135 dans les réacteurs à eau, ou l'argon 41 dans les réacteurs à gaz qui ne s'éloigne pas de plus de 30 % de la réponse obtenue avec le krypton 85, utilisé comme référence d'étalonnage pratique en raison de sa période.

Le prélèvement continu d'effluent traverse, parallèlement au détecteur de gaz nobles, un filtre papier retenant les aérosols et un filtre en charbon de noix de coco imprégné de 1 % d'iodure de potassium, pour retenir les produits volatils. On s'est assuré que, dans les conditions de prélèvement, notamment humidité du gaz et débit, un prélèvement de durée hebdomadaire ne présentait pas une désorption significative, susceptible d'affecter la mesure.

Ces filtres sont prélevés chaque semaine et mesurés après cinq jours, le filtre papier sur un compteur GM de fenêtre au plus égale à 2 mg/cm2 et étalonné par rapport au strontium 90 en équilibre avec yttrium 90, le filtre charbon par spectrométrie γ. Il est possible de procéder à cette dernière mesure par mesure γ globale, le contaminant essentiel étant l'iode 131 et, accessoirement, le mercure 203 jusqu'à ces derniers temps ;

cependant, le xénon 133 adsorbé sur le charbon perturbe notablement cette mesure globale.

Sur ces filtres, existe un détecteur à alarme dont la fonction est uniquement de renseigner sur une arrivée importante de contamination sur le filtre, consécutive à une détérioration d'un filtre de la ventilation, par exemple.

Les effluents liquides sont collectés dans des réservoirs où ils sont contrôlés par échantillonnage avant rejet. L'évaluation de l'activité volumique se fait par mesure β globale, en présentant un échantillon d'eau évaporée sur une coupelle devant un détecteur GM, avec les mêmes principes concernant l'épaisseur de fenêtre et l'étalon que pour la mesure des aérosols.

Dans le réacteur à eau de Chooz, où l'activité volumique est plus importante que dans les réacteurs graphite-gaz, on procède de plus à la mesure du tritium, du strontium 90, à une mesure α globale et, éventuellement, à une spectrométrie γ pour déterminer l'activité volumique des émetteurs de rayonnement γ.

Sur la tuyauterie de rejet, existe un détecteur à alarme constitué par un scintillateur iodure de sodium plongeant dans le liquide.

Ce détecteur ne peut être utilisé qu'en alarme en raison des difficultés entraînées par la contamination du détecteur et de l'enveloppe et sert à se protéger contre une faute de manoeuvre de l'exploitant ou une erreur de mesure. Nous fondons actuellement de grands espoirs sur un système de décontamination cyclique automatique, car l'acier inoxydable, dont sont constituées les parois du détecteur, se décontamine très bien au bout d'un jour d'emploi, mais très mal, en raison de la formation d'un film d'oxyde adhérent, au bout d'une semaine ou d'un mois d'utilisation.

En plus de ces contrôles effectués par l'exploitant pour décider des possibilités de rejet des effluents, le Département de Radioprotection, laboratoire central d'Electricité de France, effectue, outre toutes les mesures sur les échantillons de l'environnement des centrales nucléaires, un contrôle de la qualité des mesures assurées par les exploitants.

A ce titre, il reçoit chaque mois un échantillon de chaque type de ceux analysés par la centrale, c'est-à-dire un filtre papier, un filtre charbon, un échantillon liquide. Les résultats de mesure sont comparés périodiquement avec ceux de l'exploitant en vue de corrections éventuelles.

Ces contrôles se superposent aux contrôles effectués également par les organismes de la Santé Publique, essentiellement le Service Central de Protection contre les Rayonnements Ionisants, qui peuvent se faire remettre n'importe quel échantillon d'effluent de l'installation.

DISCUSSION

L. FITOUSSI, France

Je voudrais poser une question à M. Martin, celle-ci pouvant être considérée comme marginale puisqu'elle ne concerne pas directement les dispositifs de détection et de mesure de l'activité des gaz et des eaux rejetés par les installations nucléaires d'EDF. Si vous le permettez, M. le Président, je voudrais demander à M. Martin s'il a pu mettre en évidence l'origine du Hg-203, puisqu'il vient de nous dire que les rejets de cet isotope n'existent plus dans les rejets gazeux.

J.J. MARTIN, France

L'origine du Hg-203, essentiellement observé à Chinon 1, est:

- d'une part, l'introduction accidentelle, par erreur de manoeuvre, d'une colonne de mercure servant à mesurer la pression critique (de l'ordre de 7 bars) du réacteur, pendant les essais nucléaires,

- d'autre part, la présence d'organes de mesure utilisant le mercure et où celui-ci présente une surface libre en contact avec le gaz carbonique. L'appareil se trouvant à la température ambiante (20°C environ) et le gaz carbonique pouvant atteindre 400°C, du fait de la tension de vapeur saturante du mercure, qui varie très vite avec la température, il existe un transfert permanent de vapeur de mercure entre la source froide et les parties les plus chaudes du gaz.

On a arrêté ce dernier processus en interposant un liquide intermédiaire non volatil entre le mercure et le gaz carbonique.

S. SCHEIDHAUER, France

En confirmant l'indication de M. Martin sur les rejets de mercure 203, il est à noter que le mercure suit le combustible irradié jusqu'au retraitement de ce combustible. Il se manifeste par l'émission de ce seul radioélément sous forme vaporisée ou de particules très fines dans les effluents gazeux issus de la concentration des produits de fission dans les rejets de l'usine de retraitement. Ce transfert après extraction du premier cycle n'est pas expliqué pour le moment.

EXPERIENCE IN COMPLYING WITH AUTHORISATION CONDITIONS FOR THE DISCHARGE OF LIQUID AND GASEOUS RADIOACTIVE EFFLUENTS FROM CEGB NUCLEAR POWER STATIONS

R.B. Pepper
Central Electricity Generating Board
Nuclear Health and Safety Department
Courtenay House
18 Warwick Lane
London EC4P 4EB

ABSTRACT

For each of its 8 operational twin-reactor magnox sites, the Central Electricity Generating Board has been granted separate authorisations for liquid and gaseous radioactive discharges. The conditions attached to the authorisations differ only in detail from station-to-station. An outline is given of the manner in which the Board comply with those conditions relating to the monitoring of effluents. Reference is made to problems in monitoring and evaluation which have arisen because of changes in plant operating conditions, and in reactor and plant design. As a result of the regular re-assessment of techniques in use, the Board is satisfied that it has continued to comply with the authorisation conditions.

EXPERIENCE ACQUISE PAR LE CENTRAL ELECTRICITY GENERATING BOARD EN MATIERE D'OBSERVATION DES CONDITIONS STIPULEES DANS L'AUTORISATION DE REJET DES EFFLUENTS RADIOACTIFS LIQUIDES ET GAZEUX PROVENANT DE SES CENTRALES NUCLEAIRES

RESUME

Le Central Electricity Generating Board a obtenu, pour chacune de ses huit centrales équipées de deux réacteurs magnox actuellement en service, des autorisations distinctes concernant le rejet des effluents radioactifs liquides et gazeux. Les conditions fixées par les autorisations ne diffèrent que dans le détail d'une centrale à l'autre. L'auteur décrit brièvement la façon dont le Central Electricity Generating Board se conforme aux conditions relatives à la surveillance des effluents. Il fait état des problèmes qui se sont posés en matière de surveillance et d'évaluation du fait de modifications apportées aux conditions d'exploitation des installations, ainsi qu'aux plans des réacteurs et des installations. Le Central Electricity Generating Board s'assure que les conditions stipulées dans les autorisations continuent à être observées grâce à la réévaluation périodique des techniques utilisées.

1. Introduction

When in the U.K. an operator of a nuclear site makes application for authorisations for disposal of radioactive liquid and gaseous effluents, his case must be supported by technical submissions which describe the features of the appropriate treatment plants and also the monitoring and sampling facilities. When the Authorising Departments are satisfied with the proposals, they issue the necessary authorisations to which certain conditions are attached. These conditions are phrased in general terms e.g. "... samples shall be taken at a frequency agreed by the Minister...". The interpretation of such conditions are discussed and agreed between the Authorising Departments and the applicant in separate correspondence. Such a procedure enables any necessary changes in analytical techniques etc. to be made at some future date simply by exchange of letter without the need to amend the formal authorisation document.

The following sections of the paper deal with various aspects of sampling and monitoring firstly gaseous effluents and secondly liquid effluents. The experience on which these comments are based, has been derived from the operation of eight nuclear power sites on each of which are two operating magnox type reactors. In order to be more easily understood, the use of legal phrases have been avoided when referring to conditions attached to authorisations, and they have been expressed in more every-day language. It is hoped that by so doing, none of the implied subtleties have been missed.

2. Gaseous Effluents

2.1 General Requirements

Estimates of the radioactive gaseous effluent discharges contained in the technical submissions presented to the Authorising Departments for the magnox reactors, indicated that the discharges would not be radiologically significant. It was anticipated that particulate activity would be discharged at a rate of only a few millicuries per year. Argon 41, arising from activation of shield cooling air, was expected to be discharged at something like 10 millicuries per second. However since this was to be discharged to the atmosphere from a stack on the top of the reactor building approximately 60m high and dispersed to the atmosphere, the maximum increase in dose rate at the station fence from this source was not expected to be more than a few tens of microcuries per hour. In consequence of these forecasts, the Authorising Departments felt justified in not placing any limitations on discharge rates of the effluents. They sought some re-assurance during operation by requiring district survey measurements to be made to demonstrate that no harm was occurring to the environment, but it is not the purpose of this seminar to discuss these aspects. The effect of the conditions which where placed in the authorisation and related to monitoring and sampling of the discharges may be expressed as follows:-

(a) Representative samples of the particulate matter contained in the discharged gases to be taken by continuously filtering a bleed sample of these gases through an appropriate medium.

(b) The sampling period should not be more than 24 hours.

(c) Each sample should be evaluated by determining the gross alpha and gross beta activity on the filter.

Problems associated with various aspects of sampling and evaluation are discussed in succeeding sections.

2.2 Representativeness of Samples

The earlier stations had a number of discharge stacks handling effluents from ventilation systems, the shield cooling air, and coolant discharges. This necessitated replication of sampling and counting equipment. The virtues of combining discharges into a single common stack as far as possible were rapidly appreciated and introduced as a design feature of later stations.

The need for isokinetic sampling appears to have been appreciated from the earlier days of reactor design. It has been more difficult to ensure that pipe runs from stacks and ducts to the sample point are kept to a minimum and have as few bends in them as practicable. Although on the later stations the situation has been improved, physical layouts necessitate pipe runs of up to 15-20 metres in some instances. The effect of such short comings on representativeness has not been experimentally assessed.

When a gas is being discharged at a relatively constant rate, it is comparatively simple to draw off a known fraction of the gas as a sample. Such conditions exist in ventilation air stacks and in shield cooling air stacks. However there is a need to discharge (blow-down) reactor coolant periodically. In the initial stages of the release, the gas is discharged at a very high rate due to the circuit pressure. As the blow-down continues and the pressure falls, so the rate of discharge of the gas diminishes. The sampling system should be able to cope with this situation. In the simplest designs, the sample paper is placed in a small branch line which is paralleled off from the main stack. By having a restrictor in this branch, the flow through the paper is approximately proportional to the discharged gas over most of the blow-down period. Towards the end of the period however, this pressure is to small to maintain this relationship. A more satisfactory system which has been devised, incorporates a pump in this branch line brought into action by a pressure switch at the appropriate time. The pump draws air through the filter paper at a rate proportional to the mean discharge rate over this final part of the blow-down period. Calibration of the system is necessary during commissioning of the plant.

2.3 Evaluation of Samples

At the end of each 24 hour sampling period, an immediate count is made of the radioactivity on the filter paper. This enables the operator to determine whether or not the radioactivity discharged is at a normal level, but the presence of radon and thoron daughter products causes difficulties in interpretation. Subsequently a more precise count is made on each sample after 72 hours decay. These results form the basis on which calculations of discharged radioactivity are made and are the figures reported to the Authorising Departments. Each sample is evaluated for alpha radioactivity against a Pu 239 standard. The gross beta radioactivity was originally assessed against a Sr 90 standard. Investigations showed that the principle contaminants were activiation products of lower mean energy than strontium however, and it was agreed with the Authorising Departments that a Chlorine 36 standard source should be used instead.

2.4 Isotopic Composition of Effluent

(a) Steel Pressure Vessel Reactors

Although it has not been required as a condition of authorisation, some investigations have been made into the isotopic composition of the gaseous discharges. It was found that a variety of isotopes occurred as particulate matter, but wide differences existed between stations. These particles were generally activation products arising from irradiation of in-circuit components. Since different suppliers of coolant gas, graphite used in the core etc. were used at various stations, no clear pattern can be anticipated. However, Co 60 and Cr 51 from steel feature in most samples.

Vapours are not entrained on normal filter papers. Suitable techniques were therefore used to enable tritium concentrations to be determined. Release rates of one or two hundred millicuries per day are typical for a site. Such quantities are not considered radiologically significant when compared with the DWL release rates for tritium which is of the order of a few hundreds of curies per day.

Unexpectedly, S35 was found to be a fairly adbundant isotope in most reactor discharges. Releases of up to a millicurie a day are indicated by measurements. As a consequence of this discovery, a restricted programme of analysis of milk samples from cows grazing in the district, was undertaken. In all cases, the levels of S35 in milk (the critical route) were below the minimum detectable level of 100 pCi/l. The DWL for S35 in milk is taken as 50,000 pCi/l. These rates of discharge are not considered to be radiologically significant.

The Table below is illustrative of the order of radioactivity of various isotopes discharged from a typical reactor site.

TABLE I

Typical release rates of isotopes

Isotope	Microcuries/24 hrs.
H3	1.10^5
S35	1.10^3
As 76	5.10^1
Cr 51	$1.3.10^{-1}$
Ag 110m	4.10^{-2}
Co 60	4.10^{-2}
Zn 65	6.10^{-3}

(b) Concrete Pressure Vessel Reactors

The four reactors built on the last two magnox sites have concrete pressure vessels. The boilers are within the vessel, and when man access is required during overhaul periods, air is admitted into the vessel and core. Moisture in this air becomes absorbed into the core graphite and carbon forming an internal shield wall. On start-up, this moisture is taken up again into the coolant and purged to atmosphere. It has been found that significant quantities of S35 are taken up with the moisture from the graphite and therefore this too is released to the environment. The total quantity emitted following a shut-down amounts to 1-2 curies, being released at a rate of up to a few hundred millicuries per day. Measurements of activity in milk from cows grazing locally have demonstrated that the sulphur 35 concentration does not exceed 200-300 pCi/l, thus confirming that the isotope is not finding its way in significant quantities into the food chain. Nevertheless, the Board has in particular cases recommended its own limitations on the quantities to be released in any particular day. It has also been found possible to dry the air to some extent before it is admitted to the reactor during shut-down and this has had a marked effect on the quantities of sulphur emitted.

It is now anticipated that sulphur 35 will be one of the predominant isotopes present in the releases from the AGR's. This fact, together with situation at the concrete pressure vessel sites, has prompted some investigations into the techniques for sampling and evaluating sulphur 35 in releases. It has been shown that sampling techniques used previously were not suitable for use in all circumstances. The efficiency of collection of different systems appears to be related to the chemical form of the sulphur. An apparatus which has now been developed oxidises all the sulphur compounds at high temperatures before they are passed on to the absorber and we now feel more confident that a more accurate assessment of the sulphur can be obtained. This work is not yet complete and will be reported elsewhere, together with investigations which are being made into the chemical forms in which S35 appears.

2.5 Effluents from small unfiltered incinerators

A number of the nuclear sites operate small incinerators which are used to burn lightly contaminated or potentially contaminated materials such as paper towels from change rooms etc. These incinerators are very simple in concept and the off-gases are not filtered. The stack design is such that it is technically very difficult to obtain a sample of the discharges. An authorisation is issued for each such installation, and in order to control the discharges in the circumstances, a condition is placed in each authorisation that the radioactivity feed to the incinerator shall not exceed 10 millicuries in any one month. (If none of the radioactivity were retained in the ash, 10 millicurie would not cause an unacceptable hazard in the district).

The operators must therefore exercise control by monitoring the feed to the incinerator. Calculations have been made of the dose rate which would occur at the surface of a standard drum should there be a given quantity of fission products within that drum. The form of the calculation is itself pessimistic, and the Authorising Departments have accepted that the use of this calculated relationship "dose rate at drum surface per unit activity content" is acceptable as a means of control.

3. Liquid Effluents

3.1 General Requirements

In broad outline, the plant for the collection, treatment and sampling of radioactive liquid effluents is similar at all the magnox stations. The liquors are led via radioactive drains to the Active Effluent Treatment Plant, thence to some form of particulate filter and finally to a series of hold-up tanks known as Final Monitoring and Delay Tanks. Liquors from the coolant gas drying plant (humidrier liquors) containing mainly tritium, are also added to these tanks. Before discharge, the contents of a tank are sampled and a rapid, fairly crude assessment of gross beta activity is made to ensure that the level of activity is not exceptional. An accurate assessment is made either then or later, sometimes on bulked samples from a number of tank discharges and is used for return official purposes.

The authorisations issued to the various stations have changed little over the years. The conditions relating to monitoring and sampling of discharges may be expressed as follows:-

(a) Discharges shall only be made via a single authorised routed.

(b) Specific limits of tritium activity and of gross (beta + alpha), radioactivity other than tritium shall not be exceeded. /In two instances limitations exist on specific nuclides/.

(c) Representative samples of discharges shall be taken.

(d) Determinations of radioactivity shall be by methods agreed with the Authorising Departments.

(e) Replicate samples of discharges shall be retained for 3 months for use by the Authorising Departments if required.

An account is given in the following sections of problems arising or investigations required to ensure compliance with these conditions.

3.2 Discharge through authorised route

As explained above, all radioactive liquors are collected in the hold-up tanks, sampled and then discharged - usually via the cooling water outfall. Consequently any arisings which do not follow this route may constitute unauthorised discharges. On a few occasions, minor spills have occurred in plant rooms, and the radioactivity has found its way into the inactive storm drains. Such drains may discharge to local streams, or across beaches. A recommendation has now been made to the Design Group that storm water and sewage drains should discharge via the same ultimate route as do the radioactive effluent tanks.

An interesting facet of this situation exists. In 1970 a report was recieved of tritium being observed in the boiler waters of the AVR HTR at Julich. This was considered to be due to diffusion of tritium through the boiler tube walls from the primary circuit. A check was carried out at the Board's stations to determine the levels of tritium in liquid and gaseous forms discharged from boilers. The results summarised in Table II are the maximum estimated quantities discharged.

TABLE II

Estimated Maximum Tritium Activity Discharged from Boiler Systems of Magnox Reactors

Station	Max. H3 concentration found in boiler water (nano Ci/l)	Estimated Max. Annual Discharge (Curies)		
		Liquid	Vapour	Total
Berkeley	130	10	5	15
Bradwell	45	5	1	6
Hinkley	200	50	16	66
Trawsfynydd	24	8	0.5	8.5
Dungeness	20	-	-	5
Sizewell	190	25	2	27
Oldbury	22	-	-	6
Wylfa	69	-	-	40*

*This high figure is due to the very large replacement rate of boiler water at Wylfa.

The Authorising Ministries are aware of the position and have not proposed any action.

3.3 Representativeness of Samples

Before the contents of a hold-up tank are sampled and discharged, the contents are circulated in order to ensure homogeneity of the liquors and any particulate matter. Nevertheless some doubts have been expressed as to whether a sample taken at this stage represents the liquors actually discharged. Experiments made so far have failed to show any significant differences between a sample taken after recirculation and one taken from the outlet pipeline during discharge following recirculation.

3.4 Analysis of Samples

The authorisation limits for the first few stations were based on a predicted isotopic composition, and magnox activation products were expected to predominate. In addition to tritium determination, the Board is required in all its authorisations to determine gross (alpha + beta) radioactivity. Initially the beta activity was assessed by end window geiger counters against Sr 90 standards and generally no serious discrepencies were noted between the Board's reported figures and checks carried out by Government Laboratories.

However, in 1965 one station discovered substantial amounts of S35 in the effluent liquors and a similar situation was then found elsewhere. Because of the low energy of the S35 betas, the radioactivity in the discharges was being under-estimated by the technique in use. Most stations, with the agreement of the Authorising Departments adopted liquid scintillation methods to replace or augment end window geiger measurements. One station changed to using windlowless gas flow counters which are simple to use and have an acceptably flat energy response to a range of betas. In 1966, Cs 137 began to appear in increasing quantities in effluents. The presence of this isotope resulted in over-estimates of radioactivity by some gross radioactivity techniques. This is particularly embarrassing if discharges are near the authorised limits. To allow for this increased proportion of Cs 137, some stations have modified their techniques. In particular, windowless gas flow counters are successful with the present effluent composition.

Recognition of S35 in the effluent had two other effects. The first was to cause a re-assessment to be made of the radiological significance of discharges from Bradwell because the authorised limits for gross beta discharges were now of the same order as the discharges of S35 alone. Fortunately the radiotoxicity of S35 is low and it was found possible to increase the authorisation to allow for this situation. The second and more important effect was to focus attention on the need to have a more detailed knowledge of the isotopic composition of effluents from the stations. The C.E.G.B. and Authorising Departments agreed to collaborate in a programme of measurements to establish and to detect changes in the isotopic composition of these discharges. It is important to appreciate that this work has continued, being shared between these organisations, for about 8 years. It is on an informal basis and exemplifies the co-operative relationships which exist between the Board as operators, and the Authorising Departments.

Resulting from this programme, an analysis for 30 specified nuclides is made on an appropriate sample from each station at least once a year, and in some cases more frequently. Results from any one laboratory are passed freely to others. The results have been used for evaluating the radiological significance of existing discharges, and provide data for design work. They also serve to check the accuracy of the discharge figures reported by stations which are still based on gross radioactivity measurements. Table III illustrates variations in isotopic composition in Bradwell effluents over about 6 years. It also illustrates the good measure of agreement between estimates of activity made by a gross beta method and inferred from isotopic analyses.

TABLE III

Variation in Isotopic Composition of Liquid Effluents from Bradwell Power Station

Radionuclide	Percentage of Total Activity		
	1966	1970	1972
S35	75	5.1	4.6
Sr 90 + Y 90	0.5	4.8	11.8
Ru 106 + Rh 106	0.1	3.1	5.6
Sb 125 Te 125m	0.4	4.1	12.6
Cs 134	0.5	16.2	7.2
Cs 137	2.2	45.3	30.7
Ce 144 + Pr 144	0.4	12.4	9.4
Pm 147	0.3	5.9	7.1
Other nuclides	20.6	3.1	11.0
Total activity discharged (curies) (1) by gross beta	6.23	31.8	26.4
(2) by isotope analysis	5.8	32.5	28.9
Ratio 1:2	1.07	0.98	0.92

Table IV is included to depict the variation in isotopic composition which may exist between stations at any one time.

TABLE IV

Major Nuclides Present in Discharges from Stations - 1972

Isotope	Percentage of Total Activity, excluding tritium						
	Berkeley	Bradwell	Hinkley	Trawsfynydd	Dungeness	Sizewell	Oldbury
P32	0.8	0.5	0.1	0.3	0.2	2.0	0.1
S35	20.0	6.3	0.2	7.8	23.2	26.0	29.8
Ca 45	1.6	0.2	0.1	0.1	1.0	6.6	1.2
Sr 90	6.1	16.1	18.5	3.7	4.3	5.8	10.1
Sb 125	0.6	6.1	8.9	47.7	0.8	0.5	0.5
Cs 134	8.6	6.3	2.4	3.0	10.2	6.4	6.6
Cs 137	44.0	25.1	13.6	12.4	49.3	40.7	38.1

In order to be satisfied that there is agreement between stations in determinations of gross radioactivity etc., the Board preriodically organises an intercomparison exercise between all its laboratories. Typically, each laboratory will receive 5 samples, and they are required to determine the gross radioactivity of each one by the means used for their routine determinations. The radioactivity of each sample is of course known by the organiser. Table V below summarises the findings of one such recent exercise.

TABLE V

Summary of Results of Intercomparison Exercise on Gross Beta determinations of Effluent Samples

	Ratio of Reported Result to True Result					
	Berkeley	Bradwell	Hinkley	Trawsfynydd	Sizewell	Wylfa
Mean Ratio	1.136	1.093	1.049	1.073	1.020	0.914
Relative Standard Deviation	4.0%	8.7%	7.9%	8.9%	14.0%	4.4%

On average, five out of six of the participating laboratories were within 10% of the true mean activity. This is considered reasonable, but by increased attention to detail e.g. a more careful assessment of the standard sources in use, an improvement may be achieved. Intercomparisons of this type are used when it is desired to compare results obtained from one technique against another. Results of such an exercise are used as part of the justification to the Authorising Departments when approval is sought for the use of a particular technique.

Bradwell Power Station has a specific limitation placed on the quantities of Zn 65 which may be discharged in the effluent. Consequently analysis for this isotope is necessary, in addition to gross radioactivity measurements. A satisfactory method was employed which involved separation of zinc from other nuclides by using mercury amalgam. Good agreement has generally been achieved between returns made by the station and check analyses carried out by one of the Government Laboratories. Results are given in Table VI.

TABLE VI

Zn 65 Analysis - Comparison of Results between Station and MAFF Laboratory

	1967	1968	1969	1970	1971	1972
Station Result (Curies)	0.329	0.086	0.086	0.085	0.070	0.033
MAFF Result (Curies)	0.366	0.083	0.143	0.089	0.033	0.037

At one particular period, however, the Zn 65 activity appeared to be reducing for no known reason. The solution is perhaps typical of the problems against which one must constantly be on the alert. It transpired that because of an increase in Cs 137 in the cooling ponds, some difficulty was being experienced in decontaminating fuel flasks used for transporting cooled, irradiated fuel to the processing plant at Windscale. Use was therefore made of a decontaminant SDG3 which in turn appeared in the effluent. This substance adversely affected the removal efficiency of zinc by the mercury, and a suitable change in the analytical technique had therefore to be introduced.

3.5 Retention of Samples

Finally I would recall that at one time there were certain discrepancies between the stations reported figures and those obtained by other laboratories on duplicate samples. All stations have been advised to acidify the replicate samples in order to minimise adsorption of activity on to algae, plate-out on to the container etc.

4. Discussion

This paper has referred very briefly to a number of aspects of monitoring and sampling of both gaseous and liquid effluents to which attention has had to be paid in order to ensure compliance with authorisation conditions. The examples used serve to illustrate the need for constant vigilance and re-examination of the techniques used. The Board's responsibilities have been made easier by the manner in which the Authorising Departments have exercised their responsibilities and in their readiness to collaborate and advise on the solving of difficulties.

DISCUSSION

W. AHLFÄNGER, F.R. of Germany

In which liquid effluent has S-35 been found ?

R.B. PEPPER, United Kingdom

S-35 present in the reactor coolant is deposited on the fuel elements. These are ultimately removed to the cooling ponds and S-35 is taken up into that water. In addition, the coolant is passed through gas driers and these drier liquors also contain considerable quantities of S-35.

MONITORING OF THE RADIOACTIVE EFFLUENTS FROM THE EUROCHEMIC FUEL REPROCESSING PLANT

by

B. Gustafsson, A. Osipenco

Eurochemic

Abstract

The plant is shortly described and the main characteristics of the reprocessed fuel are given.

The gaseous effluents are released via an 80 m stack, after filtration. The allowed releases are based on MPC's and a determined atmospheric diffusion factor. The sampling and monitoring system are described. Main results for yearly discharges are given.

No liquid effluents are directly released. The low level liquid wastes are transferred to the waste treatment installations of CEN/Belgonucléaire via pipe-lines. Controls are performed in order to ensure that given contractual limitations are enforced. Liquid wastes with an activity higher than the accepted limits are concentrated and stored on site.

SURVEILLANCE DES EFFLUENTS RADIOACTIFS EN PROVENANCE DE L'USINE DE RETRAITEMENT DU COMBUSTIBLE D'EUROCHEMIC

Résumé

Cette communication donne une brève description de l'usine d'Eurochemic et indique les principales caractéristiques du combustible retraité.

Les effluents gazeux sont libérés par l'intermédiaire d'une cheminée de 80 m de haut après filtration. Les autorisations de rejet sont fondées sur les concentrations maximales admissibles et sur un facteur déterminé de diffusion atmosphérique. Les auteurs décrivent le système de prélèvement et de surveillance, de même qu'ils donnent les principaux résultats correspondant aux quantités rejetées chaque année.

Aucun effluent liquide n'est libéré directement. Les déchets liquides de faible activité sont transférés dans les installations de traitement des déchets du CEN/Belgonucléaire par l'intermédiaire de canalisations. Des contrôles sont effectués en vue de s'assurer que les limitations prévues dans les contrats sont respectées. Les déchets liquides dont l'activité est supérieure aux limites admises sont concentrés et stockés sur le site.

1. INTRODUCTION.

The reprocessing plant of the European Company for the Chemical Processing of Irradiated Fuels "EUROCHEMIC" has been designed to treat fuel unloaded from research or power reactors, being initially natural uranium, or low-enriched (LEU) up to 5 % enrichment, or highly-enriched uranium (HEU), either in the form of oxide, metal or alloys. The installations can accept fuel elements of fairly different geometries and dimensions, with various canning materials.

Shortly, the presently applied chemical flow-sheet comprises the chemical decladding, dissolution, two solvent extraction cycles and separated purification units for the uranium and plutonium end-products.

Having been built for demonstration and pilot-scale production purposes, the EUROCHEMIC reprocessing plant emphasizes on flexibility at the expense of a limited capacity.

Since the active start-up in 1966 until now, EUROCHEMIC has reprocessed :

- ~185 tons of natural or low-enriched uranium
- containing in total ~ 685 kg of plutonium
- ~1360 kg highly-enriched uranium.

The main group of buildings, housing the reprocessing plant, can be separated in :

- the fuel reception and storage building where the shipment casks are unloaded, the fuel is stored under water, and can be, if necessary, stripped from superfluous structural material or dismantled before being transferred to the dissolver loading cells;
- the main process building;

- a building housing the analytical laboratories for the control of the process, and the operation offices, dressing rooms, etc...;
- the ventilation building housing the fans and absolute filter batteries of the various ventilation systems of the main buildings.

Auxiliary buildings are situated in the active zone :

- final products storage buildings;
- high-level liquid waste storage building;
- medium-level liquid waste storage building;
- low-level liquid waste treatment and transfer building;
- solid waste storage building;
- a new building is in construction and will house the installation for the incorporation of medium-level waste slurries into bitumen.

Also situated in the active zone but completely independent from the reprocessing plant, stands the research and development laboratories building.

Out of the active zone, we have the administration and management offices, the workshops, the stores for chemicals and spare parts, water, air and electricity supplies, etc...

2. GASEOUS EFFLUENTS.

2.1. Ventilation systems.

Different ventilation loops are operated at various underpressure levels according to the contamination risk for the room ventilation systems and to actual contamination levels for the vessel and glove-box ventilation systems. The supply air is heated or cooled according to the external temperature.

Part of the total flow is recirculated via a secondary supply system.

High efficiency particulate filters are installed in all loops and chemical scrubbers are additionnally installed in the highly active vessel ventilation system.

Specific retention units for radioactive noble gases or tritium are not installed.

After filtration, the exhaust air of the various active buildings of the reprocessing plant are collected in leaktight underground ducts and released to the atmosphere through a stack having a geometrical height of 80 m. The total flow through the stack is about 300.000 m^3/h.

2.2. Release limits.

The minimum atmospheric diffusion factor, averaged over one year for routine releases, has been conservatively calculated to be $7x10^6$ m^3/s. Experiments have been made to verify the validity of the calculations.

Starting from a maximum allowed concentration at ground level of 0.1 MPC_a (168 h), taking into account the minimum atmospheric diffusion factor of $7x10^6$ m^3/s and introducing an additional reduction factor of 10 in order to provide for other release sources in the near neighbourhood, the following limitations have been set for the release of some radioisotopes through EUROCHEMIC's main stack and are stated in the Safety Analysis Report and in the Operating licence.

TABLE I : RELEASE RATE LIMITS.

Isotope	Limit
krypton-85	2×10^{-1} Ci/s.
iodine-131	4×10^{-7} Ci/s.
strontium-89	7×10^{-4} Ci/s.
strontium-90	7×10^{-6} Ci/s.
non volatile fission products	7×10^{-6} Ci/s.
plutonium-239	4×10^{-8} Ci/s.

Based on the same assumptions, a release limit of 1.4×10^{-1} Ci/s can be calculated for the tritium.

2.3. Monitoring.

The exhausts from the various buildings or groups of buildings are sampled and monitored according to the following table :

TABLE II : GASEOUS EFFLUENTS MONITORING.

Buildings	Utilizations	Monitoring channels
1, 2, 3, 4	main process, fuel reception and storage, analytical laboratories, ventilation;	Alpha, Beta, Kr-85, I-131, H-3.
5, 6a/b, 22	high level liquid waste storage, final products storage;	Alpha, Beta.
8	low-level liquid waste treatment;	Beta, I-131
21, 24, 25	medium-level liquid waste storage, solid waste storage;	Beta.
26 *	bituminization;	Alpha, Beta.
stack	confluence of all exhaust flows.	Alpha, Beta, I-131.

* = the building 26 is not yet in operation.

2.3.1. Alpha and beta measurements.

The dust is collected on fixed filters which are renewed weekly.

The detector is a zinc sulfide-cesium iodide sandwich followed by a photomultiplier and 2 pulse height analyzers for the separation of alpha and beta activities.

In some cases, the alpha channel is not installed in the monitor.

The monitors were supplied by Landis and Gyr (Switzerland) or by Nuclear Entreprise (United Kingdom).

For verification purpose, the alpha and beta activities present on the filters can be measured in a separate counting equipment.

2.3.2. Krypton-85 measurement.

The monitor has been constructed at EUROCHEMIC from components delivered by various suppliers.

A GM-counter is installed in the center of a volume of 5 litres in which the air sample is admitted after filtration.

2.3.3. Iodine-131 measurement.

The iodine is collected on a fixed filter backed up with a charcoal cartridge; both are renewed weekly.

The detector is a sodium-iodide crystal followed by a photomultiplier and a pulse height analyzer centered on the 360 KeV peak.

These monitors were supplied by Landis and Gyr (Switzerland).

For verification purpose, the iodine-131 activity present in the filter-cartridge assembly can be measured in a separate gamma-spectrometer.

2.3.4. Tritium measurement.

The sampling for tritium activity is performed in two channels in parrallel :

- in the first one, a cold trap collects the moisture present in the air;
- in the second one, a furnace heated to 600ºC and containing copper wool produces the oxydation of the tritium present in the air as a gas and is followed by a cold trap.

The activity of tritium in both water samples is measured, using liquid scintillation techniques.

2.3.5. General.

Except for the tritium measurement, the monitor indications are recorded.

Alarm levels are set at values which are above the normal background fluctuations and below the activity levels corresponding to the weekly allowed discharge limits.

2.4. Yearly releases.

The alpha- and beta- active particles released through the stack are much lower than the allowed limits.

Small increases of the activity accumulated on the filter can be an indication of a partial failure of the high-efficiency filters, mainly in the vessel ventilation system = corrective actions are immediately taken in order to restore the normal situation.

Due to the very long cooling time elapsed between the unloading from the reactor and the reprocessing of the fuel, all iodine-131 is usually decayed and cannot be detected by the monitoring system.

Krypton-85 is completely released to the atmosphere during decladding and dissolution. The released amount varies with the reprocessed fuel : total uranium weight, burn-up, etc....

The tritium formed in the fuel during the irradiation is only partly released to the atmosphere, the remaining being sent out in the low-level liquid wastes or stored on site in the medium and highly active liquid waste.
The proportion released to the stack varies markedly with the cladding material, fuel burn-up, etc....

For these two isotopes, the activities released through the EUROCHEMIC's stack during the last years were as follows :

TABLE III : YEARLY RELEASES OF TRITIUM AND KRYPTON-85.

Year :	1973	1972	1971	Allowed release
tritium	1.893 Ci	706 Ci	* 532 Ci	4.4×10^6 Ci
krypton-85	216.730 Ci	199.600 Ci	126.440 Ci	6.3×10^6 Ci

* = the measurement was in operation during the three last months of 1971 only.

2. LIQUID EFFLUENTS.

EUROCHEMIC does not release any liquid effluent originating from the active areas, to the environment.

The low-level liquid wastes produced in the active areas are sent to the liquid waste treatment building where they are separately collected in tanks, according to their estimated specific activities.

3.1. Transfers to CEN/BN.

Three underground pipe-lines are running from EUROCHEMIC to the waste treatment plant owned by the belgian Centre d'Etudes Nucléaires CEN/SCK and operated by Belgo-Nucléaire BN.

They are used to transfer separately the following categories of low-level liquid waste :

- non active condensates
- "cold" waste : $< 10^{-4}$ Ci/m^3
- "warm" waste : 10^{-4} to $3x10^{-2}$ Ci/m^3.

Before transfer to the CEN/BN, these waste solutions are sampled and roughly checked for activity with portable contamination monitors. Regularly samples are sent to the analytical laboratory for a more precise measurement of the activity and also in order to verify the compliance with other criteria as acidity, salt content, etc....

At the receiving end of the pipe-line, a sample is continuously collected and the results of analyses are used for the verification of the compliance with contractual limitations, the tarification and the decisions about the decontamination and purification processes to be applied.

After treatment, the liquid waste is released to a small river according to specifications laid down in the operating licence of CEN/BN.

Presently the following limitations are applicable for the activities transferred from EUROCHEMIC to the treatment plant :

- "cold" waste :	alpha activity	$\leq 10^{-4}$ Ci/month
	beta activity	$\leq 3x10^{-2}$ Ci/month
	strontium-90	$\leq 6x10^{-3}$ Ci/month

- "warm" waste : alpha activity ≤ 200 mCi/month
  beta activity ≤ 121 Ci/month
  strontium-90 ≤ 2.4 Ci/month
  tritium ≤ 1500 Ci/month

3.2. Storage on site.

All low-level liquid waste having a specific activity higher than 3×10^{-2} Ci/m^3 is concentrated by evaporation and stored on site as HWC (hot waste concentrate).

The decladding solution at levels of about 10^3 Ci/m^3 are stored on site in non cooled stainless steel tanks.

The highly active waste solutions produced during the first fission products separation cycle are concentrated to about 10^6 Ci/m^3 and stored on site in cooled stainless-steel tanks.

3.3. Non active liquid effluents.

Only the liquid effluents originating in the non active areas (cooling water from the air compressors, domestic effluents, regeneration of water purification unit, etc...) are sent to a sedimentation pool and overflow to a seeping pit from where they flow to the ground.

DISCUSSION

I.S. BHAT, India

There is a recent interest in I-129 measurements around fuel processing plants. Have you any measurements made on I-129 level in the release from the plant or in the environment ?

A. OSIPENCO, Eurochemic Co.

Due to the limited amounts of high burn-up fuels reprocessed until now, iodine 129, which could have escaped the scrubbers was not considered to be a hazard for the environment and no attempt was made to measure this isotope in the effluent or in the environment.

M. LASER, F.R. of Germany

Quelle est l'importance du rapport entre le tritium élémentaire et l'eau tritiée dans le rejet gazeux ?

A. OSIPENCO, Eurochemic Co.

No simple answer can be given to this question : both the fraction of tritium escaping to the stack and the ratio of water vapour to hydrogen tritium vary in broad ranges according to fuel type, cladding, etc.

The following table shows the releases to atmosphere through Eurochemic's stack, divided between the water vapour (HTO) and hydrogen (H), compared to calculated tritium content in the fuel ; the tritium measured in the low-level liquid waste sent to the waste treatment plant of CEN/BN during the same period is also given (all values are rounded-off and given in curies).

Period	Fuel	H-3 (calculated)	Stack release			Low Level Waste Release
			HTO	H	Total	
Oct., Nov., Dec., 1971	LEU * (mainly zirc. clad.)	2,300	40	490	530	860
1972	LEU (mainly steel clad.)	4,000	15	185	200	2,140
	HEU **	1,600	10	490	500	360
		5,600	25	675	700	2,500
1973	LEU (st. steel clad.)	8,700	80	180	260	3,750
	LEU (zirc. clad.)	3,000	80	1,550	1,630	1,250
		11,700	160	1,730	1,890	5,000

* LEU = low enriched uranium fuel.
**HEU = highly enriched uranium fuel.

J.R.D. STOUTE, Netherlands

On the figure showing your plant, I saw no cows. So, my question is : How distant from the stack is the nearest cow ? I ask this because I have the impression that the famous "cow" is sometimes abused.

A. OSIPENCO, Eurochemic Co.

The pastures start at about 500 m down-wind of the stack in the predominant wind direction.

J. SCHWIBACH, F.R. of Germany

What is the detection limit for I-131 in milk in your environmental surveillance programme ?

A. OSIPENCO, Eurochemic Co.

A practical detection limit was set at 25 pCi/l corresponding to 10% of the adopted DWL of the 250 pCi/l.

MONITORING OF RADIOACTIVE GASEOUS EFFLUENTS IN THE GERMAN REPROCESSING PLANT WAK

L. Finsterwalder
W. Hoffmann
K.L. Huppert

Gesellschaft zur Wiederaufarbeitung von Kernbrennstoffen mbH
D-7501 Leopoldshafen

Abstract

The paper gives a description of the WAK off-gas monitoring system. All medium and low active liquid wastes of the plant are transferred to the effluent treatment station of the Nuclear Research Center Karlsruhe, and no liquid active effluents are directly released to the environment. The gaseous effluents from room and vessel ventilation systems are continuously monitored for aerosols and radioactive gases (noble gases iodine). Tritium is determined by sampling of condensate in the off-gas stream. Operating experiences with the monitoring station are reported.

LA SURVEILLANCE DES EFFLUENTS RADIOACTIFS GAZEUX A L'USINE ALLEMANDE DE RETRAITEMENT WAK

Résumé

Cette communication donne une description du système de surveillance des effluents gazeux appliqué par la Société WAK. Tous les déchets liquides de faible et de moyenne activité produits par l'usine sont transférés dans l'installation de traitement des effluents du Centre de recherche nucléaire de Karlsruhe et aucun effluent liquide actif n'est libéré directement dans l'environnement. Les effluents gazeux en provenance des systèmes de ventilation des bâtiments et des réservoirs sont contrôlés en permanence afin de déceler la présence d'aérosols et de gaz radioactifs (gaz rares, iode). On détermine la teneur en tritium en prélevant des échantillons de condensat dans le courant d'effluents gazeux. Les auteurs rendent compte de l'expérience que cette installation de surveillance a permis d'acquérir en cours d'exploitation.

Table I

WAK-EMISSION PLAN FOR GASEOUS EFFLUENTS IN 1974

Nuclides or mixtures of nuclides	Maximum permissible release	
	Ci/month	Ci/year
Krypton-85	35 000	250 000
Tritium	100	1 000
Iodine-131	0,5	1
Mixture of α-, β- and γ-emitters	1×10^{-3}	1×10^{-2}
Mixture of β- and γ-emitters	0,5	4
Argon-41, noble gases, Cl-38, N-13, (H-3)	50	400

NB :
The maximum daily release of a nuclide must not exceed 1/10 of the maximum permissible release per month.

1. INTRODUCTION

The "Wiederaufarbeitungsanlage Karlsruhe" (WAK) is a pilot reprocessing plant for fuel up to 3 % U-235 enrichment. The nominal annual throughput is 35 tons of Uranium at 200 operating days.

The installation was constructed in the vicinity of the Karlsruhe Nuclear Research Center to make use of the existing waste treatment facilities for low and medium active wastes. High active fission product concentrates are stored on-site in stainless steel tanks until final solidification. Low active and medium active waste is shipped by tank truck to the Research Center for further treatment. WAK thus releases only gaseous radioactive effluents from the 60 m stack.

In accordance with the control authorities an emission plan for gaseous effluents is established for the Research Center and the WAK each year. This plan provides maximum permissible daily, monthly, and yearly release rates for nuclides or groups of nuclides for each installation. Table I shows the plan for WAK valid for the year 1974.

The monitor station for the stack has to keep track of the emissions to proof that the requirements of the emission plan are met.

2. VENTILATION SYSTEMS

For better understanding of the monitor installation and the problems connected with it is necessary to go into some detail of the ventilation system of the plant. Basically there are two systems, the room ventilation and the vessel ventilation system.

The air for the room ventilation is filtered and conditioned and led through 4 different pressure zones according to the contamination potential of the plant (Fig. 1). The air flows from the access corridors (1) to the operating areas (2) to intervention zones (3) and finally into the process cells (4). From there the air is led to the filter bank and discharged to the stack. The flow rate is 80 000 m^3/h of clean and dry air. No activity could be traced up to now in this stream.

The vessel ventilation system (5) is connected to the dissolver, process tanks and high active waste storage tanks. It gets a part of its flow from the process cells for pressure control. The single branches are equipped with srubbers, demisters, absolute filters and blowers. The combined offgas is led in a separate stainless steel pipe within the stack to the top.

The off-gas stream with a flow rate of 520 m^3/h contains fission gases, iodine, tritium and traces of aerosols. It contains further water vapor, nitrous gases and traces of the organic solvent.

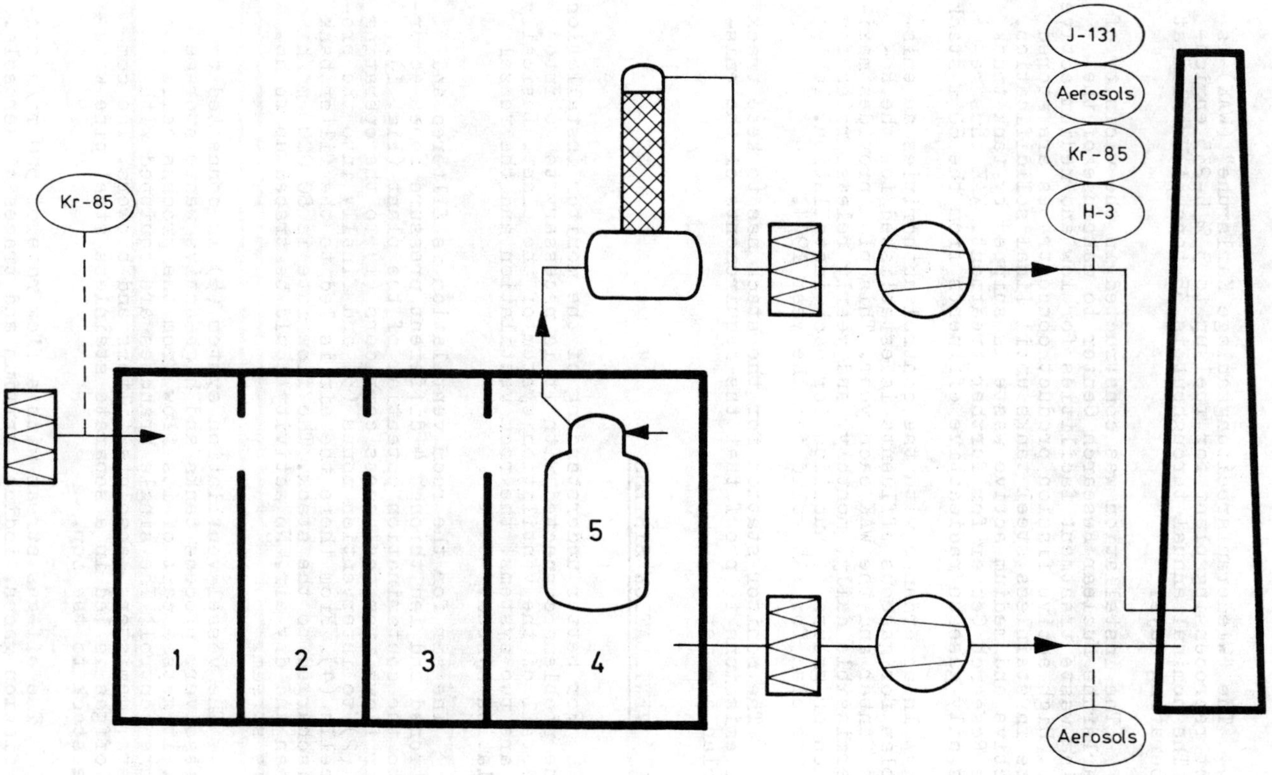

Fig. 1 WAK Schematic Ventilationsystem and Monitoringpoints

3. MEASUREMENTS

For measurement of the radioactive aerosols a small sample stream of 20 m^3/h is diverted from the main stream and routed through the monitor station.

There are two different types of measurement. In the first type the activity is collected on filters. The discharge out of the stack can be calculated from the ratio main stream to partial stream multiplied by the accumulated activity. The rate of release is monitored by the increase of accumulated activity.

Higher concentrations of radioactive gases can be measured directly by monitoring the gas in a pot. The discharged activity is, provided a constant off-gas flow, proportional to the accumulated detector pulses.

3.1 Aerosol measurement

Discharges of aerosols are monitored in the room ventilation and the vessel ventilation system. Samples are drawn from the different streams in the stack about 10 m above the ground.

The compensation of the natural radioactivity is done by the pseudocoincidence method.

The measuring filters which are changed every second day are exposed to the off-gas. Uniform flow through the filter is provided by means of a gas distributor and a sinter metal plate as a filter support.

The filter with 200 mm diameter is monitored by 3 stacked proportional counters. The first counter is sensitive to α-particles, the second for β-particles, the third counter separated by a 2 mm steel plate serves as γ-compensation for the second counter. The α-aerosol measurement is interfered by decay products of radon isotopes. This natural activity is characterized by a short live α-decay following a β-decay.

The pseudocoincident circuit counts all correlated α- and β-events which represent an amount for the natural activity. The result is multiplied by an empirical factor and subtracted from the overall α-rate to yield the artificial activity. The precise determination of the accumulated aerosol radioactivity is performed after two days when the natural activity has decayed.

During dissolution of fuel the continuous β-aerosol measurement is not possible due to high concentration of Kr-85.

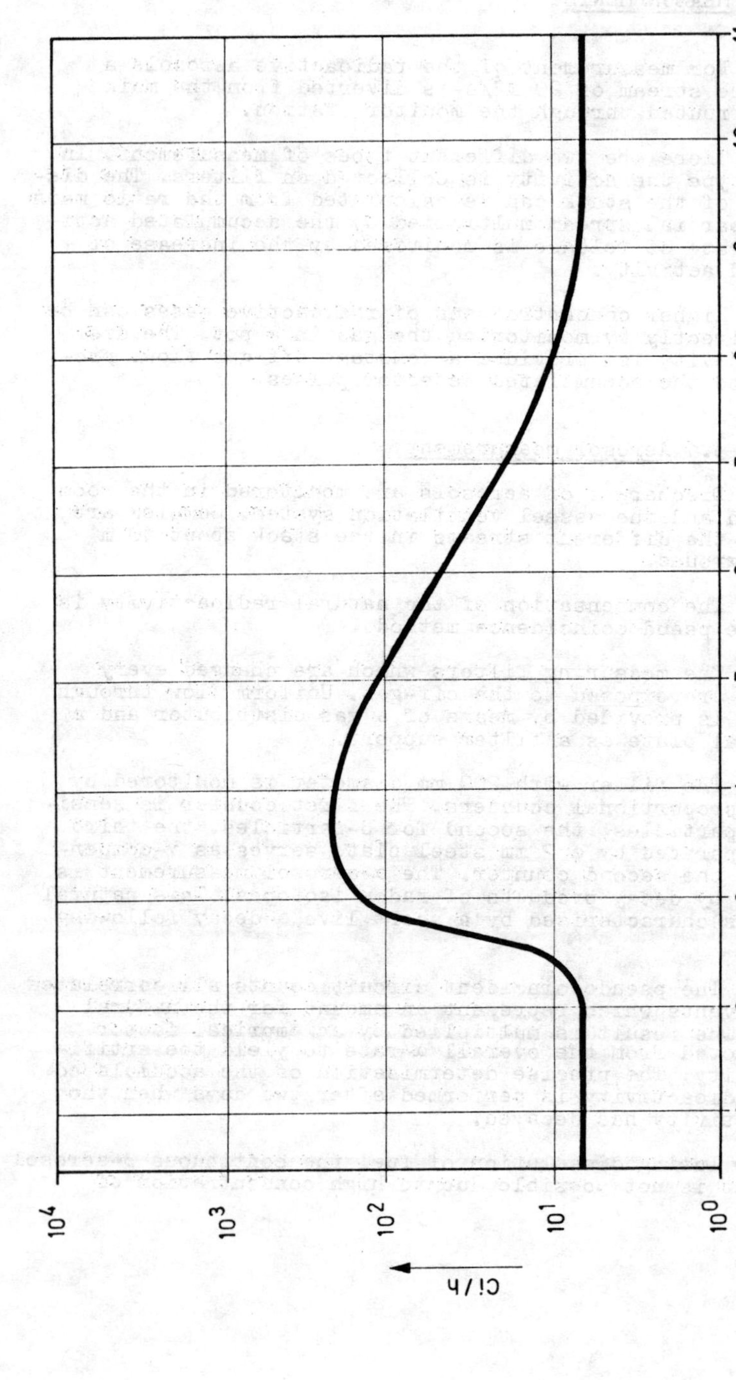

Fig. 2 Krypton - 85 release during a fuel dissolution

3.2 Measurement of Krypton-85

The Kr-85 is monitored in the sample stream after the aerosol-measurement.

The apparatus consists of a 47 liter pot, which is shielded by 3 cm lead. A scintillation counter with a thin plastic scintillator counts the β-particles of Kr-85.

During dissolution peak concentrations up to 2 Ci/m^3 were experienced so the sensitivity had to be cut down by use of a reduced aperture.

Fig. 2 shows the discharge of Kr-85 during dissolution of MZFR fuel, as it was recorded in the central control room of the plant. Total release of Kr-85 is determinded by counting the integral pulse rate.

3.3 Measurement of Iodine-131

Iodine is collected in a separate sample stream by a silver-impregnated filter bed.

The accumulation of iodine-131 is monitored by a NaJ (Tl) scintillation counter using the 0,36 MeV γ-line. The apparatus is heavily shielded with lead. To eliminate the Kr-85 influence clean air is introduced periodically to enable measurement of collected iodine.

3.4 Measurement of Tritium

There is no continuous measurement in the off-gas of WAK. Condensate is taken from low points in the off-gas sampling system and analysed in the laboratory with liquid scintillation counting for tritium content. As the gas leaving the off-gas treatment has 100 % humidity the amount of water vapor realeased through the stack can be determined by the off-gas temperature and flow rate.

4. OPERATING EXPERIENCE

Operating experience with room ventilation monitoring station were excellent as they were exposed only to clean and dry air. No break down could ever experienced with single components such as blowers, counters and electronics.

The monitorstation for off-gas exhibited serious trouble mainly in parts exposed to the corrosive off-gas. Nitric acid formed by condensate and nitrous gases corroded carbon steel, brass and lead while TBP softened plastic parts and paintings.

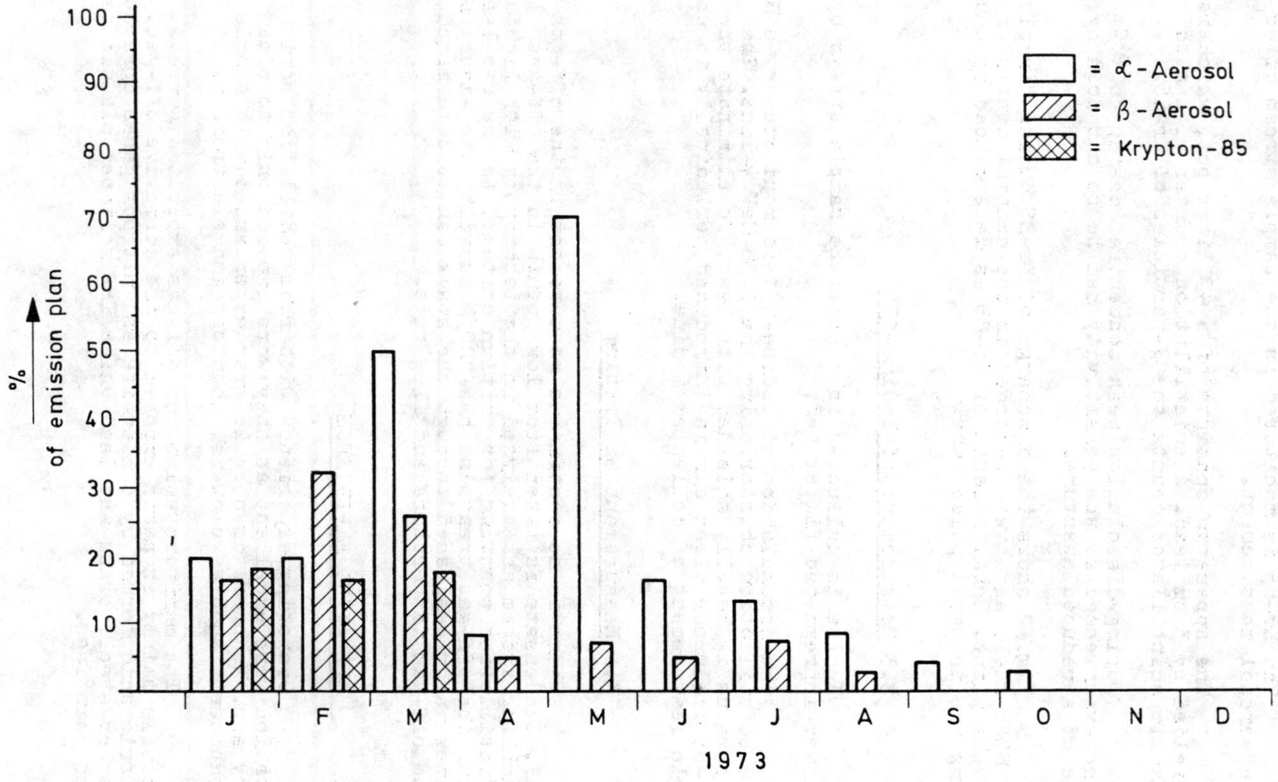

Fig. 3 Emission of radioactive offgases

In a new stack-monitor station the experiences gained with the operation of the old station have been considered. Monitors for the room ventilation system and the off-gas are installed in different rooms with shielding in-between to take care of the different radioactive concentration levels.

All parts in contact with the off-gas except the counter windows are made of stainless steel. The sample line is connected to the off-gas pipe in such a way that no condensate can enter. The line itself has definite low points, where the condensate can be withdrawn. The gas is introduced into the monitors from below to prevent flooding. The electronic system is installed in the health physics control room except preamplifiers and discriminators. In this way the transmission of analog signals over a distance of 60 meters is avoided.

The detection limits of the stack monitoring station are dependent from the by-pass ratio and from the background. External radiation can normally be reduced by shielding, the build-up of contamination inside the detecting instruments, however must be flushed time by time, in order to restore the detection limit. The accuracy of the measurement is determined by the calibration, by dead-time losses, especially for β-aerosols by the pseudo-coincidence-circuit, by the sampling system and the efficiency of the collecting filters.

The measuring instruments for aerosols are calibrated in WAK by inserting a test preparation instead of the collecting filter. The Kr-85-measurement is directly calibrated by liberating a known quantity of Kr-85 out of a glass vial in the krypton measuring-pot.

The iodine-measuring station is calibrated by delivering a known quantity of iodine-131 solution into the collecting filter bed. Fig. 3 shows the activity release with gaseous effluents of the WAK in 1973.

5. RESUMEE

The system of off-gas monitoring used in the WAK has proven well. This includes the measuring electronics which performed very good with excellent reliability. Difficulties with the equipment were generally limited on parts, which were in contact with the corrosive gases. Certain parts were not sufficient for steady load, others became useless by growth of non-removable contamination or were destroyed by corrosion. During the installation of a new stack monitoring system these findings are considered by a better arrangement, improved sampling system and by use of adequate materials.

DISCUSSION

P. SLIZEWICZ, France

La Figure 1 semble montrer qu'il y ait au contrôle du krypton 85 dans l'air qui entre dans le bâtiment. Quelle en est la raison ?

L. FINSTERWALDER, F.R. of Germany

Le contrôle du Kr-85 dans l'air qui entre dans le bâtiment, permet de détecter une éventuelle aspiration de Kr-85 qui aurait pour principal effet de mettre hors fonction les instruments de contrôle de la radioactivité ambiante.

P. SLIZEWICZ, France

Toujours à propos de la Figure 1, la conduite de la ventilation des bâtiments aboutit au bas de la cheminée, par contre la conduite de la ventilation de l'appareillage arrive jusqu'en haut de la cheminée. Y-a-t-il une raison pour cette disposition ?

L. FINSTERWALDER, F.R. of Germany

Les gaz radioactifs sont rejetés par une conduite de 20 cm de diamètre qui remonte dans la cheminée principale (Ø 200 cm), jusqu'à son sommet. La raison en est la nature corrosive de ces gaz (NO_2, TBP, vapeur d'eau) et leur activité passablement plus élevée que celle de l'air de ventilation. Par ce moyen on évite une contamination de la cheminée principale.

MONITORING OF RADIOACTIVE GASEOUS EFFLUENTS FROM HTR-FUEL REPROCESSING PLANTS AND STORAGE FACILITIES

P. Filß, M. Laser, E. Merz and J. Wolf
Institute for Chemical Technology
Kernforschungsanlage Jülich GmbH
517 Jülich / Germany

ABSTRACT

The principal gaseous wastes in reprocessing of fuel elements from high-temperature gas-cooled reactors (HTR's) arise from the burning head-end step, from the fuel dissolution operation, from the fission product solidification, and from the air used to ventilate hot cell facilities including spent fuel storage. Radioactive particulates and aerosols may be involved as well as iodine-131, iodine-129, tritium and radioactive noble gases such as krypton-85. Emissions of particulate and entrained radioactivity as well as krypton and tritium are kept to a low level by using specially designed gas cleaning and retainment equipment.

In order to attain a better internal process control and also a higher detection sensitivity, a special monitoring system is proposed for the gaseous effluents from a HTR-reprocessing plant. The main feature is the independent measurement of the few crucial undiluted off-gas streams close to their origin of generation in correlation with the central stack monitoring. Details of the particular measurements and procedures are presented.

SURVEILLANCE DES EFFLUENTS RADIOACTIFS GAZEUX EN PROVENANCE DES USINES DE RETRAITEMENT ET DES INSTALLATIONS DE STOCKAGE DES ELEMENTS COMBUSTIBLES DE REACTEURS A HAUTE TEMPERATURE

RESUME

Lors du retraitement des éléments combustibles de réacteurs à haute température refroidis par gaz, les principaux déchets gazeux proviennent de l'étape de dégainage par combustion, de l'opération de dissolution du combustible, de la solidification des produits de fission et de l'air utilisé pour la ventilation des installations à cellule chaude, notamment celles servant au stockage des combustibles épuisés. Ces déchets peuvent renfermer des matières radioactives en suspension, ainsi que de l'iode 131, de l'iode 129, du tritium et des gaz rares radioactifs, tels que le krypton 85. En utilisant un équipement spécialement conçu pour épurer et retenir les gaz, on peut maintenir à un faible niveau les émissions de particules et de radioactivité entraînée, de même que les émissions de krypton et de tritium.

Afin de parvenir à un meilleur contrôle intérieur au niveau du procédé et d'améliorer la sensibilité de détection, un système de surveillance spécial est proposé pour les effluents gazeux en provenance d'une usine de retraitement des éléments combustibles de réacteurs à haute température. Celui-ci se caractérise principalement par la mesure indépendante des quelques courants cruciaux d'effluents gazeux non dilués à proximité de l'endroit où ils se produisent, parallèlement à la surveillance de la cheminée centrale. Cette communication expose en détail les mesures et procédures propres à un tel système.

1. INTRODUCTION

Almost all of the fission as well as activation products produced in nuclear fuel are safely contained in the fuel elements during reactor operation. In the course of reprocessing, however, the integrity of the fuel has to be abandoned in order to accomplish chemical separation into the required individual components. This gives rise to the generation of radioactive aqueous and gaseous effluents at different steps of processing. While today, monitoring techniques for liquid streams are more or less state-of-the-art, further development is required for routine off-gas sampling and monitoring, particularly in reprocessing plants to comply with authorized emission limits.

Gaseous effluents may be released only if the outlet channels are provided with the appropriate measuring and recording facilities. Equally, recording of standard meteorological parameters during each release is required. For monitoring purposes, the samples are commonly drawn from the central off-gas stack stream. Since the process off-gas is thus highly diluted with ventilation air from the plant, detection limits for radioactive contaminants are unfavourable. Also, in the case of malfunction or leakage of the process equipment, the origin of the trouble cannot be located by simple means.

It seems therefore recommendable to have individual gaseous effluent measuring devices very close to the few crucial points of generation in addition to the stack monitors. Such measure should not only improve the surveillance precision, but at the same time provide an excellent means for process performance and controlling.

In reprocessing plants, several particular mechanical and chemical process steps produce individual off-gas streams with different composition and radioactive contaminants. Their clean-up therefore requires a special treatment. The separate monitoring of these individual off-gas streams may facilitate overall process performance and reliance because,

- smaller quantities of radioactive isotopes can be detected more accurately due to their higher primary concentration
- any malfunction of a particular off-gas cleaning apparatus is detected very quickly

- the disturbed process apparatus may be shut off and the contaminated off-gas stream diverted through a redundant cleaning system avoiding intolerable releases
- the results of the stack monitor may be correlated with data from the particular off-gas monitors.

This continuous monitoring system should be supplemented by a periodic monitoring of elements in the food chain in the vicinity of the plant. Beyond that no additional surveillance is necessary.

The extended monitoring system as proposed by us should not involve an unnecessary increase in operating costs, since it is required anyhow as a means for process control in order to obtain purification efficiency data from the individual off-gas cleaning facilities.

In the following, the merits of such a gaseous effluent monitoring strategy shall be discussed, considering a large commercial reprocessing plant designed for fuel elements from high-temperature gas-cooled reactors (HTR's).

2. GASEOUS RADIOACTIVE EMISSIONS FROM HTR-REPROCESSING PLANTS

In general, reprocessing of spent fuel from high-temperature gas-cooled reactors consists of conveying irradiated fuel elements from the reactor to a reprocessing plant after an interim storage period between 150 and 200 days, removing as much extraneous material from the fuel as possible by burning the carbon, dissolving the fuel oxides in nitric acid, separating and purifying the uranium and thorium by solvent extraction, disposing of the radioactive wastes after solidification, and decontaminating the gaseous radioactive effluents [1].

The most important sources of radioactive gaseous effluents and their respective contaminants prevailing are:

- the burner off-gas with ^{85}Kr and aerosols as the main components, ^{3}H, ^{129}I, ^{131}I, and ^{14}C
- the dissolver off-gas with ^{85}Kr, ^{129}I, ^{131}I, aerosols
- the off-gas from the chemical separation with aerosols and some ^{129}I and ^{131}I

- the off-gas from the fission product solidification containing aerosols.

In storage facilities the ^{85}Kr and ^{3}H released from fuel elements must be considered.

In a HTR-reprocessing plant with a capacity equivalent to 50 000 MWe, and, thus, an annual throughput of 365 t of heavy metal, the following approximate radioactivities must be handled:

$4 \cdot 10^{9}$ Ci of β-γ-emitting fission products

$3 \cdot 10^{7}$ Ci of α-emitting actinides

$2,5 \cdot 10^{7}$ Ci ^{85}Kr

$1 \cdot 10^{5}$ to $1 \cdot 10^{6}$ Ci ^{3}H

$1 \cdot 10^{3}$ Ci ^{131}I

50 Ci ^{129}I.

To guarantee minimum dose rates for the population living in the neighbourhood of such a plant, an effective off-gas clean-up has to be provided with an efficiency of more than 99.9 %. To satisfy these demands, several off-gas cleaning processes are under development throughout the world [2]. Two of them, the AKUT process for the separation of aerosols, krypton und tritium from the burner off-gas and a cryoseparation process (CRYOSEP) for the separation of krypton and xenon from the dissolver off-gas are under development in our laboratory [3]. In figure 1 a schematic flowsheet illustrates our proposed off-gas clean-up system for a HTR-reprocessing plant including the different off-gas measuring positions for monitoring, sampling and process controlling. Sintered metal filters for the burner, electrostatic filters and absolute filters (HEPA) proposed, are of standard design.

3. MONITORING THE OFF-GAS STREAMS

The efficiency of the off-gas cleaning procedures decreases and the costs of the equipment including operation expenditures increase with increasing dilution of the off-gas with ventilating air. All the processing apparatus which are under development at KFA-Jülich (burning, dissolving, vitrification) are therefore designed for operation with minimum dilution

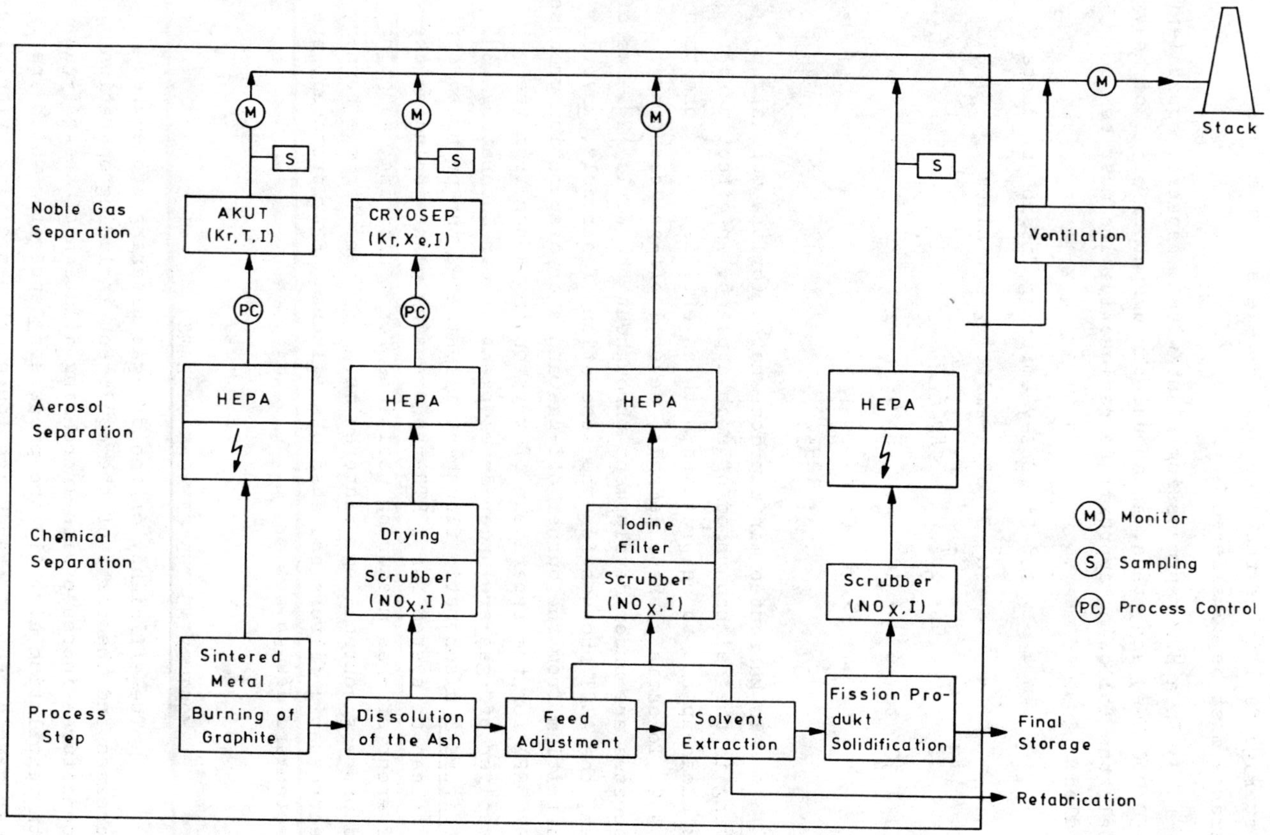

Fig. 1: HTR Reprocessing Plant Off-Gass Treatment

by air. This results in a relatively high specific radioactivity of the off-gas, which may attain 1 Ci/m^3. Therefore, special measuring instruments and procedures must be developed, which are adjusted to the particular off-gas.

3.1 Measurement of ^{85}Kr and ^{3}H released from the fuel element storage facility

^{85}Kr and ^{3}H released from discharged fuel elements during interim storage are practically negligible compared to their total inventory. Since release rates of undamaged fuel elements are really very small, no major problem is encountered when all of this radioactivity is emitted after adequate dilution. However, ineligible doses may be received by workmen of the installation, particularly if a defective fuel element is stored without sufficient ventilation. It may then give rise to high local concentrations of outgassing radioisotopes.

In any case, monitoring for ^{85}Kr and ^{3}H is required in the storage facility itself as well as at the outlet of the ventilation air. Expected radioactivity levels are very low and consequently accuracy may be poor.

For routine surveillance, commercially available proportional-counters are suited. They permit a control of the MPC values. For more accurate measurements, however, enrichment of tritium by adsorption on silica gel and krypton on charcoal at low temperature, respectively, are recommendable. Tritium determination may be achieved by applying direct liquid scintillation counting as described in chapter 4.3 of this paper. Details for krypton counting after its desorption into an evacuated gas proportional counter may be found in any textbook.

3.2 Measurement of ^{85}Kr, ^{3}H and aerosols in the burner off-gas

The salient feature of HTR fuel elements is that the fissile and fertile materials are contained in pyrocarbon coated particles containing either $(U,Th)O_2$ or $(U,Th)C_2$ kernels. The coated particles are imbedded in a graphite matrix. About 95 % of the weight of the fuel elements is graphite. The favoured method to achieve removal of the carbon is burning in a suitable furnace [4]. Burning with pure oxygen at 800 °C yields an off-gas with a CO_2/CO-ratio of approximately 5 : 1. The degree of radioactive contamination of the off-gas is shown in table I:

Table I: Radioactive contamination of burner off-gas

Isotope	Radioactivity
T (^3H)	0,01 - 0,1 Ci/m^3
^{14}C	~ 3 · 10^{-4} Ci/m^3
^{85}Kr	0,1 - 1 Ci/m^3
^{137}Cs	10^{-3} - 10^{-1} Ci/m^3

Continuous monitoring of this heavily contaminated off-gas stream is only possible after a thorough precleaning from particulates and aerosols. Otherwhise they are deposited on to the walls of the counting chamber and are soon superimposing the radioactivity of the gaseous components. In general, in-line measurements are only feasible outside the strong radiation field of a hot cell which may be in the order of about 1 000 R/h.

Only simple and interchangeable instruments, like ionisation or scintillation chambers for gross β- and/or γ-counting should be applied under the rugged conditions prevailing in hot cell operation. Pulse height spectrometry is not recommendable at this point due to the high and alternating background levels.

If spectroscopy is absolutely necessary, by using (β-γ)-coincidence techniques, the radiation background in the vicinity of the hot cells can be suppressed without additional shielding by a factor of 10 to 100 (see chapter 4.2).

Determination of radioactive aerosols and other gaseous compounds requires discontinuous measurements. Aerosols are sampled with different filtering devices. Afterwards, standard γ-spectrometry is applied. Krypton and tritium measurements are performed by applying the already mentioned adsorption techniques (see 4.2 and 4.3). Carbon-14 measurement turns out to be somewhat complicated in case one wants to know its isolated radioactivity and not only the sum of all radioisotopes in the gas sample. Fortunately, ^{14}C measurements are required only as random tests from time to time. The technique employed is described in chapter 4.4.

Continuous γ-monitoring for ^{85}Kr and aerosol content in the precleaned (filtered) burner off-gas is necessary for controlling process operation of the AKUT facility. The AKUT facility yields decontamination factors greater than 100 for ^{85}Kr and ^{3}H. Conventional in-line β- or γ-monitors for ^{85}Kr-, iodine-, and aerosol-radioactivity recording are appropriate.

3.3 Radioactivity measurement of the dissolver off-gas

Details about the layout and operation of the designed dissolver are given in [5]. The dissolver off-gas consists of N_2, O_2, NO_x, and is contaminated with krypton, iodine, ruthenium and aerosols of some other fission products. After removal of aerosols with HEPA filters, the remaining radioactivity is determined mainly by the ^{85}Kr content. It may amount to $\geq$ 100 Ci $^{85}Kr/m^3$. Its radioactivity must be determined as a means of process control prior to entering the CRYOSEP facility. Sampling and monitoring of the resulting off-gas may be performed in accordance with the procedures described under 3.1 and 3.2, respectively.

3.4 Off-gas monitoring arising during chemical processing

In this process step, off-gas arises, which contains mainly air, contaminated with aerosols and iodine. After aerosol removal, standard iodine monitoring serves as an indicatory control of proper operation.

3.5 Radioactivity measurement of the off-gas produced by fission product solidification

Several fission products are volatilized in the course of waste solidification and vitrification [6]. The relatively high temperatures of 1 000 to 1 200 °C employed during vitrification, especially promote cesium and ruthenium volatilization, mostly in the form of aerosols. Continuous or semi-continuous monitoring of aerosols is required behind the HEPA filters.

3.6 Final monitoring at the stack outlet

The combined off-gas streams from the four different process steps together with the ventilation air of the hot cell as well as from the building are monitored by state-of-the-art techniques and need no further discussion here. A computer supported compilation and evaluation system for all measured data is recommended.

4. COUNTING TECHNIQUES

4.1 In-line β-counting of gaseous radioactive effluents

For process control purposes, the precleaned off-gases from the burning and dissolution steps, now containing mainly ^{85}Kr, may be monitored continuously under application of an in-line β-counting chamber [7]. The major layout of the β-chamber is shown in figure 2.

The walls of the counting chamber are made from the plastic scintillator material NE 102 A. At its top tubes for gas inlet and outlet are mounted. β-particles originating from the flowing gas penetrate the scintillator walls and form scintillations proportional to their β-energy. The light pulses are guided through the walls to a photomultiplier cathode. Calculation of the absolute counting efficiency turns out to be rather simple, since multiple scattering is of minor importance. Counting efficiency amounts to about 75 %. Direct indication of the specific radioactivity of the gas in mCi/ml can be obtained after calibration.

4.2 (β-γ)-chamber for off-line gaseous radionuclide determination

In the case of more accurate and specific radio-

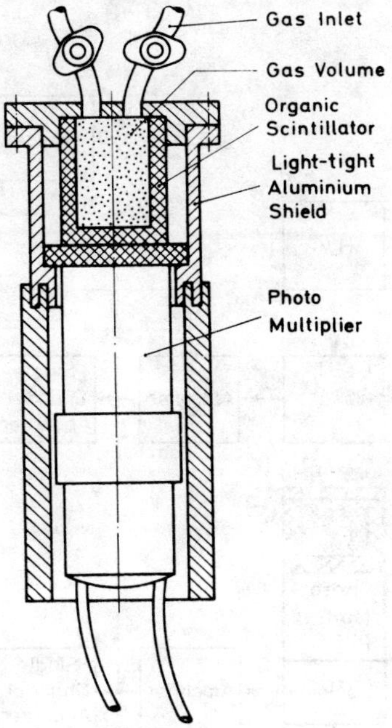

Fig. 2: β-scintillation chamber for continuous gas monitoring

activity measurements being required in the cleaned off-gas streams prior to their release to the environment, an off-line technique is proposed, using the same scintillation chamber as shown in figure 2. Samples are taken discontinuously and measured at a shielded site, to guarantee high counting sensitivity. The electronic circuit applied is shown in figure 3.

It is possible by this circuitry to determine the total β-count rate, the pulse height spectrum of the β-scintillations, and the emitted γ-spectrum in coincidence or without coincidence with the β-pulses. In many cases nuclide determination is possible by combined β- and γ-spectroscopy. Proportionality between pulse height of β-counts and threshold energy in the β-spectrum could be realized. Thus it is possible to check the energy of one (or two) β-spectra. If the β-decay leads to an excited level in the daughter nuclide, the emitted γ-rays can be analyzed with high resolution. If γ-emitting nuclides in the gaseous phase are enclosed in the chamber, the walls will

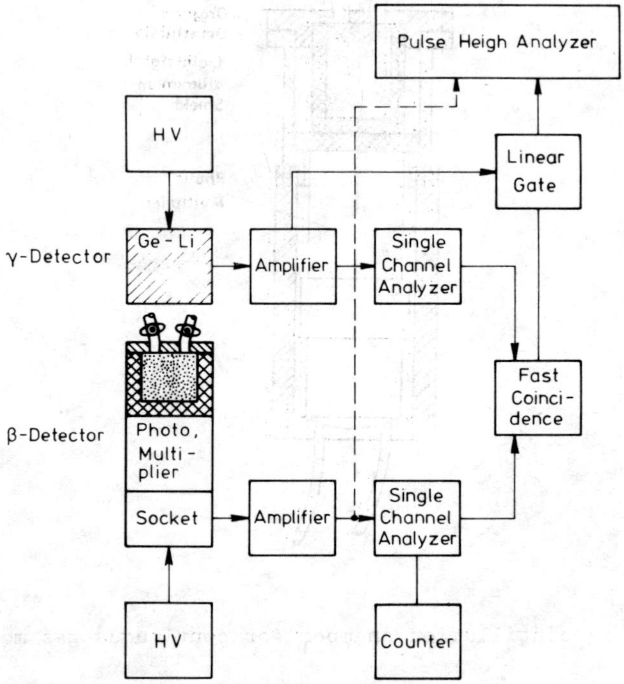

Fig. 3: Block diagram of circuit for the (β-γ)-chamber

register the particle of the preceding β-decay, whereas the γ-rays will be registered by an outside γ-detector. If only coincident γ-rays are registered, the normal background γ-spectrum is reduced by a factor of 10 to 100. For further details of this counting technique see [7].

4.3 Tritium measurement in off-gas streams

Minor or larger parts of the tritium produced during reactor operation are released in the burning head-end step, predominantly in the chemical composition of HTO. This tritiated water vapour can be quantitatively removed from the off-gas by adsorption on silica gel. Direct counting is possible in a liquid scintillation spectrometer.

In order to separate tritium from the off-gas streams, the tritium must either exist already as HTO or the ^{3}H-atoms have first to be transformed into HTO by oxidation or chemical exchange reactions. The gas is then passed through a column filled with several layers of silica gel adsorber kernels separated by glass wool spacers. Representative samples from the different layers are transferred into counting vials, filled up with standard scintillator solution (Permafluor II, Packard Instrument Company, Warrenville/USA) and directly counted in a TRI-CARB liquid scintillation spectrometer (Packard Instrument Company). Details about the sampling and counting techniques may be taken from [8]. Of course, this method is only suited for samples with minor admixtures of ordinary water. Disturbance of the measurement by ^{85}Kr adsorbed together with tritium can be checked and is mostly negligible.

4.4 Carbon-14 measurement in the burning off-gas

During reactor operation relatively small quantities of ^{14}C are produced mainly by the following two nuclear reactions:

$$^{13}C \ (n,\gamma) \ ^{14}C \quad \text{and}$$
$$^{14}N \ (n,p) \ ^{14}C.$$

A direct detection of small quantities of ^{14}C is hindered by the high level of ^{85}Kr.

Carbon-14 determination is achieved by a portion of the gas stream passing through a $Ba(OH)_2$-solution, by which insoluble $BaCO_3$ is produced. The $BaCO_3$-precipitate is filtered off, washed and, if necessary, re-precipitated until the specific counting rate remains constant. This proves radiochemical purity.

For radioactivity measurement either direct counting of thin and uniform samples in a methane proportional counter or liquid scintillation counting is applied [9]. Measured values from irradiated fuel fluctuated between 10 and 500 $\mu Ci/m^3$, depending on irradiation time and nitrogen impurities.

REFERENCES

[1] Merz, E., Laser, M., Zimmer, E. :
Kerntechnik 15, p. 249 (1973).

[2] Many authors :
Proc. 12th USAEC Air Cleaning Conference,
Oak Ridge, Tennessee/USA, Report CONF - 720823 (1972).

[3] Beaujean, H., Bohnenstingl, J., Laser, M., Merz, E.,
Schnez, H. :
IAEA-Symposium on Environmental Behaviour of Radionuclides
released in Nuclear Industry, Aix-en-Provence/France,
14.-18. May (1973), Paper No. IAEA/SM-172/17.

[4] Böhnert, R. :
KFA-Report JÜL-1041 CT (1974).

[5] Sckuhr, P. :
KFA-Report JÜL- 976-CT (1973).

[6] Beaujean, H., Filß, P., Halaszovich, S., Laser, M.,
Merz, E., Thiele, D. :
Reaktortagung DAtF 1972, Hamburg/Germany,
Karlsruhe: ZAED, p. 267 (1972).

[7] Filß, P. :
Nucl. Instr. & Methods 108, pp. 471-475 (1973).

[8] Filß, P. :
Radiochem. Radioanal. Letters 15/3, p. 213 (1973).

[9] Beaujean, H., Filß, P., Grahmann, U., Laser, M., Merz, E.,
Tillessen, U. :
KFA-Report JÜL- 925-CT (1973).

DISCUSSION

I.S. BHAT, India

What is the arrangement for measurement of α activity release and have you seen any significant α release to the environment ?

P. FILSS, F.R. of Germany

We will use commercially available α monitors in the stack. We have identified the daughter products of thoron in the off-gas in trace-concentration (each fuel element contains 5 g Th).

W. SCHÜLLER, F.R. of Germany

J'ai deux questions à poser au sujet de la Figure 1 concernant le schéma du traitement des effluents gazeux HTR :

1) jusqu'où avez-vous été dans la réalisation de cette installation et

2) depuis quand est-elle en fonctionnement et quelles expériences en avez-vous tiré ?

P. FILSS, F.R. of Germany

Les différentes parties de l'installation ont été expérimentées en actif, en laboratoire. Nous allons commencer, l'année prochaine, à effectuer des expériences sur l'installation pilote Jupiter avec une capacité de retraitement de 1 kg de métal lourd par jour.

Quant aux systèmes prévus pour la séparation des gaz nobles, ils ne font pas encore partie de l'installation pilote Jupiter.

J. HACKE, F.R. of Germany

What is the volume of the plastic-scintillator-chamber ? What is the detection efficiency ?

P. FILSS, F.R. of Germany

The plastic-scintillator-chamber has a volume of 28 cm^3. The detection efficiency is 75 % for Kr-85.

Without an additional shielding the background radiation corresponds to 700 pCi for integral β counting and to 50 pCi in coincidence operation with a Ge-Li detector.

M.B. BILES, United States

What is the disposition of the krypton and tritium collected as a result of the two separation processes.

M. LASER, F.R. of Germany

Nous avons proposé de mettre en bouteilles d'acier le krypton séparé et de l'évacuer, à grande profondeur, sur le fond marin. D'après nous, cette méthode présente un risque minimal pour la population.

En ce qui concerne le tritium, il pourrait être incorporé dans du béton. Pour éviter une libération dans l'environnement, ces blocs de béton pourraient être isolés par une couche de bitume.

GASEOUS EFFLUENT MONITORING IN
ONTARIO HYDRO HEAVY WATER POWER REACTORS

D.A. WATSON
R. WILSON
M. KABAT
ONTARIO HYDRO
ONTARIO, CANADA

Abstract

Gaseous effluent monitoring in Ontario Hydro is carried out for Noble Gases, Tritium, Radioiodine and mixed Particulate activity. The current monitoring practices for these radionuclide groups are reviewed with special emphasis on: (a) the measurement of mixed fission product noble gases in gamma-Curie-MeV units, (b) the measurement of tritium using silica gel samplers and water bubblers, (c) the collection and measurement of various forms of radioiodine using a monitor developed to compensate for external gamma fields and noble gases trapped in the charcoal cartridge.

Calibration procedures are discussed and the computer based daily reporting system in use at Pickering G.S. is described.

LA SURVEILLANCE DES EFFLUENTS GAZEUX DANS LES REACTEURS
DE PUISSANCE A EAU LOURDE DE LA SOCIETE ONTARIO HYDRO

Résumé

La surveillance des effluents gazeux exercée par la Société Ontario Hydro a pour objet de déterminer l'activité liée aux gaz rares, au tritium, à l'iode radioactif et aux diverses particules en suspension. Cette communication passe en revue les procédures de surveillance actuellement appliquées à ces groupes de radionucléides, notamment en ce qui concerne (a) la mesure des mélanges de gaz rares contenus dans les produits de fission, exprimée en unités gamma/Curie/MeV, (b) la mesure du tritium à l'aide d'échantillonneurs au silica-gel et de barboteurs à eau, (c) le recueil et la mesure de diverses formes d'iode radioactif au moyen d'un moniteur conçu pour neutraliser les champs gamma externes et les gaz rares piégés dans la cartouche en charbon actif.

Les auteurs de la communication examinent les méthodes d'étalonnage et décrivent le système informatisé de relevés quotidiens utilisé par la Société Pickering G.S.

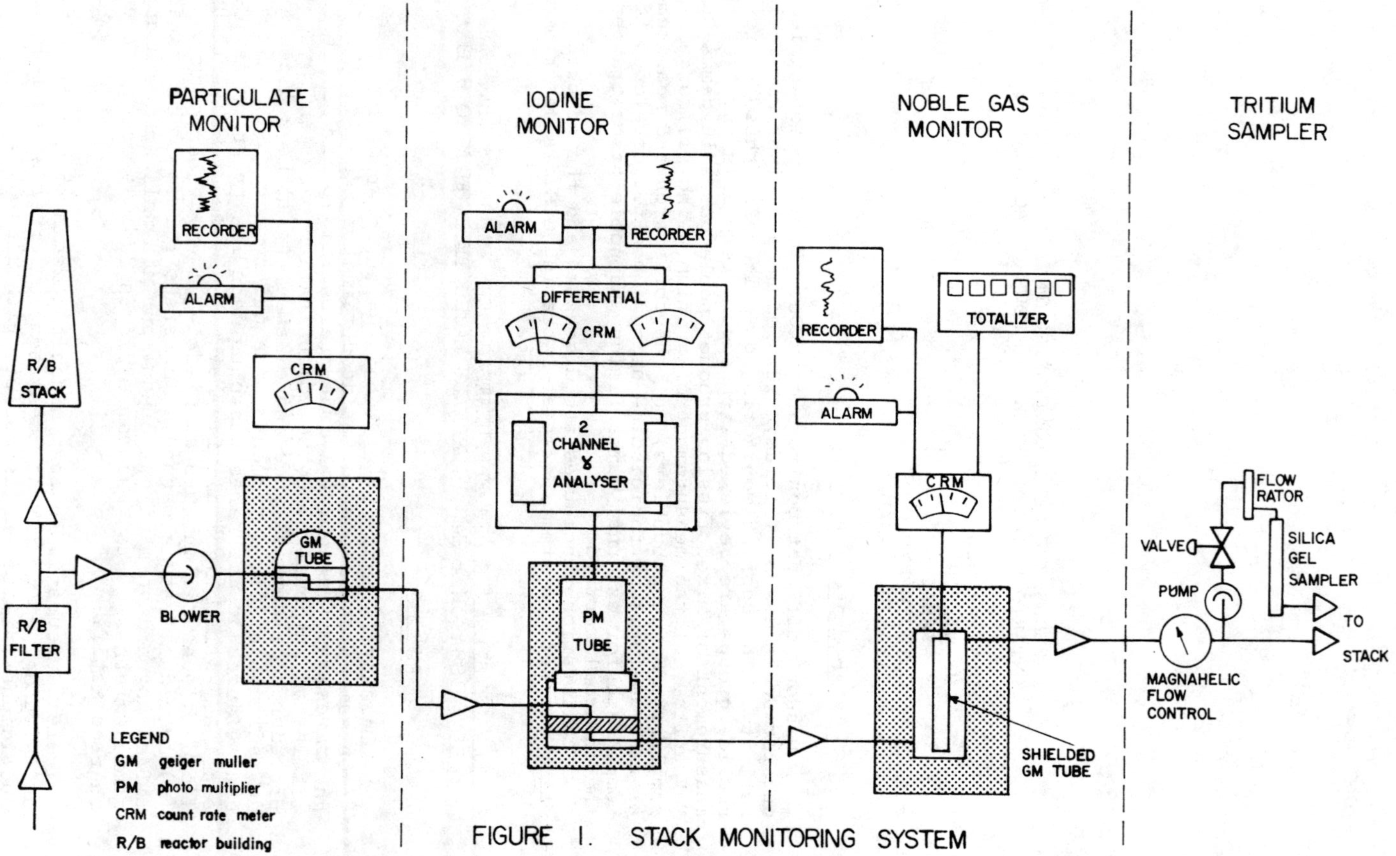

FIGURE I. STACK MONITORING SYSTEM

1. INTRODUCTION

In all Ontario Hydro heavy water nuclear power plants operated to-date, there has been a program for monitoring radioactive materials routinely released in gaseous effluents. The need to monitor such releases is based on normal good practice in nuclear power production, of knowing what quantities of radionuclides are being released. Monitoring is also a licensing requirement specified by the Atomic Energy Control Board (AECB).

The first monitoring system at NPD (20 MWe plant operating since 1962) employed a simple gross gamma detector in the effluent gas stream; tritium monitoring was not carried out initially but was introduced shortly after operation began. The monitoring system at Pickering G.S. (4 - 500 MWe units) which is described in this paper, has evolved over the past twelve years and is more sophisticated. Similar systems are in general use in all Ontario Hydro stations.

For purposes of monitoring and reporting the radionuclides released are separated into four categories:

1. Tritium as oxide
2. Radioiodine (^{131}I)
3. Radioactive Noble Gases
4. Radioactive Particulates (gross $\beta\gamma$ activity).

Limits for release, known as Derived Release Limits (DRL's) are established for the above radionuclide groups and for other individual important radionuclides [1]. DRL's are release limits which if continuously maintained, would likely result in doses to individuals living at the station boundary equal to or less than the maximum permissible doses specified in Canadian Federal Atomic Energy Control Regulations. These permissible doses are essentially equal to those recommended by the ICRP for individual members of the public.

This paper discusses Ontario Hydro current practices in monitoring gaseous effluents and describes methods and equipment, calibration and constancy check procedures, operational experience and reporting requirements for a multi-unit station (Pickering G.S.).

2.0 CURRENT PRACTICE

In Ontario Hydro power stations all gaseous effluents which could reasonably be expected to contain significant quantities (>0.1% DRL) of radioactive contaminants are continuously monitored. The monitoring serves three purposes:

1. Provision of information on a daily basis, to operating personnel on station releases and in-plant airborne contamination.
2. Estimation of the releases as a percentage of the DRL for regulatory reporting purposes.
3. Operation of containment isolating dampers in the unlikely event of a major system failure to prevent any significant quantity of radioactive material being released to the environment.

This imposes a wide range response requirement on all monitor systems in order to serve these purposes effectively.

Figure 1 is a schematic diagram of a stack monitoring system. There are five such systems at Pickering, one for each reactor building exhaust and one for the spent fuel bay. All sample lines are stainless steel and are as short as possible; isokinetic samplers are employed. Figure 2 illustrates the exhaust flows that are monitored. The sample flow rate for the iodine, noble gas and particulate monitors is 56 litres per

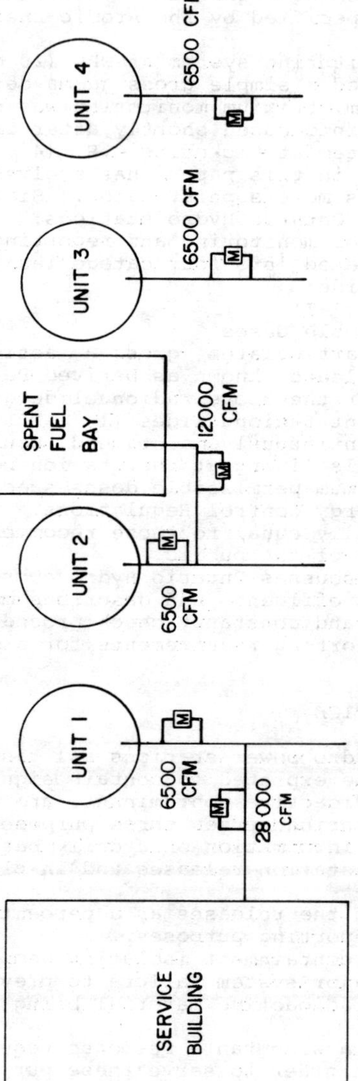

FIGURE 2. VENTILATION SYSTEMS MONITORED

minute (lpm).

The monitors for each radionuclide grouping are discussed, outlining methods, equipment, operating experience and calibration procedures. Reporting requirements are also discussed.

2.1 Tritium

Tritium is an activation product produced in fairly large quantities in the heat transport and moderator systems in a CANDU power reactor. The DRL is 2.2×10^5 Curies (Ci) per 7 day period. Very little escapes from the station because it is associated with heavy water which is very carefully husbanded. Ventilation systems are closed cycle and exhaust from these systems is through molecular sieve driers to remove heavy water. For these reasons chronic releases have been a very small fraction of the DRL.

Tritium monitoring is complicated due to the very low energy beta particle emitted (E max = 18 kev). Continuous tritium-in-air monitors generally consist of gamma compensated ionization chambers. Such instruments despite compensation, are subject to interference from local gamma sources and noble gases and from experience have been found impractical for stack monitoring. The best method for tritium oxide has been to extract a sample from the gaseous effluent and remove the tritium from the sampled stream. Two methods have proven successful.

A. Bubblers

A sample from the effluent gas is continuously bubbled through 250 millilitres(ml) of demineralized water using a standard gas washing bottle and a small diaphragm pump. Flow is controlled to 1 lpm using an adjustable flow rator. The sampling period is 24 hours. A 1 ml sample of the bubbler water is then counted by liquid scintillation technique (efficiency 43%). The tritium released is determined as follows:

$$\left[\text{Tritium Release per 24 hours} = \text{Tritium Collected in sampler per 24 hours in Curies} \times \frac{\text{Exhaust duct flow rate}}{\text{Sampling Flow Rate}}\right]$$

B. Silica Gel Samplers

A 460mm long by 12.5mm diameter glass tube is packed with approximately 35 grams (g) of silica gel. The tube ends are then packed with 20mm of glass wool to hold the gel in place and tube connectors attached. A sample of the effluent gas is passed through the gel at 200 ml/min. for the 24 hour sampling period. This flow rate ensures that the silica gel will not saturate even when sampling saturated air. The gel is then poured from the glass tube into 250 ml of demineralized water and allowed to sit for 30 minutes (covered by a watch glass) until complete isotopic exchange occurs. A 1 ml sample is counted in the liquid scintillation counter to determine the tritium oxide released. The sampler is usually weighed before and after use to determine the average moisture content of the gaseous exhaust, an important measurement in D_2O management.

In practice the silica gel samplers are preferred for the following reasons:

(a) The silica gel sampler is purchased as a shelf item and no operator action is needed to prepare it as is the case with bubblers which require addition of demineralized water.

(b) There is no evaporative loss of sampler contents as is the case with bubblers used for long term sampling in high temperature areas.

(c) There is no problem with loose lids allowing in-leakage of air from other than the sample stream.

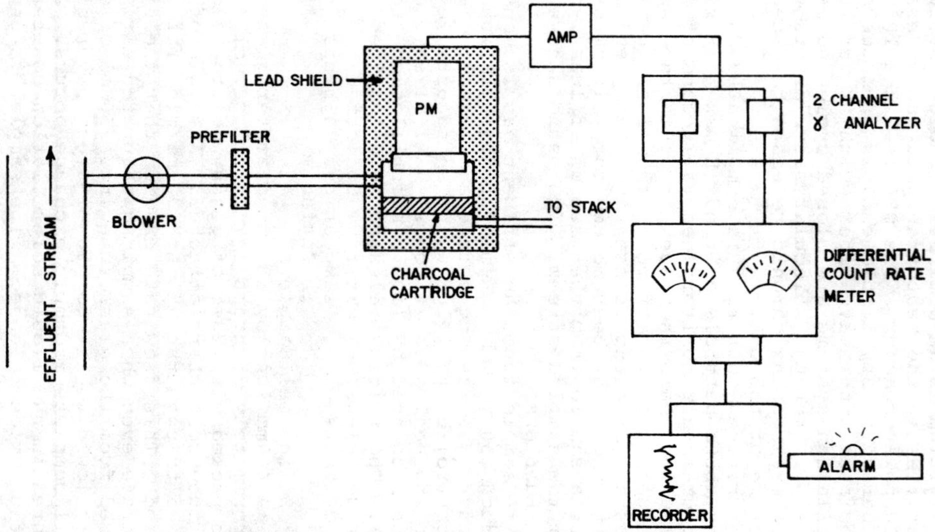

FIGURE 3. IODINE MONITOR

The silica gel samplers have the disadvantage that they require a longer analysis time (30 minutes for gel samples compared to 5 minutes for bubblers).

The samplers were calibrated using a tritium generator which can produce a known concentration of tritiated air. For the initial calibration, the samplers were operated with 3 in series to measure collection efficiency and to ensure that break through was not occurring.

Either method with proper attention by those responsible for installing samplers, will produce reliable results. The daily routine consists of removing the previous sampler, replacing it with a fresh weighed sampler and checking the flow. The used sampler is then taken to the Chemistry Lab. for analysis.

There are no recorders or alarms associated with the tritium monitoring system.

2.2 Radioiodine (^{131}I)

Radioiodine is normally present in the heat transport at concentrations which vary significantly according to the integrity of the fuel. In good operating conditions, it is about 10 μCi/kg and under poor conditions can be 100 times higher. These values correspond to approximately 1.7 Curies and 170 Curies respectively in the heat transport system of a reactor unit. Escape from the heat transport system or directly from the fuel during fuel handling can give rise to airborne radioiodine.

The DRL for radioiodine (^{131}I) is 0.4 Ci per 7 day period. It is considered essential to measure 0.1% DRL i.e. an average of 60 μCi/day.

The system employed was designed by Dr. M. Kabat [2] and consists of an NaI detector (25mm thick by 50mm diameter) coupled to a photomultiplier which feeds pulses to two single channel analysers (see figure 3). One analyser has a window centered at 305 MeV to measure "background" and the second at the 364 MeV gamma from ^{131}I. The two analysers feed pulses to a differential count rate meter which subtracts the "background" count from the "Iodine" count and displays a "Net Iodine" count which is used for alarm and recording purposes. The "iodine plus background" count and the background count are also displayed on separate count rate meters.

The reported release is determined each 24 hours by counting the charcoal filter on a Ge(Li) detector and 1024 channel analyser (efficiency approx. 1% for ^{131}I). The charcoal has been treated with triethylenediamine (TEDA) to obtain a satisfactory collection efficiency for all chemical forms of iodine encountered.

The iodine, noble gas and particulate monitors are also used to close the isolating dampers on the reactor building ventilation system as part of the containment requirements. For this reason the monitors must be very reliable. The current models demonstrated an "unavailability" of 4×10^{-4}/year in 1973 which is considered acceptable.

Alarms associated with the iodine monitoring system are:

(a) Hi-activity release - from "Net Iodine" signal,
(b) Flow Disturbance - from magnahelic flow control common to all monitors,
(c) Instrument Failure - utilizes signal from "iodine plus background" count rate meter.

The prototype monitor was manufactured by Nuclear Measurement Corporation and was tested extensively in the spent fuel bay. The monitor proved very reliable and operated satisfactorily even under conditions when ^{133}Xe and ^{135}Xe were present at levels exceeding 100 times the ^{131}I activity in the sampled air.

The calibration is performed using cartridges loaded with ^{131}I extracted from the heat transport system. The weekly constancy check utilizes a 1 μCi simulated iodine source (^{133}Ba-^{137}Cs).

2.3 Noble Gases

Radioactive noble gases are normally contained in the fuel and heat transport system. They escape to building atmospheres in the same ways as the radioiodines. This results in airborne contamination in some areas. The very tight heat transport system and closed cycle drying systems with small exhaust flows very effectively delay noble gases prior to release to the environment. It has not as yet, been necessary to employ off-gas treatment although some studies for such a system are under-way.

Noble gases released to the environment are an external radiation hazard. Using the semi-infinite cloud approximation [3] for beta and gamma dose rates associated with a release of noble gases, it can be shown that the gamma dose rate is limiting for the noble gases released from CANDU stations. For this reason, control of the release of radioactive noble gases is based on gamma-Curie-MeV measurement. The important noble gas radioisotopes from an environmental point of view, are given in the following table [I].

TABLE I - IMPORTANT NOBLE GAS RADIOISOTOPES [1]

RADIONUCLIDE	HALF-LIFE	$\bar{E}_\gamma$ (MeV)	$\bar{E}_\beta$ (MeV)
^{41}Ar	1.83 h	1.29	0.46
^{85}Kr	4.4 h	0.179	0.238
^{85}Kr	10.76 y	0.00283	0.233
^{88}Kr(^{88}Rb)	3.8 h (17.8 min)	2.822	2.383
^{133}Xe	5.27 d	0.03	0.11
^{135}Xe	9.14 h	0.267	0.313
^{138}Xe(^{138}Cs)	17.5 min (32.2 min)	2.81	1.85

The DRL for noble gas radioisotopes is 4.3 x 10^4 gamma-Curie-MeV per 7 day period, based on a maximum Permissible Concentration in air (MPCa) for whole body exposure of 6.4 x 10^{-8} gamma-Curie-MeV per cubic meter. At 0.1% DRL the average daily release would be approximately 6 gamma-Curie-MeV per day.

Radioiodines and particulates are removed before the sampled air is passed to the noble gas sample well which is cylindrical (76mm diameter by 305mm long) and shielded with 80mm of lead. The detector is a 300mm long x 20mm diameter thin wall geiger centered in the well. In order to get a flat gamma dose rate response from the geiger over a wide range of energies it is wrapped with 0.8mm of lead. The sensitivity of this arrangement is such that approximately 50 counts accumulate on the scaler per gamma-Curie-MeV released.

The scaler is fed from the count rate meter via a divider circuit so that one count on the scaler represents 100 pulses from the detector.

A schematic of the monitor is shown in figure 4. At present the alarm is derived from the count rate meter but it is intended to modify the instrument to take the alarm from the scaler. It is also intended to add a second shielded geiger which does not see the sampled air. Pulses from the two geigers will be fed to a differential count rate meter identical to the circuit used in the iodine monitor and a net signal is displayed on the count rate meter and the scaler.

The monitor is calibrated using a geometric equivalent sample well filled with a solution of ^{60}Co. The constancy check is carried out weekly using a small ^{137}Cs source held in a fixed geometry near the geiger.

In order to evaluate a large release of noble gases which might saturate the geiger it is intended to place LiF 700 thermoluminescent dosimeters (TLD's) in each shielded well. The TLD's will be shielded with aluminum to eliminate beta radiation and will be calibrated to indicate gamma-Curie-MeV.

The alarms are as follows:

High activity release - derived from the count rate meter.
Flow disturbance - from the magnahelic on either high or low flow.

The monitor was supplied by Nuclear Measurement Corporation. The operating experience has been excellent. The cart type units were dismantled and rack mounted to improve access for maintenance.

2.4 Particulates

The nuclides of greatest concern in the "particulate" category are listed in the following table [II]. The DRL is based on the most restrictive nuclide and is 1 Curie per 7 day period.

TABLE II - IMPORTANT PARTICULATES [1]

RADIONUCLIDE	MPCa (Ci/m^3)	
	INHALATION	FOOD CHAIN (MILK)
Cs-137	1.5×10^{-9}	5×10^{-11}
Cs-134	1×10^{-9}	1.5×10^{-11}
Sr-90	4×10^{-11}	1.5×10^{-12}
Sr-89	2×10^{-10}	1.5×10^{-11}
Co-60	9×10^{-11}	NA
Ru-106	4×10^{-11}	NA

The monitor consists of a shielded end-window geiger (50mm diameter) viewing a fixed filter. The sampled air is continuously passed through the filter for the 24 hour sampling period (see figure 5). The geiger pulses are fed to a count rate meter. The count rate is displayed on a recorder in the control room.

The instrument was supplied by Nuclear Measurements Corporation and has been modified from a cart-type to a rack mounted instrument.

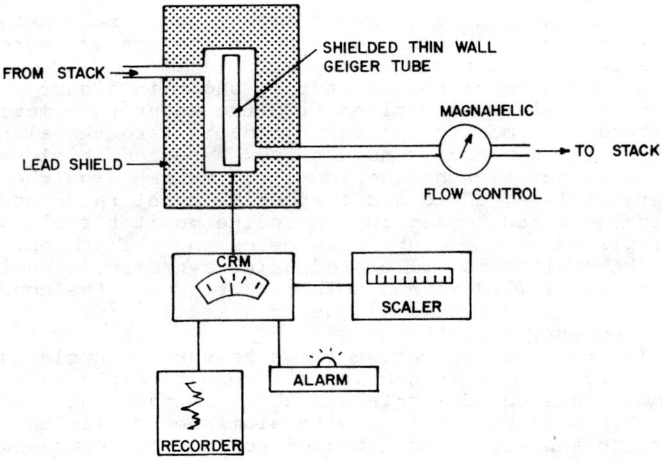

FIGURE 4. NOBLE GAS MONITOR SCHEMATIC

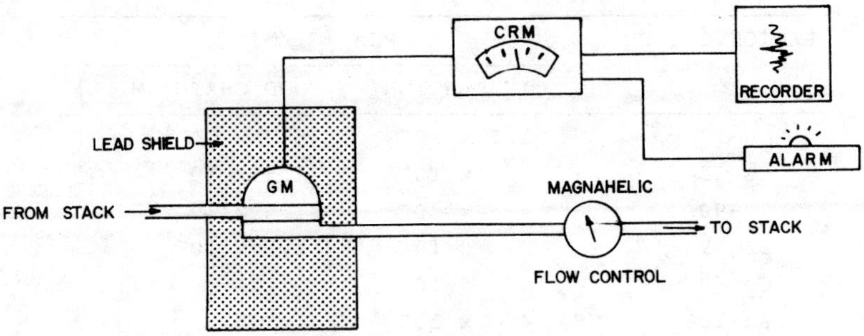

FIGURE 5. PARTICULATE MONITOR

The instrument is calibrated using ^{137}Cs deposited on a filter. The constancy check is carried out weekly using a small ^{137}Cs source in fixed geometry near the geiger tube.

The alarms for this monitor are:

High activity release - derived from the count rate meter
Flow disturbance - from the magnahelic on either low or high flow

All reactor building and spent fuel bay air is passed through absolute and charcoal filters prior to the release so the probability of a significant release of particulate is low. However, should a large release occur sufficient to saturate the geiger, the filter can be removed and taken to the laboratory for counting.

3.0 ROUTINES

The gaseous effluent monitoring system is used to produce the Pickering G.S. Daily Effluent Reports. In order to do this the following routine is employed every 24 hours.

Tritium
Change sampler, check flow
Chem Lab analysis
Input analysis results to computer

Radioiodine
Record count rate and flow rate
Change cartridge and check flow rate (common flow control for Noble Gas and Particulate monitor)
Chem Lab analysis of cartridge (gamma scan plus computer analysis)
Input analysis result into computer

Noble Gas
Record count rate
Record scaler count
Reset scaler
Input scaler count into computer

Particulates
Record count rate
Change filter
Cham Lab analysis (gross beta-gamma count + computer analysis)
Input analysis result into computer

4.0 REPORTING OF RELEASES

All significant (>0.1% DRL) radionuclide releases are reported in the "Pickering G.S. Daily Effluent Report". The report is produced utilizing a computer program [4]. Two Sub-programs are used to calculate releases for the radioiodine and particulate categories prior to their input into the main program. Information from each of the monitors is provided by the operators to the Chemical Control Laboratory and the report is produced each day by the lab technicians. Figure 6 illustrates the information flow. A sample report is included.

Airborne releases are summarized every 7 days and a report is issued giving % DRL (see figure 7).

The use of a computer program for issuing these reports has several advantages.

1. calculations are always performed the same way and careless human errors are avoided,
2. the reports are consistent as to content, layout, units, and terminology,

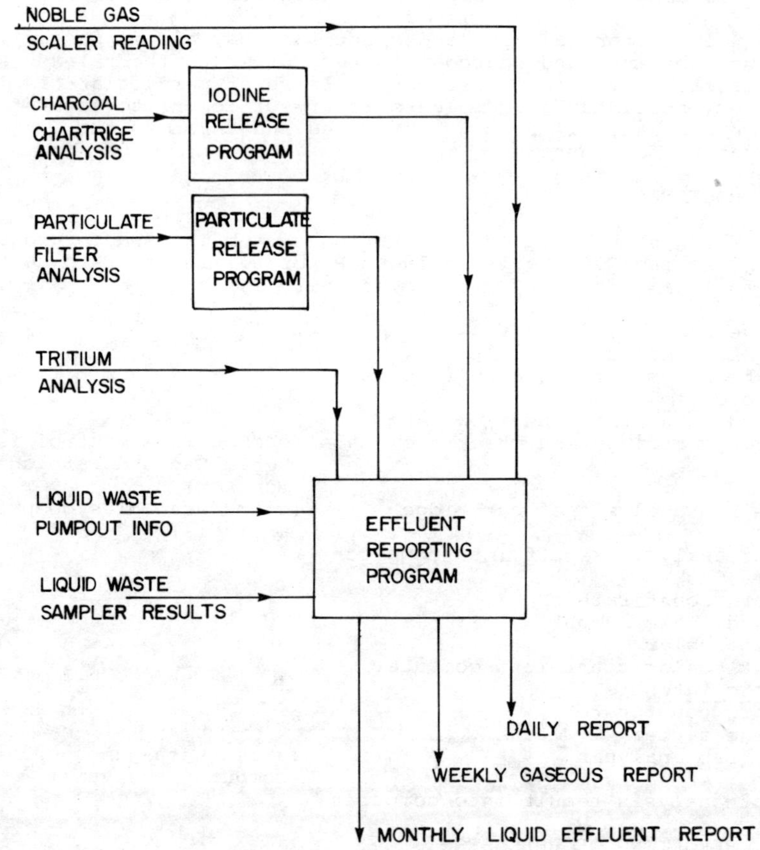

FIGURE 6. EFFLUENT REPORTING

PICKERING GS DAILY EFFLUENT REPORTS FOR 16/3/74

AIRBORNE RELEASES

	TRITIUM (CI)	I-131 (UCI)	PARTC (UCI)	NOBLE G (CI-MEV)
UNIT 1	2.1E+01	1.4E-01	6.5E-01	7.9E-01
UNIT 2	8.3E+00	5.5E-01	0.0E-01	4.8E+00
UNIT 3	4.2E+00	8.3E-01	0.08-01	2.8E+00
UNIT 4	2.8E+01	2.8E-01	0.0E-01	0.0E-01
SFB	-	1.0E+00	0.0E-01	0.0E-01
UPP	4.8E-01	-	-	-
STATION REL	6.13E+01	2.83E+00	6.50E-01	8.32E+00
% OF DRL	0.2	0.0	0.0	0.1

DISPERSAL AND HOLDUP TANK ANALYSIS

TANK	TRIT UCI/ML	GROSS ACT UCI/ML	CCW %DRL TRT	CCW %DRL GROSS ACT	PO4 PPM	PH
HU 3	1.5E-01	8.4E-06	6.2E-01	6.4E-01	7.3E+00	7.2E+00
DSP 4	1.2E-03	1.6E-06	5.0E-03	1.2E-01	8.2E+01	7.4E+00
HU 2	1.2E-01	8.8E-06	5.0E-01	6.7E-01	8.0E+00	7.0E+00

UPP TOWER 101 ANALYSIS

UPP	TRIT UCI/ML	GROSS ACT UCI/ML	UPP % DRL TRT	UPP% DRL GROSS ACT	KG D20 REL
	2.8E+00	1.1E-06	2.4E+00	1.7E-02	1.6E+01

DISTRIBUTION
HEALTH PHYSICS DEPT
PRODUCTION MANAGER
STATION MGR
SR TECH SUPT.
SHIFT SUPERVISORS
RADIATION CONTROL SUPERVISORS
UPP TECH. SUPT.

FIGURE 7 - PICKERING G.S. DAILY EFFLUENT REPORT

3. statements can be inserted into the program to point out monitors that were not reported or out of service (this results in rapid feedback for correction since station management review the daily reports).

The computer program also records releases in liquid effluents via inputs from lab analysis of liquid samples.

REFERENCES

[1] Basis for the Derived Limits for the Release of Radionuclides in Gaseous and Liquid Effluents from Ontario Hydro's Nuclear Stations, Dr. K.Y. Wong, HPD 73-6, September 1973, Health Physics Department.

[2] Proposal for a Continuous Airborne Radioiodine Monitor, Dr. M. Kabat, HPD-72-3, May 1972.

[3] Meteorology and Atomic Energy, Slade, D.H. (ed.), USAEC TID-24190(1968), pp338-339.

[4] Computer Program RESTK, M. Walsh, Health Physicist, Pickering G.S., September 1973.

DISCUSSION

K. HEINEMANN, F.R. of Germany

Pouvez-vous dire quelques mots sur les quantités d'iode rejetées sous la forme de différents composés chimiques. Comment avez-vous démontré l'existence des différents composés de l'iode ?

D. WATSON, Canada

I do not have the information available in my report but the measurements were made by Dr. M.J. Kabat of our Central Health Physics Services and he has the detailed information should you wish to correspond with him.

G. HERRMANN, F.R. of Germany

Lors du rejet des gaz nobles provenant des produits de fission vous ne mesurez que la radiation γ. Négligez-vous la dose due aux β ou en tenez-vous compte d'une autre manière ?

D. WATSON, Canada

The radioactive noble gases typically discharged from a CANDU station are such that the gamma curie-MeV is limited from a semi-infinite cloud type of exposure. The MPE used is 6.4×10^{-8} γ Ci-MeV m^{-3}. We do not measure the β exposure. If we measure the gamma-curie-MeV there is no need to identify the constituent nuclides to predict the dose. However, samples are taken occasionally to identify the nuclides being released.

I.S. BHAT, India

Regarding tritium sampling, how do you find the accuracy of bubbler and silica gel sampling compared with the cold trap sampling method ?

D. WATSON, Canada

The bubblers and silica gel samplers are accurate to approximately ± 20% which is acceptable for this type of measurement. However, the operational reliability is much better, in our experience, than the cold trap which requires considerably more operator attention.

P. SLIZEWICZ, France

Pourriez-vous préciser en quoi consiste le traitement des gaz nobles lorsque les rejets dépassent la normale prévue ?

D. WATSON, Canada

The proposed system utilizes activated charcoal beds at ambient temperature and pressure to give a delay time of 40 days for Xe-133. This system requires approximately 30 tons of charcoal to treat the off-gases from our primary coolant and a small purge from our fuel transfer rooms.

H. KIEFER, F.R. of Germany

Combien de tritium rejetez-vous en fait par année ?

D. WATSON, Canada

In 1973, we averaged approximately 0.2% DRL. The DRL for tritium is 2×10^5 Ci per 7 day period.

J. SCHWIBACH, F.R. of Germany

Do you monitor the milk pathway for radioiodine. Is there milk production nearby ? What are the results in terms of thyroid dose ?

D. WATSON, Canada

Yes the derived release limit for iodine is based on the air-grass-cow-milk-child food chain. We sample milk from two nearby dairy farms ($\sim$ 3 km from the station) and a control dairy about 10 km away. We have not been able to detect I-131 in milk to date, since iodine releases are very low (average 0.03% DRL in 1973).

S. PRETRE, Switzerland

Concernant les limites de rejet, vous avez parlé de 1% des limites ICRP. Ce chiffre de 1% n'est pas dans votre texte (je ne l'ai pas trouvé !). Est-ce une limite officielle au Canada, ou un essai pratique de Ontario-Hydro ?

D. WATSON, Canada

The 1% DRL commitment arises from an agreement between the designer (AECL), the operator (Ontario-Hydro) and the Atomic Energy Control Board in an attempt to take a defined approach to the "as low as practicable" requirement. It is not a legal requirement but a statement of intent.

CONSIDERATIONS SANITAIRES ET TECHNIQUES RELATIVES AU CONTROLE DES EFFLUENTS GAZEUX DES CENTRALES NUCLEAIRES

L. Fitoussi - Commissariat à l'Energie Atomique
Département de Protection
Boîte Postale n° 6 - 92260 - Fontenay-aux-Roses - France

RESUME

Après avoir analysé la nature et l'importance des risques radioactifs dus aux effluents gazeux rejetés par une centrale nucléaire, l'attention est attirée sur le risque prépondérant et les populations concernées. Pour la surveillance des rejets, et l'évaluation de leurs conséquences, un dispositif de mesure est proposé. Utilisé avec des modèles de calcul appropriés il permet d'obtenir directement les valeurs de l'irradiation externe au sol. La généralisation de cette technique faciliterait la comparaison des résultats dans l'éventualité où les facteurs de correspondance rem.h^{-1}/Ci.m^{-3} feraient l'objet d'un accord général.

ABSTRACT

The nature and importance of the radioactive risks of the gazeous releases from a nuclear power plant are analyzed and attention is focused on the preponderant radioactive risk and the populations concerned. For the monitoring of the releases and the evaluation of their consequences, a simple measuring device is proposed. This device used with appropriate models, allows the direct calculation of the ground level external irradiation. The generalization of this technique would make the comparison of the results easier if the correspondence factors rem.h^{-1}/Ci.m^{-3} met with general agreement.

1 - INTRODUCTION

Au cours des réunions scientifiques consacrées directement ou indirectement aux problèmes relatifs à la pollution du milieu, il a été admis implicitement la nécessité de l'élaboration et de la mise en place de programmes généraux de Surveillance de l'Environnement.

Dans le cas des installations de l'industrie nucléaire, ces programmes sont conçus pour prendre en considération les aspects sanitaires, réglementaires, techniques, économiques, psychologiques et sociaux. [1] - [2]

Dans cet exposé nous nous proposons d'examiner et de commenter l'un des aspects techniques de ce type de programme de Surveillance de l'Environnement en relation avec les aspects sanitaires et économiques. Il s'agit du contrôle des effluents gazeux radioactifs rejetés dans l'atmosphère par les centrales nucléaires.

2 - CATEGORIES D'EFFLUENTS ET RISQUES RADIOACTIFS ASSOCIES

Les effluents gazeux radioactifs susceptibles d'être rejetés par les installations nucléaires peuvent être classés en différentes catégories. D'un point de vue purement technique il peut être pratique de considérer trois grandes catégories :

- les aérosols
- les iodes
- les gaz nobles.

En effet, technologiquement, ces trois catégories peuvent-être distinguées de par les moyens susceptibles d'être utilisés, actuellement, pour leur piégeage et les facteurs de rétention correspondants. Alors que les aérosols sont capturés à l'aide de filtre à haute efficacité (rendement supérieur à 10^4), les problèmes des pièges à iodes ne sont pas encore totalement maîtrisés, compte-tenu de leur complexité. En effet pour les iodes on estime que les facteurs de rétention sont d'un ou de deux ordres de grandeurs inférieurs à ceux des aérosols. Enfin les gaz nobles sont rejetés directement, plus ou moins en totalité, dans l'atmosphère.

Compte-tenu de la nature des risques radioactifs que présentent ces trois catégories d'effluents gazeux, cette classification peut-être reprise sur le plan sanitaire en regroupant d'une part les aérosols et les iodes et en considérant séparément, d'autre part, les gaz nobles.

En effet les aérosols et les iodes émis dans l'atmosphère, sont susceptibles d'atteindre l'homme par contamination interne soit directement par inhalation, soit indirectement, au travers de la chaîne alimentaire (ingestion).
Cette deuxième voie étant de très loin la voie la plus importante de contamination donc d'irradiation interne.

Par contre l'irradiation due aux gaz nobles radioactifs comprend plusieurs contributions dont les plus importantes sont celles qui concernent l'irradiation externe de l'organisme entier et des gonades [3] ; en effet lorsque l'on considère le mélange de gaz nobles susceptibles d'être rejetés par les centrales nucléaires, dans lequel la proportion de ^{85}Kr est relativement faible, on peut admettre que, pour des faibles durées de décroissance radioactive de ce mélange, les conséquences de l'irradiation β, γ de la peau et des tissus sous-jacents sont secondaires, sur le plan strictement sanitaire. (figure 1)

3 - RISQUE RADIOACTIF PREPONDERANT ET POPULATIONS CONCERNEES

La connaissance des activités totales rejetées, soit des aérosols et des iodes, soit des gaz nobles, et l'utilisation de modèles élaborés pour un site donné, permettent de calculer les doses d'irradiation interne ou externe pour les personnes du public.
Ces modèles, prenant en compte l'ensemble des paramètres liés aux caractéristiques géographiques, météorologiques, économiques et démographiques de la région concernée, sont généralement établis empiriquement à la suite d'enquêtes et de campagne de mesure in situ.

Les modèles relatifs aux aérosols et aux iodes prenant en considération la chaîne alimentaire dans toute sa complexité (vecteurs - coefficients de transfert - réseaux de distribution, etc...) montrent que les populations concernées ou s'il y a lieu le ou les groupes critiques au sens de l'I.C.R.P. peuvent-être situés en dehors de la région où est implantée la centrale nucléaire.

Par contre, en ce qui concerne les gaz nobles, en particulier à période radioactive courte, les modèles de diffusion font nettement apparaître que les populations concernées sont celles qui demeurent dans le voisinage de la centrale nucléaire. En effet en se servant des valeurs des doses d'irradiation calculées par BRYANT et JONES [4] pour un rejet unitaire ($1\ Ci.s^{-1}$) de chaque gaz noble, et en supposant qu'au point de rejet la concentration relative des gaz nobles est la même que dans le combustible, on trouve par le calcul que les contributions les plus importantes à l'irradiation totale externe de l'organisme entier sont celles dues au
^{88}Kr - (^{88}Rb), au ^{133}Xe et ^{138}Xe-(^{138}Cs). En réalité il faut tenir compte de ce que, en fonctionnement normal, dans les centrales nucléaires, il y a un retard à la diffusion de ces nucléides à travers les différentes barrières (gaine de combustible, circuit de refroidissement, etc...). Il en résulte que leur décroissance radioactive, au cours de ce retard, accroît considérablement la contribution du ^{133}Xe à l'irradiation totale externe.

En outre, il convient de faire remarquer ici que les valeurs qui sont actuellement publiées sur les rejets effectifs d'effluents gazeux par les centrales nucléaires, en fonctionnement normal, en particulier pour les centrales à eau légère, montrent que l'activité des aérosols est généralement très faible (de l'ordre du Ci/TWh) et que le rapport des activités

libérées $\dfrac{\text{gaz nobles}}{\text{aérosols}}$ est de l'ordre de 10^3 à 10^5

respectivement pour les réacteurs du type PWR et BWR.
De ce qui précède il est donc possible de tirer trois conclusions importantes :

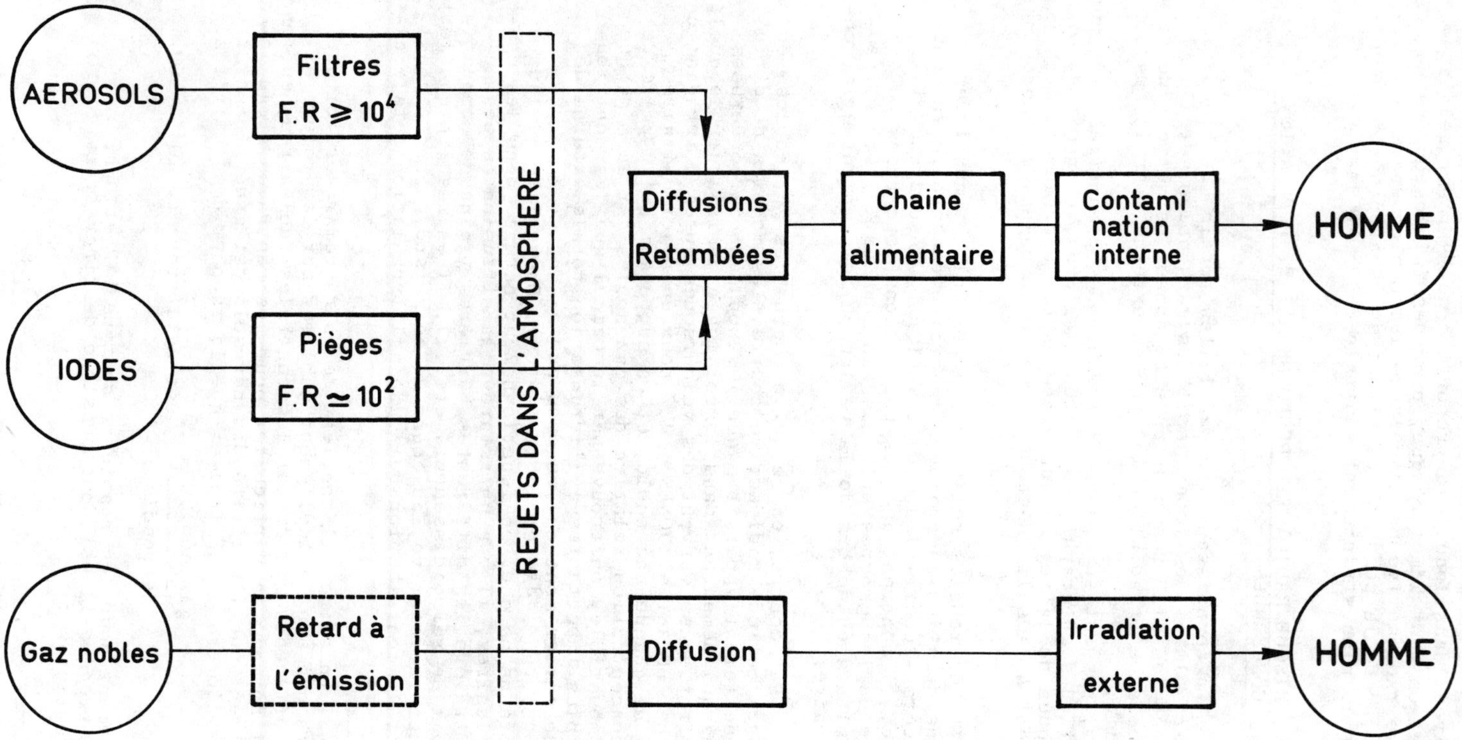

F.R = Facteur de rétention

Figure: 1_

a) - Eu égard aux activités rejetées par les centrales nucléaires en fonctionnement normal et aux voies d'atteinte des populations. les conséquences de l'irradiation due aux gaz nobles sont, plus importantes que celles dues aux aérosols et aux iodes. Notamment du fait que l'organisme entier est concerné par l'irradiation externe due aux gaz nobles.

b) - L'évaluation de l'irradiation externe, des populations par les gaz nobles rejetés par une centrale nucléaire peut-être effectuée directement par des mesures dosimétriques in situ.

- Or compte-tenu des très faibles valeurs estimées, en particulier comparativement à l'irradiation externe naturelle, cette évaluation peut-être effectuée indirectement à partir des résultats de mesure des activités des gaz nobles au point de rejet de la centrale.

c) - L'évaluation de l'irradiation interne des populations par les aérosols et les iodes ne peut se faire valablement qu'à partir des prélèvements effectués directement dans la chaîne alimentaire, compte-tenu des réseaux de distribution et des habitudes diététiques de ces populations.

4 - CARACTERISTIQUES TECHNIQUES D'UN DISPOSITIF DE MESURE DE L'ACTIVITE DES GAZ NOBLES

En application des principes directeurs des programmes de rejet, il résulte de ces conclusions que, les dispositifs de contrôle placés au point d'émission des effluents gazeux d'une centrale nucléaire, doivent nécessairement comporter un dispositif de mesure en continu de l'activité des gaz nobles. Ainsi à partir des indications fournies par ce dispositif il doit être possible de :

- Surveiller les rejets afin de s'assurer du bon fonctionnement de l'installation et de déclencher une signalisation appropriée en cas de dépassement d'un niveau prédéterminé.

- Comptabiliser les rejets conformément à la réglementation en vigueur.

- Evaluer l'irradiation externe des personnes du public concernées. Les doses absorbées étant calculées en valeur moyenne pour des périodes plus ou moins longues (un trimestre, un an) ou en valeur instantanée lors d'un rejet particulier.

Pour ce dernier point il convient pour chaque site considéré, d'établir les modèles de calcul correspondants. Par exemple en traçant, en fonction du régime des vents étudié antérieurement, les courbes isodoses établies au niveau du sol pour un rejet correspondant au débit d'activité unitaire ($1\ Ci.s^{-1}$) des gaz nobles ou mieux du mélange en proportions connues des différents gaz nobles. Une autre possibilité consiste à exprimer ce rejet en fonction de la concentration maximale admissible du mélange des gaz nobles. L'unité de débit est alors exprimée en $CMA.m^3.s^{-1}$. (figure 2)

Pour obtenir, à partir des courbes isodoses précédentes, l'irradiation externe au niveau du sol, le dispositif de

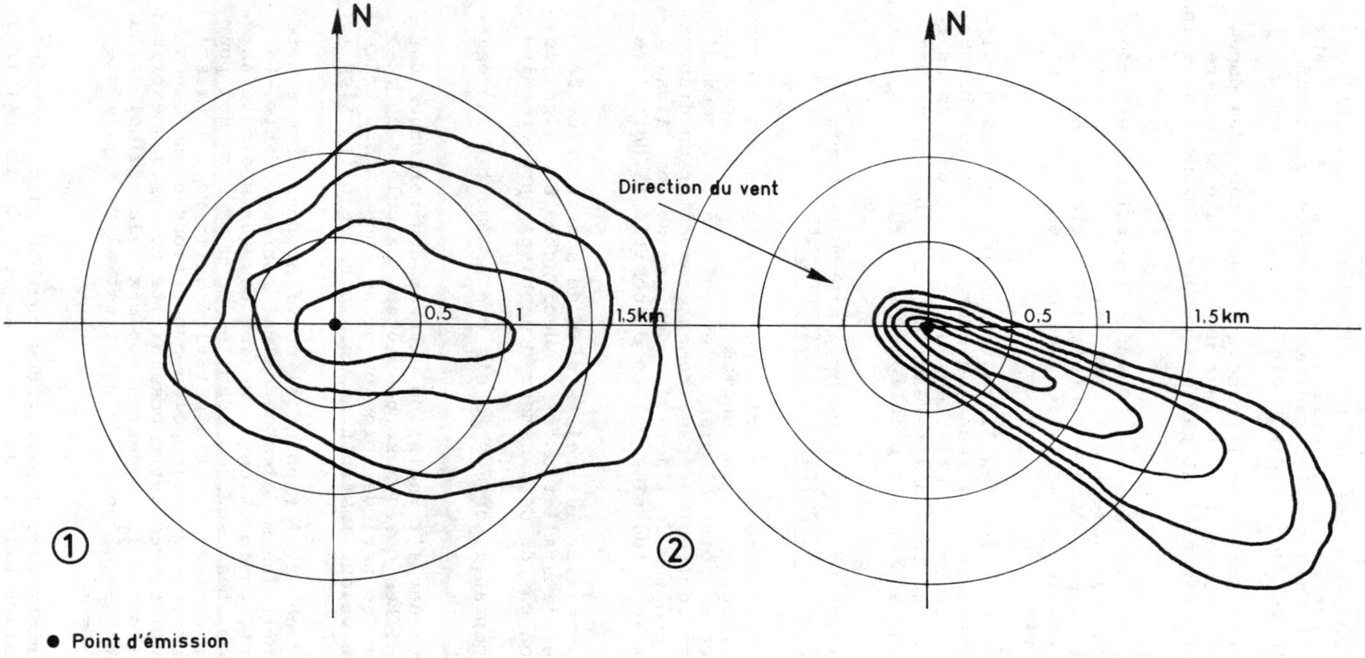

Figure : 2 _ Représentation schématique

① Courbes isodoses moyennes $\left(\frac{mrem/an}{Ci.s^{-1}}\right)$ pour un rejet continu

② Courbes isodoses $\left(\frac{mrem\ h^{-1}}{Ci.s^{-1}}\right)$ pour un rejet instantané mesure des gaz nobles placé au point de rejet des effluents gazeux de la centrale nucléaire, doit donc indiquer pour chacune des deux dernières possibilités ci-dessus, soit l'activité volumique, soit le nombre de CMA, du mélange des gaz nobles rejetés.

Pour cela le dispositif de mesure doit être conçu de telle sorte qu'il ait, pour les différents gaz nobles une réponse égale, soit pour l'unité d'activité volumique, soit pour les valeurs des activités volumiques correspondant à la concentration maximale admissible de chacun d'eux. Le calcul de l'irradiation externe à l'aide des différents modèles établis est directe dans ce dernier cas, alors qu'elle nécessite, dans le premier cas, la détermination de la composition instantanée ou moyenne du mélange de gaz nobles.

Nous avons déjà présenté lors d'un symposium organisé par l'A.I.E.A. en 1967 un dispositif de mesure ayant approximativement une réponse égale en fonction de l'activité volumique des gaz nobles (un choc.s^{-1} pour 1.5 10^{-6} Ci.m^{-3}) [5]. Actuellement une étude est en cours pour réaliser un dispositif de mesure dont la réponse est exprimée en CMA pour les gaz nobles.

Dans chaque cas il s'agit d'un dispositif de mesure à veine gazeuse comportant une capacité traversée par les effluents à contrôler. La sonde de mesure est un détecteur à scintillations dont le scintillateur associé est conçu pour que l'ensemble réponde suivant l'un ou l'autre des critères choisis. Le volume de la capacité est généralement optimisé ce qui consiste à obtenir les rapports signal sur bruit et signal sur volume maximaux.

La figure 3 représente le schéma de principe d'un dispositif de mesure à veine gazeuse équipé d'un piston coulissant permettant de faire varier le volume de mesure pour déterminer le volume optimal.

Le détecteur à scintillations peut-être relié à un ensemble électronique de comptage d'impulsions ou tout autre système compatible permettant éventuellement un traitement des informations. L'emploi d'un photomultiplicateur approprié, et d'un tel ensemble électronique, confère au dispositif de mesure une large dynamique de réponse et une bonne fiabilité.

La figure 4 montre les courbes obtenues avec ce dispositif pour deux radionucléides tel que ^{41}A (E_β = 1,20 MeV E_γ = 1,29 MeV) et ^{133}Xe (E_β = 0,35 MeV E_γ = 0,081 MeV). Les résultats sont exprimés en choc.s^{-1} par unité d'activité volumique en fonction de la distance du piston, donc du volume de la capacité.

Le dispositif de mesure, ainsi conçu et réalisé, présente une réponse égale pour une activité volumique donnée des gaz nobles. Afin d'obtenir une réponse égale en fonction de la concentration maximale admissible il est nécessaire de concevoir un scintillateur d'une géométrie appropriée établie de façon empirique.

5 - FACTEURS DE CORRESPONDANCE DEBIT DE DOSE ABSORBEE/ ACTIVITE VOLUMIQUE

Pour l'élaboration des différents modèles il est nécessaire de connaître la correspondance entre la dose absorbée

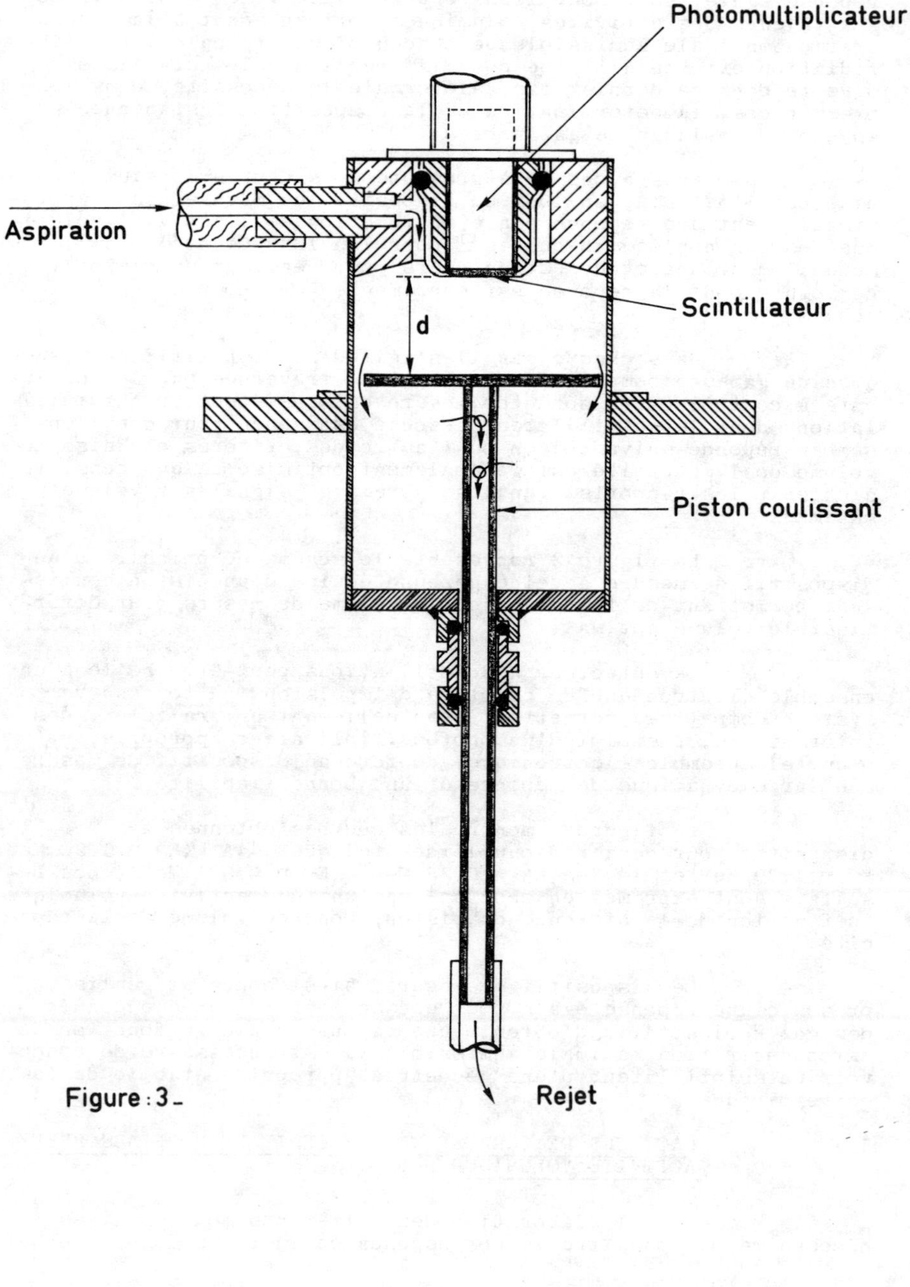
Photomultiplicateur
Aspiration
Scintillateur
d
Piston coulissant
Rejet

Figure : 3 –

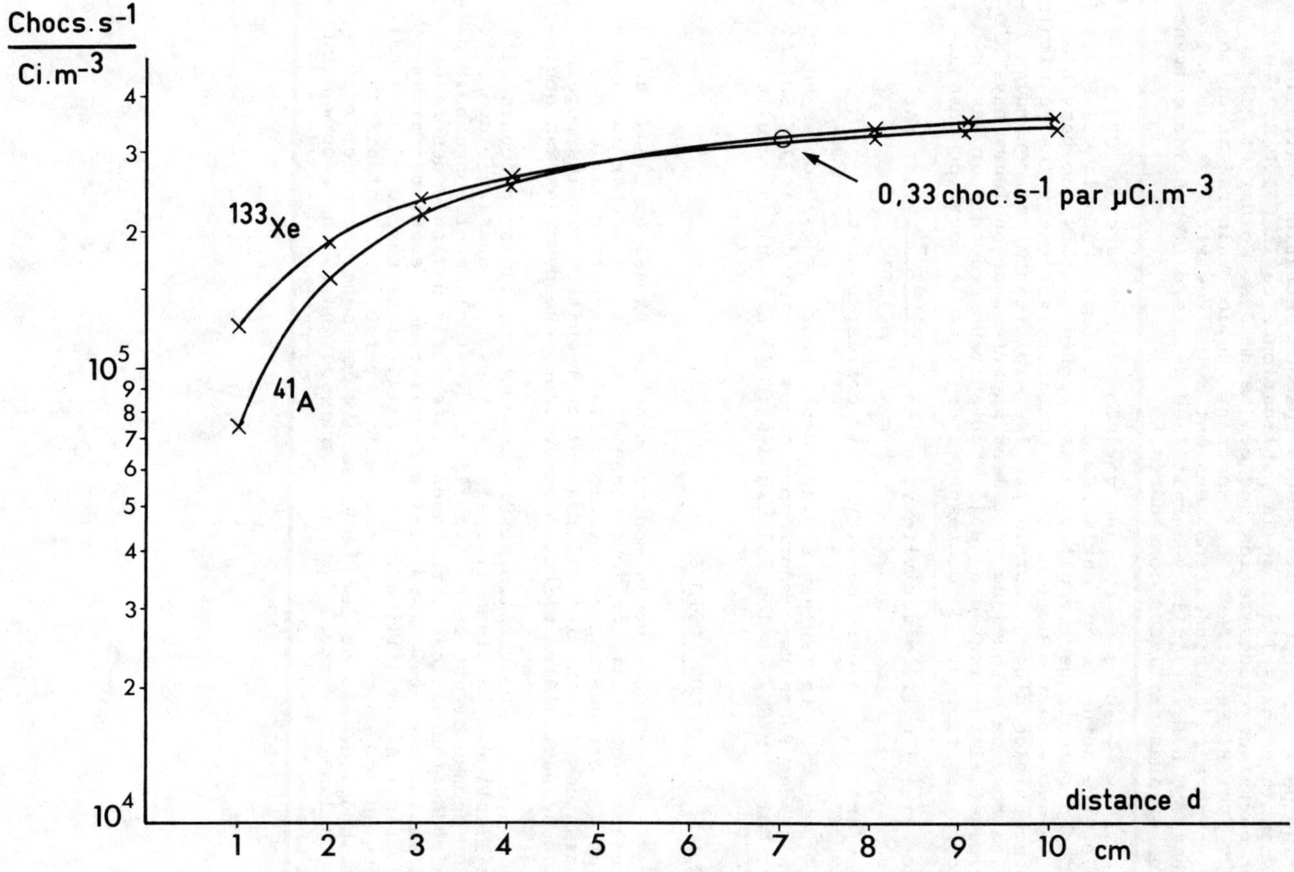

Figure: 4 – Taux de comptage par unité d'activité volumique en fonction du volume dans l'organisme entier par irradiation externe et l'activité volumique de chacun des gaz nobles. Cette correspondance est en principe fournie par les valeurs des concentrations maximales admissibles dans l'air de la publication 2 de la C.I.P.R. [6]. Or certaines études telles que celles de J.K. Soldat et Coll. [7] et R. Schaeffer [8] montrent que les valeurs effectives à prendre en considération seraient moins restrictives que celles de l'I.C.R.P. et qu'il y aurait lieu de les différencier suivant les organes critiques considérés.

Dans ce but une révision des valeurs des CMA semble être actuellement envisagée par le Comité 2 de la C.I.P.R. Afin d'obtenir des résultats aussi représentatifs que possible et d'autre part d'unifier et de comparer facilement les résultats susceptibles d'être fournis par les exploitants des centrales nucléaires, et ce quelque soit leur appartenance ou leurs pays d'origine, il convient donc déjà d'obtenir un accord pour les valeurs des facteurs de correspondance liant le débit de dose absorbée à l'unité d'activité volumique $\frac{\text{mrem.h}^{-1}}{\mu\text{Ci.m}^{-3}}$, et par là de fixer les valeurs des (CMA) air correspondantes.

Le tableau suivant donne pour les gaz nobles certains des facteurs de correspondances déterminés par J.K Soldat et Coll. [6] et les valeurs des (CMA) air qui en résulte.

6 - CONCLUSIONS

On a voulu montrer dans cet exposé que, pour une centrale nucléaire en fonctionnement normal, le contrôle du rejet des effluents gazeux radioactifs et la détermination des nuisances éventuelles qui peuvent en résulter pour les populations, peut n'être effectué en continu, que pour les gaz nobles.

Pour cette mesure en continu, il est préconisé l'utilisation d'un dispositif simple, possédant une large dynamique de réponse et une bonne fiabilité, éventuellement conçu pour donner des indications directement liées à la nuisance des rejets. L'emploi d'un tel dispositif apparaît comme devant parfaitement convenir à une utilisation industrielle tant sur le plan technique qu'économique. Sa généralisation permettrait, d'unifier les méthodes de mesures et faciliterait la comparaison des résultats dans l'éventualité d'un consensus général ou encore mieux d'une normalisation des facteurs de correspondance (débit de dose absorbée/activité volumique).

FACTEURS DE CORRESPONDANCE $\frac{mrem.h^{-1}}{\mu Ci.m^{-3}}$ ET VALEURS DE CMA (CIPR) ET CALCULEES POUR LES GAZ NOBLES

Radionucléides	Facteurs de correspondance / 8 / Peau	Facteurs de correspondance / 8 / Organisme entier	CMA / 6 / (CIPR)	CMA calculées Peau	CMA calculées Organisme entier
^{41}A	1,6	1,1	$4\,10^{-7}$	$2\,10^{-6}$	$5\,10^{-7}$
^{85m}Kr	0,32	0,13	10^{-6}	10^{-5}	$4\,10^{-6}$
^{85}Kr	0,16	0,0022	$3\,10^{-6}$	$2\,10^{-5}$	$3\,10^{-4}$
^{87}Kr	2,7	1,3	$2\,10^{-7}$	10^{-6}	$4\,10^{-7}$
^{88}Kr	2,0	1,5	$[2\,10^{-7}]$ *	$2\,10^{-6}$	$4\,10^{-7}$
(^{88}Rb)	(2,7)	(0,93)	*	(10^{-6})	(10^{-6})
^{131m}Xe	0,048	0,0028	$4\,10^{-6}$	$7\,10^{-5}$	$2\,10^{-4}$
^{133m}Xe	0,060	0,027	$[6\,10^{-6}]$ *	$6\,10^{-5}$	$2\,10^{-5}$
^{133}Xe	0,069	0,025	$3\,10^{-6}$	$5\,10^{-5}$	$2\,10^{-5}$
^{135m}Xe	0,50	0,35	$[10^{-6}]$ *	$7\,10^{-6}$	$2\,10^{-6}$
^{135}Xe	0,49	0,21	10^{-6}	$7\,10^{-6}$	$3\,10^{-6}$
^{137}Xe	1,8	0,12	$[5\,10^{-7}]$ *	$2\,10^{-6}$	$5\,10^{-6}$
^{138}Xe	1,7	1,2	$[10^{-6}]$ *	$2\,10^{-6}$	$5\,10^{-7}$
(^{138}Cs)	(3,1)	(1,8)	*	(10^{-6})	($3\,10^{-7}$)

* Valeurs non publiées par C.I.P.R. et calculées par A. GEY / 9 / d'après les formules de la publication 2 de la C.I.P.R.

BIBLIOGRAPHIE

[1] - G. BRESSON - R. COULON
Analyse des principes directeurs des programmes de Surveillance de l'Environnement.
Colloque sur la Surveillance de l'Environnement auprès des installations nucléaires. Varsovie (5 - 9 Novembre 1973)

[2] - P. PELLERIN - J.P. MORONI
Principes de la Surveillance de comportement des radioéléments dans l'environnement d'une installation nucléaire.
Colloque sur le comportement dans l'environnement des radioéléments rejetés par l'industrie nucléaire. Aix-en-Provence (14 - 18 Mai 1973)

[3] - W.S. SNYDER et Coll.
Dosimetry for a man immersed in an infinite cloud of Kr-85 - Symposium sur les gaz nobles - Las Vegas, Nevada 24 - 28 Septembre 1973

[4] - P.M. BRYANT et J.A. JONES
Evaluation de la radioexposition due aux gaz nobles radioactifs rejetés dans l'environnement par l'industrie nucléaire - Colloque sur le comportement dans l'environnement des radioéléments rejetés par l'industrie nucléaire Aix-en-Provence (14 - 18 Mai 1973)

[5] - L. FITOUSSI - P. LEBOULEUX
Techniques de prélévements et de contrôle de l'activité rejetée par la cheminée de la Pile EL 3 du CEN-SACLAY - Colloque international sur les appareils et les méthodes de détermination de la radioactivité des aérosols dans les opérations nucléaires - Vienne (3 - 7 Juillet 1967)

[6] - Rapport du Comité II sur la dose admissible en cas d'irradiation interne - Publication C.I.P.R. n° 2 - 1959

[7] - R. SCHAEFFER
Calculs de dose en irradiation externe par les gaz rares IIIe Congrès International de l'IRPA - Washington D.C. (9 - 14 Septembre 1973)

[8] - J.K. SOLDAT et Coll.
The dosimetry of the radioactive noble gases - Symposium sur les gaz nobles - Las Vegas - Nevada - 24/28 Sept.1973

[9] - A. GEY
Génération d'effluents gazeux par les réacteurs nucléaires -
Note interne C.E.A. - SESR - N - 34 (1974)

DISCUSSION

J.J. MARTIN, France

Il y aurait beaucoup de commentaires à faire sur cet exposé que vous avez consacré aux centrales nucléaires.

Je ne ferai qu'une remarque concernant les doses créées dans l'environnement par les rejets de gaz nobles. Ces doses, calculées à partir des rejets de nos centrales, sont suffisamment faibles (0,4 à 1,4 mrem/an en 1973) pour penser que la mesure dans l'environnement est impossible et admettre que peu d'études ou calculs complémentaires sont nécessaires en ce domaine.

Ma première question concerne votre détecteur, qui me paraît très prometteur en raison de sa réponse uniforme pour les différents gaz introduits. Elle concerne l'influence du rayonnement ambiant externe. Quelle est la valeur du débit de dose admissible à l'extérieur pour une contamination volumique donnée du gaz mesuré ?

Ma deuxième question est plus indirecte. Quels inconvénients voyez-vous dans l'utilisation des chambres d'ionisation différentielles, mises au point au Commissariat à l'Energie Atomique depuis plus de 15 ans et que nous utilisons dans nos installations avec une complète satisfaction ?

L. FITOUSSI, France

Je précise tout d'abord que mon exposé est consacré plus particulièrement aux contrôles des effluents gazeux rejetés par les centrales nucléaires. Comme vous le soulignez vous-même, le niveau des doses calculées dues aux gaz nobles est relativement faible et nécessite, comme je l'ai exposé dans ma communication, un contrôle au point de rejet de l'installation. Je crois d'ailleurs, sans trop m'avancer dans cette voie, que nombreux sont ceux parmi nous qui sont d'accord avec ce point de vue. Néanmoins, s'il existe un modèle de calcul, par exemple comme celui que j'ai présenté, il peut vous permettre de mieux connaître, si nécessaire, l'irradiation externe éventuelle des populations concernées.

En ce qui concerne votre première question, je dois vous dire que la Figure 3, qui représente schématiquement le dispositif de mesure, ne comporte pas, autour de ce dispositif, le blindage de plomb qui lui est associé et qui permet de réduire l'influence du rayonnement γ ambiant. Cette influence est aussi réduite par le fait que le scintillateur utilisé a une épaisseur de l'ordre de 0,2 mm, ce qui diminue son volume et atténue par là même sa sensibilité au rayonnement γ ambiant.

Pour répondre à votre deuxième question, je vous dirai que je ne vois aucun inconvénient à utiliser une chambre d'ionisation différentielle si ce n'est que, pour le contrôle qui nous préoccupe, un dispositif comme celui que j'ai proposé m'a paru mieux adapté au but recherché. D'ailleurs vous avez pu constater comme moi que tous les dispositifs qui ont été présentés par les orateurs qui se sont succédés ici même depuis deux jours, font tous intervenir un dispositif analogue, sans qu'il y ait eu concertation entre nous.

J. HACKE, F.R. of Germany

Peut-on expliquer la forme de la courbe de la Figure 4 si l'on pense que les parcours des β de A-41 et Xe-133 sont très différents.

L. FITOUSSI, France

Il y a plusieurs paramètres à prendre en considération qui sont l'énergie des particules β^-, les pouvoirs de ralentissement de ces β^- dans le matériau du scintillateur, la rétrodiffusion des particules β^- sur les parois de la capacité de mesure, etc. Il faudrait prendre en compte tous ces paramètres pour faire une étude théorique, alors que les résultats qui vous ont été présentés résultent d'une étude expérimentale sur la forme du récipient et son volume optimal, ainsi que sur l'épaisseur du scintillateur utilisé.

H. KEIFER, F.R. of Germany

Lorsque l'appareil de mesure des gaz rares doit être calibré en fonction des concentrations maximales admissibles, y a-t-il une condition de base pour que la composition des radionucléides dans l'air de mesure soit constante ?

L. FITOUSSI, France

Lorsque l'appareil de mesure des gaz rares est prévu pour donner la même réponse pour un même taux de concentration maximale admissible dans l'air, de n'importe lequel des gaz nobles, il n'est plus nécessaire de connaître la composition relative des gaz nobles. L'appareil donne alors des indications qui sont proportionnelles au nombre de $(CMA)_a$ du mélange, donc du risque potentiel d'irradiation externe au sol.

HANDLING AND EMISSION CONTROL OF TRITIUM IN THE MANUFACTURE OF TRITIUM TARGETS

H. Fabian, NUKEM GmbH.

Abstract

The processes, methods, and protection measures involved in the manufacture of tritium targets as well as the facilities and equipment used for the processing are presented. It is outlined that tritium can be handled without considerable emission and without risk of incorporation, if appropriate measures are taken and adequate facilities and equipment are employed.

Based on data from emission measurements and results from personnel control, the proper functioning of the processes employed is demonstrated.

MANIPULATION DU TRITIUM ET CONTROLE DES EMISSIONS LORS DE LA FABRICATION DE CIBLES EN TRITIUM

Résumé

Cette communication expose les procédés, méthodes et mesures de protection liés à la fabrication de cibles en tritium, ainsi que les installations et équipements utilisés pour le traitement. Elle montre que le tritium peut être manipulé sans donner lieu à des émissions importantes et sans risque d'incorporation, à condition de prendre les précautions nécessaires et de recourir à des installations et équipements appropriés.

Compte tenu des données obtenues à la suite des mesures d'émissions et des résultats du contrôle auquel le personnel a été soumis, l'auteur démontre le bon fonctionnement des procédés utilisés.

In the course of tritium target manufacture tritium gas is handled in kCi quantities. The gas is processed into metal hydride. The individual products manufactured contain several 100 mCi to 200 Ci tritium. Tritium targets are employed for the creation of neutrons in particle accelerators.

1. Problems in Handling and Processing of Tritium

For handling and processing of tritium the following radiation protection problems are to be solved:

- Isolation of the gas, which means adequate sealing of containers and equipment, and
- Control for tritium emission, contamination, and incorporation.

1.1 Tritium Isolation

Due to their hydrogen permeability organic gaskets - O-rings -, as utilized in the vacuum technique, are unsuitable for sealing of tritium [1].

Hydrogen permeability is also a problem when metal containers are utilized and temperatures of several 100°C are applied under tritium atmosphere [2].

1.2 Tritium Control

When tritium is handled, the emission of tritium and, consequently, contamination cannot be entirely avoided. In the target manufacture, tritium contamination arises in all three states of aggregation. Tritium gas is released from containers into the air. Active moisture results from tritium oxidation. In solid form, tritium activity arises as dust resulting from dusting products as well as from destruction of thin target sheets. In order to limit incorporation and contamination, sufficient control must be provided.

2. Equipment for Handling of Tritium

Due to the high diffusibility of tritium extraordinary leak tightness of the facilities and equipment employed for work with tritium is required.

It is shown in the following by which equipment and facilities tritium is handled and processed in the course of tritium target fabrication.

2.1 The Work Room

Fig. 1 is a diagram of the room used for processing of tritium with all required facilities. The room is entered via a sluice. Overshoes are worn at the threshold to avoid spreading of activity.

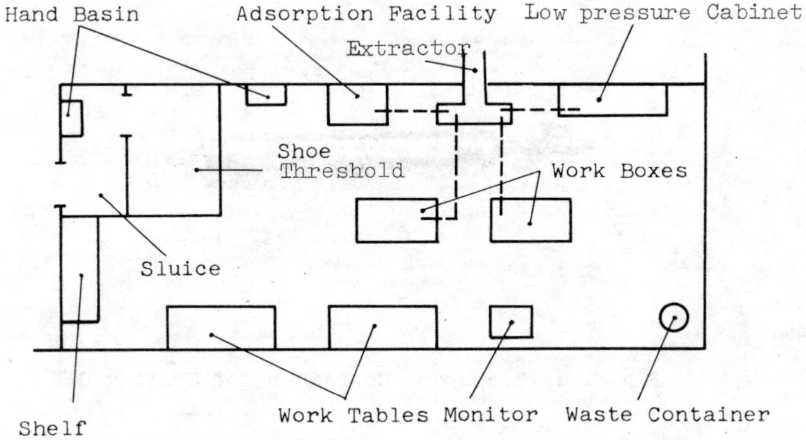

Fig. 1 : Tritium Work Room

A ventilation system (4000 m^3/h) keeps the room at an underpressure of 20 mm water gauge, with 10-fold removal of air per hour. Via leaks past windows and doors fresh air comes into the room. Thus an optimum ventilation and heating of the room also during the winter are guaranteed.

2.2 Facilities and Equipment for Handling and Processing of Tritium

The equipment and facilities for handling and processing of tritium comprise the following components:

- Transport container for gas and solid products
- storage container for gas and solid products
- hydration facility
- tritium adsorption facility
- container for tritium waste
- glove boxes.

Fig. 2 shows a transport container for tritium gas. The container is made of stainless steel and provided with an all-metal valve. The net volume amounts to 500 ml.

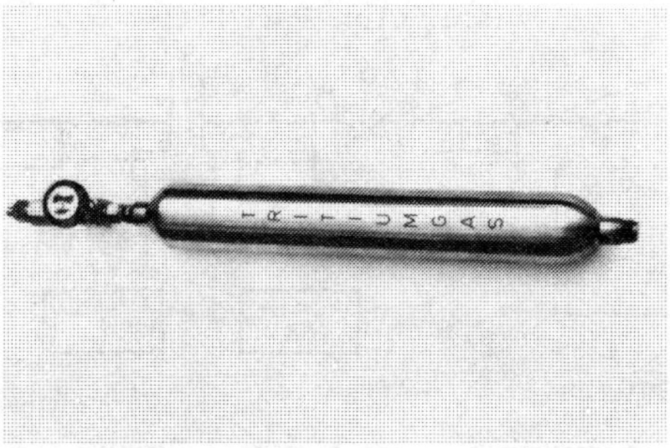

Fig. 2 : Transport Container for Tritium Gas

The container is tested for 10 atmospheres overpressure and has helium leakage rates $< 10^{-10}$ Torr l/sec. A metal protective shielding is provided for transportation.

Fig. 3 shows a container for the transportation of tritium targets. The container material is aluminium.

Fig. 3 : Transport Container for Tritium Targets

Sealing is selectively made by means of O-ring or indium. The container is provided with an all-metal valve and has leakage rates $< 10^{-10}$ Torr l/sec.

Fig. 4 shows a container for storage of tritium gas in form of hydride. For lessening of emission in case of leakages and for easier handling, the tritium is stored in form of hydride (UH_3). By heating up the hydride tritium is set free. In its cold state uranium readsorbs tritium.

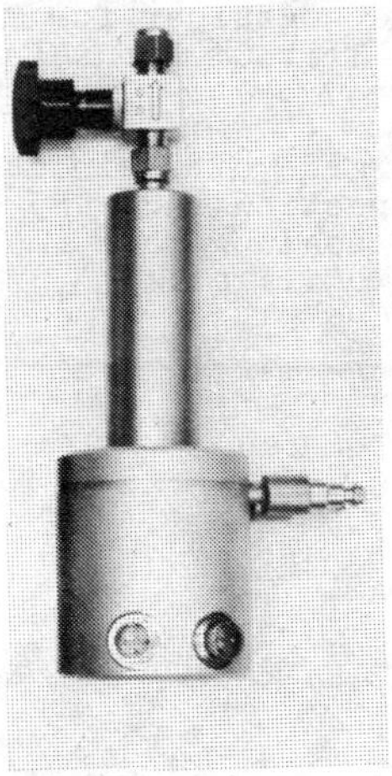

Fig. 4 : Storage Container for Tritium in Form of Hydride

The container is made of stainless steel. The heater for heating up the hydride is installed within the container. During operation, the outer wall of the container is cooled in order to avoid tritium diffusion. The system has a leakage rate $< 10^{-10}$ Torr l/sec. Even during operation no measurable tritium emission occurs.

Fig. 5 shows a container for storage of solid and liquid tritium products, especially for tritium targets.

Fig. 5 : Storage Container for Solid and Liquid Tritium Products

The container is made of stainless steel and glass. Glass allows inspection and easy visual handling of the products. As sealing material selectively O-Ring or indium can be utilized.

Fig. 6 is a diagram of a hydration facility.

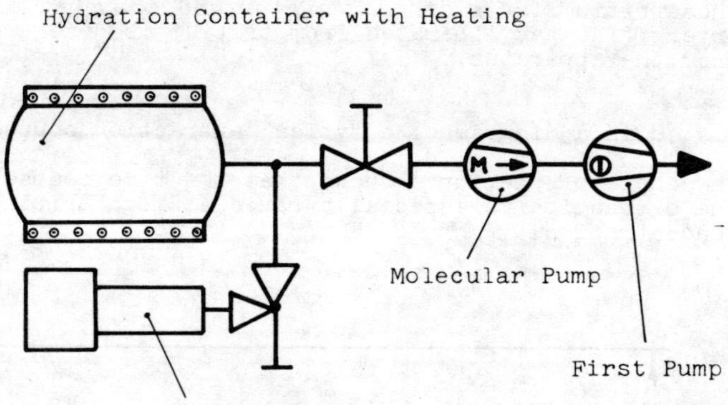

Fig. 6 : Hydration Facility

In the apparatus metals, mainly titanium, are loaded with tritium. The apparatus is made of stainless steel, sealed by metal, and can be heated up to 400°C. The leakage rate of the apparatus is $< 10^{-9}$ Torr l/sec.

Fig. 7 is a block diagram of a tritium adsorption facility. The apparatus serves for extraction of tritium from the air and from off gas [3].

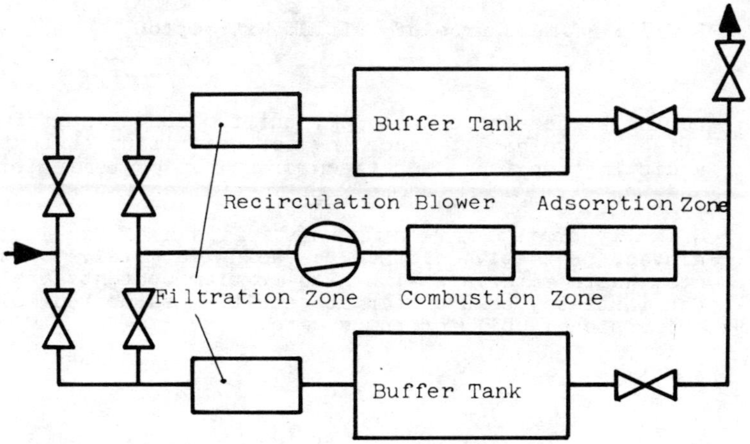

Fig. 7 : Tritium Adsorption Facility

The tritium contaminated gas is directed into the apparatus and recirculated within a ring conduit. Thus tritium is oxidised to water and adsorbed on dryers. The gas liberated from tritium is discharged from the apparatus.

Fig. 8 is a diagram of a typical extraction course.

The shape of the curve shows that the time course of the extraction is especially rapid at high tritium concentration.

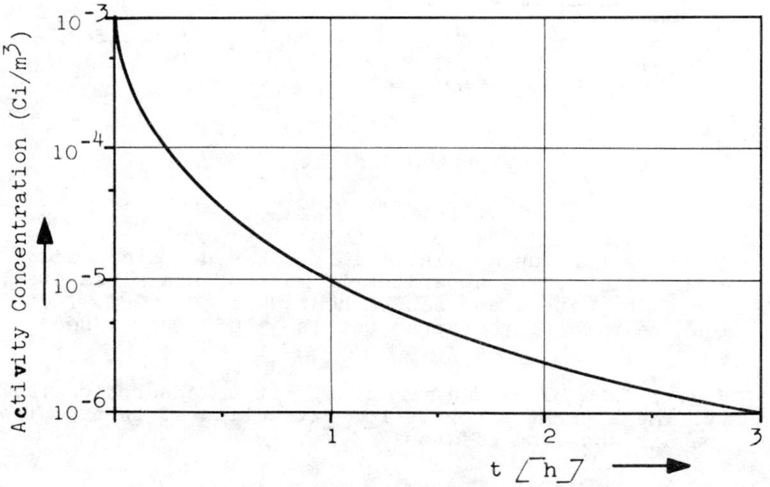

Fig. 8 : Time Course of Tritium Extraction

During processing of tritium, tritium contaminated waste arises unavoidably. According to the tritium contents a distinction is made between slightly contaminated waste and waste materials with high tritium contents.

Slightly contaminated waste materials are, for instance, gloves, protective clothes, cleaning material, tools, etc. Waste materials with high tritium contents are, for instance, used up targets, tritium saturated molecular sieves, oil for pumps, etc.

Fig. 9 is a diagram of a barrel which is used for final storage of slightly contaminated materials.

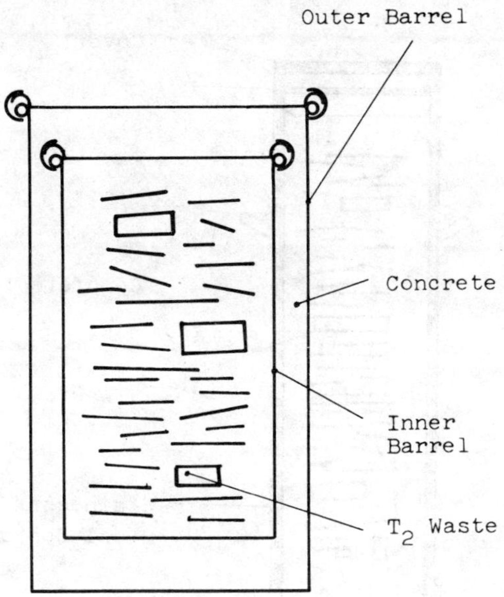

Fig. 9 : Container for Final Storage of Slightly Contaminated Tritium Waste

The inner barrel is cast with concrete into a larger barrel. The barrels are controlled for tritium emission.

Fig. 10 is a diagram of a waste container for highly contaminated materials.

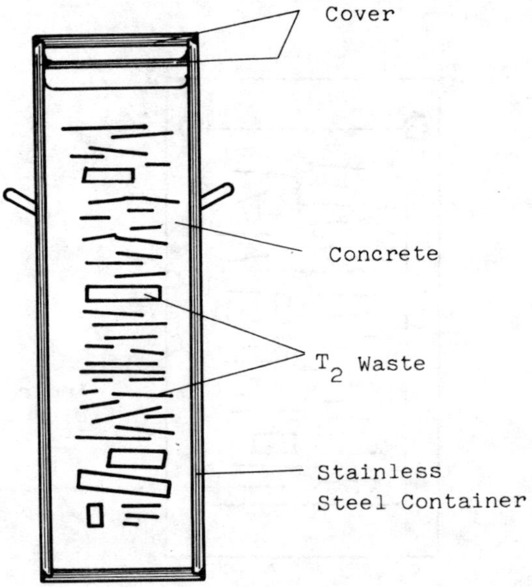

Fig. 10 : Container for Final Storage of Waste with High Tritium Concentration

The waste materials are cast into concrete and welded. The container is made of 8 mm thick stainless steel. The welding seams are tested by X-ray; the leakage rate is $< 10^{-10}$ Torr l/sec.

The filled container is checked for tritium emission in certain periods.

Fig. 11 is the diagram of a special glove box. The box shall be operated as a closed system without an extraction device.

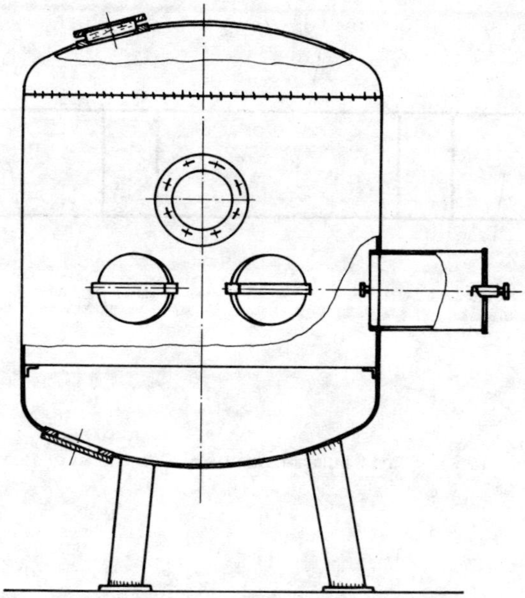

Fig. 11 : Glove Box for Tritium Handling

To avoid tritium emission, sealing is made by indium. Gloves are installed which consist of several layers. If need arises, additional metal sealed covers are installed upon the glove holes.

The box is a new construction and is being mounted at present.

For adsorption of tritium an adsorption facility is operated inside the box (Fig. 12).

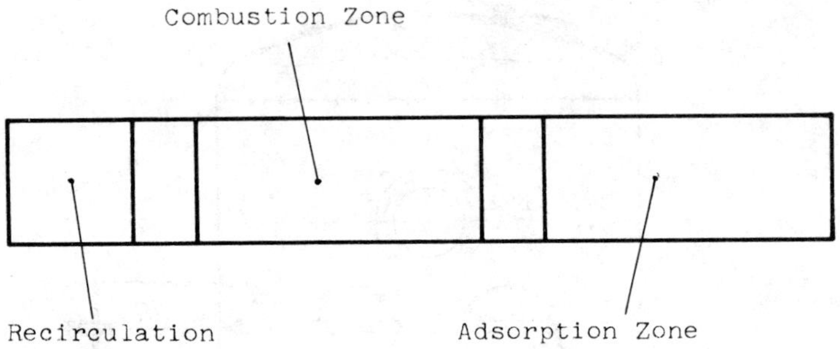

Fig. 12 : Tritium Adsorber for Glove Boxes

In its function the adsorber is analogous to the facility shown in Fig. 7, however it is designed for a higher air throughput and without buffer tank.

The facilities shown, including the containers, have been developed in the last years. Leak tightness, optimum functioning, and easy and safe handling have been aimed at in the design. To avoid corrosion, stainless steel has been provided as far as possible.

3. Control for Tritium Emission, Contamination, and Incorporation

3.1 Air Control

The central control problem is the local determination of the activity. When measurements are taken it must be considered that there exist numerous emission sources of different intensity within the control room. Every apparatus, every container, as well as every surface coated with a water film represents an emission source. Furthermore, the high air exchange results in a defined air current.

For obtaining data on total emission and distribution of emission, several measuring spots are required. Data on the total activity set free can be obtained by taking measurements in the central exhaust air tunnel. For locating individual emission sources - which can be important for the removal of leakages - individual equipment or equipment groups have to be controlled separately. The measurements can be taken by using several instruments or by taking the data from the individual measuring spots.

In the target manufacture, the hydration facility is a main source for tritium emission. Other sources for gaseous emission can be tritium products and waste containers. A measuring spot continuously operated near the box controls the emission from the box and the activity of the air within the room. Measurements are taken at random within the chimney.

The tritium concentration of the room air, metered near the box, amounts to values between 10^{-6} and 10^{-5} Ci/m^3. During special procedures, for instance, changing of oil in pumps or manupulations on the tritiation facility, the concentration reaches values up to $5 \cdot 10^{-5}$ Ci/m^3. During the winter the concentration is less than during the summer.

Activity measurements taken from air samples from the off gas revealed tritium concentrations from 10^{-7} to 10^{-6} Ci/m^3. These values depend on the quantity and the frequency of tritium processing as well as on the air temperature.

3.2 Control of Surface Contamination

The degree of surface contamination within the room depends on the tritium contents and the temperature of the air. This activity embodied in water film and adhering to surfaces shows up in the room air and is metered by the air control system. If the heating system is throttled overnight, active water films on radiators, for instance, give rise to an increased tritium emission from equipment the next morning.

Extremely vulnerable surfaces are controlled for contamination at random. Table 1 shows typical contamination values.

Object	Tritium (pCi/cm^2)
window glass	12
table-top	10
door	2
roof building	1
wash water from a pair of tongs	0.8 μCi/l

3.3 Control of Activity in Dust

A special problem is represented by the control of contamination in dust. The active dust arising during target manufacture cannot be visually detected. If the products are handled properly, dust contamination will, in the first place, occur within glove boxes; however, spreading of aerosols cannot be excluded for ventilated boxes. Control for dust contamination is performed by means of the surface monitor on dust filters or via moist wiping tests.

3.4 Control of Incorporation

During work with tritium activities involved, tritium can be incorporated orally, via the respiratory ducts, and via the skin. The way by which tritium comes into the body depends on the type of the active material and the procedure. As can be shown in the following by data from measurements taken, even during handling of tritium gas tritium is not incorporated via the respiratory ducts, but via the skin [4].

The data obtained from several years' measurements of tritium incorporation are shown in Figure 13. The individual points are average values from 3 measurements per month. The shape of the curve reflects the increase of experience in tritium handling and conception of special facilities. The course of the curve until 1971 shows the incorporation during work on double-walled and evacuated boxes with fixed Neopren gloves. Within the control room gloves have not been worn. From 1971 until mid- 1972 normal evacuated glove boxes were operated, and fixed Neopren gloves were used. Within the control room household gloves were worn. From mid- 1972 on, boxes with flap doors were operated, and household gloves were worn within the boxes and the control room.

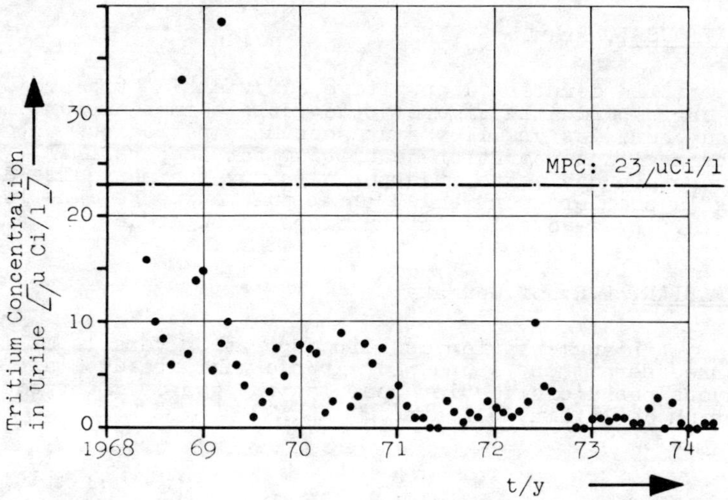

Fig. 13 : Tritium Incorporation by the Personnel in the Target Manufacture 1968-1974

At normal liquid consume, tritium remains within the human body for 6 - 12 days /_4_7. For exact control of incorporation, measurements must be taken in periods of < 6 days; in case of suspected contamination, measurements must be taken on the next day.

References

/_1_7 G.J. Amerongen, The Permeability of Different Rubbers to Gases and its Relation to Diffusivity and Solubility
Journal of Applied Physics, 17972-82, 1946

/_2_7 K. Meinel, K. Debertin, Deuterium- und Tritium-Gastarget
IKF-18, 1966

/_3_7 H. Fabian, Tritium Adsorption Facility
Kerntechnik 16 Nr. 2, 1974

/_4_7 H. Brunner et al, TM-SU-54
Eidg. Inst. für Reaktorforschung, Würenlingen

DISCUSSION

L. FITOUSSI, France

La dernière diapositive qui vient d'être projetée et qui correspond à la Figure 13 de votre communication, montre qu'au cours des ans il y a un phénomène périodique en ce qui concerne l'incorporation de tritium par le personnel. En effet, on constate que cette incorporation moyenne mensuelle décroît dans la première partie de l'année puis augmente dans la deuxième partie. Avez-vous des informations au sujet de ce phénomène ?

H. FABIAN, F.R. of Germany

L'augmentation de l'incorporation vers le milieu de l'année serait due à une plus grande humidité de l'air. Nous n'avons pas d'explication pour la plus grande incorporation de tritium de la fin de l'année.

CONTINUOUS SAMPLING FOR DETECTION OF WATER BOUND TRITIUM IN EXHAUST AIR

L.A. König, J.G. Wilhelm, H.-G. Dillmann

Kernforschungszentrum Karlsruhe

Abteilung Strahlenschutz und Sicherheit

ABSTRACT

The discontinuous measurement is described of HTO releases via the exhaust air of nuclear plants by continuous sampling. For sampling a partial stream of the exhaust air is picked up in a central position of the exhaust channel or stack and cooled down to a temperature near the freezing point in a coil condenser. The condensate drops into a collector from which samples can be taken at random intervals. Subsequently, the partial stream is recycled into the exhaust system through a pump. The method conveniently allows to record existing environmental contamination by tritium and is applicable in cases where direct measurement lacks sensitivity or is ruled out on account of the prevailing conditions (high radiation level at the location of the measuring instrument, admixtures of radioactive noble gases or aggressive chemical substances in the exhaust air, temperature of the exhaust air). Previous operating experience is briefly reported.

PRELEVEMENT CONTINU EN VUE DE DETECTER L'EAU TRITIEE CONTENUE DANS L'AIR DE VENTILATION

RESUME

Les auteurs de cette communication décrivent la mesure en discontinu des quantités de HTO rejetées dans l'air de ventilation des centrales nucléaires, qui s'effectue par le prélèvement continu d'échantillons. A cet effet, un courant partiel d'air de ventilation est recueilli en un point central de la conduite de ventilation ou de la cheminée et refroidi de manière à être ramené à une température proche du point de congélation dans un condenseur à serpentin. Le condensat tombe dans un collecteur à partir duquel les échantillons peuvent être prélevés à intervalles irréguliers. Par la suite, le courant partiel est renvoyé dans le système de ventilation par l'intermédiaire d'une pompe. Cette méthode permet de relever facilement le degré de contamination de l'environnement imputable au tritium et peut être appliquée dans les cas où la mesure directe manque de sensibilité ou est écartée compte tenu des conditions ambiantes (niveau de rayonnement élevé à l'emplacement de l'instrument de mesure, adjonction de gaz rares radioactifs ou de substances chimiques corrosives à l'air de ventilation, température de l'air de ventilation). Il est fait brièvement état de l'expérience acquise jusqu'à présent en cours d'exploitation.

An interesting radionuclide with respect to the generation of nuclear energy is tritium because it is diffused worldwide by circulation of the water and of the atmosphere. This holds both for the application of nuclear fission and for the utilization of controlled nuclear fusion strived for [1-3].

Tritium in the form of HTO-vapor in the air can be detected directly with the help of commercial tritium monitors [4-7] as well as indirectly after sampling of the humidity of the air using liquid scintillation counting [8-9]. Direct measurement with tritium monitors is less sensitive by 4 to 5 powers of ten compared to the measurement by liquid scintillation counting which is possible on a discontinuous basis only. The lower detection sensitivity of direct measurement in the air is further deteriorated if the measurement must be made in a region with an increased radiation level or if the air to be measured contains radioactive noble gases at excessively high concentrations.

Monitoring of the exhaust air tor tritium offers a particular interest. In this example, additional radioactive admixtures are mostly encountered. Besides, the exhaust air must be monitored without interruption, resulting in a significant consumption of counting gas when a monitor is used operating on a counting gas.

A reasonable compromise with regard to the expenditure and even the only possibility of monitoring originates in one of the sampling methods described now. This is particularly true when the amounts of tritium released are so small that the detection sensitivity of continuously measuring tritium monitors is not sufficient and admixtures of radioactive noble gases rule out direct measurement, respectively.

1. Sampling of Air Humidity

To separate tritium in the form of tritiated water (HTO) from the humid exhaust air flow (and exhaust gas flow, respectively) the adsorption of the water vapor at desiccants and the direct separation by condensation or freezing out can be used. The latter methods call for lower expenditure since it is not necessary to expel from the desiccant and collect again the water adsorbed. Moreover, with continuous condensation of an HTO-H_2O-mixture from the exhaust air samples can be taken at any time from the condensate collecting vessel without requiring additional expenditure. When freezing out this is not automatically feasible due to the necessity to defrost the freezed-on HTO-H_2O-mixture before sampling. Another specific drawback is the large volume of the loose ice snow formed which might easily lead to plugging.

The condensation method should be applied only if the dewpoint temperature of the exhaust air exceeds 4 ^oC. Otherwise, during reduction of exhaust air temperature for condensation of HTO and H_2O an inadequately small amount of water is obtained.

In case a sufficiently constant absolute air humidity and temperature are encountered in the exhaust air flow the specific tritium activity of the exhaust air can be calculated directly from the specific tritium activity of the condensed HTO-H_2O-mixture. Since the measurement of the relative humidity of the exhaust air can be carried out at very low expenditure, e.g. using a psychrometer or a hair hygrometer, the relative humidity and temperature of the exhaust air will be usually determined and the absolute humidity of the exhaust air calculated on the basis of these values.

If the relative air humidity and the tritium concentration in the exhaust air flow are subject to strong variations independent of each other, a sampling technique must be used in which the air humidity from the air flow to be measured is practically completely separated. This is e.g. the case when freezing out the air humidity at low temperatures ($< -20\ ^{o}C$).

2. Calculation of the Tritium Concentration in the Air from the HTO-percentage in the Air Humidity

The specific tritium exhaust air activity C_A and the released tritium activity A are calculated most conveniently with the following equations, provided the air humidity is constant with time

$$C_A = C_K \times f_A \qquad (1)$$

and

$$A = C_A \times \dot{V} \times t \qquad (2)$$

where

A means the tritium activity in nCi discharged by the stack,

C_K the specific tritium activity in $\frac{nCi}{g}$ of the condensate,

f_A the absolute humidity in $\frac{g}{m^3}$,

C_A the specific tritium activity in $\frac{nCi}{m^3}$,

$\dot{V}$ the volume flow in $\frac{m^3}{h}$ of the exhaust air, and

t the period of release in h .

The absolute humidities of air saturated with water vapor corresponding to the different exhaust air temperatures can be taken directly from the water vapor chart Table 1 since one m^3 of air saturated with water vapor contains the same water mass as one m^3 of saturated water vapor kept at the same temperature.

If the air humidity entrained in the air flow to be measured is totally separated (freezing out method) the activity A released can be calculated using the relation

$$A = A_T \frac{\dot{V}}{\dot{V}_T} \qquad (3)$$

where A_T is the tritium activity frozen out during the period of monitoring and V_T is the air flow measured in the sampling duct.

°C	g/m³	°C	g/m³	°C	g/m³
0	4,85				
1	5,19	21	18,3	41	53,8
2	5,56	22	19,4	42	56,5
3	5,95	23	20,6	43	59,4
4	6,36	24	21,8	44	62,4
5	6,80	25	23,4	45	65,5
6	7,26	26	24,4	46	68,7
7	7,75	27	25,8	47	72,1
8	8,27	28	27,2	48	75,6
9	8,82	29	28,8	49	79,2
10	9,40	30	30,4	50	83,0
11	10,00	31	32,1	51	87,0
12	10,67	32	33,8	52	91,1
13	11,34	33	35,7	53	95,4
14	12,06	34	37,6	54	99,8
15	12,8	35	39,6	55	104,4
16	13,6	36	41,7	56	109,2
17	14,5	37	43,9	57	114,2
18	15,4	38	46,2	58	119,3
19	16,3	39	48,7	59	124,7
20	17,3	40	51,2	60	130,2

Table 1: Absolute humidity f_A in g/m³ versus temperature at 100% relative humidity.

$$\phi = \frac{P_D}{P_{DS}}$$

ϕ = relative humidity

P_D = partial pressure of water

P_{DS} = saturation pressure of water

3. Description of an Apparatus for Application of the Condensation Method

A partial stream of the exhaust air is sampled in a central position from the exhaust channel or exhaust stack and cooled down to almost its freezing point in a coil condenser. The condensate drops into a collecting vessel (Fig. 1) from which samples may be taken at any interval. Behind the cooler the exhaust air partial stream is warmed up again when passing through a connection tube due to the higher ambiant temperature and, thus, a distance from the dewpoint is set which prevents the flowmeter connected down-stream from becoming coated with moisture. Subsequently, the partial stream is recycled into the exhaust stack by means of a pump. Coolant from a cryostat whose temperature variations amount to only a few tenths of a ^{o}C flows in a counter current stream to the secondary side of the coil condenser. The temperature of the exhaust air partial stream at the outlet of the cooler and in front of the inlet into the flowmeter and the off-gas temperature in the stack are measured. The exhaust air partial stream determined by the flowmeter is converted, if necessary, into a volume stream corresponding to the exhaust air temperature in the stack.

4. Results of Measurements

A sampling apparatus corresponding to the description above and based on the condensation method has been operated since January 1972 for monitoring of the exhaust air of a decontamination facility for liquid radioactive waste. The air flow V_T of the sampling apparatus is 0.60 m /h, the exhaust air flow of the deconatmination plant is 55 000 m/h. The average tritium activity released amounted to 3.9 Ci per month, the maximum value was 11.9 Ci, the minimum value 0.2 Ci per month. Assuming a detection limit for tritium measurement in the liquid scintillation spectrometer of 0.3 pCi/ml obtained in a 50-min measurement, a detection limit of about 120 μCi per month (= 0.165 μCi/h) is obtained for the measuring method applied. However, it must be taken into account that the present tritium level in the air humidity reaches 1 pCi/ml, i.e. that even if no radioactive materials are handled the facility monitored releases the triple amount of the tritium activity corresponding to the detection limit. So, the lowest measuring value indicated above is still by 3 powers of ten higher than the detection limit of the method described.

In view of satisfactory experience gathered it is intended to monitor in future all facilities of the Karlsruhe Nuclear Research Center where low-level tritium emissions might be possible, using this sampling method.

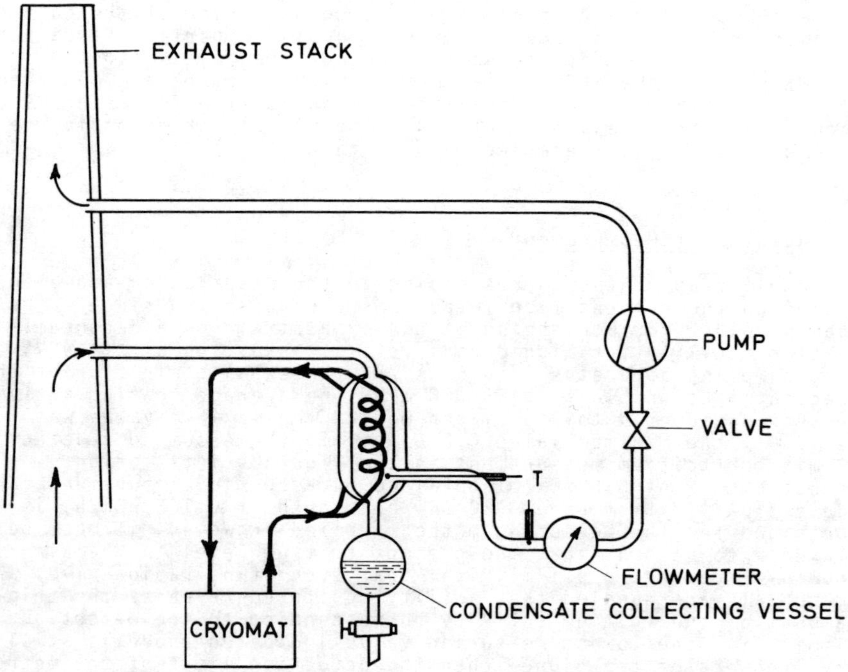

Fig. 1 : Sampling device for tritium-bearing condensate

References

[1] D.G. Jacobs: Sources of Tritium and its Behavior upon Release to the Environment, USAEC, Division of Technical Information, TID-24 635 (1968, 1971).

[2] R. Boehnert and H. Bonka: Zu erwartende Tritiumverunreinigung durch Kernreaktoren in der Luft und im Wasser bei homogener Verteilung bis zum Jahr 2000, JÜL-763-RG (1971).

[3] L.A. König: Umweltbelastung durch Tritium, KFK-1560 (1972).

[4] H. Kiefer and R. Maushart: "Strahlenschutzmeßtechnik", Verlag G. Braun, Karlsruhe (1964).

[5] E. Kowalski: atomwirtschaft 7, S. 481 (Oct. 1962).

[6] R. Ehret, H. Kiefer and R. Maushart: Direct Information 2/63.

[7] E. Dietrich and L.A. König: Atompraxis 13 (Oct. 1967).

[8] C.G. Bell jr. and F.N. Hayes: "Liquid Scintillation Counting", Pergamon Press, New York (1958).

[9] J.B. Birks: "The Theory and Practice of Scintillation Counting", Pergamon Press, Oxford, London, Edinburgh, New York, Toronto, Sydney, Paris, Braunschweig (1964, 1967).

DISCUSSION

P. FILSS, F.R. of Germany

Comment prouvez-vous que le tritium n'est pas sous forme d'hydrogène ?

L.A. KÖNIG, F.R. of Germany

Dans les installations contrôlées, les effluents liquides sont traités de façon à ce que le tritium ne soit pas rejeté sous forme gazeuse en quantité appréciable. Dans le cas des effluents gazeux, la prise d'échantillon peut être précédée d'une oxydation par catalyseur.

J. SCHWIBACH, F.R. of Germany

En ce qui concerne les réacteurs à eau légère, il est intéressant de connaître la part de vapeur d'eau tritiée dans les effluents gazeux, laquelle normalement n'est pas très importante (jusqu'à environ 100 Ci/a).

DEVELOPMENT OF A MONITORING FILTER FOR IODINE

K. Garder and T. Vågslid
Institutt for Atomenergi
Kjeller
Norway

ABSTRACT

The development of a monitoring filter for iodine involved tests with various types of charcoal and the design and testing of a suitable filter cartridge. The charcoal filters were tested under conditions similar to those under which they would be used. An attempt was made to obtain an absolute measurement of the filter efficiency by comparing the accumulated ^{131}I activity on the charcoal filters with measurements of ^{131}I in air samples with vacuum jars. This method allowed determination of the filter efficiency under the varying operating conditions normally encountered in practice at nuclear plants. A description of the filter is given. More than three years experience with the use of the filter for monitoring of gaseous effluents is discussed.

MISE AU POINT D'UN FILTRE DESTINE A LA SURVEILLANCE DE L'IODE

RESUME

Les travaux de mise au point d'un filtre destiné à la surveillance de l'iode ont comporté des essais portant sur divers types de charbon actif, ainsi que la conception et l'essai d'une cartouche de filtre appropriée. Les filtres en charbon actif ont été testés dans des conditions analogues à celles dans lesquelles ils seront utilisés. On s'est efforcé d'obtenir une mesure absolue de l'efficacité du filtre en comparant l'activité de I-131 accumulée sur les filtres en charbon actif à l'activité de I-131 mesurée dans des échantillons d'air au moyen de récipients sous vide. Cette méthode a permis d'évaluer l'efficacité des filtres dans les diverses conditions d'exploitation observées en général dans les installations nucléaires. Les auteurs donnent une description du filtre et examinent l'expérience acquise depuis plus de trois ans en matière d'utilisation de ce filtre pour la surveillance des effluents gazeux.

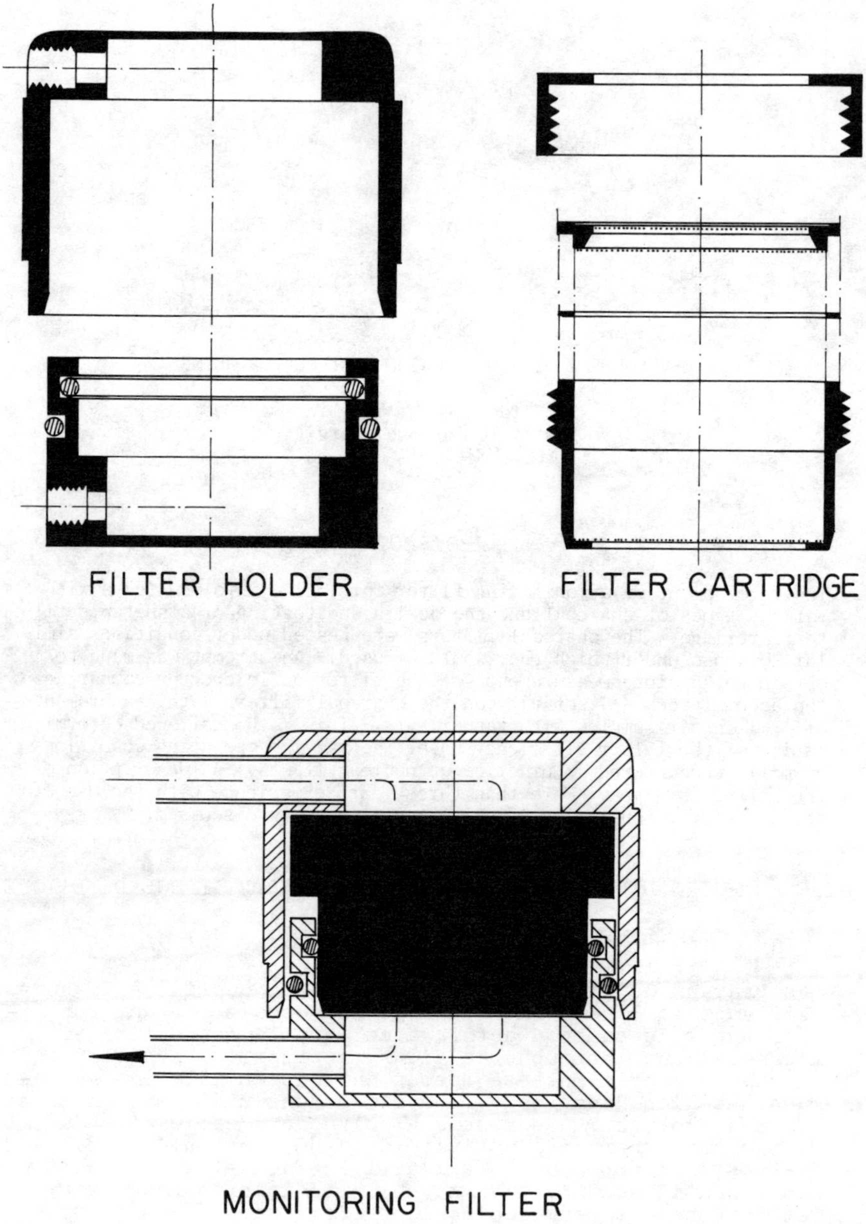

Fig. 1

INTRODUCTION

Filters and monitoring systems for radioactive iodine must be designed, tested and operated in such a way that a reliable measurement of the radioiodine content in the effluent can be obtained. General principles for the monitoring of radioiodine have been desribed recently (1, 2). The monitoring system for radioiodine which was developed at Institutt for Atomenergi some years ago (3) is in principle similar to those developed elsewhere (4, 5). However the testing procedure used in development of the filter is somewhat different, and great weight was attached to the testing of the filters in the milieu they are to be used.

DEVELPOMENT OF THE FILTER

The monitoring systems had to meet the following requirements:

1) The filters must be capable of absorbing and retaining those penetrating forms of iodine which have already passed through the ordinary ventilation filter.

2) The filters should be efficient for various concentrations of iodine and specially for the very low concentration.

3) Under normal operation condition very low levels of iodine are expected, and the sampling period should not be too short. The collection efficiency therefore has to remain constant for a relatively long sampling period.

4) The monitoring system should be designed both for the continous registration of the activity levels and allowing for analysis in the laboratory.

Preliminary tests with various charcoals indicated that charcoal impregnated with triethylenediamme (TEDA) had the best sorption efficiency. Tests concerning the air recidence time in the filter and the liniar air flow through the filter, indicated that the air recidence time had to be at least a few tenth of a second with the linear flow around 10 cm/sec. This is in accordance with the values generally found for these parameters (2). Based on the results from these preliminary tests the filter device shown in figure 1. was designed.

The filtercartridge is a stainless steel construction with a 47 cm^3 filterhouse, 47 mm in diameter. It is furnished with a stainless steel filter support screen for glassfiber filter and a screwring. The application of the filter device in an effluent monitor and a laboratory monitor is shown in figure 2.

TESTING OF THE FILTER

Two different methods were used for testing the filters. The first test involved an absolute measurement of the filter efficiency by comparing the accumulated iodine activity on the filters with direct measurement of iodine in air samples.

The filters were tested in situ by sampling in the ventilation duct from an isotop production plant.

Further description of the testing procedure is given in reference 3.

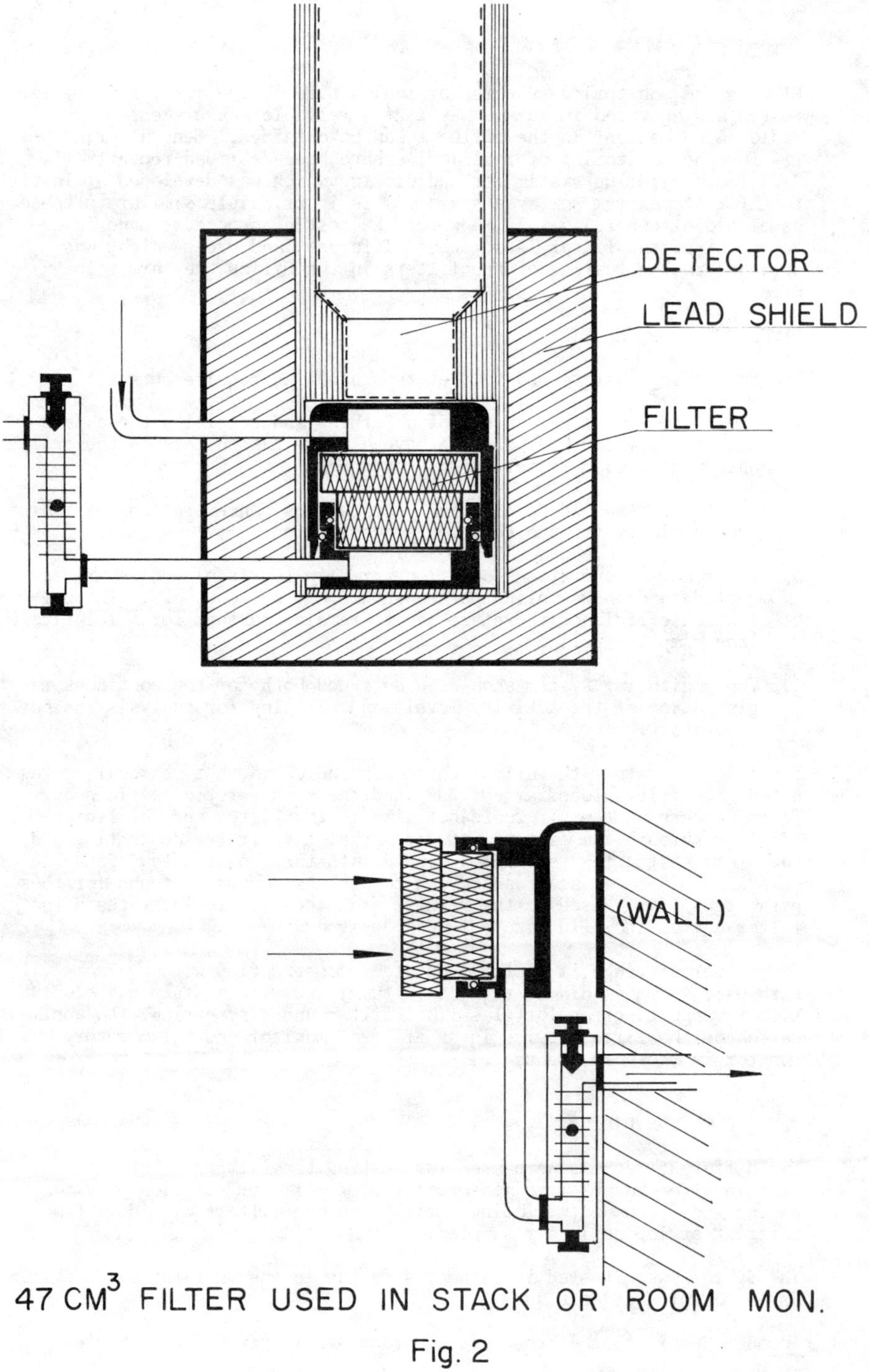

47 CM³ FILTER USED IN STACK OR ROOM MON.

Fig. 2

Typical test-results are given in table I. The filter efficiencies found in these two experiments are somewhat warying. This is probably due to different conditions concerning the chemical composition of the iodine.

Experience from several experiments indicate that iodine originally sorbed in the ventilation system might be desorbed and released in another, more penetrating form. In general the effifiency of the filters was found to be in the range of 80 - 100 %.

The concentration of ^{131}I in the air during the experiment was in all cases rather low, in the order of 10^{-8} - 10^{-5} µCi/cc.

Secondly the filters were also tested for desorption of radioiodine by exposure to air at room temperatures for longer periods of time. The filters were first exposed to ^{131}I in the ventilation duct, afterwards the filters were exposed to air at a flow rate of 15 l/min. and 8 l/min. for 8 days. The results of these experiments are given in table II and figure 3. The results show that some of iodine is desorbed from the filters during this period. The amount desorbed was found to be from 2 - 20 % over a 8 days period, when the air flow was 8 - 15 l/min.

Similar tests were carried out with filters originally exposed to methyliodine. The desorption was in this case about the same. If the filters were exposed to elementary iodine the desorption was almost insignificant.

Another test run was performed by connecting four dilters in serie and sampling in the ventilation duct. Air flow was 15 l/min., and the experiment lasted for 10 days. The results of this experiment are given in table III. This experiment further confirms the results from the other experiments concerning desorpion from the filter.

Altogether the results of the experiment show that for a monitoring period of some days the effifiency of this filter is maintained at about 80 percent. Efficiencies of 90 - 99 percent are very often reported for radioiodine monitors, but our experiencies indicate that with a sampling period of some days, an efficiency of about 80 percent is more representative.

APPLICATION

The described filter device has been in use for some years at Institutt for Atomenergi, Norway. It is used as an effluent monitor at the reactor, the isotope production plant and at the metallurgical hot-laboratorium.

As effluent monitor the system is equipped with a NaI-scintillation detector and instrument for continous recording. Since the actual release of radioactive material however is usually very low, the filters are changed every week, and measured in the laboratory.

The same filter-system is also used for environmental monitoring of radioiodine in air and in a portable monitor for use in various laboratories.

Table I

MEASURED FILTEREFFIENCIES

Mean Air flow 0,6 m^3 per hour

Experiment 1.

Exposure time hours	66	90	99	114
Filter eff.	92 %	90 %	100 %	88 %

Experiment 2.

Esposure time hours	26	32	43	68
Filter eff.	93 %	87 %	72 %	80%

Table II

DESORPTION OF IODINE FROM THE FILTER

Time Days	1	2	5	6	7	8
Per cent desorbed Air flow 0,5 m^3/h	0,5 ± 2[x]	7 ± 4	15 ± 6	20 ± 2	22 ± 6	21 ± 3
Air flow 0,9 m^3/h	2 ± 1	3,5 ± 1	13 ± 2	17 ± 2	19 ± 5	18 ± 0

[x] The indicated deviation refers to the results from parallel samples

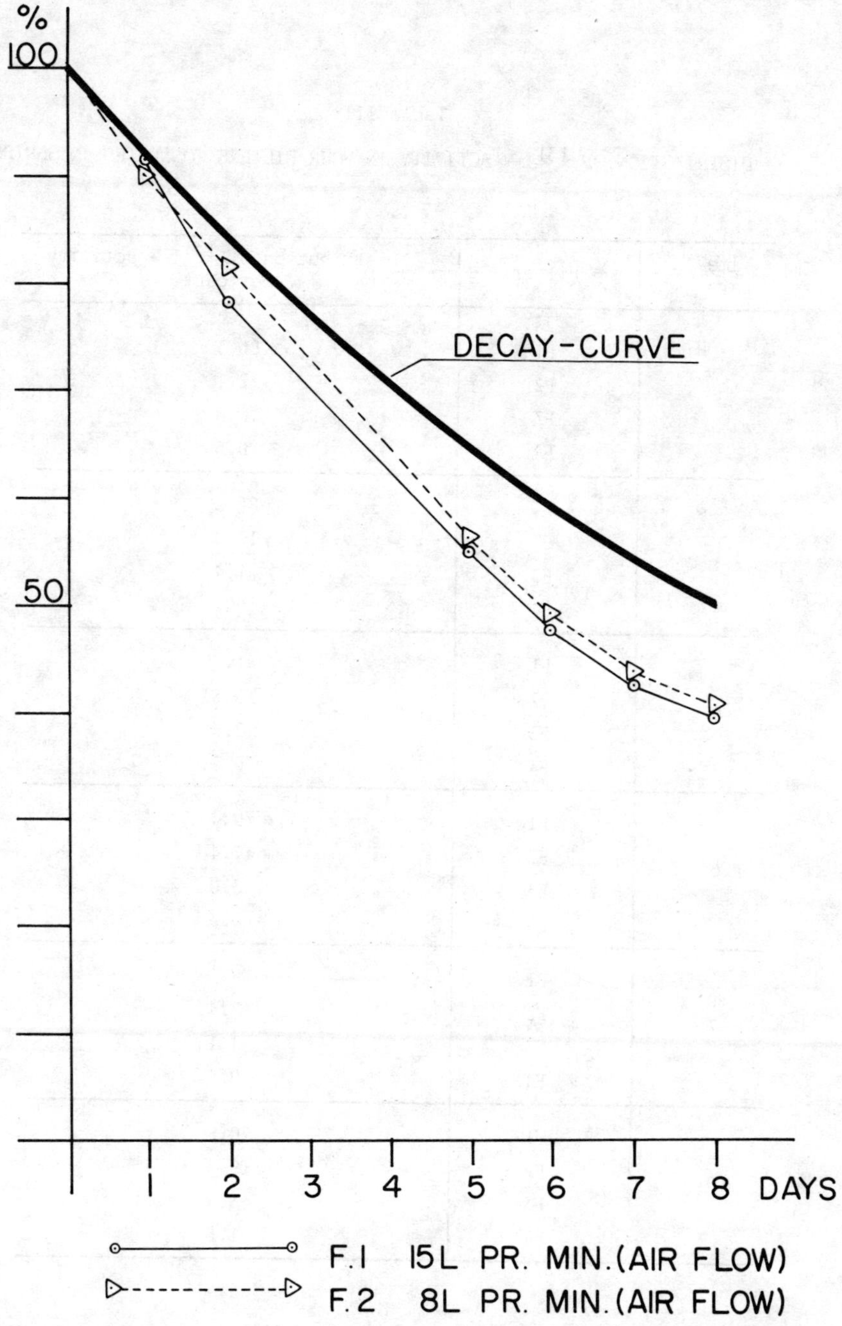

DESORPTION OF IODINE IN TEDA IMPR. CHARCOAL
Fig.3

Table III

DISTRIBUTION OF ^{131}I - ACTIVITY IN FOUR FILTERS CONNECTED IN SERIES

Time Days	Filter	Distribution of ^{131}I - activity per cent
3	F1	86.5
	F2	12.1
	F3	0.8
	F4	0.6
4	F1	86
	F2	12.4
	F3	1.4
	F4	0.2
5	F1	81.7
	F2	15.5
	F3	2.3
	F4	0.5
6	F1	79.4
	F2	17.4
	F3	3.0
	F4	0.3
7	F1	78
	F2	17.4
	F3	4.1
	F4	0.5
10	F1	70.5
	F2	19.5
	F3	8.4
	E4	1.5

DISCUSSION

The developed filter system has proved to be an efficient device in controlling the iodine release. It is primarily designed to control the low release rates found under normal operating conditions.

With measurement of the filter in the laboratory, 80 percent filter efficiency, and one week sampling period at a rate of 0,6 m^3/hour, the limit of detection for ^{131}I in air or effluent is a mean concentration of 10^{-13} µCi/cc. Under operation as a continous monitor, the detection limit under normal operating conditions is 10^{-9} µCihours/cc.

As pointed out previously all the experiment were performed under actual operating conditions, and of course this imposed limitations on the tests. It has therefore not been possible to identify the penetrating forms of iodine that was present in the experiments. Formerly the penetrating forms of iodine were thought to be mainly of organic nature. Recently however it has also been suggested that inorganic forms such as HOI might be present as a penetrating component.

The fraction of the iodine which passes through the ventilation filters certainly is of a rather penetrating nature. In our experiments the behaviour of this iodine-component, with respect to sorption on the filters, was very similar to that of methyliodine.

However the environmental behaviour of the released iodine was more like that of elementary iodine with respect to the deposition on grass.

REFERENCES

(1). "Control of Iodine in the Nuclear Industry"
IAEA Technical Reports Series No. 148
IAEA, Vienna (1973)

(2). "General Principles for Sampling Radioactive Materials"
Draft International Standard ISO/DIS 2889
International Organization for Standardization, (1972)

(3). Vågslid, T.: "Development of a Monitoring Filter for Iodine" Paper presented at the 3. Meeting in Nordic Society for Radiation Protection, København, (1971)

(4). Brion, J.: "Trapping of Radioactive Iodine Product by Nuclear Power Stations: Sampling and Analysis Equipment; On-site Cheeking".
In ref. (1).

(5). Wilhelm, J.G.: "Entwicklung eines Messgerätes zur kontinuierlichen Luftüberwachung auf Radiojod"
Atomwirtschaft, Vol. 18 p. 297 - 299 (1973)

DISCUSSION

P. SLIZEWICZ, France

Dans un contrôle systématique de l'atmosphère de six réacteurs BWR réalisé aux USA sous l'égide de l'AEC, on a mis en évidence une proportion de 10 à 30% d'iode sous forme d'acide hypoiodeux. Ces résultats sont-ils compatibles avec les résultats obtenus par Madame Garder ?

D.A. WATSON, Canada

As I mentioned in my paper this morning we had similar experience in early 1972 when approximately 80% of the iodine released from the spent fuel bay (shortly after introducing a defective fuel bundle into the bay water) was in the form HOI. This penetrating form was initially trapped on the charcoal beds but then desorbed with a half-life of approximately 3 minutes. This occurred on untreated activated charcoal and with KI impregnated charcoal. Subsequent tests with charcoal treated with triethylene-diamine (TEDA) indicated that this desorbtion did not occur.

J. SCHWIBACH, F.R. of Germany

I may only say that we are interested in more experimental investigations, also, we are only now beginning such work. For the time being, our monitoring of iodine is on the safe side. But we would like to know more facts about the behaviour of iodine compounds prior and after discharge.

MONITORING RADIOACTIVE EFFLUENTS BY LARGE AREA PLASTIC SCINTILLATORS - A POSSIBILITY FOR STANDARDIZATION

H. G. Barz, K. D. Borchardt, J. Hacke

Hahn-Meitner-Institut für Kernforschung Berlin GmbH
- Abteilung Strahlenschutz -

Abstract

The monitoring of radioactive effluents released from a 5 MW swimming pool reactor is described. Plastic scintillation detectors mounted in special bypass chambers are used. Data are given regarding calibration and sensitivities for ß-particles and γ-radiation. The activity concentration as well as the total activity released can be determined directly. If necessary, background reduction can be obtained by use of a conventional compensation method. The advantages of plastic scintillation detectors compared with GM-tubes are discussed.

SURVEILLANCE DES EFFLUENTS RADIOACTIFS A L'AIDE DE SCINTILLATEURS EN PLASTIQUE A LARGE SURFACE - POSSIBILITE DE NORMALISATION

Résumé

Cette communication donne une description du système de surveillance des effluents radioactifs rejetés par un réacteur-piscine de 5 MW. On utilise comme détecteurs des scintillateurs en plastique montés dans des chambres bypass spéciales. Des données sont fournies au sujet de l'étalonnage et de la sensibilité en ce qui concerne les particules bêta et les rayons gamma. Il est possible de déterminer directement la concentration d'activité, ainsi que la quantité totale d'activité libérée. Le cas échéant, on peut atténuer l'effet du fond de rayonnement en utilisant une méthode classique de compensation. Les avantages des détecteurs à scintillations en plastique sont examinés par rapport à ceux que présentent les tubes compteurs Geiger-Muller.

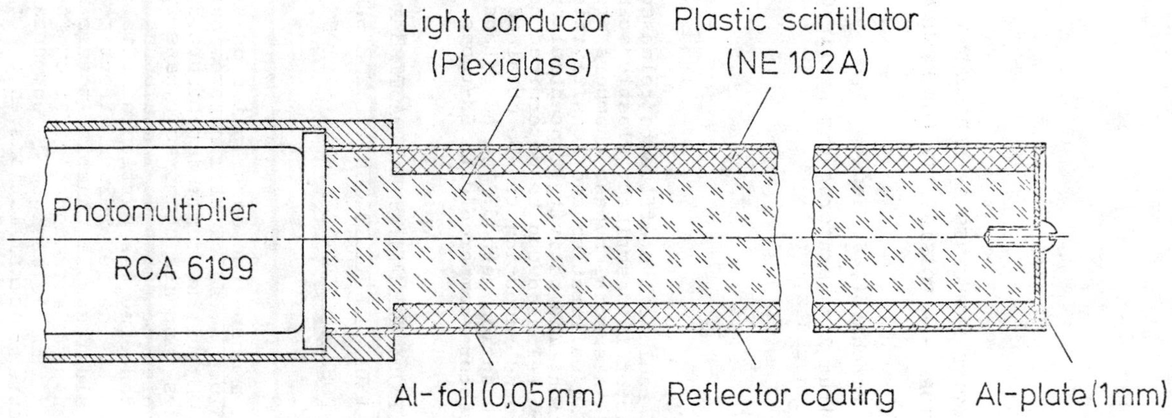

FIG.1 Cross section of the detector

1. Introduction

From 1958 to 1972 a 50 kW homogeneous solution type nuclear reactor "BER I" had been in operation at the Hahn-Meitner- Institut für Kernforschung Berlin. The gaseous radioactive effluents had been monitored for some years by GM-tubes. Since large area plastic scintillation detectors had been developed in 1968 by BARZ and JACOBI [1] for monitoring radioactivity in air and water the GM-tubes were replaced by this new type of detectors.

Projecting the new 5 MW swimming pool type reactor "BER II" the very well proved plastic scintillation detectors led to a new type of standard monitor concerning detector type, detector assembly and the associated electronics.

2. Detector and detector assembly

Fig. 1 shows a cross section of the detector developed by BARZ and JACOBI [1] , quite in use nearly unchanged. The scintillation material (NE 102 A, Nuclear Enterprise Ltd.) formed as an cylindrical tube is drawn up on a plexiglass light guide. The length of the scintillator is 20 cm, the outer diameter 3,8 cm, the wall thickness 0,5 cm. The outside is covered with a titan dioxyde reflector surrounded by an aluminum foil of 0,02 mm thickness. The total thickness is about 10 mg/cm^2. Therefore ß-particles of energies $E > 0,1$ Mev can be detected.

To monitor the exhaust air the dectetor is mounted inside a special standard type bypass chamber giving good possibility for calibration and good conditions to compare different monitor positions in the exhaust air system. A chamber is shown in Fig. 2. To obtain a constant flow rate through the chamber, a blower is mounted inside the chamber. In case of any failure a difference pressure measurement device will give an external signal. The chamber is connected neareby the exhaust duct. The flow rate depends on the flow rate within the main exhaust air system, being 200 m^3/h for the BER II reactor hall.

A ^{90}Sr - source covered by an electromagnetically operating shutter is mounted at the top of the chamber for testing purposes.

3. Electronics

Electronic circuits are built up in rather conventional manner. Pulses comming from the preamplifier are fed to a linear amplifier and discriminator. The output is connected with a ratemeter. The logarithmic scale of the ratemeter ranges from 0,1 to 10^5 counts per second. Regarding the very short light decay constant of the scintillator (2 ns) the dead time is given only by the electronic circuits, in this case 3µs. Therefore an activity concentration ratio up to 1 : 10^5 can be detected with sufficient accuracy. The time constant of the rate meter varies with pulse rate

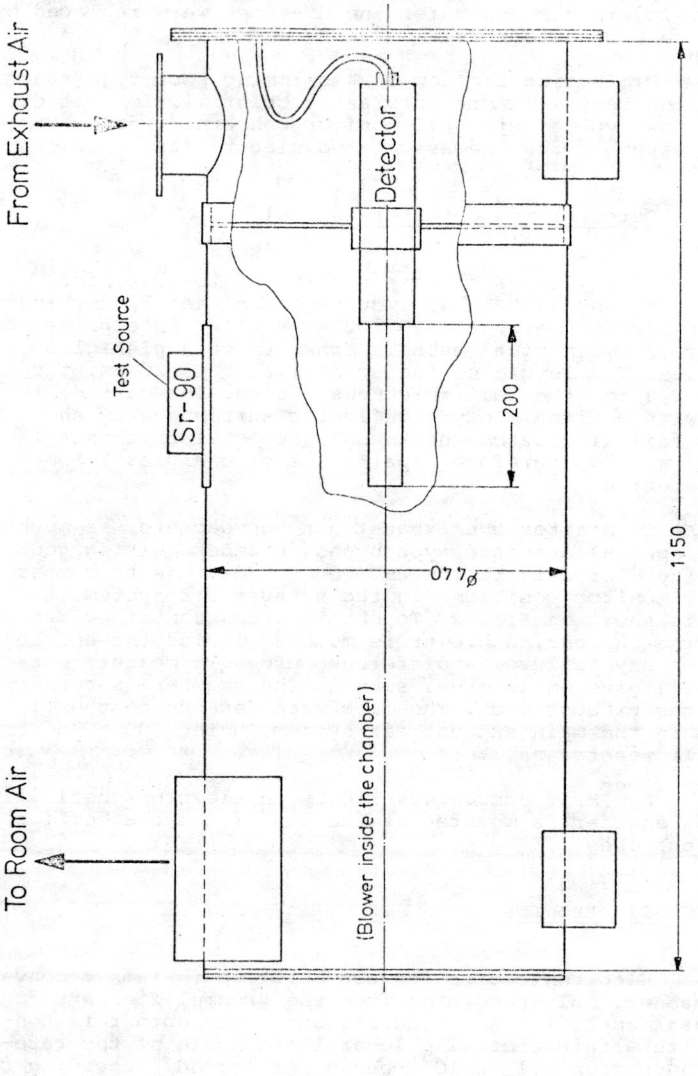

Fig.2. Bypass chamber

(500s at 1 cps, 0,1s at 10^5 cps).

Units of the AEC/NIM system are used. This system seems to be very expensiv. However, a quick exchange of all electronic units is possible, which is opportune leading to minimal time of interrupting the experimental work around the nuclear reactor.

4. Calibration

Calibration of the monitor has been done with an original bypass chamber. A static method was used, filling the chamber with radioactive gas of known activity. The calibration gases used were ^{41}Ar (irradiated at the FMRB reactor of Physikalisch-Technische Bundesanstalt Braunschweig), ^{133}Xe and ^{85}Kr (both manufactured by Farbwerke Hoechst AG).

After evacuation the chamber was filled with a carrier gas corresponding to the radioactive gas. The quarz ampule containing the calibration gas was destroyed inside the chamber. A quick distribution of activity was given by a small blower. The pulse rate indicated on a rate meter and a counter, respectively, had been registered. The results of the calibrations are shown in table I giving calibration factors and detection limits. The latter usually is defined as the activity concentration in air, which raises the counting rate from the background rate R_o to the value $R = R_o + 4\sigma$, where σ is the mean standard deviation of R_o. For rate meter measurements is $\sigma = \sqrt{R_o/2\,RC}$ (RC time constant).

5. Measurement of the total activity released

After calibration the activity concentration in the air can be determined on the rate meter. In addition it should be ensured, that the total activity released per year will be within the limits given by the authorities. Hence an anemometer installed inside the main duct measures the air velocity representing the air flow rate in m^3/h. By electronic multiplication of the air flow rate with the output signal of the ratemeter indicating the activity concentration in Ci/m^3 the total activity released per hour is determined. The output signal of the multiplication unit is connected to an integrator. At least a register indicates the total activity which had been released. Of course this device only is significant at normal reactor operation in respect of informations about the ^{41}Ar activity. Hence in any case of accident the unit will be switched off automatically.

6. Response to γ-radiation

Inside the chamber the radioactive gas is mainly detected by absorption of the ß-particles by the scintillator material. This material indeed has a certain response to γ-photons, too. Considering background or any other external radiation field it is important to know the gamma sensitivity of the monitor. Using a ^{60}Co - source of known activity the

Table I: Calibration factors and detection limits for plastic scintillation detectors.

Nuclide	^{41}Ar	^{85}Kr	^{133}Xe
E_β in MeV E_γ in MeV	1,2 1,3 (99 %)	0,67 0,5 (0,4 %)	0,35 0,08 (37 %)
Calibration factor counts / s μCi / cm³	$3,3 \cdot 10^7$	$1,4 \cdot 10^7$	$1,5 \cdot 10^6$
Detection limit +) μCi / cm³	$4 \cdot 10^{-8}$	$9,3 \cdot 10^{-8}$	$8,7 \cdot 10^{-7}$
Error %	± 15	± 12	± 22

+) See text for definition.

Table II: Sensitivity ratios for plastic scintillation detectors and GM-tubes type BZ/120 a).

Nuclide E_β in MeV	^{41}Ar 1,2	^{135}Xe 0,92	^{85}Kr 0,67	^{133}Xe 0,35
Plastic / GM	0,68	0,74 b)	0,87 b)	1,6

a) Fa. Laboratorium Prof. Dr. Berthold, Wildbad, Germany
b) After calculations of MAUSHART [2]

γ-sensitivity has been found to

$$1\ mR/h = 3700\ cps.$$

That means, that due to a dose rate of 1 mR/h an external radiation field equals a gas activity of 10^{-4} μCi/cm^3 ^{41}Ar.

Because of the cylinder geometry the response depends on the direction of irradiation, as shown in Fig. 3.

7. Background subpression

The ß-sensitivity of the monitor in principle is limited by the influence of γ-radiation due to the natural background. The shape of the scintillator (cylindrical tube) gives a rather good ß/γ-ratio. Regarding the very low MPC-values it was necessary to reduce the influence of background radiation. Reduction of background by shielding was considered to be unpracticable in respect of the large dimensions of the bypass chamber. Therefore background subpression has been performed by a rather conventional compensation method. A second detector similar was mounted outside the chamber. The pulses of both detectors were fed to a digital difference unit. Using this method it was possible to obtain a background counting rate of less than 1 cps compared with a counting rate of more than 20 cps without compensation. Naturally, the influence of artificial radiation fields will be lowered by the same way.

8. Discussion

Since 1968 the detector described in this paper have been proved for many years. In summary long life time as well as safe Operation - free of maintenance - is of great advantage in relation to monitor systems operating with GM-tubes.

The sensitivity for ß-particles is in the same order of magnitude compared with GM-tubes of similar dimensions as demonstrated by measurements and calculations. Table II shows a comparison of plastic scintillation detectors with GM-tubes type BZ/120 (manufactured by Laboratorium Prof. Dr.. Berthold, Wildbad, Germany) resulting in values of the calibration factor ratios for different radionuclides.

Due to the very thin light shielding compared with the wall thickness of the GM-tubes the ratios of the ß-sensitivity increases with decreasing ß-energy as show in Table II.

The effective range of pulse rate is much higher for plastic scintillation detectors (up to a factor of 100) than for GM-tubes according to the very short lihgt decay constant of the scintillator material. This is important regarding the nuclear accident.

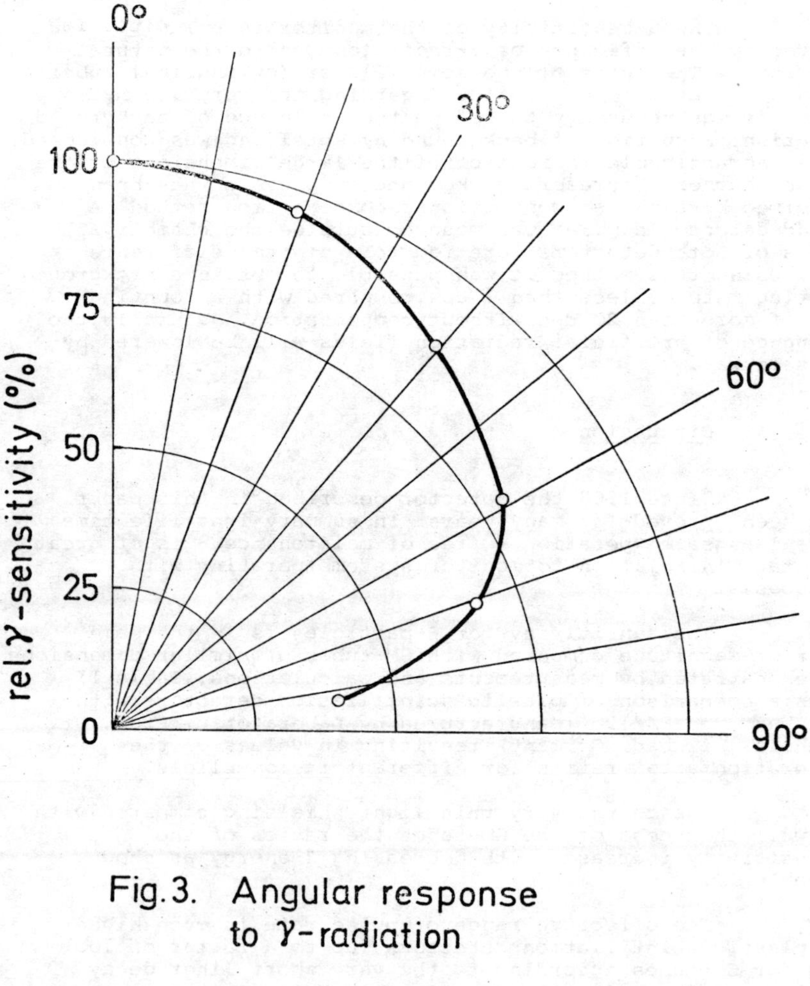

Fig.3. Angular response to γ-radiation

The higher γ-sensitivity of the plastic scintillation detectors compared with GM-tubes surely is of a certain disadvantage. The initial costs for this detector type are higher, too. By setting one point against the other the authors prefer the plastic scintillator detectors. Hence the same monitor system as described will be installed to monitor gaseous effluents discharged from hot cells as well as from a heavy ion accelerator area just projected. The same detectors combined with another type of bypass chambers finally are just in operation to monitor the radioactivity of cooling water.

Regarding the situation at the Hahn-Meitner-Institut the monitor system dercribed represents a typical standard type monitor system.

Acknowledgements

The authors are grateful to Mr. Th. Friese and Dr. K. E. Kirschfeld for many helpful discussions.

References

[1] Barz, H. G. and Jacobi, W., Health Physics 18, 659 (1970)

[2] Maushart, R., Raum- und Abluftüberwachung auf Radioaktivität, Report KFK - 1899 (1974)

DISCUSSION

L. FITOUSSI, France

J'ai été très intéressé par la communication de M. Hacke, d'autant plus qu'il utilise un système de détection analogue à celui que j'ai proposé. Ce que je souhaite connaître c'est la raison pour laquelle il a recherché un seuil de détection si bas, ce qui entraîne fatalement une trop grande sensibilité au rayonnement γ ambiant (la correspondance étant de l'ordre de 200 CMA pour A-41 pour 1 mrem/h^{-1}). En recherchant d'abord un seuil satisfaisant, compte tenu des performances des systèmes électroniques actuels, et un volume plus faible, pour lequel il peut être envisagé la mise en place d'un blindage, il aurait peut-être été possible d'éviter l'utilisation d'un système différentiel. Le système différentiel augmente le coût du dispositif de contrôle et complique l'interprétation des résultats.

J. HACKE, F.R. of Germany

La grande sensibilité est nécessaire pour satisfaire les exigences des autorités.

K. AURAND, F.R. of Germany

Le facteur de calibration de votre système varie d'un facteur 10 entre l'A-41 et le Xe-133. Quelle activité mesurez-vous ?

J. HACKE, F.R. of Germany

L'activité de l'A-41.

K. AURAND, F.R. of Germany

Peut-on évaluer la composition d'un mélange gazeux par des mesures différentielles utilisant le fait que la sensibilité varie en fonction de l'énergie des β et de l'épaisseur de l'écran placé devant le scintillateur.

J. HACKE, F.R. of Germany

C'est en principe possible. M. Jahn, à Jülich, a effectué de telles mesures. Mais cela demande un important travail de mesure.

STACK MONITORING AT A BWR POWER PLANT

L Svansson
AB Atomenergi
Studsvik
Sweden

Abstract

A stack monitoring system - specially designed for monitoring the effluent from a nuclear power reactor - is described. The isotope composition and the pathways for active products out to the stack are presented for a typical Boiling Water Reactor. In particular two important questions are discussed in more detail: firstly the sampling system, divided into a primary circuit and a secondary measuring circuit, and secondly the basic principles for an on-line test and calibration procedure of a stack monitoring system. The principles for system design and system testing have been adopted for all Swedish power reactors of the actual type now in operation or under construction.

SURVEILLANCE AU NIVEAU DE LA CHEMINEE DANS UNE CENTRALE EQUIPEE D'UN REACTEUR A EAU BOUILLANTE

Résumé

L'auteur de cette communication décrit un système de surveillance au niveau de la cheminée, qui est spécialement conçu pour surveiller les effluents en provenance d'un réacteur de puissance. Il indique la composition des isotopes et la voie suivie par les produits actifs à la sortie de la cheminée dans le cas d'un réacteur à eau bouillante caractéristique. En particulier, il examine de façon plus approfondie deux questions importantes, soit, d'une part, le système de prélèvement, qui est divisé en un circuit primaire et en un circuit secondaire de mesure et, de l'autre, les principes fondamentaux régissant la procédure d'essai et d'étalonnage en ligne d'un système de surveillance au niveau de la cheminée. Les principes relatifs à la conception et à l'essai de ce système ont été adoptés pour tous les réacteurs de puissance suédois du type de ceux actuellement en service ou en construction.

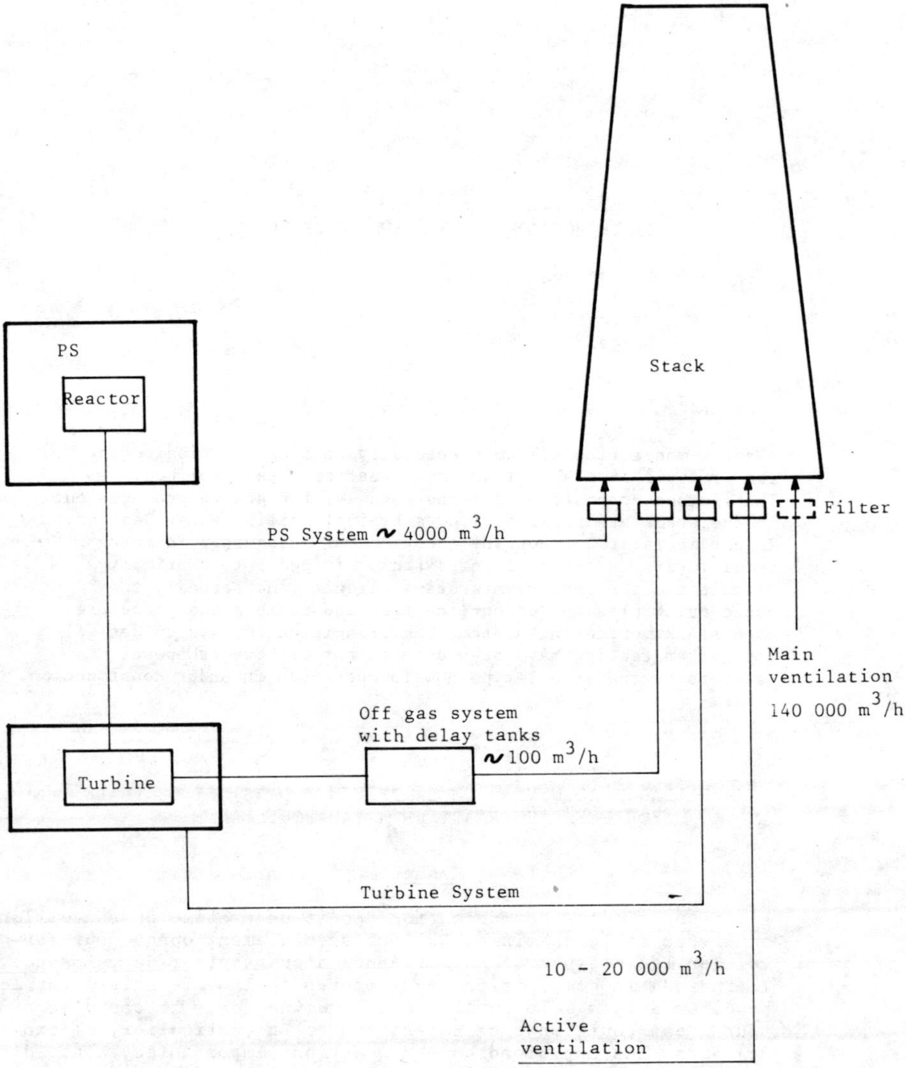
Stack
PS
Reactor
Filter
PS System ~ 4000 m3/h
Main
ventilation
140 000 m3/h
Off gas system
with delay tanks
~ 100 m3/h
Turbine
Turbine System
10 - 20 000 m3/h
Active
ventilation

Figure 1

1. INTRODUCTION

Airborne activity from a nuclear power station should, if possible, have no other ways out to the environment than through the stack. The stack monitor - which by definition is a system that detects and measures the exhaust effluent - has therefore an essential function since it is the last control station before active effluents can reach the environment. To be sure that no unforeseen release of activity will occur, a continuous monitoring system must be used which is able to detect all the different types of activity which can be present in the stack.

2. ACTUAL ACTIVE PRODUCTS

With the assumption that the cladding on some elements is not completely intact and that leakage can occur in different systems, we find that the following three groups of active products can be recognized:

- Noble gases
- Aerosol activity
- Iodine activity

There are also some other isotopes produced by neutron activation of the reactor water, i.e. N 13, N 16 and O 19 but most are short-lived or produced in small amounts and are therefore of less importance.

As an example of release of activity from a Boiling Water Reactor the figures from Dresden 1 [1] are given in Table I.

With knowledge on the transport time from reactor to stack it is possible to calculate the corresponding figures for the stack. From monitoring point of view it is of interest to compare the relative figures to get an idea of the possibility to detect a special isotope in the presence of others with almost the same energies of gamma radiation. Actual release measurements at the Swedish Oskarshamn I reactor have shown the same relative figures as those in Table I.

3. SOURCES OF AIRBORNE EFFLUENT

To be able to design and specify a monitoring system it is necessary to study the ventilation system and map the pathways of activity from the reactor core out to the stack. By doing this it is possible to define the following questions.

- Which active products can be present in the stack?

- From where can the activity pass out to the stack?

- Which is the best place for a monitoring system?

Figure 1 shows a typical flow diagram for a Swedish power reactor. The main flow of gaseous activity passes out to the stack via the off gas system, where it is mixed with the main ventilation, which has a very much higher flow rate.

Table I

Dresden 1: Estimated Release Rates of Fission-produced Noble Gases.

Fission Product	Half life	Release rate from fuel μCi/sec
Kr 83-m	1.9 hr	22
Kr 85-m	4.4 hr	34
Kr 85	1.7 y	0.05
Kr 87	76 min	123
Kr 88	2.8 hr	119
Xe 131-m	12 d	0.07
Xe 133-m	2.3 d	1.2
Xe 133	5.3 d	33
Xe 135-m	15.6 min	210
Xe 135	9.1 hr	117
Xe 138	17 min	574
N 16	7.1 sec	
N 13	10 min	
A 41	1.8 hr	

4. GENERAL PRINCIPLES OF STACK MONITORING

For different reasons direct monitoring in the stack is in general impracticable and a sample must therefore be withdrawn from the stack and transported to the place where measurements can be made under acceptable conditions. The sampling system should, however, if possible not introduce any additional uncertainty in the measurements and it must therefore be designed with special precaution. Some of the conditions which must be fulfilled are the following:

- The transfer function for the system must be known for all types of activity to be transferred.

- The types of particles which can be present in the stack under different operation conditions must be known.

- The conditions in the stack must be known, for example air flow-rate, temperature and humidity.

5. DESCRIPTION OF A MONITORING SYSTEM

An example of a monitoring system where special attention has been given to the sampling system is given in Figure 2. This system, which has been adopted extensively for Swedish power reactors has, as far as possible, been optimized to give correct information on the actual activity concentration in the stack.

Sampling in the stack is performed at a level of at least 5 times the stack base diameter where the air flow can be considered to be non-turbulent.

Isokinetic sampling is used - that is the air speed in the sampling in-lets should be the same as the air speed in the stack to get a representative sample of airborne particulate activity.

Several input nozzles are used to get a correct mean value of the activity concentration in the stack.

The principle with a primary circuit allows for a high flow and small transport times.

Figure 3 shows one example of how this system can be completed with a secondary circuit with the possibility of applying different types of equipment like filter units or continuous monitors for airborne activity and iodine activity, monitor for noble gases, delay units and devices for air flow control.

The measuring loop has in this particular case the following units in sequency from the sampling point:

- filter unit for particulate activity and iodine activity, as a non-continuous control system;

- delay unit;

- continuous noble gas monitor with a 10 litre sampling volume and a 2" x 2" Na(Tl)I scintillation detector.

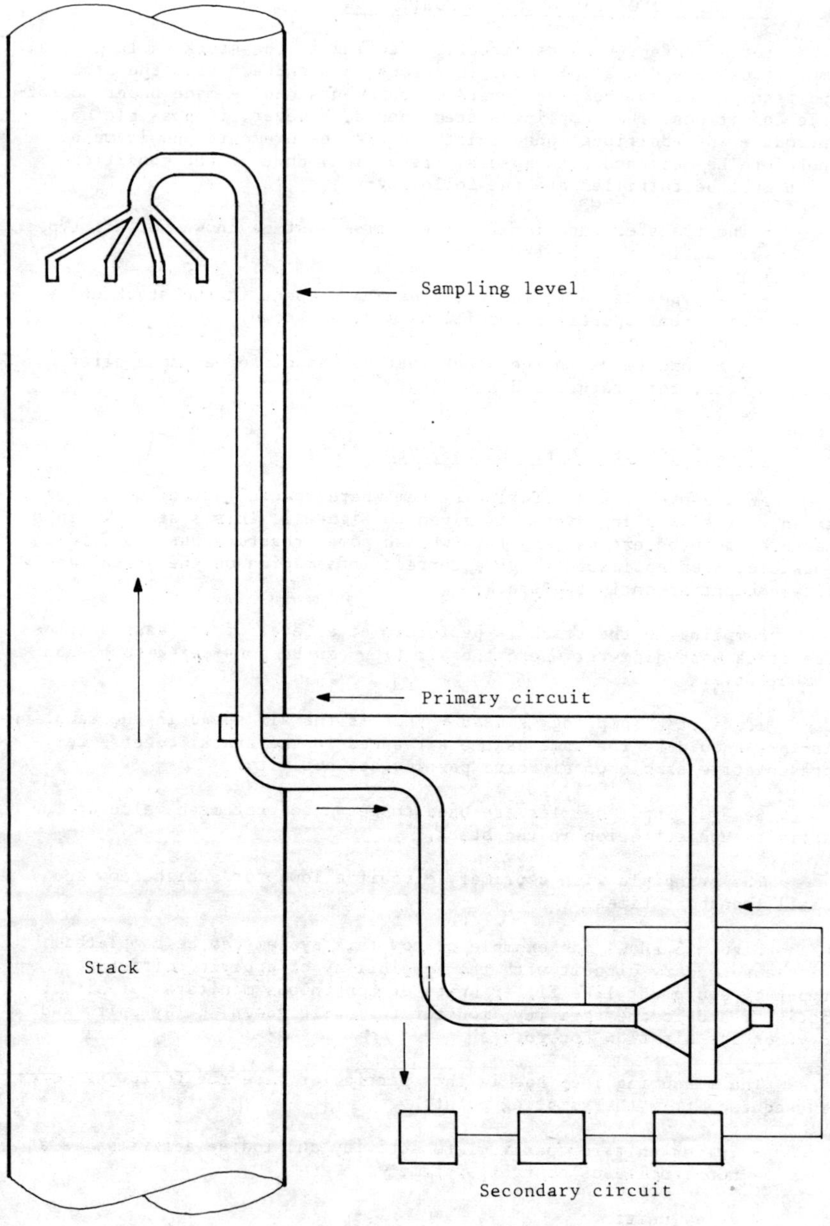

Figure 2

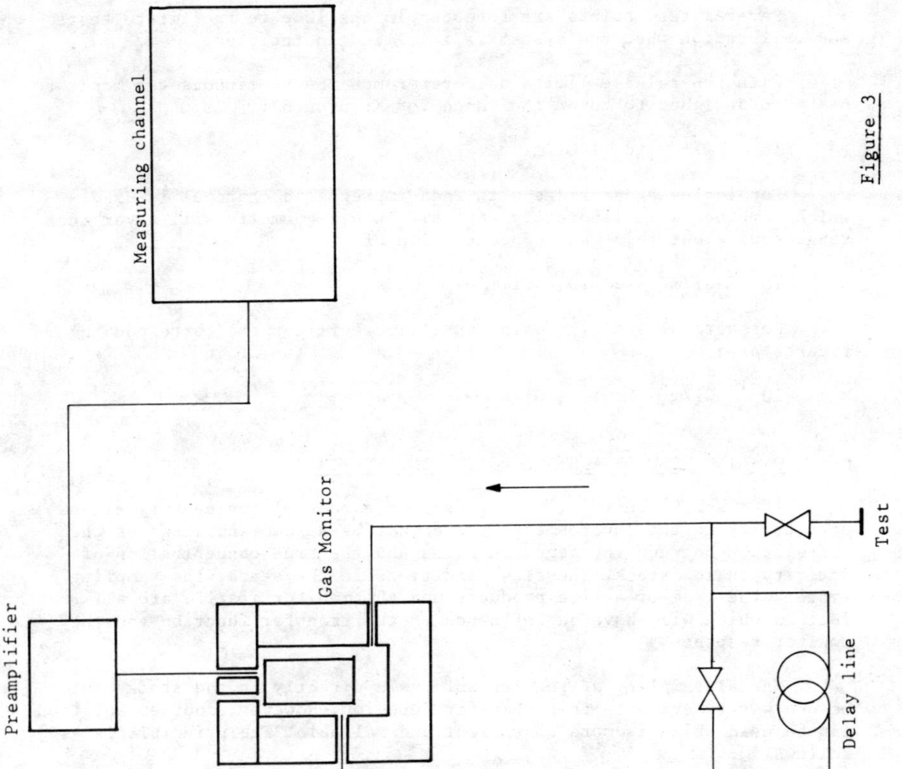
Measuring channel
Preamplifier
Gas Monitor
Test
Delay line
Test
Pump
Test
Pump
Aerosol and
Iodine filter

Figure 3

Several test points are foreseen in the loop to facilitate tests and calibration when the system is installed in the plant.

With the release limits as a reference the continuous gas monitor has been designed to cover the range for Krypton 87:

10^{-5} Ci/m^3 to 1 Ci/m^3

For iodine a cartridge with Teda-impregnated charcoal is used which combined with laboratory analysis in 4 π geometry will cover the range equivalent to a mean concentration of

10^{-12} Ci/m^3 to 10^{-7} Ci/m^3

For aerosol activity using a Millipore filter the corresponding figures are:

10^{-10} Ci/m^3 to 10^{-5} Ci/m^3

6. ON-LINE TEST OF A STACK MONITORING SYSTEM

If a stack monitor is to be used as a control device for release of activity to the environment, there must be a good knowledge of the correlation between the measured value and the true concentration of activity in the stack. The flow conditions in the stack, the sampling system, the type of active products and the monitor itself, are all factors which will have an influence on the transfer function and the monitor response.

Manual sampling at regular intervals directly in the stack could be one way to evaluate this transfer function. However, another solution can be used which is more convenient and reliable. The principle is as follows.

Immediately after installation of the stack monitoring system, when the whole ventilation system is in operation, a release test is made with active isotopes directly in the main ventilation ducts. The response of the monitors is then analyzed and compared with the true concentration in the ducts and in the stack.

Some curies of Xe 133, some milli curie quantities of elementary iodine and methyl iodine and finally active or inactive aerosols of known particle size are injected into the ventilation system at different locations. Samples are taken both in the stack and at the monitoring point with the highest possible precision and reliability and the result is compared with the response of the different monitors.

Those release experiments which have been performed up to now have shown quite good results for both noble gases, iodine activity and particulate activity, as long as normal conditions are present in the stack.

With very high levels of humidity or if droplets of water exist in the stack, the collection efficiency for both elementary iodine and for particulate activity will be considerably lower.

We therefore find it important that a monitoring system should be combined with information from the stack about

- air speed
- air temperature and
- air humidity.

7. SUMMARY

With the coming lower release limits - based upon population dose considerations - and the application of effective delay systems for noble gases, the present philosophy for stack monitoring must probably be re-studied [2]. The release of noble gases will then probably involve only a few isotopes and the levels will be so low that problems will arize for a continuous system to follow the release. In any case will this be true if the sampling still is done directly in the stack at a point where the active air flows are mixed with the very much larger flows of non-active air.

Probably only continuous monitoring systems will be used for detection and control of abnormal reactor operating conditions, while the actual total release will be calculated from measurements in the laboratory on samples taken out from the stack at regular intervals.

With such a system the described on-line test procedure will be even more important, specially if it is combined with an analysis of all normal and abnormal conditions which may occur when a nuclear power plant is in operation.

REFERENCES

[1] Bernd Kahn et al: "Radiological Surveillance Studies at a Boiling Water Nuclear Power Reactor". Environmental Protection Agency, USA. BRH/DER 70-1, February 1971.

[2] Off-gas systems. ASEA-ATOM, Sweden. Technical information 4, 1974.

DISCUSSION

L. STRACKEE, Netherlands

What is the reason for using a staggered air sampling system, notably what is the rationale behind the existence of a primary system ?

L. SVANSSON, Sweden

In a power plant it is often difficult to find a place near the stack where you can locate monitors and instruments and where all conditions for correct sampling for low background, for maintenance etc. are fulfilled. Sometimes the stack is even completely separated from the reactor building.

F. DE LUCAS CARRERA, Spain

The composition of gas in the stack changes in time. In our power plant, due to that change we have seen that the efficiency of the stack gas monitor changes very much (more than by a factor of two). Have you experimented this kind of change in the efficiency of that monitor ?

L. SVANSSON, Sweden

If, because of fuel element failure, you have a higher release than normal, you may have problems with the contamination of Cs-138, the daughter of Xe-138. The relation between the krypton and xenon isotopes will not change and this should therefore not be the reason for changes in monitor efficiency.

F. DE LUCAS CARRERA, Spain

Then it will be necessary to recalibrate that monitor often (maybe every two months).

L. SVANSSON, Sweden

In addition to what I have said here about test and calibration, I think regular calibrations of each individual monitor should be made at least once per month.

P. FILSS, F.R. of Germany

What is the diameter of the pipes in your primary sampling system, and have you any figures about iodine loss by deposition on the walls of the pipes ?

L. SVANSSON, Sweden

The diameter is 100 mm. For methyliodine we have not yet measured any deposition in the primary circuit. We only have losses for elementary iodine - up to 40% - in this part of the system. However, we believe that most of the iodine will be in the form of methyliodine at the sampling level.

P. TOLKSDORF, F.R. of Germany

Pouvez-vous donner des chiffres pour les pertes d'iode dans la cheminée ?

L. SVANSSON, Sweden

I can only give an example from one experiment :

- For methyliodine : no loss from injection point to sampling point.

- For elementary iodine : almost 50% loss over the same distance.

R.B. PEPPER, United Kingdom

Mr. Svansson referred to calibrating his sampling equipment by injection of material into the ventilation ducts or stacks. Could he please advise me, in testing the particulate sampler : (a) is the material injected before or after the filters, (b) is the material injected for short periods, (c) what material is used ?

L. SVANSSON, Sweden

The aerosol is injected : (a) after the filters and after the ventilation fans ; (b) about 10 minutes ; (c) a special oil-mixture (DBP + DOP) combined with a fluorescent tracer.

S. PRETRE, Switzerland

Dans un réacteur BWR vous pouvez avoir des fuites de vapeur contenant de l'iode 131 dans la salle des turbines. Ces fuites sont reprises par la ventilation de la salle et arrivent en général à la cheminée sans avoir été filtrées. La difficulté provient du fait qu'il est techniquement presque impossible de filtrer efficacement un flux d'air de 200.000 m^3/h ($\approx$ 60 m^3/s). Savez-vous s'il est possible de filtrer efficacement d'aussi énormes quantités d'air ? Dans une de vos figures vous indiquez qu'un flux de 140.000 m^3/h est filtré ; est-ce une erreur ?

L. SVANSSON, Sweden

Normally this flow of 140,000 m^3/h is not filtered. However, in case of abnormal operation or in case of an accident this system can also be connected to a filter unit. In this case the flow-rate is much lower.

P. TOLKSDORF, F.R. of Germany

Je voudrais faire un commentaire à la question de M. Prêtre. Une filtration de l'air provenant de la salle des turbines pourrait être effectuée en travaillant en circuit fermé. Seule une petite partie de l'air serait alors envoyée à la cheminée en passant par un filtre.

F. DE LUCAS CARRERA, Spain

Is the N-13 present in the stack monitor in a quantity large enough to require provision of an additional decay line before the stack gas monitors ?

L. SVANSSON, Sweden

Yes, when there are leakages in some pressurized systems between the reactor and the condenser. In these cases the N-16 and N-13 are not delayed in the ventilation system.

I.S. BHAT, India

What is the delay time you have for the condenser off-gas before release to the stack and what is the delay time in the detector system from the iodine detector to the noble gas detector?

L. SVANSSON, Sweden

The delay from condenser to the stack is about 30 minutes for our first power reactor Oskarshamn 1, and the delay from the iodine monitor to the noble gas detector is mainly determined by the delay loop, which is 2 minutes if it is used.

I.S. BHAT, India

Have you really found it necessary to have this second delay line to avoid short-lived active gases ?

L. SVANSSON, Sweden

Yes, you will get an immediate answer to the question whether short-lived isotopes are present or not.

I.S. BHAT, India

Do you control the particle size of the aerosols injected for calibration ?

L. SVANSSON, Sweden

Yes, we do. And for the moment we are very much interested in knowing more about the spectrum of particles which can be present in the stack under different operating conditions.

G. STOTT, United Kingdom

I am interested in the loss of collection efficiency for elemental iodine with increasing humidity in the stack gases. Has a relationship between this loss of efficiency and humidity been established ?

L. SVANSSON, Sweden

This is a very essential question. Unfortunately we do not know the answer yet.

MONITORING OF THE AERIAL AND LIQUID RADIOACTIVE

EFFLUENTS FROM BNFL, WINDSCALE

S T Hermiston
British Nuclear Fuels Limited
United Kingdom

1 INTRODUCTION

The problems of monitoring radioactive effluents are closely related to the nature and scale of the processes which produce the effluents.

At the Windscale and Calder Works, which is a major establishment of British Nuclear Fuels Limited, a variety of processes involving the handling of large quantities of radioactive materials are carried out. The main activities carried out on the Windscale site are the chemical processing of irradiated uranium from magnox reactors and oxide fuel from water and gas cooled reactors, and the manufacture of plutonium enriched fuel elements for the Dounreay fast reactor. Associated with these major activities, there are extensive analytical control, and research and development laboratories.

2 EFFLUENT SOURCES

The major facilities on the Windscale site with potential sources of radioactive effluents are:

the magnox fuel receipt building; where fuel is first stored under water for a prescribed 'cooling period', and then stripped of its magnox cladding before despatch to the chemical reprocessing building;

the chemical reprocessing building where the decanned magnox fuel, and liquors from the Head End Treatment Plant are treated to produce plutonium, uranium and aqueous raffinate streams;

the plutonium 'finishing' plant, used for the conversion of plutonium nitrate to plutonium oxide;

the Head End Treatment Plant, where irradiated oxide fuels undergo a 'chop-leach' process, and preliminary solvent extraction processes to produce liquors suitable for feeding to the chemical reprocessing building;

buildings for the temporary storage of medium active liquid effluent, and for the evaporation followed by long term storage of highly active liquid effluent;

the plutonium fuel element manufacturing building;

the technical laboratories, housing the analytical control, and chemical processing development laboratories.

All of these plants discharge their aerial effluents to atmosphere after clean-up, via stacks of between 100 and 120 metres in height.

Most of the liquid waste from the chemical processes (> 99.9% of the fission product activity) is concentrated by evaporation and stored on site. The rest, 'medium active waste' is stored for a suitable period to allow radioactive decay of certain fission products, and is then discharged to the Irish Sea via a pipeline whose outlet is 2.5 kilometres beyond the high water mark.

3 AERIAL EFFLUENT MONITORING

The statutory Authorisation requires, inter alia, that the radioactivity content of waste containing gases, mists and dust does not exceed any limit specified by the Secretary of State, and that adequate arrangements are made for sampling that waste.

No specific limits are currently imposed for aerial discharges. In practice, however, Derived Working Limits (DWLs) are calculated for all stacks and these are used as reference levels against which discharges of activity can be judged. The DWLs are the amounts of activity which can be discharged continuously without resulting in members of the public being exposed above the Dose Limits prescribed by the International Commission on Radiological Protection (ICRP). Furthermore, before any new plant is commissioned, estimates must be made of the aerial effluent discharges, and it must be demonstrated to the Inspecting Authorities that the best practicable means are to be employed to minimise these discharges.

At all significant outlets, continuous particulate sampling is carried out by drawing air through filter papers 6 cms in diameter via sampling pipes inserted into the stacks. The sampling pipe diameter is selected to achieve isokinetic sampling, and sampling locations are chosen as far as possible to minimise errors in measuring activity concentrations. Sampling rates vary from 2 to 5 M^3/hour, which means that typically a fraction of between 1/1000th and 1/10,000th of the total air flow is sampled. Glass fibre filter papers are generally used.

When it is suspected that radio-iodine may be present in the effluent, a 'Maypack' is used. This consists of a stainless steel cylinder, containing a glass fibre paper to remove particulate activity, and charcoal impregnated paper to remove iodine vapour followed by activated charcoal granules to remove iodine compounds.

For those stacks serving the major plants and laboratories, the aerial discharges are continuously monitored, for total alpha and total beta activity, plus I-131 as appropriate. For particulate activity measurements, the filter paper collecting the sample is monitored by either a scintillation detector or Geiger-Muller tube in order to observe the build-up of activity on the paper.

The signals are taken to chart recorders in continuously manned plant control rooms, and alarms are fitted to give visual and audible warnings if pre-determined levels of discharge are exceeded. The Maypacks are monitored with a sodium iodine crystal. It should be noted that the feed of I-131 to the plants and, thus, the discharges of this isotope to atmosphere are controlled to acceptable limits by arranging for the cooling time of fuel to be sufficiently long. The purpose of the continuous stack monitoring for I-131 is to give early warning, if this primary system of control should break down.

The filter papers and Maypacks on all stacks are changed at intervals varying from 8 hours to 24 hours. They are first assayed on the plant by direct alpha, and beta counting, to verify that discharges are normal; the Maypacks are also given an initial check using a single channel gamma spectrometer looking at the 0.36 MeV peak. This latter measuring instrument is calibrated with a Barium 140 source.

Problems Encountered in Stack Sampling

Until fairly recently, the majority of stacks and ducts which are monitored routinely, were sampled using the moving filter paper type of system. The chief advantage of this method is that it provides a continuous record of the stack discharges, allowing a check of the discharge pattern over short time intervals (minutes) by inspection of the chart records. The fixed paper sampling system is not so amenable to this approach, but at any point in time the chart record will give a measure of the integrated discharge since the filter paper was changed.

However, one major difficulty with the moving filter paper technique was associated with the fact that some of the ducts that have to be sampled carry effluent laden with water vapour, acid fume and solvent vapour, and it was found that the acid caused corrosion of the paper drive mechanism and the pumps, whilst the solvent attacked the rubber parts of the paper drive. In addition, this method of sampling produces copious amounts of filter paper and to satisfy the demands of the analytical chemists this paper had to be easily ashable. This requirement was in conflict with the fact that the filter paper had to be strong enough to withstand the effects of the acid in the moisture laden stream.

The conflicting requirements could not be resolved, and the system was abandoned in favour of the fixed filter paper system.

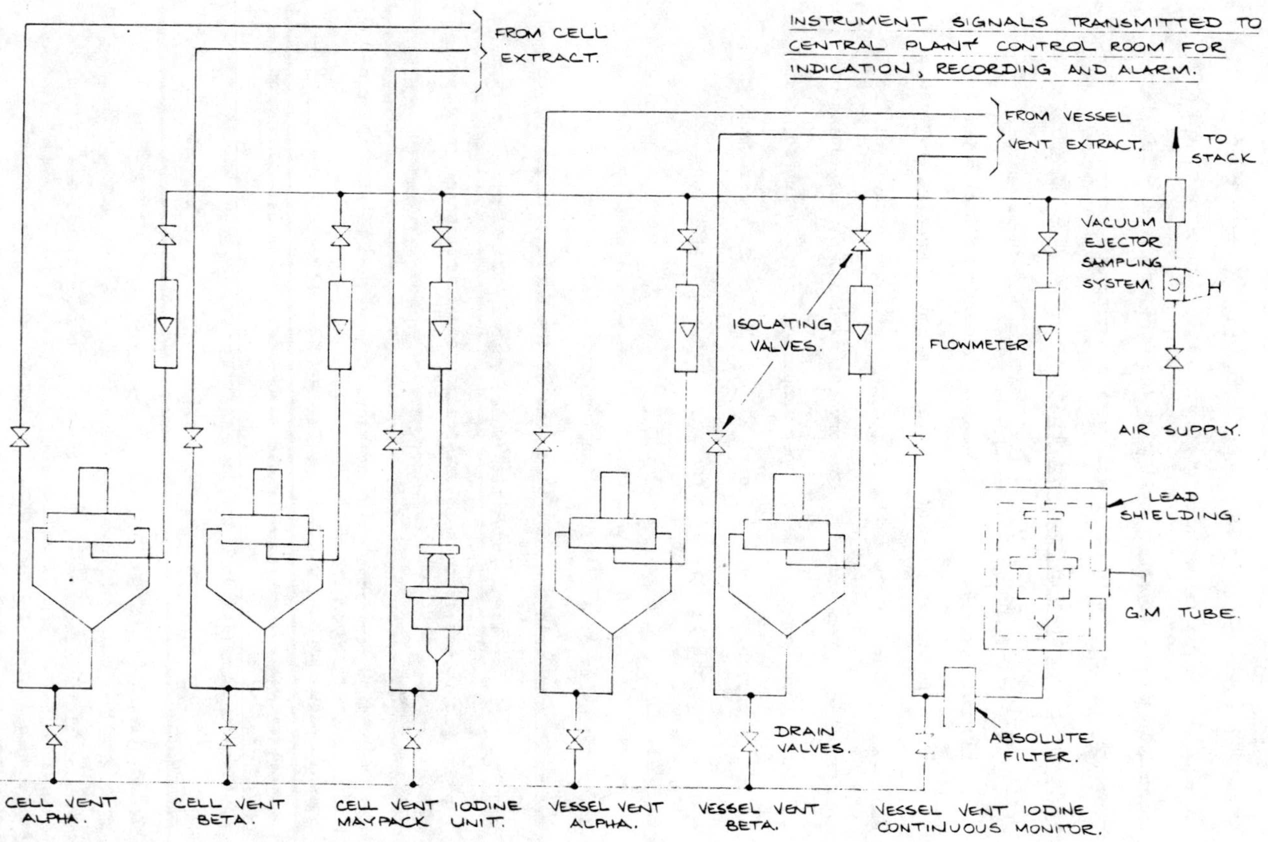

FIG 1 : SCHEMATIC ARRANGEMENT OF TYPICAL AERIAL EFFLUENT MONITORING FACILITIES

An example of the type of installation that is used for the monitoring of particulate activity and radio-iodine in aerial effluent, is given in Figure 1, which shows the arrangements for sampling the air discharged from the Chemical Reprocessing Plant.

An ejector system is used to draw air from the cell and vessel vent extract ducts through 2.4 cms diameter sampling lines. The sampling heads are located in the ducts some distance beyond the secondary filters, a short distance from the sampling room.

In each arrangement, one pipe goes to an alpha scintillation counter, one to an end window beta counter and one to a Maypack sampling device. The Maypack sampling the vessel vent system is continuously monitored, whereas the cell air Maypack is only assayed, retrospectively.

The moisture problem has been largely overcome by installing preheaters on the extract ducts, by lagging the sample pipes and by arranging lutes and catchpots to catch condensates.

Analysis of Samples

After the preliminary measurements of sample activity made on the plant, the samples are bulked, normally over weekly or monthly periods, and are subjected to radiometric analysis in the laboratory. Typically, accurate estimates will be made of total beta, strontium 90, I-131 and total alpha discharges, although other isotopes are also periodically assessed.

Total beta and alpha activities are determined by direct counting after ashing. Ru-106, Ce-144, Cs-137, Zr/Nb 95 are assessed by gamma spectrometry.

The lower limits of detection of all these methods ranging (depending on counting times) from about 5 pCi/sample for alpha, to 500 pCi/sample for Ru-106 are such as to allow assessments of stack discharges many orders of magnitude below the Derived Working Limits.

Records of all these measurements, including the original analytical report forms, are kept for an indefinite period, and estimates of discharges from all stacks are sent to the appropriate Ministries at monthly intervals.

It should also be noted that many individual ducts leading to the stacks are also monitored, and it is now becoming standard practice to monitor continuously the air between primary and secondary filters, in order to give an immediate warning of penetration of the primary filters.

4 LIQUID EFFLUENT MONITORING

The current authorisation places definite limits on the curie content of liquid effluents discharged to sea. In addition to total beta and total alpha limits, there are specific restrictions on the amounts of Ru-106, Sr-90 and Ce-144 which can be discharged. The authorisation relates to cumulative discharges over three consecutive calendar months.

We are required to keep detailed records of all disposals, the dates of disposals and to take representative samples for the purpose of ascertaining the amounts discharged, as may be specified by the Secretary of State.

The main flow of liquid effluents is discharged to sea via 1500 M^3 capacity sea tanks. The whole of this flow passes through a proportional sampler before entering the sea tanks.

The proportional samplers are mounted on top of the sea tanks. A three-tier, multiple-notch, weir arrangement is used, with gravity flow between successive stages. A primary weir with four notches is followed by a secondary weir with twenty-five notches. Liquor passing through three of the primary notches goes directly into the sea tank, whereas that flowing through the fourth notch is directed towards the

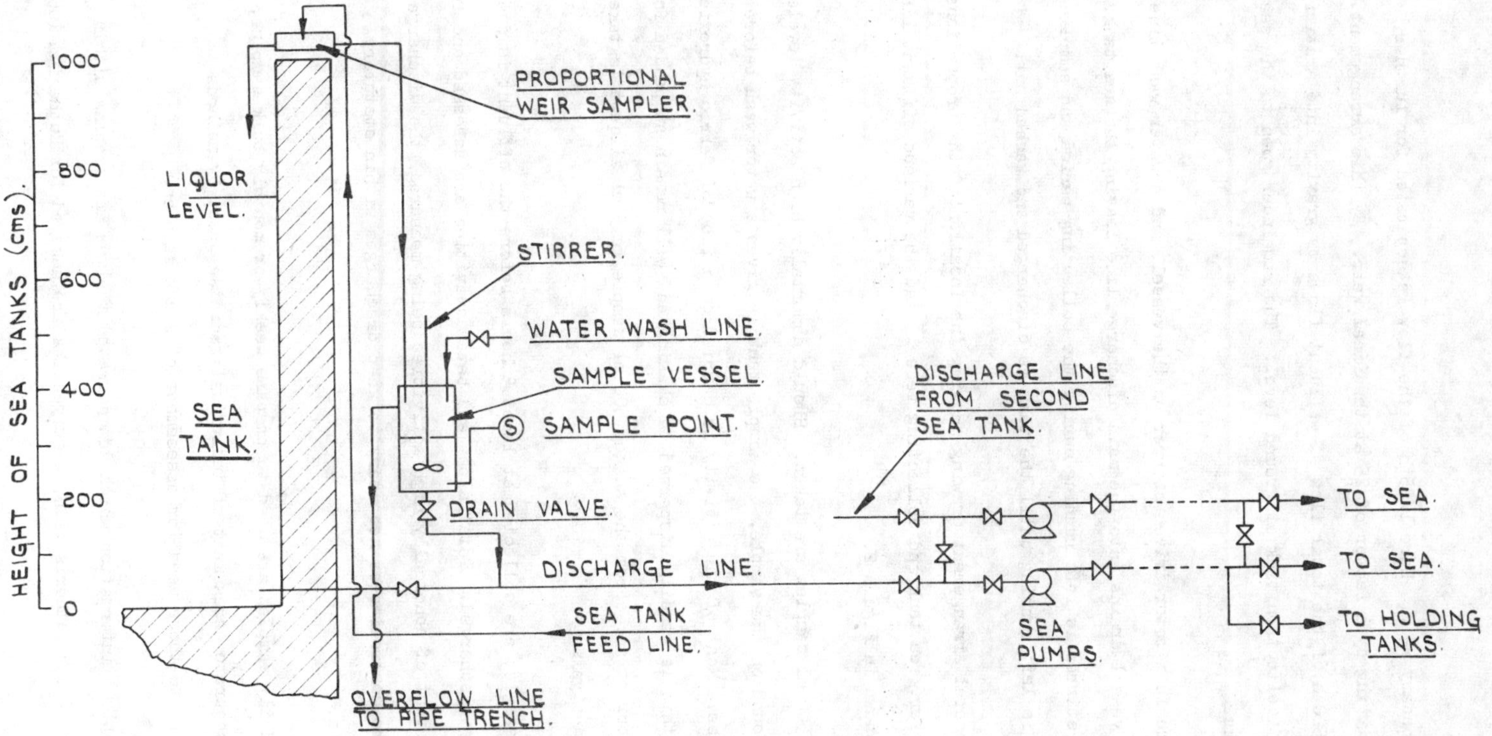

FIGURE 2. FLOW DIAGRAM, SEA TANK SAMPLING AND DISCHARGE SYSTEM, EFFLUENT TREATMENT PLANT. WINDSCALE.

secondary weir. Here 1/25th of the flow is separated for further splitting by a factor of 25 at the final weir. By this arrangement, 1/2500th of the total flow of effluent flows by gravity into a stirred 1 M^3 collection tank at ground level. The remainder goes to the sea tanks.

There is a motor driven stirrer on the vessel, and a water wash line. The vessel drains into the main discharge line leaving the sea tank. The stirrer is left running during the collecting period and sampling, and is left running until the tank is discharged and washed out.

A general arrangement drawing showing the location of the proportional sampler, sea tank and collecting vessel, and the various effluent lines is shown in Figure 2.

Two 500 ml samples are taken. Should abnormally high activity levels be found on the sample, the sample tank is given a water wash before re-use. Most of the activity is carried on a floc of ferric hydroxide, but this is readily dispersed on shaking and will remain suspended for an hour or so. From the shaken 500 ml sample, a 5 ml aliquot is taken for analysis.

The samples are collected at least 3 hours before the effluent is due to be discharged. Total alpha and beta activities are assessed and in the event of abnormally high activities being measured, the discharge can be controlled as necessary to keep discharges within statutory limits.

The daily samples are used to prepare weekly or monthly bulk samples, for accurate assessment of individual radioisotopes, by methods similar to those used for assessment of stack samples.

Thus, to obtain information which demonstrates that we are keeping within the limits of our authorisation, weekly bulks are assayed for Ruthenium 106,

Ce-144, Uranium, and α minus uranium. Monthly bulks are assayed for Sr-90.

Additional information is also obtained by carrying out Zr/Nb 95 and α-kick sort analyses on weekly bulks, and analysis for Cs-137, Ru-103 and Ru-106, together with Americium 241 on monthly bulked samples.

As a postscript to this review of the effluent monitoring arrangements at Windscale, it should be noted that extensive marine and land environmental surveys are carried out by the Works Health and Safety Department. These surveys supplement the effluent monitoring carried out prior to discharge, and indeed are necessary to confirm that effluent discharges are being controlled in a satisfactory manner.

DISCUSSION

J. SCHWIBACH, F.R. of Germany

Comment faites-vous la preuve que vous respectez le principe "as low as practicable" ?

S. HERMISTON, United Kingdom

When any new plant is being designed, we first make a careful study of the nature and potential scale of releases of aerial and liquid effluents, under both normal and accident conditions. We then consider how these releases can be kept to a minimum. In doing this, we make use of our own previous experiences and also study the currently available techniques for decontamination of effluents. Our objective is to use what would generally be accepted as the best available technology to meet the objective of keeping the levels of our effluent discharges as low as is reasonably practicable.

As I said in my paper, any proposals we make in this context must have the approval and sanction of the inspecting Ministries before we are allowed to proceed with the construction of our plants.

D.A. WATSON, Canada

In view of the comments made by Mr Svansson regarding sample losses in stack sampling lines and considering the many bends in your system, have you done any experimental measurements to determine whether there are significant losses in your sample lines ?

S. HERMISTON, United Kingdom

Wa have not carried out planned experiments to determine losses in our sampling lines. On the other hand, we have not observed any significant deposition of activity in these lines under operating conditions. I might also add that our experience has shown that there is reasonable correlation between stack releases, as measured by the methods I have described, and environment contamination such as ground deposition.

L. FITOUSSI, France

Vous nous avez dit à la fin de votre communication, et vous venez de le répéter, que pour contrôler la conformité des mesures effectuées aux points des rejets vous effectuez des mesures dans l'environnement. Pouvez-vous nous donner quelques informations sur la nature et l'importance de ces mesures tant en mer que sur le site ?

S. HERMISTON, United Kingdom

We carry out extensive marine and land environmental surveys. As you will know, the critical path approach established that the uptake of activity on seaweed on our coastline would be the most limiting factor, as far as our liquid effluent discharges are concerned. This is because a particular form of the weed, "porphyra umbilicales", is converted to laver bread for consumption by a section of our population. We therefore collect samples of this at a number of shore locations on a fortnightly basis, for detailed radiometric analysis, but in particular for estimates of the ruthenium 106 content, because this is the most important isotope in this food chain. In addition to seaweed sampling, we also carry out extensive surveys to measure the activity content of fish, seawater, silt and sand.

Our land survey programme includes the routine collection of milk samples, at fortnightly intervals, at a number of farms for radiometric analysis, and particularly for the measurement of I-131 and Sr-90 content. We also carry out surveys for ground and air contamination.

S. PRETRE, Switzerland

Les rejets liquides de Windscale sont connus pour être assez importants. Est-ce que vous n'envisagez pas de convertir une partie de ces rejets liquides en déchets solides ?

S. HERMISTON, United Kingdom

We are certainly planning to use a glass fixation process for the storage of our highly active liquid effluents.

As far as our discharges of low active effluents to sea are concerned, we are currently installing new facilities which will enable us, despite increasing throughputs, to maintain our discharges at or below the present levels.

J. SCHWIBACH, F.R. of Germany

I should like to add the following comment to Mr Prêtre's question. It is within our professional duty to avoid difficulties in the future in respect of too high releases of radioactive effluent to the environment. It is possible to calculate in advance that with an increase in the number of reprocessing plants in the future, more restrictive standards have to be introduced.

DETECTION EN CONTINU DE LA CONTAMINATION RADIOACTIVE DES EFFLUENTS SUSPECTS

R.P. Robert Peray *
G.J. Guy Juste *
A.D. André Descamps **

LECA - Laboratoire d'Examens des Combustibles Actifs

Centre d'Etudes Nucléaires de Cadarache
Boite postale n° 1
13115 - Saint Paul Lez Durance

RESUME

La communication suivante décrit un dispositif de contrôle radioactif des effluents suspects du Laboratoire d'Examens des Combustibles Actifs du Centre d'Etudes Nucléaires de Cadarache. Cette installation permet une détection radioactive en continu des effluents suspects, possédant un système automatique de dérivation des effluents sur des cuves actives en cas de dépassement de seuil ou pour des motifs de sécurité.

CONTINUOUS MONITORING OF RADIOACTIVE CONTAMINATION IN SUSPICIOUS EFFLUENTS

ABSTRACT

The following paper gives a description of a radioactive monitoring system for suspicious effluents at the Active Fuel Examination Laboratory of the Cadarache Centre d'Etudes Nucléaires. With this facility it is possible continuously to monitor suspicious effluents for radioactivity, and there is an automatic system for diverting effluents into active storage tanks in the event of the prescribed limits being exceeded, or for reasons of safety.

(*) DMECN/DDEC/SFER/SELECA

(**) CAD/SPP/SPR

P. PERAY, France

La communication qui va vous être présentée décrit un système de contrôle en continu d'effluents liquides.

Lorsque je me suis trouvé dans cette docte assemblée de gens chargés de contrôler la contamination, je me suis senti un instant mal à l'aise ; je représente en effet un des grands laboratoires chauds, donc un pollueur.

Néanmoins, le texte qui suit vous montrera comment on peut abaisser le niveau d'une contamination, pourtant inférieure aux normes en vigueur. Il vous montrera comment peut être efficace la collaboration exploitation et service de protection.

Pour illustrer cette collaboration, c'est le contrôleur qui va maintenant vous présenter cette communication.

INTRODUCTION

Les effluents du LECA (Laboratoire d'Examen des Combustibles Actifs) de Cadarache sont séparés en trois catégories :
- très actifs pour les liquides venant des cellules
- actifs pour ceux provenant des zones d'intervention
- et suspects pour ceux provenant des autres zones

Pendant cinq ans, les effluents suspects ont été stockés dans des cuves puis rejetés aux égouts après contrôle.

Un nouveau système basé sur le contrôle en continu a été mis au point évitant le stockage. Ce système dont la genèse, la conception, la réalisation et l'exploitation sont décrites dans cet exposé, donne entière satisfaction. Il conduit à un progrès dans la protection de la nature par un rejet de quantités plus faibles de produits radioactifs dans les effluents.

SITUATION INITIALE

Les effluents suspects regroupaient les eaux provenant des douches, des lavabos, des laboratoires et des ateliers. Le volume correspondait sensiblement à 50 m3 par semaine. Quatre cuves en béton de 50 m3 chacune situées au sous sol du bâtiment recueillaient ces eaux. Elles étaient regroupées par deux, l'une servant de trop plein à l'autre. Un système d'alarme permettait au niveau du laboratoire d'être averti lorsqu'une cuve était pleine et commençait à déverser dans la cuve voisine. L'alarme était reportée aux services de sécurité du Centre pendant les heures non ouvrables.

Avant le rejet à l'égout, les effluents étaient brassés énergiquement pour homogénéisation et un prélèvement de 100 cm3 était effectué pour contrôle de la radioactivité. Suivant le résultat, les effluents pouvaient être rejetés, soit à l'égout, soit repris par camion pour être acheminés vers la station de traitement.

ANALYSE

Pendant cinq ans les effluents suspects ont toujours été rejetés à l'égout à raison de 50 m3 en moyenne par semaine, les résultats d'analyse étant toujours inférieurs aux limites de détection ($5\ 10^{-7}$ Ci/m3).

Il nous a semblé que ce système présentait un certain nombre d'inconvénients.

Bien que l'activité moyenne ait toujours été acceptable, il nous est apparu à l'évidence que cette moyenne était obtenue par une très faible quantité à activité spécifique plus élevée, le tout étant mélangé à des eaux à activité nulle. La dilution en fait, masquait les parties vraiment contaminées, et à ce titre constituait une véritable anomalie pour tous ceux qui veulent rejeter le moins possible de radioactivité dans les égouts.

Parmi les autres inconvénients relevons que les systèmes nécessaires d'alarme et les opérations d'exploitation, vidange, curage et entretien occupaient assez souvent le personnel.

IDEES DIRECTRICES

Pour l'exploitant du LECA et semble-t-il pour tout exploitant le souci vis à vis de la contamination est de la détecter :

- au plus près de sa production
- le plus instantanément possible
- et avec le maximum d'efficacité c'est-à-dire avant qu'elle ne soit diluée que ce soit dans l'air, sur une surface ou dans un liquide. C'est ainsi que le LECA s'est doté d'une détection de gaz radioactif au niveau même des cellules avant le rejet dans la cheminée, et d'une surveillance de la contamination des sols qui concentre celle-ci dans un faible volume et donc augmente l'efficacité du contrôle.

L'hypothèse citée plus haut, à savoir que le peu de contamination rejetée aux effluents suspects devait être le fait d'opérations ponctuelles mais d'activité spécifique plus élevée, devait nous permettre moyennant un contrôle en continu de détecter instantanément un rejet contaminé et par une investigation sommaire en repérer rapidement la source. Ceci présenterait l'avantage non seulement de repérer telle ou telle opération contaminante et donc d'en rechercher les causes pour y remédier mais de repérer par la simple douche d'un agent, une contamination plus importante survenue sournoisement à telle ou telle partie de l'installation.

PRINCIPE

Le procédé est simple. Toutes les eaux suspectes sont rassemblées dans une seule conduite ce qui était le cas dans le système de stockage en cuve. Une détection β γ est située sur cette conduite. Lorsqu'un contrôle est significatif et durant tout le temps où il le reste, les eaux sont rejetées dans les cuves à effluents actifs. Le reste du temps les eaux sont rejetées directement à l'égout.

Remarquons tout de suite que si toute l'activité d'une cuve de 50 m3 était dûe à une douche de 50 litres c'est une concentration 1000 fois plus élevée que nous avons à mesurer ce qui doit être possible avec des moyens simples, bien que le temps de comptage soit plus faible puisque la détection s'effectue au passage.

Enfin pour plus de sécurité nous avons inclus dans le principe de ce dispositif une prise en continu d'un échantillon représentatif de tout le liquide rejeté à l'égout afin d'avoir à postériori la certitude de sa qualité.

ESSAIS SUR MAQUETTES

La possibilité de détection en continu a été testée sur une maquette de tuyauterie avec trois types de détecteurs et en utilisant comme liquide les effluents actifs du laboratoire. Des précautions ont été prises pour que l'écoulement soit lent et pour s'affranchir des variations de l'ambiance radioactive.

Les résultats à partir d'effluents à radioactivité moyenne de 1 à 2 10^{-5} Ci/m3 sont donnés dans le tableau n° 1.

Ils conduisent au choix du compteur 3 B 17 et montrent qu'il est possible de déclencher une alerte pour une contamination de 1 10^{-5} Ci/m3 (Enregistrement n° 1).

Tableau I

Numéro du rejet	Volume du rejet (litre)	Condition de rejet	Batterie de 6 compteurs β γ type 3 B 17			Batterie de 2 compteurs β γ type 12 B1P			Ensemble γ DCS30 avec scintillateur Na I		
			Bruit de fond c/s	Signal c/s	Signal /bruit	Bruit de fond c/s	Signal c/s	Signal /Bruit	Bruit de fond c/s	Signal c/s	Signal /Bruit
1	5	dans le courant d'eau	6	11	1,9	8	13	1,7	18,5	27,5	1,5
2	0,5	dans le courant d'eau	6	11,5	1,9	8,5	14	1,7	18,5	29	1,6
3	0,25	dans le courant d'eau	6	7,5	1,3	10	14	1,4	19,5	19,5	1
4	5	après arrêt du courant d'eau	6	24	4	12	25	2,1	19,5	29,7	1,5
5	5	dans le courant d'eau	6	8	1,4	14	17	1,2	19,5	23,4	1,2
6	5	après arrêt du courant d'eau	6	10	1,7	14	20	1,5	19,5	24	1,2

Enregistrement n° 1

ENREGISTREMENT OBTENU AVEC UNE BATTERIE DE SIX COMPTEURS TYPE 3 B 17 LORS DU REJET DE CINQ LITRES D'EAU CONTAMINEE EN P.F. A 1,85 10^{-5} Ci/m3

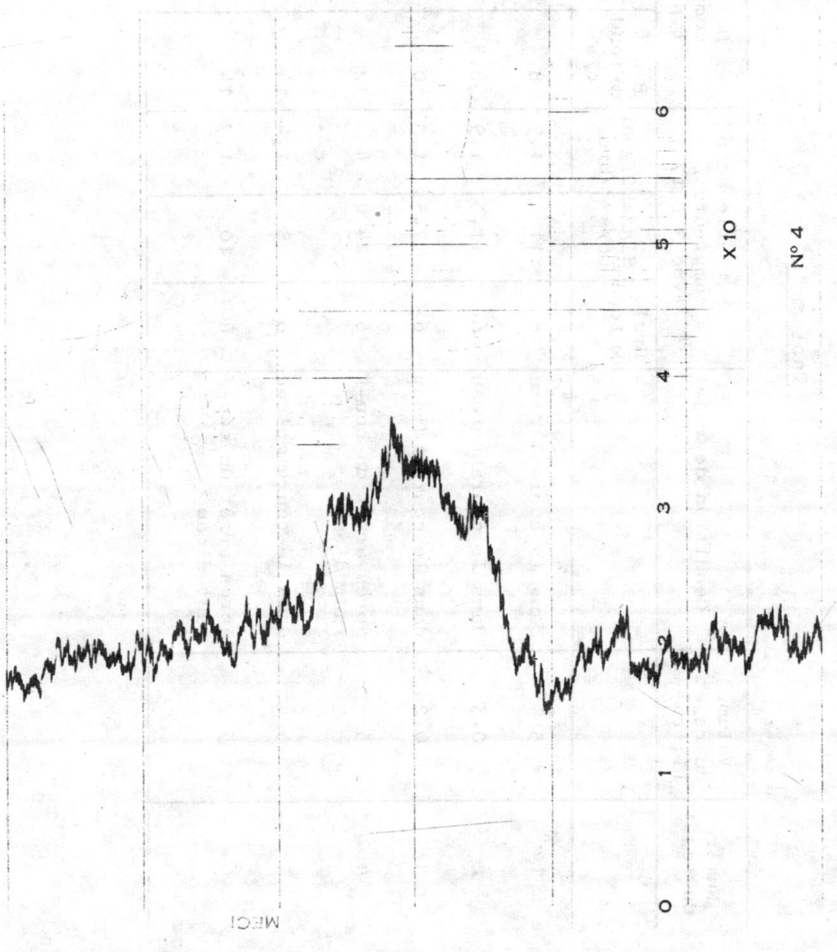

PARTIE MECANIQUE

Compte tenu du choix des détecteurs (GM 3 B 17) nous avons réalisé une installation comprenant :

1°) un séparateur de produit solide

2°) deux postes de détection en parallèle, comprenant chacun une batterie de 6 compteurs, un seul de ces postes est utilisé, l'autre étant en réserve.
Les compteurs sont disposés dans un point bas pour être constamment immergés afin de stabiliser et de diminuer le mouvement propre, les essais sur maquette ayant montré l'utilité d'une telle disposition.

3°) un ensemble d'électrovannes pour renvoi des effluents dans les cuves ou à l'égout suivant la valeur de la mesure

4°) des dispositifs complémentaires permettant :
- un accès facile à l'ensemble compteur
- un rinçage
- une prise d'échantillon

PARTIE ELECTRONIQUE

Tous les compteurs sont connectés en parallèle et reliés à une chaine d'amplification des impulsions comprenant :

- un préamplificateur GMP 3
- un amplificateur
- un ictomètre linéaire
- un enregistreur

Comme on peut le reconnaitre cette partie électronique est des plus classiques, des plus simples, mais également des plus fiables.

TELEALARME

La téléalarme comprend un ensemble de relais à partir des seuils haut et bas de la partie comptage. Le seuil haut déclenche la dérivation sur les cuves et une alarme au local SPR du laboratoire. Le seuil bas qui signifie une absence de comptage, conduit aux mêmes interventions pour raisons de sécurité.

E T A L O N N A G E

Nous avons réalisé l'étalonnage de deux façons différentes :

- en statique pour déterminer la réponse en fonction de l'activité et le seuil de détection
- en dynamique pour déterminer la courbe de réponse lorsque l'eau circule

Pour faire cet étalonnage, nous avons utilisé des sources étalons de ^{137}Cs, $^{90}Sr + ^{90}Y$, $^{144}Ce + ^{144}Pr$

Les $^{144}Ce + ^{144}Pr$ sont les éléments prédominants dans les effluents du LECA.

Les $^{90}Sr + ^{90}Y$ sont en moins importante quantité mais pour des refroidissements importants des P.F. ils ne sont pas négligeables et l'on doit en tenir compte pour les rejets.

ETALONNAGE STATIQUE

Après fermeture des vannes pour isoler une des deux canalisations de contrôle, nous avons versé dans celle-ci, par l'ouverture supérieure, les solutions d'eau contaminées. Nous avons d'abord déterminé le volume d'eau minimum à partir duquel la réponse du système est indépendante du volume d'eau présent dans la tuyauterie.

Ce volume d'eau minimum est de 8 litres.

Nous avons ensuite versé 8 litres de chacune des solutions et relevé sur l'enregistreur la réponse du système de détection.

Les résultats sont donnés dans le tableau suivant :

Nature du corps en solution	Activité de la solution (Ci/m3)	Valeur moy du bruit de fond ($imp.s^{-1}$)	Comptage total ($imp.s^{-1}$)	Sensibilité (Ci/m3 $imp^{-1}s$)
^{137}Cs	$1,9.10^{-4}$	5,4	27	$0,8.10^{-5}$
	$3,8.10^{-5}$	5,7	10,3	
$^{90}Sr + ^{90}Y$	$1,8.10^{-4}$	5,6	76	$0,3.10^{-5}$
	$1,8.10^{-5}$	5,8	11,7	
$^{144}Ce + ^{144}Pr$	$2,3.10^{-5}$	5,8	14,4	$0,3.10^{-5}$

Le bruit de fond variant approximativement de $\pm$ 1,5 imp.s^{-1} autour de la valeur moyenne nous avons fixé le seuil d'alarme à +3 imp.s^{-1} par rapport à la valeur moyenne du bruit de fond.

Nous avons donc une alarme et un rejet automatique aux cuves actives pour des concentrations de l'ordre de :

- 2,5.10^{-5}Ci/m3 en ^{137}Cs soit 1 CMA population
- 1.10^{-5} Ci/m3 en ^{90}Sr + ^{90}Y " 25 " "
- 1.10^{-5} Ci/m3 en ^{144}Ce+^{144}Pr " 1 " "

ETALONNAGE DYNAMIQUE

L'opération consistait à verser dans un évier du laboratoire 10 litres d'une solution d'eau radioactive et à examiner la réponse du système de détection.

Au moment du passage de l'eau contaminée dans la canalisation (passage repéré par le maximum de l'enregistrement) nous avons prélevé 4 échantillons de 20 cc (avec des seringues) en amont et aval de la batterie des compteurs, aux parties supérieure et inférieure du courant d'eau ; ceci pour connaître la concentration vraie au moment de la détection, et sa variation à l'intérieur du courant.

Les résultats sont donnés dans le tableau suivant.

Nature du corps en solution	Activité de la solution (Ci/m3)	Valeur moy. du bruit de fond (imp.s^{-1})	Valeur moy. du max de l'enregis. (imp.s^{-1})	Concentration des prélèvements effectués (en Ci/m3)			
				amont sup.	amont inf.	aval sup.	aval inf.
^{137}Cs	3,8.10^{-4}	6,15	18	7,1.10^{-5}	7,1.10^{-5}	8,7.10^{-5}	9,3.10^{-5}
^{90}Sr+^{90}Y	1,8.10^{-4}	6,15	18	3,9.10^{-5}	3,5.10^{-5}	4,9.10^{-5}	5,6.10^{-5}
^{144}Ce+^{144}Pr	1,9.10^{-4}	6,45	20,6				

Le volume des échantillons était trop faible pour que le laboratoire de dosimétrie puisse donner un résultat significatif pour le ^{144}Ce + ^{144}Pr.

Si nous comparons les maximums de l'enregistrement et les résultats de la dosimétrie, nous obtenons le même ordre de grandeur pour la sensibilité que lors de l'étalonnage statique.

Schéma des canalisations de rejet des effluents suspects du L.E.C.A

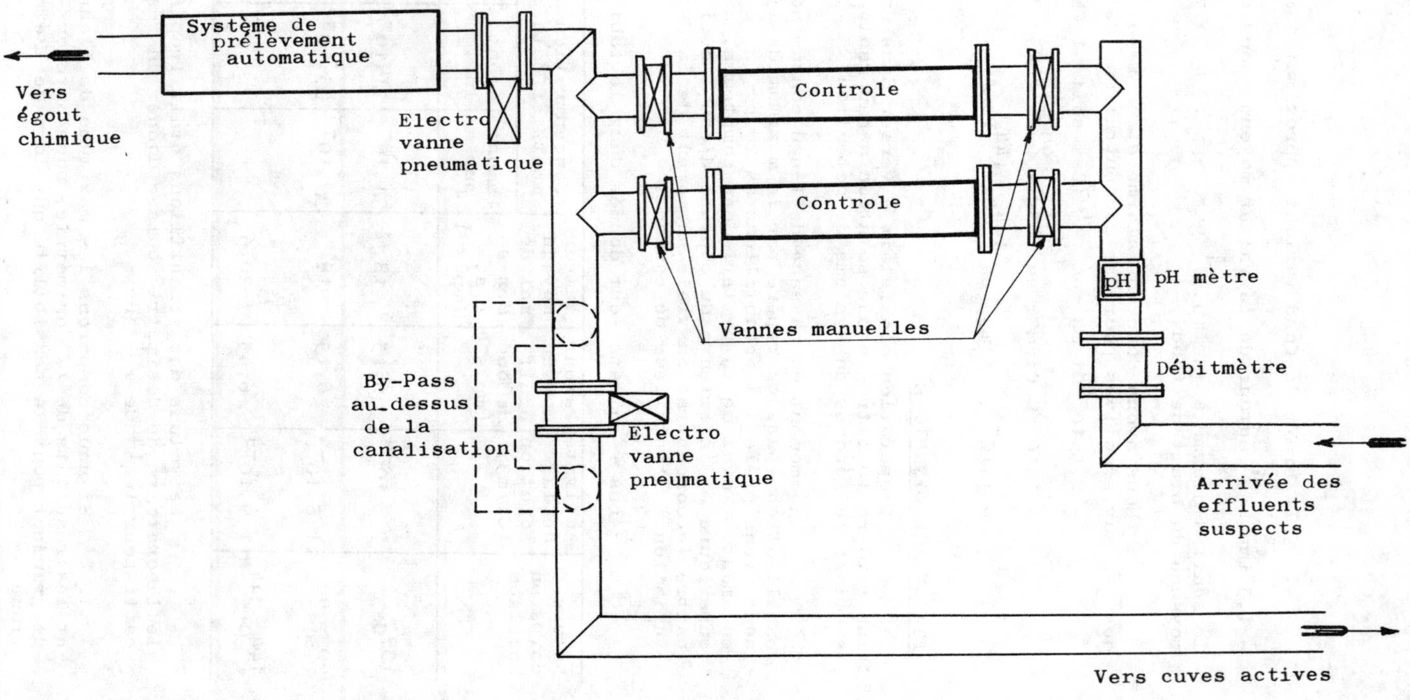

PRELEVEMENT D'ECHANTILLON

Le principe est le suivant :

Les effluents au moment de leur rejet à l'égout après contrôle par l'appareil de détection, passent dans une partie de tuyauterie à section rectangulaire, une cloison verticale sépare le liquide en deux dans le rapport 1/10ème, les 9/10ème vont à l'égout et le 1/10ème repasse dans un dispositif identique prélevant encore une aliquote au 1/10ème.

A la suite de ce premier dispositif, le prélèvement au 1/100ème est stocké dans une cuve et par une pompe doseuse un nouvel échantillon au 1/100ème est prélevé.

L'échantillon final au 1/10.000ème est à disposition des services du Centre pour contrôle chimique et radioactif.

EXPLOITATION

Depuis 1969, ce dispositif de contrôle est en fonctionnement au LECA, et nous a permis d'effectuer des observations intéressantes quant à la nature des effluents suspects du laboratoire, relatifs à la présence de quelques poussières radioactives vraisemblablement fixées sur les boues contenues dans l'eau. Ces particules n'étant pas distribuées de manière homogène dans les effluents ont été, le plus souvent, détectées ponctuellement au niveau du dispositif de contrôle et renvoyées aux cuves actives de l'installation. Il aurait fallu prélever une quantité très importante dans les cuves de 50 m3 pour effectuer de telles observations incompatibles avec les méthodes de contrôle des effluents suspects que nous utilisions auparavant.

D'autre part nous n'avons pas observé d'incident radioactif depuis le début de l'installation de ce dispositif, ce qui semble confirmer les hypothèses que nous avions faites, relatives au rejet accidentel de contamination dans le réseau suspect du bâtiment.

C O N C L U S I O N

Ce dispositif nous permet donc, pour les effluents suspects du laboratoire, d'éviter le rejet :

- 95 % des radionucléïdes à une concentration supérieure à 10^{-5} Ci/m3 soit 1 CMA population
- du ^{90}Sr (contenu dans des proportions de 10 à 20% dans les effluents actifs du laboratoire) à une concentration de 2.10^{-6} Ci/m3 soit 5 CMA population

Ce mode de détection est également compatible avec le schéma de rejet à l'extérieur du CEN de Cadarache, compte tenu des autres installations susceptibles d'effectuer des rejets d'effluents suspects et des dilutions survenant en aval des installations. Notons également que les contrôles de radioactivité sont effectués à tous les stades de rejet, sur le Centre et à l'extérieur, par le Groupe Hydrologique de contrôle du site.

DISCUSSION

S. SCHEIDHAUER, France

Sur le plan des principes il est donc admis de rejeter au niveau de quelques CMA population du strontium 90.

A. DESCAMPS, France

Oui, mais je précise que nous ne nous autorisons ce rejet au niveau de l'installation qu'en cas d'accident. Nous avons en fait déterminé les limites de détection pour un rejet continu d'effluents radioactifs, alors qu'expérimentalement nous avons constaté des contaminations ponctuelles ; en pratique courante nous ne nous trouvons jamais dans les conditions d'étalonnage.

I.S. BHAT, India

What is your experience in build-up of contamination on the pipe containing the detectors ?

A. DESCAMPS, France

Nous n'avons pas observé de contamination des détecteurs, mais parfois une accumulation de boues contaminées dans le point bas de la canalisation. Afin d'éliminer cette boue, nous avons prévu un système local de rinçage au niveau des compteurs qui a été jusqu'ici suffisant pour poursuivre ensuite le rejet dans de bonnes conditions. Il faut également noter que toutes les poussières radioactives recueillies au niveau du système de contrôle ont été automatiquement renvoyées dans les cuves à effluents actifs.

L. FITOUSSI, France

En complément à ce que vous venez de dire, n'avez-vous pas observé de contamination des compteurs eux-mêmes ? Avez-vous une idée du niveau de l'intensité de rayonnement γ ambiant qui pourrait déclencher le système d'alarme, compte tenu de ce que vous avez là un système de six compteurs, donc relativement sensible ?

A. DESCAMPS, France

Non, sauf lors de l'étalonnage avec les solutions de Sr-90 + Y-90, mais l'acidité de ces solutions était différente de celle des effluents généralement rejetés.

Je ne connais pas le niveau d'intensité de rayonnement γ ambiant nécessaire pour déclencher l'alarme, mais nous n'avons, jusqu'à présent, pas eu d'ennuis avec ce problème bien que le système ne soit pas blindé. Mais, si cela était, je pense que cela pourrait éveiller l'attention sur un problème d'irradiation ambiante dans cette partie du bâtiment, allant de toute façon dans le sens de la sécurité radiologique.

MONITORING OF RADIOACTIVE LIQUID EFFLUENTS
AT THE KARLSRUHE NUCLEAR RESEARCH CENTER

M. Winter

Kernforschungszentrum Karlsruhe
Abteilung Strahlenschutz und Sicherheit

Summary

Some 4×10^5 m^3 of liquid effluents are produced annually at the Karlsruhe Nuclear Research Center. The activity control measurements performed by the liquid effluents laboratory of the Radiation Protection and Safety Department decide on the release of these liquid effluents within the meaning of the applicable stipulations. The structure and objectives of liquid effluent monitoring are described. It is reported on the measurement techniques employed and on the extent and results of monitoring measurements.

LA SURVEILLANCE DES EFFLUENTS RADIOACTIFS LIQUIDES AU
CENTRE DE RECHERCHE NUCLEAIRE DE KARLSRUHE

Résumé

Le volume d'effluents liquides produit tous les ans au Centre de recherche nucléaire de Karlsruhe est de l'ordre de 4×10^5 m^3. Les mesures de contrôle de la radioactivité effectuées par le laboratoire d'effluents liquides du Service de radioprotection et de sécurité permettent de déterminer si le rejet de ces effluents liquides peut se dérouler conformément aux conditions applicables. L'auteur décrit la structure et les objectifs de la surveillance des effluents liquides. Il rend compte des techniques de mesure utilisées, ainsi que de la portée et des résultats des mesures effectuées dans le cadre de la surveillance.

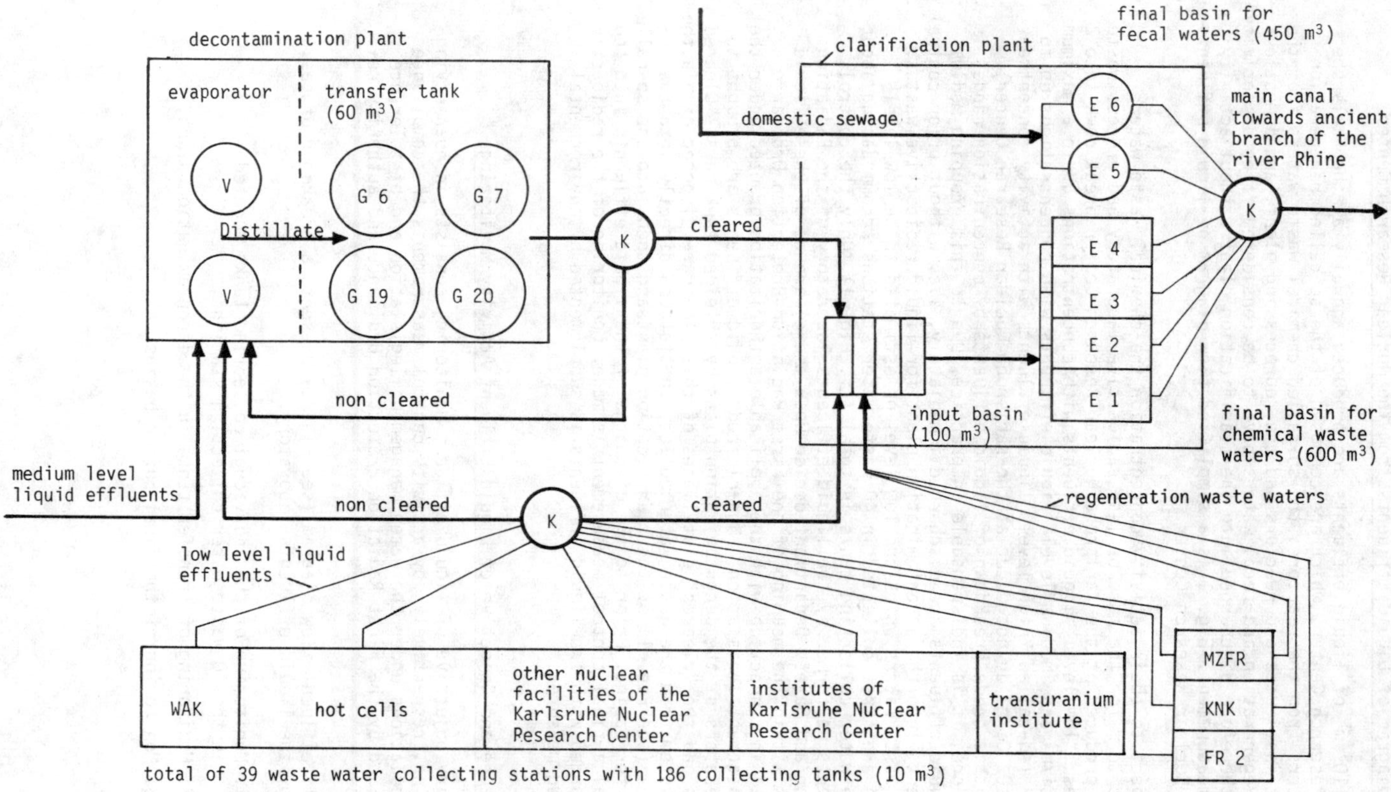

Fig. 1 Simplified flow diagram of liquid effluents from Karlsruhe Nuclear Research Center

(K) Control measurement of radioactivity by liquid effluents laboratory

1. Flow Diagram of Liquid Effluents from the Nuclear Research Center

Some 4 x 10^5 m^3 of liquid effluents are produced annually at the Karlsruhe Nuclear Research Center, which are composed of the so-called regeneration waste waters from the reactors, the so-called chemical waste waters from the different institutes and reactors and the reprocessing plant, and domestic sewage. Regeneration and fecal waters have to be considered "free of activity" and are therefore discharged into the clarification plant without activity control measurement. Fig. 1 is a simplified flow diagram of liquid effluents from the Nuclear Research Center.

With respect to their activity concentration the chemical waste waters - generic term for the more or less radioactive laboratory and process waste waters - produced at the Karlsruhe Nuclear Research Center break down into 2 categories: "low level" liquid effluents with concentrations up to a maximum of 10^{-1} Ci/m^3 and "medium level" liquid effluents with concentrations up to 10^3 Ci/m^3 (so-called "high level" liquid effluents with activity concentrations > 10^3 Ci/m^3 do not occur at the Karlsruhe Nuclear Research Center). Although this crude breakdown of liquid effluents by concentration ranges is a random one, it is indispensable in practice. Due to this grouping medium level liquid effluents are discharged immediately, i.e. without prior control measurement, into the decontamination plant for liquid radioactive wastes. Chemical waste waters which are low level or estimated to be low level effluents are first collected in 40 waste water stations accommodating about 190 waste water collecting tanks in total (cf. Fig. 1). Only the control measurements performed by the liquid effluents laboratory of the Radiation Protection and Safety Department decide upon the clearance of these liquid effluents within the meaning of the First Radiation Protection Ordinance (SSVO) [1] in connection with the applicable authorization granted under the water management legislation. "Non-cleared" liquid effluents are brought to the evaporators of the decontamination plant by shielded tank cars. "Cleared" effluents and the "cleared" distillates of this plant are disposed of via the sewage system from the waste water collection stations directly into the input basins (see Fig. 1) of the clarification plant and then into the so-called final buffer basins. Prior to the discharge of the liquid effluents into the main canal a final control measurement is made. Monitoring of the radioactivity discharged with the liquid effluents is supplemented by environmental monitoring measures.

2. Structure and Objective of Liquid Effluent Activity Monitoring

The primary objective of liquid effluent monitoring consists in guarantying and proving, respectively, by activity control measurements the compliance with stipulations under the water management legislation and of tolerance limits fixed by the First Radiation Protection Ordinance and authority requirements.

The liquid effluent flow diagram (see Fig. 1) presents a breakdown of tasks assumed by the liquid effluents laboratory:

1. Monitoring of the individual collecting tanks located in the 40 waste water collecting stations,
2. Monitoring of transfer tanks in the decontamination plant,
3. Monitoring of the final buffer basins.

2.1 Monitoring of the Liquid Effluent Collecting Tanks of Nuclear Facilities and Institutes of the Nuclear Research Center

As to the number of waste water samples to be measured, monitoring of low level liquid effluents accounting for about one third of all liquid effluents (in 1973 122.000 m^3) is the main task of the liquid effluents laboratory. In 1973 some 12.000 samples were taken from the 186 collecting tanks in total installed at the waste water stations of the Nuclear Research Center.

With few exceptions, the capacity of these collecting tanks is 10 m^3 each. So, the result measured for one single waste water sample decides on the clearance of 10 m^3 each of liquid effluents within the meaning of the applicable legal stipulations. In 1973 the operating costs for decontamination of 10 m^3 of "non-cleared" liquid effluents were about 1.300 DM.

So, the objective of liquid effluent monitoring does not only consist in ensuring the compliance with legal stipulations but also in making optimum use of the possibilities of clearance within these stipulations in order to minimize the costs of decontamination.

Due to the diversity of the numerous nuclear facilities and institutes such a great number of waste water collecting stations must be maintained at a nuclear research center. This heterogeneity of nuclear facilities and of research tasks performed at the different institutes is paralleled by the heterogeneity of nuclide composition and by the height of waste water activity appearing in the individual stations. Consequently, separate monitoring performed at the very point of liquid effluent production does not only take into account the applicable prohibition to dilute liquid effluents characterized by undue activity concentrations (tritium excepted) but also the danger that by uncontrolled mixing of small volumes of relatively high-level liquid effluents with large volumes of extremely low level liquid effluents unnecessarily great amounts of waste water are obtained which together are "non-cleared." Conversely, the tritium concentrations of liquid effluent partial amounts produced almost simultaneously must be exactly known in order to be able to make reasonable use of the authorization to dilute tritium liquid effluents by specific mixing of various types of liquid effluents.

Finally, one objective of liquid effluent monitoring is achieved automatically by the great number of samples, sampling at the point of liquid effluent production, and the availability of a central liquid effluents laboratory; this objective consisting in complete statistical recording of all liquid effluent measurement data. Thus, the liquid effluents laboratory can provide information at any time both on the nature and origin of radioactivity detected in the liquid effluents and on the amounts of water and periods in which they had been produced (see Tables III, IV and V).

Such detailed knowledge might allow to give hints to the operator of a nuclear plant helping him to better control or even reduce in future the activity content of liquid effluents or to elucidate internal events which have caused avoidable activity concentrations in the liquid effluents. In this context, quite a number of examples of practical monitoring work could be easily cited, all of which proving that the expenditure and costs of careful liquid effluent monitoring are worthwhile.

Also the educational effect should not be forgotten which consists merely in the fact that execution of conclusive liquid effluent monitoring is generally known.

2.2 Monitoring of Transfer Tanks of the Decontamination Plant

The transfer tanks of the decontamination plant can be considered quite regularly as waste water collecting stations of a nuclear plant which have to be monitored. Nevertheless, they play a specific part within the liquid effluent monitoring system. The "waste waters" of the decontamination plant consist of the evaporator distillates of all medium level, i.e. a priori "non-cleared" liquid effluents and all low level effluents which proved to be "non-cleared" in the activity control measurement. Since the evaporators are continuously charged with radioactive liquid effluents, the origin of the residual activity fed into the 4 transfer tanks can no longer be determined unambiguously. The objective of monitoring is rather to prevent contamination of the entire clarification plant. Considering the capacity of the transfer tanks of 60 m^3 each and the potentially higher activity concentrations of the distillate, such contamination hazard cannot be excluded in the absence of control measurements which are, consequently, also a permanent check on successful plant decontamination.

2.3 Monitoring of the Final Buffer Basins of the Clarification Plant

Monitoring of the final buffer basins (or final basins) is important because it marks the final point of the monitoring system prior to liquid effluents discharge into the open waters. Also here the objective of monitoring consists in compliance with the provisions under the water management legislation and in ensuring and supporting tolerance limits. In addition, the total radioactivity released from the Nuclear Research Center together with the liquid effluents must be recorded quantitatively (see Table VI).

In activity monitoring of waste water mixtures contained in the final basins also those liquid effluents are monitored which a priori have to be considered as being "cleared" and therefore have not yet been subjected to an activity control measurement (see Fig. 1).

3. Applicable Clearance Conditions

Up to the middle of 1973 the tolerance limits defined in the First Radiation Protection Ordinance were directly applicable to liquid effluent monitoring at the Karlsruhe Nuclear Research Center as a condition of liquid effluent clearance. The only exception was the authorization to dilute liquid effluents containing tritium.

The revisions of the water management licence in May 1973 relate to all three monitoring zones defined in the liquid effluents flow diagram. As a whole, these revisions have led to a more flexible operation of the decontamination and clarification plants without impairing the effectiveness of liquid effluent monitoring.

3.1 Condition of the Clearance for Liquid Effluent Collecting Tanks

The tolerance limits of activity concentrations applicable to the clearance of low level laboratory effluents for discharge into the company owned clarification plant are 1.5 times the values of the maximum permissible concentrations (MPC-values) contained in Annex II of the First Radiation Protection Ordinance.

Consequently, the condition of release for individual liquid effluent collecting tanks reads:

$$\sum_{j=1}^{J} \frac{C_j}{(MPC)_j} = 1.5 \quad (1)$$

where

C_j = activity concentration of the nuclide and nuclide mixture j, respectively, in the sample

j = 1, 2 ... J index for the nuclides and nuclide mixtures J, respectively, in the sample.

Table I compares the tolerance limits applicable before and after July 1, 1973.

3.2 Condition of Release for the Transfer Tanks of the Decontamination Plant

The tolerance limit applicable to the release of the evaporator distillates into the transfer tanks for discharge into the clarification plant is only an aggregate concentration of activity. This implies that in this case the concentrations of different nuclides are not evaluated in a different way. In addition, the tritium concentration is not further limited at this point which takes into account the fact that tritium bearing liquid effluents cannot be decontaminated, since tritium is bound by water (mainly in the form of HTO) and will pass into the transfer tank together with the distillate.

The condition of release for the transfer tanks reads:

$$\sum_{j=1}^{J} C_{j(j \neq {}^3H)} \leqq 1\text{x}10^{-4}\ \text{Ci/m}^3 \quad (2)$$

3.3 Conditions of Clearance for Final Basins

Clarified chemical and fecal effluents from the Nuclear Research Center can be cleared via the final buffer basins and the main canal into an ancient branch of the river Rhine, if on a monthly average the activity concentrations do not exceed the MPC-values defined in the First Radiation Protection Ordinance. On a daily average, values may be exceeded by up to a factor of 10.

The summation formula of the First Radiation Protection Ordinance for clearance of a mixture of radioactive substances in water reads:

$$K_i = \sum_{l=1}^{L} \frac{C_{li}}{(MPC)_l} \leqq 1 \quad (3)$$

where

C_{li} = the activity concentration of the nuclide l in the sample i

l = 1, 2, 3, ... L nuclides or nuclide mixtures of the sample i

$(MPC)_l$ = maximum permissible concentrations of nuclide l according to the First Radiation Protection Ordinance

K_i = value of the sum of ratios of measured and maximum permissible concentrations of nuclides or nuclide mixtures in sample i .

However, the following expression holds for the monthly average $\overline{C_l}$ of the concentration of the nuclide l

$$\overline{C_l} = \frac{\sum_{i=1}^{N} C_{li} \times V_i}{\sum_{i=1}^{N} V_i}, \; i=1,\,2,\,3\,\ldots\,N \qquad (4)$$

where i is the index for the successively numbered liquid effluent samples taken from the final basins and N is the number of final basins emptied per month. When averaging the activity concentrations must be weighted by the volumes V_i of the final basins emptied, since these volumes are different for final basins accepting chemical and fecal waste waters (see Fig. 1).

If $\overline{C_l}$ is substituted for C_l in Eq. (3), the following condition is obtained for the new provisions under the water legislation

$$\overline{K_N} = \frac{\sum_{i=1}^{N} K_i \; V_i}{\sum_{i=1}^{N} V_i} \leqq 1 \qquad (5)$$

where $\overline{K_N}$ is the monthly average of values contained in the summation formula of the First Radiation Protection Ordinance after discharge of N final basins in total. If the daily average of the values contained in the summation formula for the final basins emptied per day is termed $\overline{K_d}$, the following secondary condition applies in analogy with (5)

$$\overline{K_d} \leqq 10 \; . \qquad (6)$$

4. Activity Control Measurements

4.1 Sampling

Liquid effluent monitoring by direct measurement of radioactivity in situ is not carried out at the Nuclear Research Center. The entire monitoring system is exclusively based on the principle of representative sampling and activity determination in a central measurement laboratory. The problem of continuous sampling does not arise, since it is not a matter of monitoring flowing waste waters but rather of sampling from tanks of defined volumes.

At the liquid effluent collecting tanks installed in the 40 waste water stations the attainment of the filling mark is indicated optically. At the same time, any liquid effluents in excess are bypassed into standby tanks so that the representativity of the liquid effluent sample taken cannot be falsified subsequently. Moreover, the representativity of samples is ensured by repeated circulation before sampling of all liquid effluents present in the collecting tank by means of a pump. In the 6 final buffer basins the liquid effluents are also mixed up thoroughly with an agitator before the samples are taken. In all cases 1 l of liquid effluents is sampled.

4.2 Methods of Measurement

Due to the particular importance of monitoring effluents released to the outside, the liquid effluent samples from the final buffer basins are checked most thoroughly. "Most thoroughly" means that specific measurements or analytical steps providing more information about the activity released are made also in cases where they would not be required for the decision upon clearance. All combinations of cases of measuring methods applied in routine operation together with the analytical steps required for the decision upon clearance are included in the analysis of final basin samples so that only this analysis will be reported here.

At first the entire amount sampled is subjected to γ-spectroscopy in a 1 l Kautex flask. A 4.5" Na(I) crystal in a steel chamber is used for this purpose. A computer controlled multichannel analyser is available for recording and evaluation.

To measure the α and β overall activities related to Pu-239 and K-40, respectively, 200 ml of the waste water sample (100 ml, if no final basin sample) are evaporated for activity enrichment. The activity of the residue of evaporation on cubicles of 20 cm diameter is measured in methane flow counters. With a measuring time of 10 min the detection limits for the α- and β-activity concentrations, related to the calibration nuclides, are 0.5×10^{-7} Ci/m^3 and 1.0×10^{-7} Ci/m^3, respectively. A novel design of the evaporation facility resulted in noticeable facilitations of routine operation [2]. The mobile arrangement of the surface evaporators and the use of temperature sensors with a specifically developed automatical shutoff device avoiding excessive heating of the residue of evaporation in the cubicle have markedly easened operation and increased the reliability of the facility. The measuring laboratory was further improved by new electronics allowing simultaneous connection of 8 large area counters for measurement of the α- and β-gross activity [2]. Besides cost savings by use of only one high voltage instrument and timing unit for all 8 measuring places this concept offers the advantage that the freely selectable measurement cycles run automatically and all results are printed.

For determination of the medium β-energy a measurement place is available with two methane flow counters superimposed which are separated by a perforated foil. This measurement aims at estimating the Sr-90 concentration of the sample. Due to the interference of other nuclides (e.g. ^{144}Ce/^{144}Pr) the result of measurement generally allows to indicate only an upper limit of a possible strontium concentration. However, radiochemical strontium evaluations carried out in the past (it is possible to make them on a routine basis, because analysis takes about 8 hours) have shown that the content of Sr-90 in the liquid effluents of the end basin was always less than 5 % of the total β-activity.

In waste water samples from the final basins the α-activity concentration only rarely exceeds the limit of detection. If this is the case, an α-spectroscopic investigation must be made and for this purpose a gridded chamber and a second multichannel analyser are available. With this gridded chamber nuclides present in liquid effluent residue samples on 20 cm diameter cubicles with an average surface occupation of 0.2 mg/cm^2 can be identified within 10 to 30 min, the resolution being 80-100 keV.

The tritium concentration is determined in a liquid scintillation spectrometer after distillation and addition of a liquid scintillator. For 1 ml sample and 10 min of measuring time a detection limit of 0.8×10^5 Ci/m^3 is achieved.

4.3 Scope of Monitoring Measurements

Fig. 2 shows the number of waste water samples investigated every year, beginning in 1964. A review of individual measurements performed in 1973 by the liquid effluents laboratory is given in Table II. The annual total of 13.000 samples breaks down into 36.000 single measurements required either for the decision upon clearance or to obtain the information desired. On an average, 52 waste water samples had to be measured and 142 single measurements performed, respectively, on each working day in 1973.

The statistics on liquid effluents further show that in the last 5 years the average β-activity of 40 % of samples was below the respective detection limit, the same finding being true for the α-activity of 69 % of samples. This result reveals the dominating role of the α- and β-gross activity determinations in routine operation. A statistical evaluation [3] showed that for 70 % of all liquid effluent samples this determination is sufficient to take a decision on clearance but that these 70 % of samples take only 45 % of total processing time required for all samples.

Of the about 1.000 liquid effluent samples (see Table II) which proved to be "non-cleared" in 1973, roughly 28 % originated in the Hot Chemistry Institute and 27 % in the Reprocessing Plant (WAK).

5. Results of Liquid Effluent Monitoring

5.1 Radioactivity in the Low Level Liquid Effluents

Tables II and IV give a review of α- and β-activities, respectively, found in the so-called chemical waste waters of the Nuclear Research Center in the years 1969 until 1973. The abrupt increase of values in 1971 is almost exclusively due to WAK entering the hot testing stage at the end of 1970.

Since 1970 the percentage of WAK liquid effluents in the whole α-activity increased from 70 % to 97.5 % in 1973. The fraction of β-activity of WAK effluents increased from 10 to 98 % within the same period. The quantitative fraction of WAK effluents in the entire amount of low level chemical waste was only 4 % in 1973.

Despite the dominating role of waste water activity produced in WAK it should not be overlooked that also the waste water activity of other facilities of the Nuclear Research Center need to be monitored. During the last 5 years the α-acticity of chemical waste waters produced at the Karlsruhe Nuclear Research Center has doubled and attained 100 mCi in 1973. Since 1969 the annual amounts of β-activity produced at the Center (without WAK) ranged from about 4 Ci to 17 Ci. To obtain information about the origin of β-activity, the contributions of activity over the last 5 years of the 6 main emitters (except WAK) are listed in Table V. It appears that in spite of varying sequence the same 6 waste water stations together were always producing regularly more than 95 % of the total β-activity (without WAK) in these years.

5.2 Radioactivity Released from the Nuclear Research Center

Liquid effluents from the Nuclear Research Center are discharged discontinuously. In 1973 a total of 678 final basin fillings were discharged into an ancient branch of the river Rhine about 2 km away, which serves as a main canal. While the α-activity released every year is not characterized by significant changes and takes values between 0.2 mCi and 1.3 mCi, the β-activity released every year has permanently increased since 1969 (cf. Table VI). A particularly marked increase can be noted for tritium releases. The increasing significance of tritium monitoring taken into account by the research program for determination

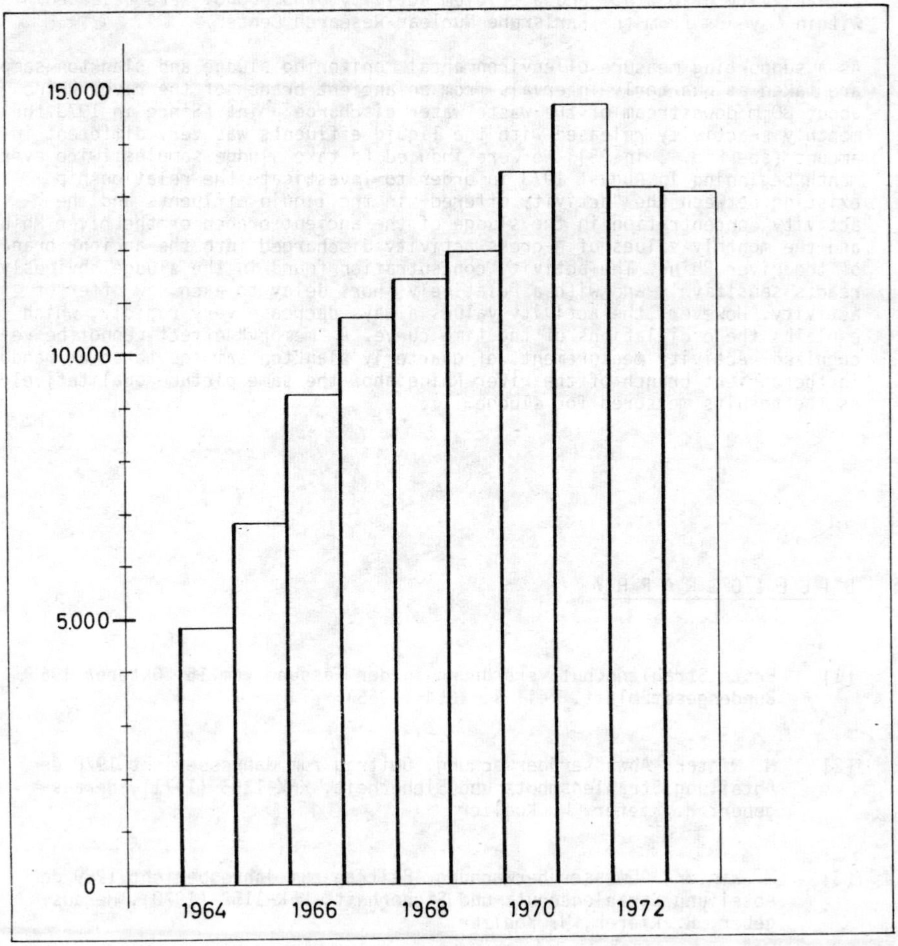

Fig. 2 Number of waste water samples checked per year

of tritium contamination of the environment [4] performed within the framework of the Nuclear Safety Project.

Integrating all releases from 1969 to 1973, we obtain the following result: Together with roughly 2 million m^3 of waste water a total α-activity of 3 mCi, a β-activity of 0.5 nCi and a tritium activity of 5.600 Ci were released within 5 years from the Karlsruhe Nuclear Research Center.

As a supporting measure of environmental monitoring sludge and plankton samples are taken at quarterly intervals from an ancient branch of the river Rhine about 80 m downstream of the waste water discharge point. Since in 1973 the monthly β-activity released with the liquid effluents was very different in amount (see Fig. 3 in [5]) we were induced to take sludge samples twice every month beginning in August 1973 in order to investigate the relationship existing between the "activity offered" in the liquid effluents and the activity concentration in the sludge of the ancient branch of the river Rhine and the monthly values of β-gross activity discharged into the ancient branch of the river Rhine. The activity concentration found in the sludge obviously reacts sensitively and with a relatively short delay to each new offer of activity. However, the activity values always decrease very rapidly, which explains the oscillations of the time curve. A "memory" effect cannot be recognized. Activity measurements of quarterly plankton samples taken at random in the ancient branch of the river Rhine show the same picture qualitatively as the results measured for sludge.

B I B L I O G R A P H Y

[1] Erste Strahlenschutzverordnung in der Fassung vom 15. Oktober 1965, Bundesgesetzblatt, Teil I, 1654 (1965)

[2] M. Winter, Abwasserüberwachung, Beitrag zum Jahresbericht 1970 der Abteilung Strahlenschutz und Sicherheit, KFK-1365 (1971), Herausgeber: H. Kiefer, W. Koelzer

[3] M. Winter, Abwasserüberwachung, Beitrag zum Jahresbericht 1969 der Abteilung Strahlenschutz und Sicherheit, KFK-1158 (1970), Herausgeber: H. Kiefer, W. Koelzer

[4] L.A. König, M. Winter, Messung und Überwachung der in der Umwelt erzeugten Kontaminationen durch Tritium, Jahreskolloquium 1973 des Projektes Nukleare Sicherheit, Karlsruhe, 11. Dezember 1973

[5] M. Winter, H. Schüler, Abwasserüberwachung, Beitrag zum Jahresbericht 1973 der Abteilung Strahlenschutz und Sicherheit, KFK-1973 (1974), Herausgeber: H. Kiefer, W. Koelzer

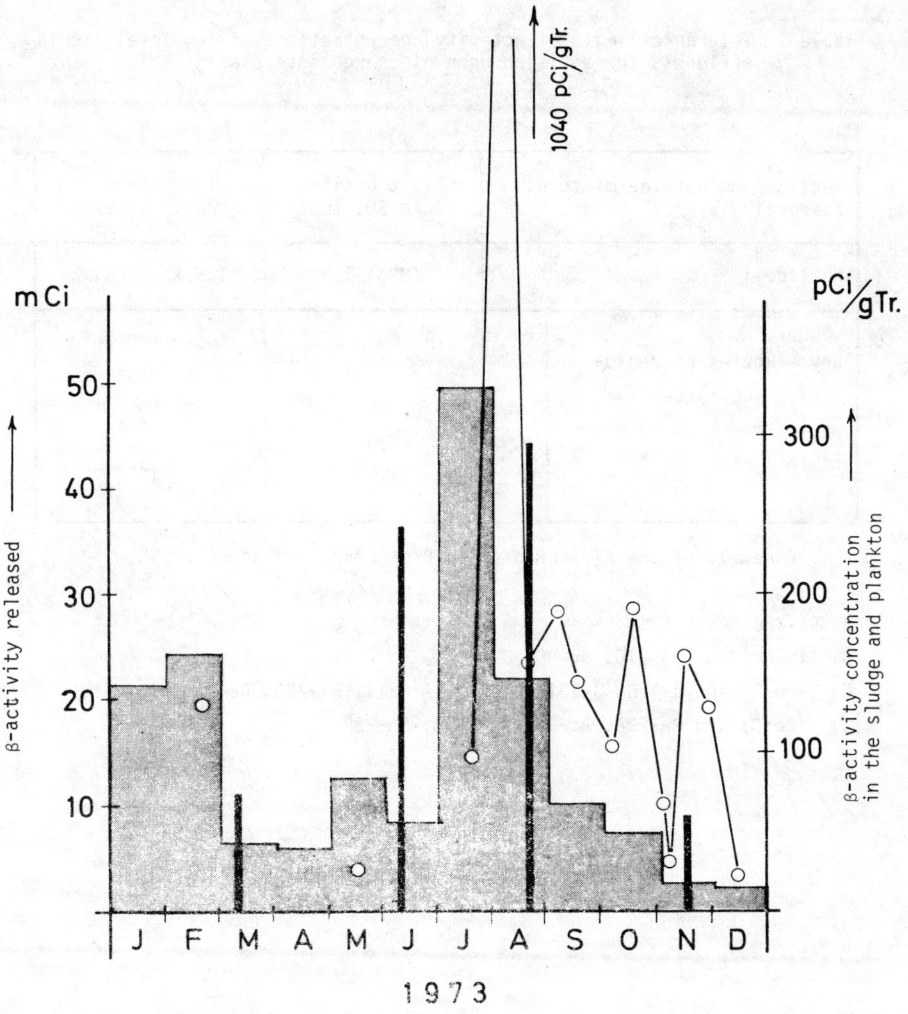

Fig. 3 β-activity released with waste water from Karlsruhe Nuclear Research Center and β-activity concentration in the sludge and in the plankton of an ancient branch of the river Rhine

Table I Tolerance limits of activity concentrations of low level liquid effluents for decision upon discharge into clarification plant

nuclide and nuclide mixture, respectively		limit until June 30, 1973	limit from July 1, 1973
nuclide j		$(MPC)_j$*	$1.5 \times (MPC)_j$
any mixtures of radioactive substances in water free from nuclides of the group ... *		in 10^{-7} Ci/m^3	in 10^{-7} Ci/m^3
	A	10	15
	B	70	105
	C	200	300
	D	300	450

*cf. Annex II of the First Radiation Protection Ordinance (SSVO)

A) Ra-226, Ra-228

B) like A) and Pb-210, Sr-90, J-129

C) like B) and J-126, J-131, Po-210, At-211, Ra-223, Pa-231, Th-nat

D) like C) and Ra-224, Ac-227, Th-230, Th-232 .

Table II Number of waste water samples taken in 1973 and of single measurements performed in the liquid effluents laboratory

number of waste water samples		13 000	100 %
"non cleared" samples in the meaning of the water management legislation		1 008	8 %
type and number of individual measurements made in the liquid effluents laboratory	α	13 000	100 %
	β	13 000	100 %
	^{3}H	5 434	42 %
	α-spectrosc.	680	5 %
	γ-spectrosc.	2 718	21 %
	evaluation of β-energy	746	6 %
total of individual measurements		35 578	274 %

Table III α-activity encountered in the chemical waste water of Karlsruhe Nuclear Research Center (KFZK) from 1969-1973

	α-activity in mCi				
	1969	1970	1971	1972	1973
KFZK total	60	119	492	4010	4050
Reprocessing Plant (WAK)	-	84	399	3890	3950
all the other facilitites	60	35	93	120	100

Table IV β-activity encountered in the chemical waste water of Karlsruhe Nuclear Research Center (KFZK) from 1969-1973

	β-activity in Ci				
	1969	1970	1971	1972	1973
KFZK total	5.8	5.4	96.1	141.1	208.2
Reprocessing Plant (WAK)	-	0.5	78.8	134.3	204.4
all the other facilities	5.8	4.9	17.3	6.8	3.8

Table V Source of β-activity of chemical waste water. Principal emitters (except WAK) from 1969-1973

waste water collecting stations	β-activity in mCi				
	1969	1970	1971	1972	1973
Hot Cells	319	2867	12718	2074	1890
MZFR	5024	1468	3320	4199	1284
FR 2	77	227	990	50	56
Radiochemistry Institute	79	71	166	50	8
Hot Chemistry Institute	34	21	48	77	166
Transuranium Institute	2	2	13	227	298
all the other waste stations	250	195	85	176	87
total	5785	4851	17340	6843	3789

Table VI Waste water activity released from Karlsruhe Nuclear Research Center into an ancient branch of the river Rhine near Leopoldshafen from 1969-1973

year	amount of waste water in 10^5 m^3	activity detected		
		α in mCi	β in mCi	^3H in Ci
1969	3.7	1.1	36	441
1970	4.9	0.2	42	602
1971	4.7	0.4	60	734
1972	4.7	1.3	171	2226
1973	3.8	0.2	170	1580

DISCUSSION

S. PRETRE, Switzerland

Avez-vous quelque expérience avec les liquides radioactifs qui contiennent des détergents ? Autrement dit, est-ce qu'un évaporateur supporte des liquides contenant des détergents ? Je pense à la durée de vie de l'évaporateur.

M. WINTER, F.R. of Germany

Oui, nous avons une certaine expérience de ces liquides dont le contenu en détergents augmente d'année en année. Ils sont traités par l'évaporateur. Le problème se trouve dans la formation de mousse. Cette formation de mousse est freinée au moyen d'un additif (par exemple de l'huile de silicone). Il se forme également des dépôts sur les parois de l'évaporateur.

Nous avons développé au Centre de recherche nucléaire de Karlsruhe des nouveaux produits décontaminants produisant peu de mousse. Voir le rapport de M. S. Kunze : "Entwicklung eines Reinigers für Dekontaminationszwecke mit reguliertem Schaumvermögen", KFK 1848, déc. 1973".

Nous savons que, lorsqu'il y a de la mousse dans un réservoir, les échantillons d'eau ne sont pas représentatifs de la radioactivité contenue.

P. FILSS, F.R. of Germany

Do you use the liquid scintillation spectrometer for H-3 determination only or for other β-emitters as well ?

M. WINTER, F.R. of Germany

Nous n'utilisons le spectromètre à scintillateur liquide que pour déterminer la concentration du tritium. Cela non seulement pour le contrôle des effluents liquides mais aussi dans le cadre d'un programme de recherche sur la détermination de la concentration du tritium dans l'environnement.

I.S. BHAT, India

Can you give me an idea of the major components of the alpha activity of the waste ?

M. WINTER, F.R. of Germany

Il n'est pas facile de répondre à votre question, car nous avons ici des installations nucléaires très différentes. La composition des radioisotopes dans l'eau rejetée dépend fortement de la provenance de cette eau. Les isotopes les plus fréquents sont Pu-239, Am-243, U-234 et U-238.

I.S. BHAT, India

Have you seen any build-up of Pu and Am in the sludge samples collected at the discharge locations ?

M. WINTER, F.R. of Germany

Nous n'avons remarqué aucune augmentation de la concentration du plutonium dans la boue au point de rejet. Les liquides rejetés ne contiennent pratiquement pas de matières solides. La concentration du Pu-239 dans les effluents liquides est d'environ 0,5 nCi/m3. La concentration du Pu-239 dans la boue n'est pas plus haute aujourd'hui qu'en 1970, alors que l'usine de retraitement du combustible irradié ne fonctionnait pas encore. Cette concentration est d'environ 0,5 pCi/g de matière sèche.

R.B. PEPPER, United Kingdom

Does the speaker have any information on the percentage of the activity discharged which is present as "particulate" activity (e.g. > 0,8 to 0,5 μ particles) ?

M. WINTER, F.R. of Germany

Les particules solides en suspension dans l'eau sont concentrées à environ 5 % dans le "Cyclator". Ces particules sont retenues dans l'installation de traitement des eaux. La concentration maximum autorisée des suspensions pour le rejet est de 0,2 g/l. L'effluent liquide rejeté est donc pratiquement de l'eau claire. Les échantillons d'eau sont évaporés avant la mesure, l'activité des particules solides en suspension est donc mesurée en même temps que celle du dépôt obtenu par l'évaporation.

S. AMARANTOS, Greece

The fact that for several years the amount of radioactivity discharged has been small had any effect on your monitoring program ?

M. WINTER, F.R. of Germany

Je ne comprends pas tout à fait votre question. Mais si vous pensez que nous devrions réduire notre programme en raison des faibles activités rejetées, je dois vous répondre que je ne suis pas d'accord avec vous. Le Centre de recherche nucléaire de Karlsruhe comporte des installations très diverses. C'est pourquoi nous ne devons pas réduire notre surveillance. En raison de la mise en service actif, vers la fin de 1970, de l'usine de retraitement du combustible irradié, la radioactivité rejetée a augmenté brusquement d'un facteur 3 ou 4 en 1971.

Je suis convaincu que si l'activité rejetée est si faible c'est parce que notre surveillance est si complète et efficace.

A SYSTEM FOR CONTROLLING RADIOACTIVE SUBSTANCES RELEASED WITH WASTE WATER FROM NUCLEAR POWER STATIONS

R. WOLTER

Institut für Wasser-, Boden- und Lufthygiene
des Bundesgesundheitsamtes
Berlin-Dahlem

Abstract

Waste Water of Nuclear Power Stations is analysed for γ-emitting radionuclides and Sr-90, Sr-89 and H-3 emitting only β-rays. The use of a computer simplifies the analytical methods and prevents faults. The data resulting from these investigations are processed so that they can be easily evaluated in respect to many different aspects. The waste water released from seven nuclear power plants is analysed according to this system since 1970. The system is explained and some results are given.
The composition of the mixture of radionuclides in waste water from these power plants varies so much that the radioactive substances released can be balanced only if every sample is analysed for the different radionuclides. A balance of emission of the different radionuclides has to be carried out as it is a necessary presupposition for each estimation of potential radiation exposures of men.

SYSTEME DE CONTROLE DES SUBSTANCES RADIOACTIVES REJETEES DANS LES EFFLUENTS LIQUIDES DES CENTRALES NUCLEAIRES

Résumé

Les effluents liquides en provenance des centrales nucléaires sont analysés en vue de déterminer leur teneur en radionucléides émetteurs γ, ainsi qu'en Sr-90, Sr-89 et H-3 n'émettant que des rayons β. L'utilisation d'un ordinateur simplifie les méthodes analytiques et empêche de commettre des erreurs. Les données tirées de ces analyses sont traitées de manière à pouvoir être facilement évaluées sous de nombreux aspects. Depuis 1970, les effluents liquides rejetés par sept centrales nucléaires sont analysés selon ce système. L'auteur décrit l'expérience ainsi acquise et donne certains résultats.

La composition du mélange de radionucléides contenus dans les effluents liquides en provenance de ces centrales varie tellement qu'on ne peut établir le bilan des substances radioactives rejetées qu'en analysant chaque échantillon correspondant aux différents radionucléides. Un bilan des émissions des différents radionucléides constitue donc une condition préalable à toute évaluation des doses d'irradiation auxquelles l'homme peut être soumis.

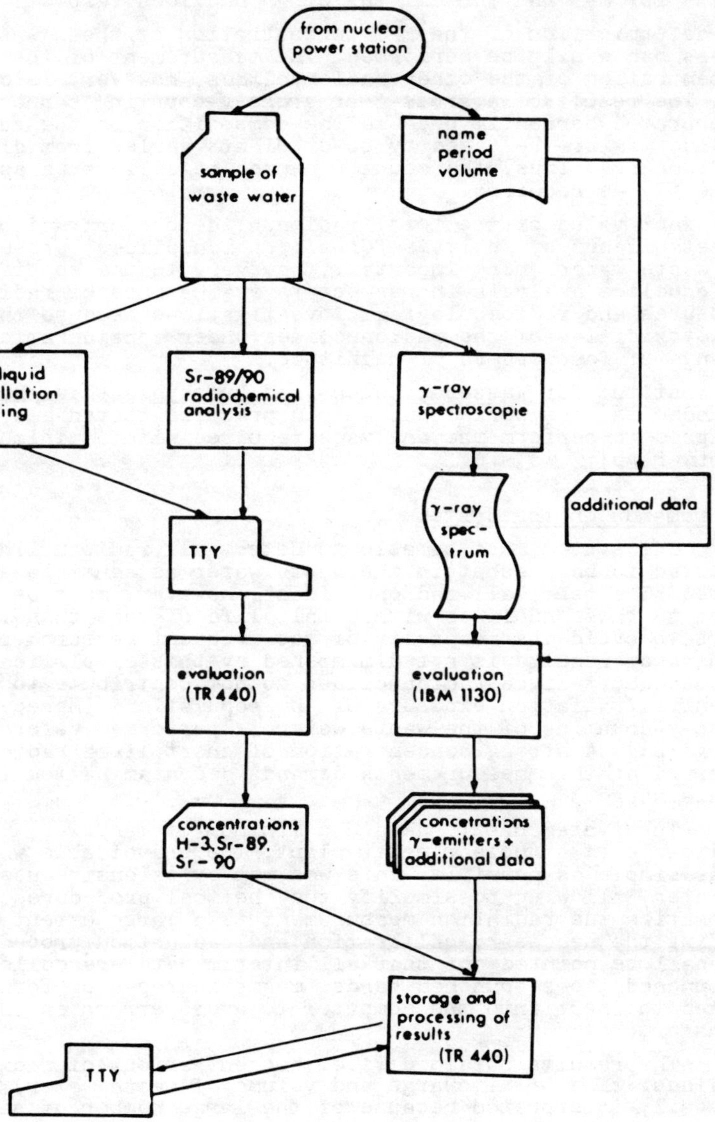

Fig.1: Data Flow Diagram of the Control System

In the Federal Republic of Germany the discharge of radioactive substances from nuclear power plants into rivers and lakes is limited mainly by maximal activity to be discharged during a certain period [1]. Generally, there are two of these limits for H-3 and for all the other nuclides respectively.

The determination of the H-3-concentration of these waste waters can easily be performed. The measurement of the total concentration of the other radionuclides, however, is difficult. The result of a gross-ß-or gross-y-counting cannot be interpreted correctly because the composition of the radionuclide mixture released by power plants varies from discharge to discharge. Thus, the counter cannot be calibrated as correctly as required.

The exact value of the total radionuclide concentration must be established by analysis for all radionuclides, present in the waste water. More important, however, is the specific radionuclide analysis in respect to evaluations of radiation exposures and radioecological investigations because the radiotoxicities of the radionuclides under consideration fill a range of four orders of magnitude.

The Institut für Wasser-, Boden- und Lufthygiene des Bundesgesundheitsamtes worked out and in practice tested a system designed to perform the analyses required with a minimum of manpower [5].

1. Demands on the System

1.1 The system must be able to detect all radionuclides supposed to be present in the waste water as sensible as required. The term "all radionuclides", however, must be reduced to those nuclides with a half life of more than twelve hours to avoid the necessity of too frequent measurements. The meaning of results is not diminished by this simplification because short-lived radionuclides do not contribute to a potential radiation exposure of the population. (Moreover, a gross-y-counting of the waste water is performed before discharge [1]. A strong concentration of short lived radionuclides observed at this measurements demands decontamination instead of discharge.)

1.2 The system has to demand a minimum of manpower, to be applicable at a nuclear power plant, the unavoidable work must be as simple as possible. This was met by extensive use of a computer, allowing to simplify the chemical procedures and to automatize the radiation measurement to a large extent including the necessary calibration and evaluation procedures. It shall be pointed out that all interim data are collected on punched tapes, punched cards, magnetic tapes or formulars fitted to input into the computer to avoid errors in the data transfer.

1.3 The results obtained (i.e. concentrations of radionuclides, time of discharge and volume of waste water) cannot be easily interpreted because of the large number of samples each of which is described by about 30 separate results.

Thus, efforts were made to compress the information obtained by the system to such a degree that the amounts of the specific radionuclides discharged are easily to be valuated. For this purpose all results were stored in a data bank and computer codes were developed for evaluation in respect to different aspects.

Fig. 1 shows a scheme of the complete system.

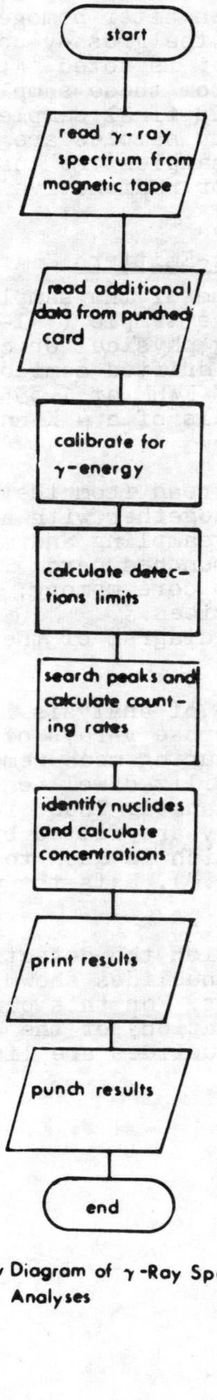

Fig.2: Flow Diagram of γ-Ray Spectrum Analyses

2. Methods of Investigation

2.1 Sampling. In order to limit the number of measurements to a reasonable amount a sample is taken weekly which must be representative for all the waste water discharged during this week. For this purpose a sample of each amount of waste water to be discharged is taken after homogenisation of the water. This sample is used for the gross-y-counting (see 1.1) and the volume of the waste water is noted. At the end of the week a final sample is mixed from these samples in proportion to the waste water volumes. This final sample is examined for y-emitters, then the weekly samples are mixed together as described above. These samples are analysed for H-3, Sr-89 and Sr-90. Reference time for radioactive decay is the middle of the week.

2.2 Determination of y-Emitters

2.2.1 The y-ray-spectrum of the sample is measured by a Ge-Li-y-spectrometer. The sample (1-l-bottle) is put on top of the detector without any physical or chemical pretreatment. The detector is a coaxially drifted semiconductor of 28 ccm sensitive volume and 2.8 keV FWHM at 1.333 MeV. The spectrum is collected in 2000 channels of a 4 K-analyser and put out on magnetic or punched tape.

2.2.2 The spectrum is read from the tape into the core memory of the computer together with additional data (name of sample, time between sampling and measurement and volume of waste water) from a punched card. The computer is an IBM 1130 with 32 K words core memory, magnetic disk and several input/output devices.

Fig. 2 shows a flow diagram of the y-ray spectrum analysis.

2.2.2.1 The first step of analysis is the calibration for y-energies. For this purpose y-rays of Na-22 and K-40 are collected additionally during measurement. At low energies the spectrometer is stabilized well enough to assign a certain y-energy to a certain channel. Thus, four pairs of associated values are obtained. They are fitted by a polynome of the second order $E = f(K)$ which is used to calculate the position of photopeaks (see 2.2.2.3). E is the y-energy, K the channel number.

2.2.2.2 After calibration the detection limits are calculated for a list of radionuclides shown in tabe I as obtained by the actual measurement. For this purpose y-energy E and intensity W (y/disintegration) of the best detectable photopeak for each of these nuclides are listed in the computer. [2,3,4]

Table I — Data of Nuclides for which detection limits are computed

nuclide	E	W	DL
Cr-51	320	0,098	5 E-6
Mn-54	835	1.000	1 E-6
Fe-59	1099	0.562	2 E-6
Co-57	122	0.853	3 E-7
Co-58	811	1.000	8 E-7
Co-60	1173	1.000	1 E-6
Zn-65	1116	0.490	2 E-6
Zr-95	757	0.546	2 E-6
Nb-95	766	0.990	8 E-7
Ru-103	497	0.900	7 E-7
Ag-110m	885	0.710	1 E-6
Sb-124	1691	0.457	2 E-6
Sb-125	428	0.304	2 E-6
I -131	364	0.820	7 E-7
Cs-134	796	0.890	8 E-7
Cs-137	662	0.850	8 E-7
Ba-140	537	0.240	3 E-6
La-140	1596	0.965	7 E-7
Ce-141	145	0.493	7 E-7
Ce-144	134	0.110	3 E-6

E = γ-energy of the easiest detectable peak (keV)
W = intensity of the easiest detectable peak (γ/disintegr.)
DL = detection limit Ci/cbm

By our computer code a peak is found if as a minimum condition each of two adjacent channels contains a number of counts N greater than the average background U (over 5 channels) plus the threefold of its standard deviation $\sigma = \sqrt{U}$ (see 2.2.2.3).

The limit of detection G is

$G = 6 \sqrt{U} \cdot F/(T \cdot V \cdot W)$ (Ci/cbm)

where F denotes the counting efficiency (Ci/Cps) (stored as F = f (E) at the disk, T = counting time (sec) and V = sample volume (cbm).

2.2.2.3 Then the peaks are searched, their positions are calculated and the counting rates are corrected for the counting efficiency [8].

Beginning with the low energy end of the spectrum the background U is averaged over five channels. The next channel is then examined for containing a number of counts greater than $U + 3\sigma$. If this condition is not fulfilled U is shifted one channel to higher energy.

If this condition is fulfilled the next channel is being tested in the same way. If this fulfils the condition, too, the beginning of a peak is stated and the appropriate channel number is noted. The examination of the channel contents is continued till either at the high energy side of the peak the background is reached or a significant depression of the photopeak indicates superposition of two peaks. The number of the last channel of the peak is noted.

Between the first and the last channel of the peak the background is interpolated as a straight line and substracted channel by channel. In case of a significant depression the high energetic underground is taken beyond the end of the second peak, and the contents of the channel at the minimum of the depression is distributed to the two peaks.

For the peak corrected for background the mass centre, the area and the standard deviation of the area are calculated. The y-energy of the mass centre is determined and the area and its standard deviation are corrected for the counting efficiency and converted into counting rates (R and σR). If $R > \sigma R$, the y-energy and the counting rate are stored in the arrays AE and AR.

2.2.2.4 When peak finding is finished, the radionuclides occuring in the sample are to be identified. For this purpose a catalogue of 50 radionuclides is stored at the disk. Each nuclide is described by its name, half life, and up to ten photopeaks expressed as y-energy and intensity [2,3,4]. The photopeaks are divided into primary and secondary peaks. Primary peaks are: The peak of strongest intensity and those peaks of an intensity of 50 % or more of the intensity of the strongest peak (see table II). In some cases, however, this classification cannot be followed because of the composition of radionuclides under consideration.

Table II Description of two Nuclides in the Nuclide Catalogue

I -130		(name)
0.5125 E	0	(half life (d))
3		(number of primary peaks
669	1000	(first primary peak, E(keV) and W(y/disintegr.))
538	1000	(second primary peak)
743	870	(third primary peak)
419	350	(secondary peak)
1150	120	(secondary peak)
I -131		
0.8050 E	1	
1		
364	820	
284	59	
503	4	
637	67	
723	17	

The array AE is compared consecutively with all y-energies noted for the first primary peak of each nuclide in the catalogue within ± 2 keV. If a coincidence is found AE is checked for the presence of all primary peaks of the same nuclide. If all primary peaks are found the nuclide is stated as present and its secondary peaks are searched with $\pm$ 4 keV tolerance.

The peaks in AE belonging to the radionuclide under concern are marked with the reference number of the nuclide, i.e. the position number at the disk, in an array AK, and the intensity is noted in an array AW, both corresponding to AE and AR.

Those peaks not marked in AK after finishing this procedure are printed (see fig. 3, "NICHT IM KATALOG ENTHALTENE LINIEN") and eliminated. Now a system of simultaneous equations is constructed of the arrays AR and AW containing one equation for each radionuclide identified.

We now calculate the activities of the radionuclides according to the Gaussian algorithm. They are converted to concentrat-

W-5-74 KKS
DETEKTOR 1/G 300 REPRAESENTIERT 300. ML
3 UEBERGABEN MIT 97.0 CBM
ABKLINGZEIT 14.0 TAGE MESSZEIT 12212. SEK

NICHT IM KATALOG ENTHALTENE LINIEN

ENERG (KEV)	SCHBAKT (PCI)	FEHLER (PCI)
950	65.1	22.6

IDENTIFIZIERTE NUKLIDE

NUKLID	KONZ(ENTN) (CI/CBM)	KONZ(MSSG) (CI/CBM)
K -40	0.372E-04	0.372E-04
CO-58	0.991E-06	0.863E-06
CO-60	0.674E-06	0.670E-06
CS-134	0.693E-06	0.684E-06
CS-137	0.200E-05	0.200E-05

NACHWEISGRENZEN

NUKLID	CI/CBM (BEI ENTNAHME)
CR-51	0.20E-05
MN-54	0.20E-06
FE-59	0.45E-06
CO-57	0.50E-07
ZN-65	0.47E-06
ZR-95	0.34E-06
NB-95	0.21E-06
RU-103	0.23E-06
AG-110M	0.28E-06
SB-124	0.33E-06
SB-125	0.44E-06
J -131	0.55E-06
BA-140	0.16E-05
LA-140	0.31E-06
CE-141	0.18E-06
CE-144	0.47E-06

Fig. 3:
Protocol print of the evaluation of a y-ray spectrum

tions, corrected for radioactive decay, and printed (see fig. 3, "IDENTIFIZIERTE NUKLIDE").

2.2.2.5 Detection limits have been calculated for all radionuclides (2.2.2.2). The values of those nuclides detected by the identifying routine are eliminated, the remaining detection limits are corrected for radioactive decay and printed (s. fig. 3, "NACHWEISGRENZEN").

2.2.2.6 The results of the measurement are punched on three cards. These results include 20 concentrations or detection limits (the latter marked by "-"), waste water volume, sampling period and name of power plant.

2.3 Determination of Radiostrontium

We use a simplified conventional radiochemical procedure [5], accepting extensive computing to minimize the demand of manpower. The monthly sample (30 - 500 ml) is spiked with a known amount of Sr-85 (to determine the chemical yield) and Sr-carrier. H_2SO_4 + H_2O_2 are added and evaporated to a small volume of a clear solution. Dilution by water forms a precipitate of alkaline earth sulfates. The sulfates are filtered off and heated with saturated Na_2CO_3 solution for 12 hours to convert the sulfates into carbonates. The carbonates are washed free from sulfates and dissolved in acetic acid. Radiobarium is eliminated by repeated precipitations of $BaCrO_4$ and Y-90 by coprecipitation with $Fe(OH)_3$.

The alkaline earthes immediately after this purification are precipitated as carbonates and measured for ß-activity by low level counting. The counting rate is due to Sr-89, Sr-90, and Sr-85, the contribution of Y-90 is neglectible, when measured during the first hour after purification.

After ß-counting the carbonates are dissolved in HCl, Y-carrier is added, and the y-counting rate of Sr-85 is determined in order to correct the first ß-counting and to calculate the chemical Sr-yield.

The solution is stored for a minimum of 24 hours, then Y is precipitated as hydroxide and prepared for ß-counting as oxalate. The counting rate represents the activity of Y-90 built up during storage. The oxalate is now dissolved in EDTA and the chemical Y-yield determined by titration with $MgSO_4$.

The evaluation of these measurements is very complicated because of interference of activities of different radionuclides and the influence of radioactive decay and build-up. It is carried out by our computer code SRK. The input data are collected on a work sheet designed in accordance with this code; they are put in by teletype.

2.4 Determination of H-3

10 ml of the monthly sample are distilled after adding NaJ + $Na_2S_2O_3$ + NaOH (to reduce iodine). The H-3 concentration of the distilled water is measured by liquid scintillation counting using automatic external standardisation. Data are collected on a work sheet and evaluated by means of the computer code TRK.

The concentration value resulting from this is punched on a card together with the corresponding values of Sr-90 and Sr-89;

KRAFTWERK KWO 1. BIS 53. WOCHE 1973

ABGEGEBEN	AKT. O. TRITIUM	2.17E+00 CI	MAX	3.63E+00 CI
	AKT. M. TRITIUM	3.28E+02 CI	MAX	3.30E+02 CI
	VOLUMEN	58010.0 CBM		
	UEBERGABEN	497		

EINZELNUKLIDE

NUKLID	AKT(TAT) (CI)	ANT.DT (PROZENT)	ANT.MT	AKT(MAX) (CI)	AMT.DT (PROZENT)	ANT.MT
CR-51	1.82E-02	0.84	0.01	3.06E-01	8.43	0.09
MN-54	4.53E-02	2.09	0.01	7.18E-02	1.98	0.02
FE-59	NICHT NACHGEWIESEN			1.16E-01	3.20	0.04
CO-57	6.58E-05	0.00	0.0	1.68E-02	0.46	0.01
CO-58	6.47E-01	29.87	0.20	6.52E-01	17.97	0.20
CO-60	3.83E-01	17.67	0.12	3.83E-01	10.55	0.12
ZN-65	NICHT NACHGEWIESEN			1.16E-01	3.20	0.04
ZR-95	NICHT NACHGEWIESEN			1.16E-01	3.20	0.04
NB-95	NICHT NACHGEWIESEN			4.64E-02	1.28	0.01
RU-103	NICHT NACHGEWIESEN			4.06E-02	1.12	0.01
AG-110M	2.15E-03	0.10	0.0	5.61E-02	1.55	0.02
SB-124	4.59E-02	2.12	0.01	1.12E-01	3.08	0.03
SB-125	1.26E-03	0.06	0.0	1.13E-01	3.11	0.03
J-131	8.24E-02	3.80	0.03	1.10E-01	3.03	0.03
CS-134	3.32E-01	15.34	0.10	3.36E-01	9.27	0.10
CS-137	4.82E-01	22.26	0.15	4.85E-01	13.37	0.15
BA-140	NICHT NACHGEWIESEN			1.74E-01	4.80	0.05
LA-140	NICHT NACHGEWIESEN			4.06E-02	1.12	0.01
CE-141	6.30E-02	2.91	0.02	1.03E-01	2.84	0.03
CE-144	3.96E-02	1.83	0.01	2.10E-01	5.80	0.06
SR-89	1.14E-02	0.53	0.00	1.14E-02	0.31	0.00
SR-90	1.28E-02	0.59	0.00	1.28E-02	0.35	0.00
H-3	3.26E+02	0.0	99.34	3.26E+02	0.0	98.90

Fig. 4

Balance of the discharge of radioactive substances from nuclear power plants this card is added to the set of cards obtained by the evaluation of the γ-ray spectrum.

2.5 Balance of Discharge of Radionuclides

All sets of data are stored in a large computer (Telefunken TR-440) forming a data bank. There is one data set for each power plant and each week.

The evaluation of these data can be done in any way desired; usually quarterly and yearly balances of the discharge of radionuclides are put up as shown in fig. 4.

This balance deals with 23 long lived nuclides appearing in waste water from nuclear power plants. The head shows plant, period, total activity including and excluding H-3, waste water volume and number of discharges.

Below the head line "EINZELNUKLIDE" the activities and percentage of total activity are listed for the specific nuclides. On the right hand side there are corresponding maximum values calculated with the assumption that radionuclides not detectable in a specific sample are present in a concentration according to their detection limits as listed in table I.

A package of computer codes and procedures developed for calibration of the instruments, data handling etc. completes the system.

3 Results

The system described is tested in cooperation with seven nuclear power plants since 1970. Samples of the waste water discharged are sent to us for investigation. Since the beginning of 1972 the sampling is done precisely according to the procedure described in 2.1 and waste waters are examined completely [6,7].

For this reason only results of 1972 and 1973 are reported here. Some data concerning the power plants are shown in table III.

Table III: Nuclear Power Plants in the Federal Republic of Germany

Name and beg. of operation	location	type	power (MW_e)	receiving river
VAK (1961)	Kahl	BWR	15	Main
KRB (1966)	Gund-remmingen	BWR	237	Donau
KWL (1968)	Lingen	BWR	255	Ems
KWO 1968)	Obrigheim	PWR	328	Neckar
KWW (1972)	Würgassen	BWR	640	Weser
KKS (1972)	Stade	PWR	630	Elbe
KKN (1973)	Nieder-aichbach	D_2O/ CO_2	100	Isar

3.1 The main results are the balances of radionuclides discharged as given in tables IV and V. The total activities discharged to the rivers are far below the discharge limits

Tab. IV

Radioactive Substances relased with Waste Water from Nuclear Power Stations in the Federal Republic Germany 1972

Power Station	KWO		VAK		KRB		KWL		KKS		KWW		total	
Nuklid	(mCi)	(%)	(mCi)	(%)	(mCi)	(%)	(mCi)	(%)	(mCi)	(%)	(mCi)	(%)	(mCi)	(%)
Cr-51	260	5,72					0,24	0,55	4,4	1,38			264,6	3,70
Mn-54	100	2,22	0,015	0,05	14	0,68			3,1	0,98	9,4	5,03	126,5	1,77
Fe-59									0,79	0,25			0,8	0,01
Co-57	0,74	0,02	0,005	0,02					0,009	0,01			0,8	0,01
Co-58	1120	24,45	0,003	0,01	54	2,73			81,3	25,20	147	79,08	1402,3	19,61
Co-60	950	20,76	2,23	6,97	43	2,15	11	24,58	4,0	1,25	24,5	13,17	1034,7	14,46
Sr-89	4,0	0,09	4,28	13,39	1180	58,94	0,35	0,79	0,55	0,18	1,4	0,73	1190,6	16,65
Sr-90	1,3	0,03	14,8	46,41	109	5,46	0,17	0,39	0,005	0,01	0,042	0,03	125,3	1,75
Zr-95							0,27	0,62					0,3	< 0,01
Nb-95	1,3	0,03	0,026	0,08	2,7	0,14	0,67	1,51	0,095	0,03			4,8	0,07
Ag-110 m					14	0,68			0,65	0,21			14,7	0,21
Sb-124	68	1,50			1,5	0,08	0,19	0,44	29,6	9,17			99,3	1,39
Sb-125			0,039	0,13	0,20	0,01							0,2	< 0,01
J-131	120	2,64	0,072	0,23	181	9,05	5,0	11,28	155	47,89			461,1	6,45
Cs-134	660	14,55	0,18	0,57	141	7,05	7,0	15,95	6,7	2,07			814,9	11,39
Cs-137	1270	27,75	9,32	29,16	247	12,39	15	33,54	22,8	7,07			1564,1	21,88
La-140	11	0,24			2,9	0,15							13,9	0,19
Ce-141					1,5	0,08	1,7	3,77			2,5	1,34	5,7	0,08
Ce-144			0,95	2,98	8,0	0,41	2,9	6,58	14,2	4,40	1,2	0,62	27,3	0,38
H-3	243 Ci		1,07 Ci		78,0 Ci		23,7 Ci		96.6 Ci		3,22 Ci		445,59 Ci	
total activity H-3 exel.	4.56 Ci		0.032 Ci		2,00 Ci		0,044 Ci		0,32 Ci		0.19 Ci		7,15 Ci	
release limit	18.0 Ci		0.6 Ci		14.6 Ci		5 6 Ci		5.0 Ci		6.7 Ci		50.3 Ci	

Tab. V

Radioactive Substances relased with Waste Water from Nuclear Power Stations in the Federal Republic Germany 1973

Power Station	KWO		VAK		KRB		KWL		KKS		KWW		KKN		total	
Nuklid	(mCi)	(%)	(mCi)	(%)	(mCi)	(%)	(mCi)	(%)	(mCi)	(%)	(mCi)	(%)	(mCi)	(%)	(mCi)	(%)
Cr-51	18	0,84							2,3	0,62	15	3,39	0,096	5,02	35,4	0,77
Mn-54	45	2,09			6,6	0,42	0,15	0,68	10	2,73	7,6	1,69			69,4	1,50
Fe-59									0,21	0,06					0,2	< 0,01
Co-57	0,07	< 0,01			0,23	0,01			0,017	< 0,01	5,4	1,20			5,7	0,12
Co-58	650	29,87			67	4,27	0,0043	0,02	66	17,90	310	68,45			1093,0	23,62
Co-60	380	17,67	2,75	26,59	34	2,12	9,0	40,06	20	5,36	62	13,76	0,15	7,79	507,9	10,99
Zn-65					0,11	0,01			0,17	0,05	49	10,92			49,3	1,07
Sr-89	11	0,53	0,27	2,65	940	59,40	0,26	1,17	2,1	0,56	0,93	0,21	0,0016	0,08	954,6	20,63
Sr-90	13	0,59	4,54	43,85	70	4,41	0,28	1,23	0,28	0,07	0,13	0,03	0,016	0,84	88,2	1,91
Zr-95			0,014	0,13	15	0,96	0,34	1,51	0,50	0,13					15,9	0,34
Nb-95			0,026	0,25	24	1,53	0,80	3,55	3,0	0,82					27,8	0,60
Ru-103					4,0	0,26			0,31	0,08					4,3	0,09
Ag-110m	2,2	0,10	0,012	0,11	6,2	0,39			18	5,00					26,4	0,57
Sb-124	46	2,12			1,6	0,10			19	5,23					66,6	1,45
Sb-125	1,3	0,06			2,5	0,16									3,8	0,10
J-131	82	3,80	0,16	1,52	210	13,16	1,3	5,95	43	11,54					336,5	7,70
Cs-134	330	15,34	0,21	1,99	60	3,83	1,9	8,34	38	10,43	0,060	0,01	0,094	4,93	430,3	9,39
Cs-137	480	22,26	2,3	22,22	105	6,63	5,0	22,38	145	39,22	1,3	0,29	0,27	14,03	738,9	15,98
Ba-140					1,8	0,11									1,8	0,04
La-140					4,5	0,28					0,15	0,03			4,7	0,10
Ce-141	63	2,91			12	0,76			0,27	0,07			1,2	64,75	76,5	1,65
Ce-144	40	1,83	0,072	0,69	19	1,19	3,4	15,10	0,49	0,13			0,049	2,56	63,0	1,36
H-3	326 Ci		1,59 Ci		148 Ci		13,6 Ci		112 Ci		5,93 Ci		1,63 Ci		609 Ci	
total activity H-3 exel.	2,16 Ci		0,010 Ci		1,58 Ci		0,023 Ci		0,37 Ci		0,45 Ci		0,0019 Ci		4,60 Ci	
release limit	18,0 Ci		0 6 Ci		14 6 Ci		5 6 Ci		5,0 Ci		6,7 Ci		0,84 Ci		51 Ci	

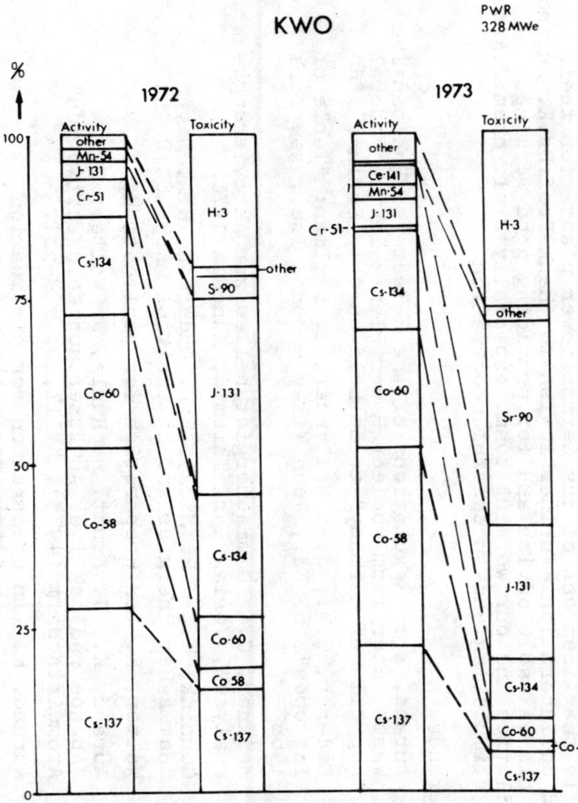

<u>Fig. 5:</u> Composition of radionuclide mixture released by KWO

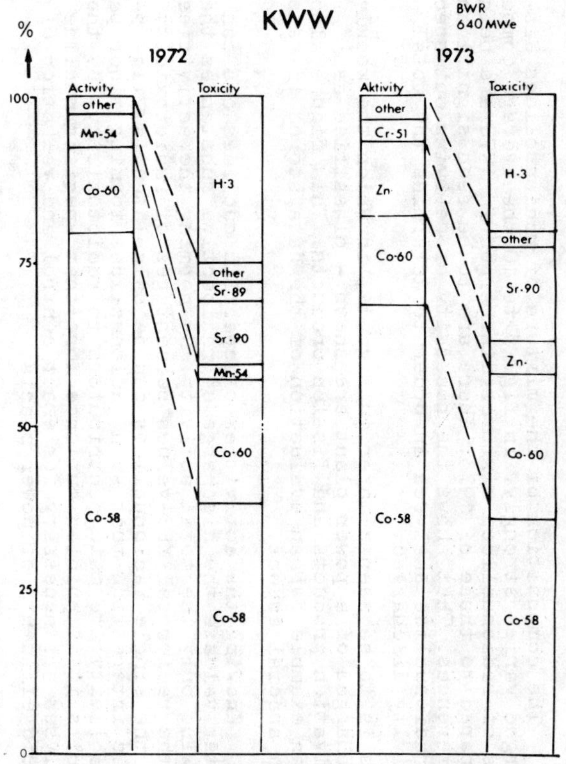

<u>Fig. 6:</u> Composition of radionuclide mixture released by KWW

as stated by the authorities for each plant.

The release of H-3 has increased generally from 1972 to 1973, while the discharge of other nuclides has decreased.

3.2 The composition of the mixture of radionuclides discharged varies strongly. In fig. 5 to 10 the average compositions of radionuclides mixtures discharged in 1972 are being compared to those of 1973. There are to be seen significant differences. That shows the necessity of carrying out specific radionuclide analyses in order to determine the total activity discharged.

This is to be seen clearer in fig. 11, in which the weekly discharges of a power plant are shown - classified as activation products and fission products. This figure also is an example for an evaluation of the data stored in respect to a special aspect.

3.3 Knowing the activities of specific nuclides one can better valuate the discharge of radioactive substances than knowing only the total activity. By norming the activities to the reciprocal MPC-values percentages of radiotoxicity for the single radionuclides can be calculated (s. fig. 5-10). It is interesting that such radionuclides forming minor parts of activity are main contributors to radiotoxicity. By these results it is pointed out once more that specific nuclide analyses are necessary for exact control and valuation of the liquid effluents of power plants.

Acknowledgement

I am indebted to the Bundesministerium des Innern of the Federal Republic for financial support of this work and to the licensees of the German power plants for their kind collaboration. Further I wish to thank Prof.Dr.K. Aurand for his valuable advice and for providing good working facilities and our working team, especially Dipl. chem.J.Arndt for stimulating and successful cooperation.

References

[1] Aurand, K.: "Regulations of the Release of Radioactive Waste Water from Nuclear Power Plants in the Federal Republic of Germany" to be held on this Seminar

[2] Lederer, C.M., J.M. Hollander, I. Perlman: "Table of Isotopes", 6. Ed., John Wiley & Sons, Inc., New York 1968

[3] Meixner, C.: "Gammaenergietabellen zur Aktivierungsanalyse", Verlag Karl Thiemig, München 1970

[4] Gunnink, R., J.B. Niday, R.P. Anderson, R.A. Meyer: "Gamma-Ray Energies and Intensities" Rep. UCID-15439(1969)

[5] Wolter, R. (in preparation for publication)

[6] Aurand, K., J. Arndt, H. Rühle, R. Wolter: "Abgabe radioaktiver Abwässer aus Kernkraftwerken", Atomwirtschaft (1973), XVIII, S. 529-531.

[7] Aurand, K. (in preparation for publication in "Atomwirtschaft")

[8] Arndt, J. and R. Wolter: "Schnelle Bestimmung gammastrahlender Radionuklide in Wässern", Rapid Methods for Measuring Radioactivity in the Environment, p. 311-318, IAEA, Wien, 1971

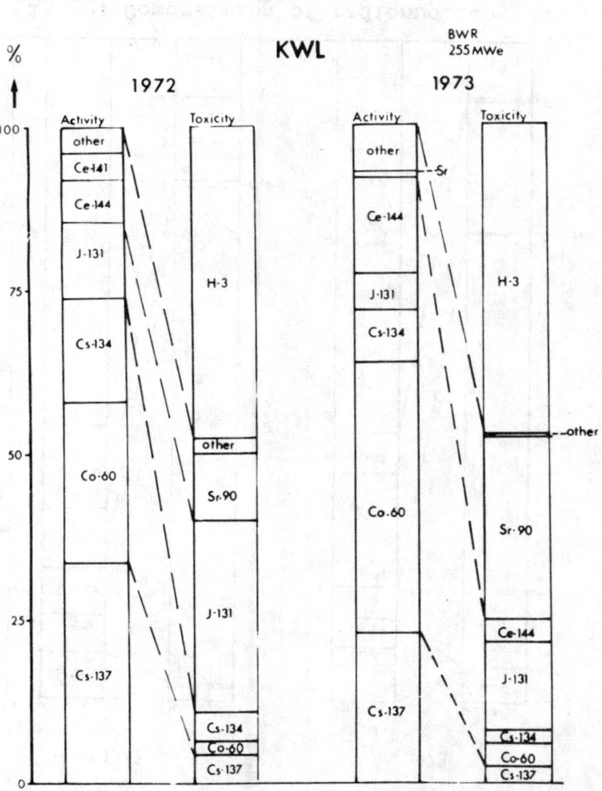

Fig. 7: Composition of radionuclide mixture released by KWL

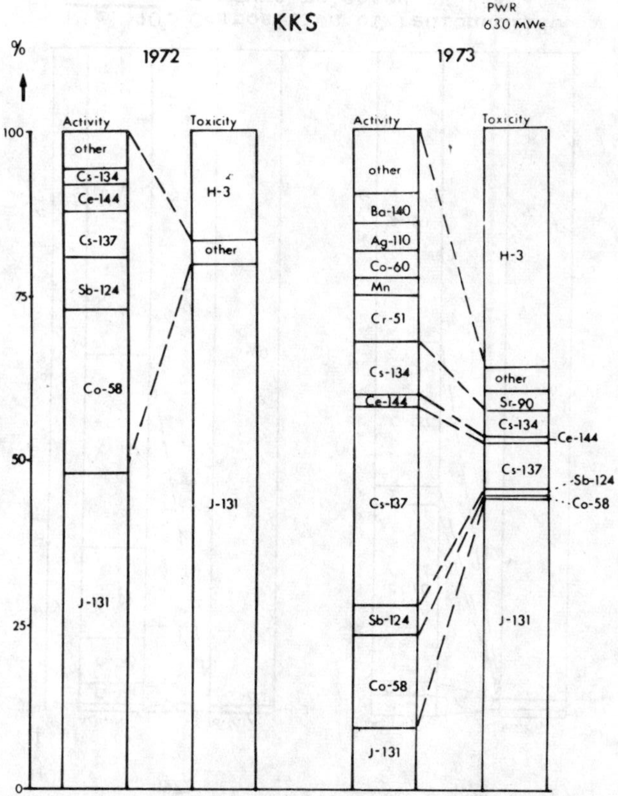

Fig. 8: Composition of radionuclide mixture released by KKS

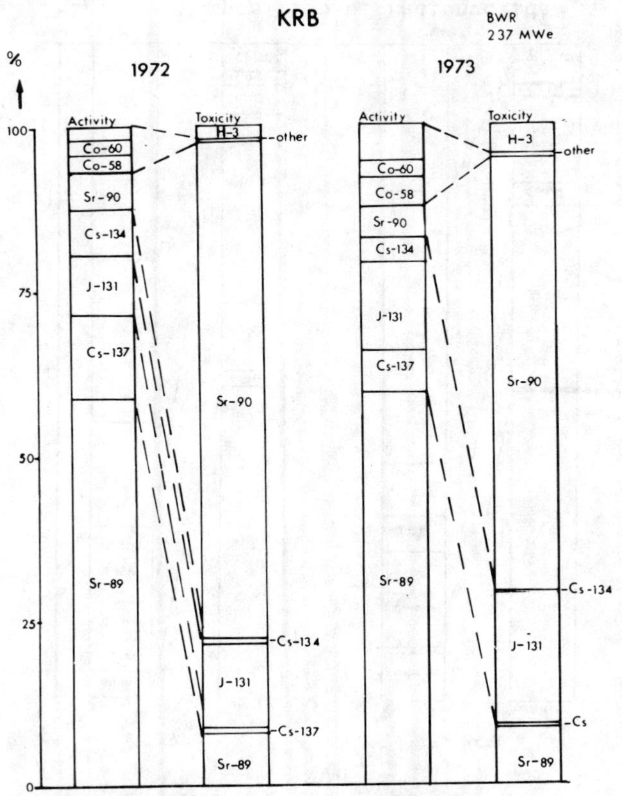

Fig. 9: Composition of radionuclide mixture released by KRB

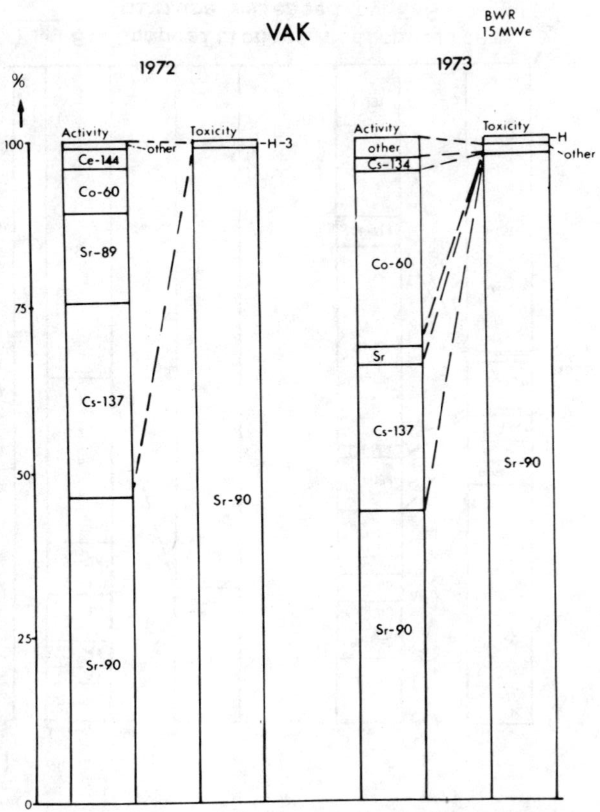

Fig. 10: Composition of radionuclide mixture released by VAK

```
KWO  1972

      6.00E-02  1.20E-01  1.80E-01  2.40E-01  3.00E-01  3.60E-01  4.20E-01  4.80E-01  5.40E-01  6.00E-01
           .         .         .         .         .         .         .         .         .         .
......................................................................................................
1.
2.//////////////$$$$
3.//$
4.////$
5./////$
6.//////////////////////////$$
7.////////$$$$$$$$
8.////
9.//$
10.//////////$
11.///////$$$
12.//$$
13.//$$
14.//$
15.///$
16./
17.//////////////////////////////////
18.$$$
19./$$$
20.$$$$$$$$$$$$$
21.$$$$$$$
22./$$$$$$$$$
23.$$$$$$$$$$$$$$$$$$$$$$$$$$$$$$
24.$$$$$$$$
25.$$$
26.////////////////////////////////$$$$$$$$$$$$$
27./////$
28.//////////$$
29./////////$$$$$$$$$$$$$
30.//$$$$$$$$$$$$$$$$$$$$$$$$$$$$$$$$$$$$$$$$$$$$$$$$$$$$$$
31.//////$$$$$$$$$$$$$$$$$
32.///////////////////////////////////////////////////////////////////////////$$$$$$$$$$$$$$$$$
33./////$$$$$$$$$$$$$$
34.//////////$$$$$$$
35.///$
36.//$$$$$$$$
37./$$$
38./////////$$$$$$$$$$$$$$
39.//////////////////////$$$$$$$$$$$$$$$
40.///////////////$$$$$$$$$$$$
41./////////////$$$$$$$$$$$$$$
42./////////$$$$$$$$$$$$$$$$$$$
43.////$$$$
44.////////////$$$$
45.///////$$$
46.//////$$
47.//$$$$$$$$$
48.///$$$$
49.////////$$
50.//$$
51./////$
52.//$
53.//$
```

Fig. 11: Activities released per week by a nuclear power plant (Ci) presented as activation products (/) and fission products ($)

DISCUSSION

I.S. BHAT, India

Since you have gone into detail for radionuclide analysis in radwaste, I am interested to know whether you have seen an Sn-113 activity in the waste of any BWR and PWR ? You know this isotope can be an activation product of Sn in the cladding material. It is a gamma emitter with 0.38 MeV energy.

R. WOLTER, F.R. of Germany

Le Sr-113 fait partie du catalogue des isotopes utilisé pour le dépouillement des spectres γ. Nous ne l'avons jamais trouvé dans les rejets liquides que nous avons contrôlés.

I.S. BHAT, India

Have you any plans for analysis of alpha activity in the power reactor wastes ?

R. WOLTER, F.R. of Germany

Nous recherchons une radioactivité α dans les effluents liquides des centrales nucléaires depuis environ un an, mais pour l'instant nous n'avons encore rien trouvé.

H. HAIDVOGEL, Austria

Ma question est en relation avec celle de M. Bhat : avez-vous pu identifier d'autres isotopes que ceux du Tableau 1 ?

R. WOLTER, F.R. of Germany

Dans un ou deux cas, nous avons trouvé Sb-122 par spectroscopie γ avec une activité juste au-dessus du seuil de détection. Mais Sb-122 est difficile à séparer dans un spectre γ complexe. Après séparation chimique, il restait dans le domaine d'énergie concerné un taux d'impulsions assez élevé, mais statistiquement insuffisant. C'est pourquoi nous n'avons pas ajouté Sb-122 à la liste des isotopes rejetés. L'activité aurait de toute façon été négligeable.

G. HERRMANN, F.R. of Germany

Avez-vous calculé la dose induite par le mélange d'isotopes ?

R. WOLTER, F.R. of Germany

Nous avons étudié plusieurs modèles radioécologiques mais nous n'avons pas encore de résultat définitif. Cependant, il est certain que la dose induite par les rejets liquides radioactifs est plus petite que 1 mrem/a.

G. HERRMANN, F.R. of Germany

Après vos recherches, ne peut-on pas dire, peut-être en exagérant un peu, qu'il est finalement suffisant de donner une activité "équivalente Cs-137" ?

R. WOLTER, F.R. of Germany

Une mesure "équivalente Cs-137" ne permet pas de calculer une dose.

K. AURAND, F.R. of Germany

Le contrôle des effluents liquides par des mesures "équivalentes Cs-137" ne permet pas une évaluation de la dose. L'analyse isotopique est nécessaire à cause des comportements différents de ces isotopes dans la rivière. Ce n'est que par cette méthode qu'il est possible d'étudier les contributions partielles à la dose totale et de détecter assez tôt un éventuel danger par enrichissement dans la chaîne alimentaire.

J.J. MARTIN, France

Il s'agit d'un commentaire sur la méthode appliquée à l'Electricité de France pour l'évaluation des doses subies par la population du fait des rejets liquides évalués à partir d'une mesure β globale, utilisant le Sr-90 comme étalon, dans un but d'harmonisation avec les organismes de contrôle.

Nous calculons la dose annuelle dans l'hypothèse très simpliste où le public utilise l'eau de rivière comme eau de boisson et en supposant que toute la contamination est constituée de Sr-90, contaminant dont la concentration maximale admissible est une des plus faibles.

Si la dose ainsi évaluée est supérieure à quelques millirems, nous tenons compte de la composition de l'effluent en H-3, émetteurs α, Sr-90 et émetteurs γ identifiés, et nous recalculons la dose dans la même hypothèse simpliste de la consommation d'eau de rivière.

A titre d'exemple, pour la centrale de Chooz en 1973, la dose ainsi calculée a été de 16 mrem dans le premier cas et de 0,33 mrem dans le deuxième cas.

C'est seulement dans l'hypothèse où la dose calculée selon la deuxième méthode serait supérieure à quelques millirems, que nous nous intéresserions aux autres voies d'irradiation du public que l'eau de boisson.

A SYSTEM ANALYSIS OF GAMMA-RAY SPECTROMETRY AND A REALISATION OF ON-LINE EVALUATION FOR ENVIRONMENTAL SAMPLE CONTROL OR OTHER PURPOSES

P. Winiger*, O. Huber, J. Halter*
Physikalisches Institut der Universität Fribourg, Switzerland

ABSTRACT

A reliable on-line analysis system even for weak environmental samples is a dream of many health physicists.It should be as sensitive as possible, save as much time as possible, and the costs of the system should be competitive to the price of a "comparable" hardware analyzer. This implies a shielded Ge(Li)-detector of good resolution and efficiency, a computer controlled multichannel analyzer of modest size and a small peripheral equipment, a corresponding standard software for nuclear spectrometry, input and output routines and a floating point arithmetic. Accurate catalogs of gamma transitions and parametrized detection efficiency curves for as many geometric sample configurations as needed are basic to any evaluation system. A detailed task analysis of gamma-ray spectra evaluation was made and is summarized in the paper. Applications to environmental samplesare presented.

RESUME

Un système d'analyse on-line éprouvé même pour des échantillons de contrôle du milieu ambiant est le rêve de bien des spécialistes en radioprotection. Il doit être aussi sensible que possible, économiser un maximum de temps et son coût doit être compétitif par rapport au prix d'un analyseur hardware "comparable". Ceci implique l'utilisation d'un détecteur Ge(Li) de bonne résolution et de haute efficacité, muni d'un blindage, et d'un analyseur multicanal avec équipement periphérique de taille modeste contrôlé par ordinateur. Il faut disposer d'un choix de programmes standards pour la spectroscopie, des routines d'entrée et de sortie et d'une arithmétique en virgule flottante. Des fichiers précis des transitions γ et des courbes d'efficacité paramétrisées pour chaque configuration géométrique sont absolument indispensables dans tout système d'évaluation. Toutes les opérations nécessaires dans un tel cadre sont résumées dans l'article. Une application à la mesure d'échantillons du milieu ambiant est présentée.

*Eidg. Kommission zur Ueberwachung der Radioaktivität

1. INTRODUCTION

In previous papers [1,2,3] an efficient method is described for performing the evaluation of highly resolved gamma-ray spectra. The principles to be applied are briefly repeated: If a sample containing gamma emitting radionuclides is to be analyzed by means of a Ge(Li)-detector and a pulse height analyzer, the total number of counts in one of the characteristic photopeaks of the spectrum (peak area) is equal to the product of the following factors: The activity of the gamma emitter in Curies, the duration of the measurement, the gamma to desintegration ratio (gamma intensity), the energy dependent calibration factor, accounting to the photopeak detection efficiency, the solid angle and the selfabsorption of the sample (incl. other minor effects), and finally the conversion factor $3{,}7\cdot 10^{10}$ disintegrations/curie·seconds.

The most simple but also the most tedious way to get the result consists of recognizing the main photopeaks of an isotope visually on a record paper by means of their graphically ascribed energies and the peak height proportions; the most prominent peak is chosen for the calculation: the counts in this peak are listed and summed, then the forementioned factors have to be taken from tables and/or graphs and are multiplied. The application of a programmable desk calculator (see 2.8) may improve the efficiency of such a treatment, particularly if the calibration factor can be calculated by a formula, which needs only few parameters (see 6.3.2.6).

A suitable scheme of automatic data treatment should provide firstly a list of peak energies and corresponding peak areas by any sufficient method. The known peak energy may be used to calculate the energy dependent calibration factor. The gamma intensity could be stored together with the gamma-ray energies, the names of the isotopes, the decay times, fission yields, activation cross sections and others in a CATALOG area of the computer memory. In all cases of restricted memory capacity which inhibits the use of such storing areas, the following procedure may be applied: The CATALOG would consist of as many records written on a file (papertape, magnetic tape, punched card, disc) as gamma-ray energies are desired. Every record contains the values of the mentioned physical properties. When the list of peak energies and peak areas is completed, a single record of the CATALOG is read in the memory. The recorded energy is compared with all the peak energies of the list. If there is a check within a given limit, the corresponding peak would be considered as identified and for all supplementary calculations the recorded values are available (i.e. time correction, number of nuclei and others); then the next record is read in and so on.

2. SUMMARY OF TASK ANALYSIS OF GAMMA-RAY SPECTRA EVALUATION

The listings, input and output forms of the following programs are compiled separately (A.1 - A.6 and A.10) together with the used catalogs of gamma-rays and calibration parameters. A table of contents is appended to the paper.

2.1 SPAL (spectrum analysis; see A.1)

Under this name the first implementation of this scheme has been realized in FORTRAN IV for batch processing mode.

Figure 1 shows this program in the general frame of concerned software together with the facilities of auxiliary routines. To use it, four different kinds of formatted INPUT-information on punched cards are needed. Even different file media (card, paper tape, magnetic tape, disc) could be necessary. The INPUT (A.1.2) contains the program itself, the regulatory data (information concerning the sample, calendar dates of measurement and reference, choice of interval ranges, calibration energies, parameters to calibration factor function and others), the spectral data and the catalog data. Below the headings "SPAL" the needed routines are arranged by rows: CHERC (A.1.3.2) serves to localize the peaks, the routine GAUSS (A.1.3.3) is used to approximate up to five overlapping peaks in a self-cut interval, the routine ENERG (A.1.3.4) converts channel values to energy values; the routine SYSLI (A.1.3.5) is designed to solve linear equation systems in the frame of GAUSS and ENERG; the routine TEDI (A.1.3.6) is used to calculate the time difference between two calendar dates; the calibration factor is calculated by the routine SIGMA (see formula 6.3.2.6); finally "CATALOG" means the catalog-file of gamma-ray energies (A.7).

The remaining titles in the top row of figure 1 are interdependent in the following manner:

2.2 ND-2200 (Nuclear Data)

This is a pure hardware analyzer which accumulates a spectral distribution. The corresponding information is available by means of interfaces either in 80-column punched cards (→SPAL) or on 8-track paper tape in ASCII-code (A.10.4 → ANAFIL, → SPAL).

2.3 ANAFIL (A.10)

This is the name of a recently realized package for the purpose of on-line analysis of gamma-ray spectra by means of a mixed hardware/software system ND-4400. It incorporates nearly the whole functional capacity of SPAL besides the different acquiring,data handling and input/output software of modern nuclear spectroscopy devices. The use of this system avoids external data handling (except for archivation) and therefore represents a long desired aim. This software is discussed in detail in section 6.

2.4 DETEF (A.3)

This is a small program for the accurate evaluation of the experimental calibration factor (photopeak detection efficiency etc.) by two different methods suitable either for Ge(Li)-diodes or NaI-crystals. It uses the known activity of a nuclide distributed in a standard sample and its measured peak energy and peak area; the output result is the calibration factor at this particular energy. This program may be replaced by program outputs of SPAL or ANAFIL if the numeric contents of the "activity" and the "calibration factor" are interchanged. The latter is put to a constant value, which would be the known activity of the nuclide (see 6.3.2.6).

2.5 APLAD and APLAN (A.4)

These are two auxiliary programs for the parametriza-

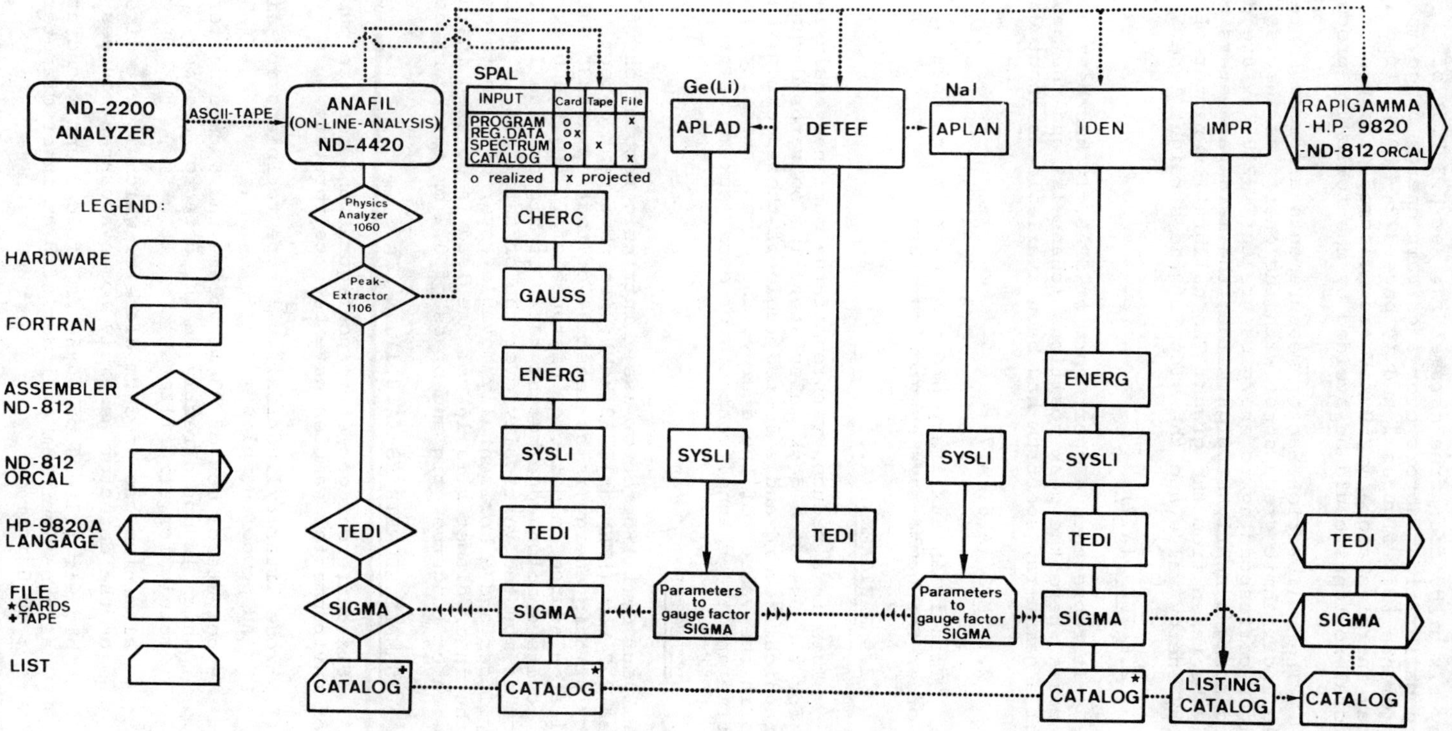

FIG.1. Software developments and auxiliary programs for gamma-ray spectrometry.

tion (by six or by four free parameters; see 6.3.2.6) of measured calibration factors over a certain energy range (see i.e. reference [3], figures 2 and 4, page 328 - 330). If only gamma-ray energies above ∿ 250 keV are measured, the use of this two special routines could be avoided by the following procedure:

The calibration factor measurements are represented on a double logarithmic graph sheet with the energy as abscissa. The values corresponding to energies greater ∿ 250 keV are distributed along a nearly straight line; the main parameters can directly be taken from the graph: The calibration factor at an arbitrary energy value and the slope of the straight line.

2.6 IDEN (A.7)

It represents a short form of SPAL. It had been used in the cases where the peak positions (channels) and the peak areas of a gamma-ray spectrum had been available as input data.

2.7 IMPR (A.6, A.7)

This is an auxiliary program to print the catalog file and to order the gamma-rays by growing energy.

2.8 RAPIGAMMA (A.5)

This is a reduced version of the outlined analysis procedure for the use of a desk calculator. The operator disposes of a graphical record and a listed table of the spectrum; he has to type in the values of the energy, the gamma intensity, the decay time and the channel contents of each peak to be treated.

3. DETECTOR

Our Ge(Li)-detector has an intrinsic resolution of better than 2.2 keV (FWHM at 1332 keV); its photopeak detection efficiency at this energy is at least 9% of that of a 3x3" NaI-crystal at a source to detector distance of 25 cm; the peak height to its compton edge height ratio is higher than 28. The detector is mounted vertically over the cryostat. It is shielded by a cylinder and a horizontally movable cover of 9 cm thick lead; the inner diameter is 16 cm. The lead is covered inside by a sandwich of tungsten, tin and brass of 0.2 mm thickness each.

4. SAMPLE GEOMETRIES (A.8.1)

Six different geometric configurations for the purposes of environmental samples have been calibrated:

- one liter cylindrical well type recipient for liquid and powder samples
- polysterol box of 33 ml volume and 6 cm diameter which is put directly on the detector assembly, mainly for air filters
- aluminium cap of 3 cm diameter which is put directly on the detector assembly for evaporated sources
- big air filters of 60x60 cm^2 folded and wound around a thin aluminium cylinder of 8 cm inner diameter and 8 cm height

TABLE I: COMPUTER MEMORY MAP OF A SOFTWARE ANALYZER FOR ON-LINE GAMMA-RAY SPECTROMETRY. EACH OF THE FOUR MEMORY FIELDS CONTAINS 4096 WORDS OF 12 BITS EACH.

OCTAL-ADDRESS	PROGRAM	NOTATIONS
0:0777 1777 2777	BASIC PHYSICS ANALYZER	IM41-1060-01
3777	I/O OVERLAY	IM41-1062/1105
4777 5777 6777 7777	PEAK-EXTRACTOR	IM41-1106-00
1:0000	F R E E	
1777 2777	FLOATING PACKAGE	ND41-0041 BASIC PACKAGE
3777		0042+0043+0044 EXTENDED PACKAGE
4777	ANAFIL (ON-LINE EVALUATION)	PEAKENERGY AND -AREA LIST (64)
5777 6777		PECA, TITLE, TEDI, TRAFO ACTI, READTAPE, SIGMA, PARA
7777	F R E E	
2:0000 ↓ 7777	ONE SPECTRUM	SPECTRUM 2048 CHANNELS
3:0000 ↓ 7777	4096 CHANNELS	SPECTRUM 2048 CHANNELS

- glass bottle of 118 cm^3 volume which is put directly on the detector assembly, mainly for the analysis of gaseous samples
- point source at 10 cm distance from the detector for the analysis of strong sources.

5. ANALYZER HARDWARE

A low noise preamplifier with cooled FET is mounted in the detector assembly. The amplifier model used is a CANBERRA 1417B.

A minimal hardware system configuration to serve in conjunction with the standard software and the software package ANAFIL as on-line gamma spectrometer (see section 6) may include the following components: A Nuclear Data 4410 system with a 12 k computer (12 bits), a 50 MHz ADC and a teletype (printer, low speed reader, low speed punch). Such a system would amount to about SFr. 70'000.--

However, the system at our disposal is a Nuclear Data 4420 with a 16 k computer (12 bits), a 100 MHz ADC, a teletype, a high speed reader and punch unit for paper tape, and a triple magnetic tape cassette unit. A second ADC allows for multiplexed spectra acquiring.

6. ON-LINE PROGRAM PACKAGE ANAFIL (A.10)

6.1 Standard software

ANAFIL is an assembler program designed for on-line analysis of highly resolved gamma-ray spectra by a ND-4410/20 mixed hardware/software system.

ANAFIL is conceived as an overlay to the following components of ND standard software (see table I):

IM41-1060-01	Basic Physics Analyzer Program
IM41-1062	High/Low Speed Paper Tape Read/Punch I/O Overlay. (These two programs are replacing the most switch controls of a pure hardware analyzer.)
or	
IM41-1105	Block Format Magnetic Tape Cassette I/O Overlay (This program allows magnetic tape cassette handling instead of paper tapes.)
IM41-1106-00	Peak Extraction Overlay (This program produces a list of peak energies and peak areas by methods described in ref [4].)
ND41-0041	Floating Point Program
ND41-0042	Extended Function Package (exponential and logarithmic function)
ND41-0043+0044	Extended Function and Control Package

6.2 Computer memory map

The first problem to solve was the choice and the dis-

TABLE II: COMPLETE OPERATOR CONTROLS AND PROGRAM OUTPUT OF AN ON-LINE GAMMA-RAY SPECTRUM EVALUATION PROGRAM (STANDARD SOFTWARE AND ANAFIL). EXAMPLE CORRESPONDING TO FIGURE 3

* STORE IN GROUP : 2 CHNL 1- 2048
RESULT OF: GROUP : 2-:GROUP 1+:100

* P

NO.	ECL	CENTROID	FWHM	AREA	LEFT	RIGHT
1		632.62	2.05	87.62	795	801
2		661.79	3.00	294.50	831	839
3		764.61	2.07	19.99	962	971
4		1173.24	2.42	60.00	1482	1491
5		1332.56	2.73	71.00	1685	1692

*

ANALYSIS PROGRAM TO SEMICONDUCTOR SPECTRA

SAMPLE: BEZNAU - 7408 13/2/74

ORIGIN: RIVER "AARE" CENTRE OF THE BRIDGE "DOETTINGEN"

QUANTITY: 5 LITER EVAPORATED

GEOMETRY: GT-AL (DIODE GETAC ALUMINIUM CAP)

ADJUSTMENT: 12 DECEMBER 73

BACKGROUND: 20 FEBRUARY 74

DATE OF MEASUREMENT: 25/2/74/19.00

DATE OF REFERENCE 13/2/74/15.30

DIFFERENCE (DAYS) +0.1215E+02

DURATION (CENTISEC) +0.5000E+07

NORMFACTOR +0.1649E-01

ISOTOP	DECAY	ENERGY	GAMMAS	TIME.CORR.	DET.EFF.	ACTIVITY NCI
CO- 60	+1923.5	+1173.2	+100.0	+0.1004E+01	+0.9188E-02	+0.3529E-02
CO- 60	+1923.5	+1332.5	+100.0	+0.1004E+01	+0.8067E-02	+0.4756E-02
CS-137	+9999.9	+ 661.6	+ 85.1	+0.1000E+01	+0.1649E-01	+0.1133E-01

FIG. 2. Background spectra acquired during 50000 s with and without shielding of the Ge(Li)-detector

FIG. 3. Gamma-ray spectrum of the residue of an evaporated 5 liter sample taken from the river Aare during a discharge of liquid wastes from a nuclear power plant (see table II).

posal of the computer memory size; it can be purchased in units (= fields) of 4096 words of 12 bits each. The following solution had been adopted:

- A 16 k memory is used; one half for programs, the other for spectra (2x2048 channels or 1x4096 channels to 24 bits per channel, equivalent to max. about $8 \cdot 10^6$ counts per channel).

- ND standard software is used as far as possible; the BASIC PHYSICS ANALYZER (including an overlay) and the PEAKEXTRACTOR occupy a quarter of the memory (one memory field).

- The preservation of core allocation for the complete floating point arithmetic system occupies roughly an eighth.

- To allocate the program ANAFIL for on-line gamma-ray analysis another eighth revealed to be sufficient.

Table I shows an allocation map of the four memory fields. The comprehension of the structure of ANAFIL implies some knowledge of what is done by the PEAKEXTRACTOR. After the accumulation of a spectrum under the program control of the BASIC PHYSICS ANALYZER, this routine produces on the teletype printer a list of peak energies and peak areas of all the peaks found in a spectrum. The underlying method is described in ref [4]. A fixed interval range and the sensitivity to find a peak must be chosen. The routine is initialized by pressing a mnemonic letter P (Peak) on the teletype. By the same routine (PEAKEXTRACTOR) the energy calibration is performed also (before pressing P) by initializing with the letter E (Energy); two of the automatic quoted peak positions may be chosen as standard lines and ascribed by their exact energy. Evidently the application of a linear interpolation of the energy requires a sufficient linearity of the ADC.

6.3 Internal structure of ANAFIL

ANAFIL consists of two functionally independent parts:

6.3.1 Part one

The peak energy and peak area lister (PECA) is a genuine overlay to the BASIC PHYSICS ANALYZER and PEAKEXTRACTOR. It substitutes the unique print instruction of the former by an examination of the symbol to be printed. If it is a "line feed" (LF) and if the value of the peak counter during the peak extraction process is engaged, then the energy and peak area are not only written by the printer (see table II), but also stored in a computer area; its reserved storing size amounts to 64 peak energy and area values.

6.3.2 Part two

This part of ANAFIL is initialized by pressing a special pushbutton of the control module after the peak extraction is completed. It consists of about a dozen routines which are partly described:

6.3.2.1 TITLE generates an initial dialog to register information concerning the measured sample not used by the program. By headings such as "SAMPLE":, "ORIGIN":, "QUANTITY":, "GEOMETRY":, "ADJUSTMENT":, "BACKGROUND":, the operator is called to give a necessary comment to classify the analysis. Every comment is terminated by a special key.

6.3.2.2 TEDI is the next routine called in the frame of the initial dialog; the headings are "DATE OF MEASUREMENT" and "DATE OF REFERENCE" respectively. The answers, i.e. 25/2/74 19.00 respectively 13/2/74/15.30, are processed by means of the floating input routine. The difference of the two dates is calculated, stored, and printed immediately.

6.3.2.3 TRAFO translates the list of maximaly 64 peak energy and peak area values to floating format and stores the result at the same locations.

6.3.2.4 ACTI is the central section of part 2; it performs the following tasks:

- printing of table headings
- evaluation of the effective duration of the measurement
- printing that value as well as the normfactor (see 6.3.2.6) of the calibration function
- call of the READ-TAPE (6.3.2.5) routine to read a record of the CATALOG (A.11)
- check of the gamma energy of the record with the peak energies of the list
- call of the calibration function routine SIGMA and performance of the activity calculation and desired intermediate results
- printing of matched gamma transitions and calculation results
- repetition of the cycle and return to standard software at the last CATALOG record.

6.3.2.5 READ-TAPE is a routine to read a CATALOG record (A.11) by a paper tape reader; the choice of the low or high speed reader is done by a single bit in a single instruction.

6.3.2.6 SIGMA is the routine to calculate the calibration factor as a function of the gamma-ray energy, by means of the floating arithmetic. The appropriate formula is discussed in ref [3]:

$$a(E) = \frac{a(Eo)}{2} [(E/Eo)^{\alpha} + (E/Eo)^{\beta}][1-\exp(\gamma E)]^{\delta}$$

At energies >250 keV the third factor $[1-\exp(\gamma E)]^{\delta}$ is equal 1; in many cases α is nearly equal β; a(Eo) represents the normfactor. If constancy of a(E) is needed for calibration purposes, a(Eo) is put to the desired value, Eo to an arbitrary constant and $\alpha = \beta = \delta = 0$, $\gamma = -10$. Accurate parameters which make the formula valid down to about 30 keV can be calculated on the basis of sufficient experimental values by use of the program APLAD (six parameters) or APLAN (four parameters). They are described in the appendix A.4. The parameter set once known and recorded on paper tape is simply charged as a program overlay.

6.3.2.7 PARA is a small routine to perform for the first time the input of the parameters of SIGMA (6.3.2.6).

7. APPLICATION OF THE SYSTEM AND AN EXAMPLE OF MEASUREMENT

The detection of gamma emitters in weak environmental samples requires a long duration of pulse acquiring and careful elimination of background effects. This is achieved by an effective shielding and subtraction of the remaining component. Weak samples are measured for 50'000 s during the night. Figure 2 shows background spectra of this duration with and without shielding of the detector (see section 3); the shielding effect amounts to a factor of 20 to 50 slightly dependent on the energy scale. All the background peaks can be ascribed to nuclides of the decay chains of uranium and thorium and to K-40; a small trace of Cs-137 is also present.

Figure 3 shows the spectrum of the residue of an evaporated 5 liter sample taken from the river Aare about 3.4 km downstream of the nuclear power plants Beznau I + II during a discharge of liquid wastes measured at the same conditions. The plot shows the presence of the peaks of Cs-137 and Co-60 corresponding to 2.0±0.4 and 0.8±0.3 pCi/l; these values are very close to the detection limit. The trace at 1461 keV with positive and negative counts arises from a slight spectrum shift (about 1/2 channel) of the subtracted background spectrum. In table II the complete operator controls and the program outputs belonging to this evaluation are recorded:

7.1 Background subtraction

By means of the operation *STORE the background spectrum in group 1 (channels 1-2048) is subtracted from the spectrum in group 2 (containing effect + background) and 100 counts are added to each channel content to avoid arithmetically negative numbers.

7.2. Peak extraction

The operation *PEAK is followed by the automatic quotation of the peak energies and peak areas by the teletype printer. The routine PECA of ANAFIL stores these two values after completion of a printing row in the peak energy and peak area list of the computer (see table I).

7.3. Evaluation

By pressing the pushbutton 16 of the control module, part 2 of the program ANAFIL is initialized; the title "ANALYSIS PROGRAM OF SEMICONDUCTOR SPECTRA" is followed by the headings of the initial dialog described in section 6.3. After the printing of the table headings beginning with "ISOTOP..." successive CATALOG records are read by the high (low) speed paper tape reader. The matched CATALOG energies 1173, 1332 and 661 keV (in the

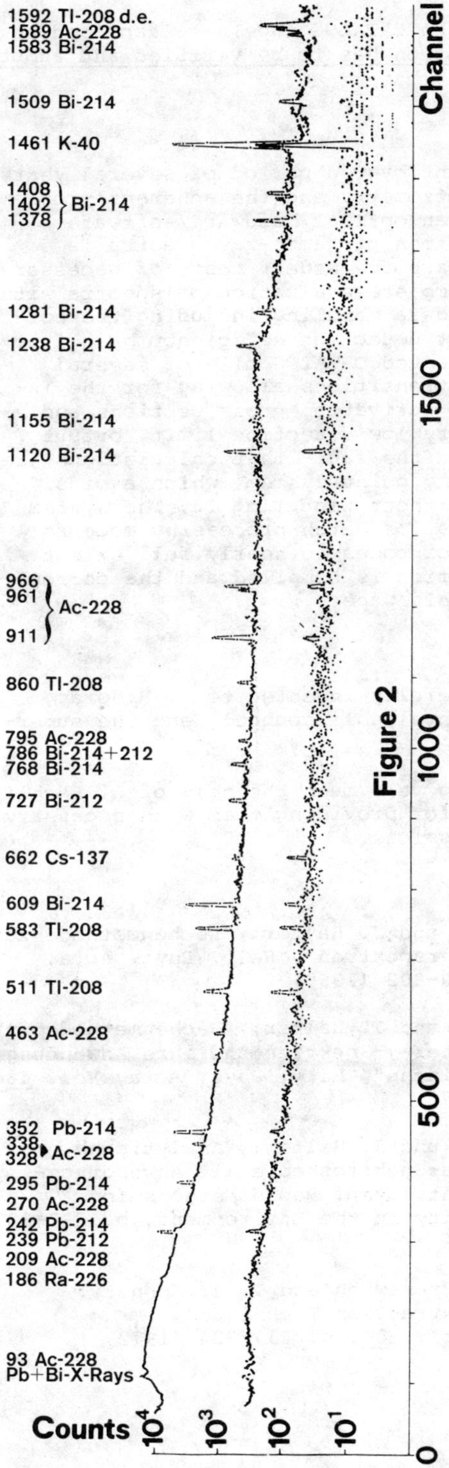

Figure 2

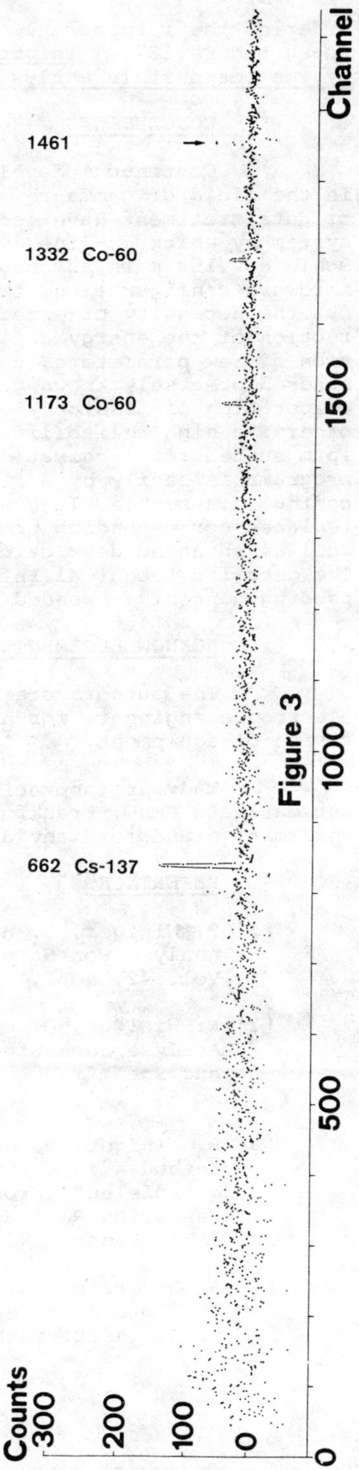

Figure 3

order of their appearance on the CATALOG tape) are ascribed to Co-60 and Cs-137. This proposition has to be verified and adopted by the responsible analyst.

8. CONCLUSIONS

Continuous development over a period of several years in the field of gamma-ray spectrometry and the adherent problems of data treatment have led to an optimal hardware/software system by which on-line evaluation of gamma-ray spectra is achieved. Its main advantages are the modest costs of necessary hardware configuration, the complete evaluation of spectra without the necessity of external data handling including the correction of the energy dependent detection efficiency by a function of few parameters, a segmented CATALOG file of several hundred precisely known gamma transitions allowing for the incorporation of fission yields, activation cross sections and others; a high reliability, very low detection limit, output form suited for archivation and the fact that calculations are programable easily by a floating point system, which avoids coding in assembler language without hindering it. The system replaces corresponding programs for batch processing mode as well as advanced desk calculator codes to nearly full extent. The detailed technical information is compiled and the corresponding contents appended to this paper.

9. ACKNOWLEDGEMENTS

The authors are gratefully indebted to L. Ribordy, electronic engineer, for his invaluable councel and the supervision of equipment.

They are appreciating very much the help of A. Bächli, Nuclear Data GmbH, Frankfurt, for providing them with necessary information and for many discussions.

10. REFERENCES

[1] P. Winiger, O. Huber und J. Halter: "Rechenmethode zur Analyse von Halbleiterspektren", Helv. Phys. Acta, Vol. 42, no 7, p. 900-902 (1969)

[2] P. Winiger, O. Huber und J. Halter: "Rechenmethode zur Analyse hochaufgelöster γ-Spektren und ihre Anwendung auf Spaltfragmentgemische", Helv. Phys. Acta, Vol. 43 no 6, p. 693-712 (1970)

[3] P. Winiger, O. Huber und J. Halter: "Analytische Methoden in der Gamma-Spektroskopie mit Anwendungsbeispielen", Proc. Int. Symp. Rapid Methods for Measuring Radioactivity in the Environment, p. 317-337 IAEA, Vienna 1971

[4] A. Robertson, W. V. Prestwich and T. J. Kennett: "An Automatic Peak-Extraction Technique", Nucl. Instr. Meth. Vol. 100, p. 317-324 (1972)

A. APPENDIX (contents)

A.10.	ANAFIL 1; complete on-line evaluation of gamma-ray spectra with a ND-4400 system; internal report, provisional instruction, P. Winiger, 10.10.73
A.10.1	ANAFIL octal listing
A.10.2	CORANA5 correction patch to ANAFIL
A.10.3	ASCII-8th-level-completer, L. Ribordy, P. Winiger 28.9.73
A.10.4	ND-2200 ASCII-tape reader, H. Völkle, P. Winiger 29.10.73
A.10.5	DEPLAZ: routine to relocate programs; 1.9.72
A.11.	CATALOG of gamma-rays (PAPER TAPE FILE)
A.11.1	fission gases
A.11.2	fission products short-lived (Te-134 to Sb-129)
A.11.3	fission products short-middle-lived (I-135 to Ce-143)
A.11.4	fission products middle-lived (Mo-99 to Ba-140)
A.11.5	fission products long-lived (Ce-141 to Cs-137)
A.11.6	Np-239 and U-239
A.11.7	energy standards and selected activation products
A.11.8	activation products
A.11.9	natural decay chain (uranium-, thorium-, and actinium-series)
A.11.10	background transitions, including K-40 and Be-7.

DISCUSSION

L. STRACKEE, Netherlands

In the programme for the analysis of semi-conductor gammaspectra you described, there is a step where the photopeaks in the spectra are searched for. Can you indicate how this is accomplished ? I should like to know whether a curve filling procedure, assuming a gaussian shape of the photopeaks, is carried out.

P. WINIGER, Switzerland

The peak extraction method in the frame of the on-line gamma-ray analysis is described in detail in Reference 4. The version used is not a gaussian shape type approximation, but there is such another version which could not be used ; its requirement for memory size was too high.

L. STRACKEE, Netherlands

Secondly, I am interested in knowing how the small gamma peaks in the spectra are distinguished from background noise ?

P. WINIGER, Switzerland

The small gamma peaks in the spectra (i.e. in Fig. 3) are remaining effects after the background subtraction. If a contamination between the measurements of background and effect can be excluded it may only be a real effect.

Part III

PANEL
CONCLUSIONS OF THE SEMINAR

Partie III

TABLE RONDE
CONCLUSIONS DU SÉMINAIRE

Panel Members   Membres du Panel

Chairman - Président

Dr. E. WALLAUSCHEK - NEA
AEN

Members - Membres

Dr. M.B. BILES	-	United States Etats-Unis
M. L. FITOUSSI	-	France
Prof. J. SCHWIBACH	-	F.R. of Germany R.F. d'Allemagne
Dr. J. SHAH	-	Canada
Mr G. STOTT	-	United Kingdom Royaume-Uni

PANEL : CONCLUSIONS OF THE SEMINAR

Dr E. WALLAUSCHEK, NEA

Ladies and Gentlemen. I propose that we start our short Panel Session ; I regret that it is rather short as I feel it would have been more appropriate to have had a little more time, but this was not possible. I hope however that during the four days we have had, our discussions have helped us towards a better understanding and enabled a useful exchange of views on the topics discussed during this week. As you know, the five Chairmen of the Sessions have kindly agreed to sum up the results of this Seminar, to present their conclusions and to reply to questions which we have received from the audience. Each of the five Chairmen has agreed to take a certain number of questions and to incorporate them into his conclusions. At the end, if we still have time, should you have further thoughts, comments or even questions, they may of course be put. I now have pleasure in inviting the Chairman of Session I, Mr Stott, to begin and to give his conclusions, and also to reply to a certain number of questions.

G. STOTT, United Kingdom

My impression of the Seminar is that we know what it is we require from monitoring of effluents prior to discharge, even if we do not always achieve our aim. Pre-discharge monitoring of liquid effluent is relatively, and I emphasize this word, is relatively simple. In fuel reprocessing plants, the problem is the accuracy of sampling and analysis, generally at speed, since there is not a great deal of spare tank capacity. This is particularly important if discharges are anywhere near limiting in terms of the environmental capacity. The accuracy of sampling and analysing gaseous discharges is, I think, a more difficult problem, and I personally acquired some new information from this Seminar. But my colleagues will deal with these aspects in more detail.

I wish to say a few words about effluent monitoring and environmental monitoring. The purpose of effluent monitoring has been fully dealt with in the last few days and I have no intention of going over old ground. Environmental monitoring is important for the following purposes, and one no doubt could add more. We must remember that the environment is where we live and it is not an abstract concept.

The main purposes of environmental monitoring are as follows : We can measure the effect, if any, of the discharges on the environment and record any build-up of activity, and hopefully predict what may happen to the environment in the future. We can measure, either directly or indirectly through derived working limits, the dose to man and we can estimate population doses. These can then be compared with the best that human knowledge can offer in terms of limiting doses to the whole body or to individual organs. If there is a critical nuclide, perhaps we can deal with this more simply than by trying to deal with large quantities of effluent of varying composition, and a purpose which I think is very important, we do environmental monitoring for public relations purposes. M. Prêtre, from Switzerland, is in my opinion correct in saying that environmental monitoring is the ultimate and the truest form of control, since we measure either directly or as I have said by use of the secondary standard, the dose to man, which is the important factor arising from discharges into the environment. We could never discard environmental monitoring totally, the public would not allow this.

The concept of population dose is also important, and will be discussed in detail by my colleagues. Mr. Watson of Canada seeks guidance on what effluents require continuous monitoring, and suggests, I think, that some effluent streams which will lead to a fraction of the derived working limit, might not need continuous monitoring. In other words, I think Mr. Watson is asking what limit we can put on derived release limits for continuous monitoring. I think this is a difficult question. I believe, for example, that it is not realistic to talk of a critical group with annual doses less than 20 per cent of natural background, but I believe that if there is a case for continuous effluent monitoring it should be done. However, I question whether it is necessary to monitor for argon 41, for example, when the releases of this noble gas can be accurately calculated.

Mr. Bhat of India suggests that some correlations should be attempted between effluent monitoring data and environmental effect in order to reduce the elaborate efforts made in the environmental monitoring field. Well, if the monitoring data is accurate, this should be done, but environmental monitoring should always be restricted to obtain real and useful information. Environmental monitoring is a device for estimating doses to man, and I suggest that monitoring programmes should be critically examined, say, every five years or so, at the same time that a habit survey is carried out, to establish that critical path factors have not altered.

Dr E. WALLAUSCHEK, NEA

I propose to invite speakers from the audience to give their views at the end of our Session. I should like to proceed now and invite Mr. Fitoussi to give his conclusions.

L. FITOUSSI, France

In the course of this Symposium a certain number of questions relating to standardization have cropped up, and the Chairman has asked me to speak about this topic - which I shall try to do. The first person who spoke about this here is Dr. Schwibach in his paper on monitoring of radioactive gases of nuclear power plants in Germany.

He presented proposals for standardization, and in particular for light water plants, and these proposals are included in a report which was made to the Federal Health Services. This report gives general basic principles, measurement thresholds and some indications on the scope of measurements. Furthermore, many papers have given us some notions on how in one institute or in one organisation or another, people have measured the radioactivity of a certain number of effluents. Certain papers, and in particular, those of Mr. Stoute from the Netherlands, Mr. Filss and Mr. Hacke from Germany, and Mr. Watson from Canada contain a number of diagrams of this type of apparatus and you were able to note that all the types differed considerably, and although the final objective was the same, the means to achieve the end was different; if we all want to talk the same language we will also have to standardize measurement methods.

This leads me to mention a question raised by Mr. Martin from France on standardization of measurement techniques. In the documents the Chairman distributed, there was a sentence which I should like to emphasize. The term "standardization" was not mentioned but it said that there was a need to unify measurement and recording methods so that results can be used and compared. This is very important. If we do not speak the same language we can never progress scientifically.

As I said when I was Chairman of Session II, there is an international organisation, the International Electro-Technical Commission, in which there is a sub-Committee 47B in charge of instruments for radiation protection. In this sub-Committee there is a working party in charge of preparing recommendations for continuous monitoring devices for liquid and gaseous effluents. In the course of the first work undertaken by this working party, it seemed necessary to us to fix an order of priority in the light of the great volume of work undertaken. I shall tell you something about what was decided. We decided to emphasize gaseous effluents, radioactive gaseous effluents, and secondly, liquid effluents. Why did we give second priority to liquid effluents? Because there are a certain number of release procedures in most institutes which in most cases eliminate the grave risks of accidents for these liquid effluents. The programme of work deals with a number of questions raised by Mr. De Lucas Carrera from Spain. I am very glad these questions were put; it proves that when we thought about what should be done, we were thinking in particular about the measurement threshold. We have a certain number of indications on this and we had the impression in fact that the more technology develops, the more we try to get low measurement thresholds, which may not be the most reasonable thing to do. I do not wish to dwell on this too long, we have very little time, and we should like to have a discussion.

Coming back to Mr. Martin's comment, he asked about the inter-comparison of measurement techniques. Mr. Martin says that it is necessary to be able to compare measurement techniques on the basis of comparability of samples. We had something on this by Mr. Pepper from the United Kingdom, who talked to us about a certain number of inter-comparison techniques of data, global determination in liquid effluents. The results were good, the deviation was acceptable, and I wonder whether, Mr. Chairman, it would not be useful within

OECD to try to deal with a certain amount of this inter-comparative work, not only within a given country but on an international level.

Another question from Mr. Martin concerns the limit values for releases. In the course of these various Sessions we have been able to note that the values were either expressed in total activity rejected, released annually or in terms of volume. We had no specific basis for this, we base ourselves on ICRP, but each country is sovereign and decides on what should be done. It would be difficult for me to answer, but if we have the time I think we could discuss this point.

Dr. E. WALLAUSCHEK, NEA

You asked whether our Agency could not deal with inter-comparative measurement techniques more thoroughly. This question is one which has been raised in many fields, and in certain fields, in fact, we have already initiated systems of this sort. Your proposal merits thought, and I will consult with the International Agency in Vienna because they also have plans of this type in their programme. I think we should keep in contact with each other and thank you for your proposal. I would like to ask the Chairman of Session III, Dr. Biles to speak.

Dr. M. BILES, United States

My general impression of the Conference is this: I came here committed totally to a programme in the United States of effluent control; by that I mean absolute effluent control and not controlled by means of environmental monitoring or dose calculations. I believe very sincerely that the entire nuclear industry throughout the world will have to go in this direction if we are going to develop the public confidence and credibility we must have to establish nuclear power plants all over the world.

I believe that there are countries that are obviously following this practice already, besides outselves - Germany and Belgium for example - and I truly believe that all of you will be doing this in time, whether you want to or not. I think the public are going to force this issue very strongly. In that connection, we obviously need to have good information on the effluents that we are discharging and for that reason we presented to you today, this week, the information programme that we have. I would expect, and even hope that information programmes like this might be expanded into international or multinational types of programmes because obviously we are interested in your discharges and you are interested in ours, and we cannot keep this discharge information totally to ourselves because these discharges do not always stay in our own countries.

Now, with respect to some questions I have accepted to answer, there is one very profound one here by Mr. Winiger of Switzerland, who asked for a general discussion of problems involved in emergency planning. This is a very serious question and clearly it was not taken up at this Conference. In my opinion, it is quite controversial and there are probably as many opinions of emergency preparedness requirements as there are people here. It is also my opinion that there is probably no programme now in the world fully responsive to a major nuclear incident, and in terms of taking whatever action is necessary to protect the public.

I can tell you what we are doing because this is my only real experience with this matter. Some five years ago, our Advisory Committee on Reactor Safeguards was quite critical of the AEC staff, both regulatory and operational, in that they felt that a major accident could result in a programme that would result in very serious matter. They suggested that we might consider a programme that would result in taking a decision within two minutes, that is, within two minutes of the incident. The operators should decide what needed to be done. We spent a considerable amount of time studying this matter and came to the conclusion that we probably could not make such a decision within an hour, certainly maybe not even two hours. Accidents, as you know, always occur at four o'clock in the morning, when the supervisors are home in bed and there is nobody around to make such decisions and so forth.

Let me mention some of the requirements if you perhaps doubt what I am saying: assuming that you have a release, and in the first place you would have to know what the source is exactly, you would have to know the meteorology, the population distribution, availability of emergency people and equipment, the types of action that you have available to you, you would have to have protected control centres because if there is a release the chances are you would also have to evacuate your own site. You would have to know the condition of the plant and you would have to be prepared to make a decision.

Now, we can handle almost all of these factors, but we cannot handle the source problem, and at the present time, we are not able to identify the source of a release when it happens, we depend upon something done when we are out in the environment to tell us what the problem is, and that is not good enough. So the approach we've taken is to establish or require our contractors and licensees to establish action amendments for taking certain types of corrective action. Otherwise, if such a particular incident occurs, the operator automatically knows what to do and he doesn't really have to consult anyone and make a decision. Secondly, we have engaged a contractor, our Battelle Northwest Laboratory, who have been working on this problem for three years now to develop equipment specifications for us to identify the source term, and they are about finished with this matter and their report is now in draft form. When we get this information, then we feel we can develop an emergency plan and present it to our management and let them decide whether they want to spend the money to take care of this problem. I think probably all of you are in the same situation, the current instrumentation we have on our facilities will not identify the magnitude of the release, so therefore you really don't know what action should be taken.

So much for emergencies. I have a couple of short questions. One is by Dr. Bhat on the iodine 129 problem which he feels is becoming more serious; I agree with him, but I also feel that when the time comes to discharge a lot of iodine 131 the problem can be handled by the same type of restrictions, guidelines and limits that we now have - after all, iodine can be trapped.

There are two questions, one by Dr. Bhat and one by Dr. Herrmann from Germany, suggesting we may consider different approaches to reporting effluents or dealing with effluents. Dr. Bhat suggested that effluent be reported in terms of units of power produced. Dr. Herrmann suggested that we give up the curie release unit and talk in terms of units which include the dose. Actually, in a way, we are doing this now when we establish the limits we have in terms of air, liquid and iodine limits, because we know by experience that these are the primary releases that occur, so I think it is much simpler to do it the way we are doing now. If we did what Dr. Herrmann said, I think we'd be faced with the problem of dealing with each nuclide separately and this is quite unnecessary. I really believe that the system we now have is adequate, it is simple, and any meddling with it will probably reduce its usefulness.

I have one more short question that Mr. Pepper from the United Kingdom suggested: what is the reasonable sensitivity for stack monitors? This item is covered adequately in our Guideline 121, and the new Guideline, which is in draft form now, will even cover it in greater detail, so you might look for that. In closing, I would like to compliment my colleague, Dr. Wallauschek, on a very successful Conference and one that was very badly needed. I think the diversity of opinions itself suggests that we needed to get together and discuss these things.

Dr. E. WALLAUSCHEK, NEA

Thank you, Dr. Biles for your kind words; I would also like to include all my colleagues in your praise as well as all those having contributed to this Conference. You said that we need good information on the radioactivity we are discharging and we have heard about the very developed U.S. programme in this respect. You also said that this may become increasingly international and I take this as a proposal to think it over, not now perhaps, because you also said that some European countries are going the same way. I think we should first of all start with national systems and then try to organise such systems at an international level, but we were certainly very interested to hear about what is going on in your country and in other countries like Germany and Belgium as well as elsewhere. Can I now invite Dr. Schwibach for his comments.

Dr. J. SCHWIBACH, F. R. of Germany

I have a rather large number of questions, but before that I would like to say, as to the result of the Seminar, that I agree entirely with Dr. Biles. I would now like to go over to the questions immediately. Mr. Prêtre from Switzerland raised a question about authorization practices in the various countries, and there was an agreement that the highest dose should not be the foundation of the authorization. He based himself mainly on the United States, Germany and Belgium. As far as I know, this is valid for Switzerland, Austria and the Netherlands as well.

We might say the following about this matter: the discrepancies which do exist between countries need to be clarified. The first thing we should think about is what is the objective of national practice: the application of the principle "as low as practicable". This is necessary in terms of nuclear technology because our industry is expanding and we have to take this into account from the start. The measures taken by the various countries are different however. In the United States, you can see from Dr. Biles' paper that aims are defined for nuclear power plants in terms of curies per year. Calculations show that if you stick to those objectives the environment is only subject to five millirems or below, but this does not mean that it is a condition that cannot be by-passed. But if this is done, then the operator will have to take measures to see to it that the figure does go down again.

We have another authorization technique in Germany, we give maximum values of release and when we work out the maximum values we base ourselves on radiation doses which are defined in a somewhat different manner. First of all, the 30 millirem per year for the site, this means that if you take into account all effluents in the vicinity of a nuclear power plant, this should not give out a total of more than 30 millirems per year in gaseous form. Now taking this into consideration when working out the quantities for a given reactor, we do not have to monitor the doses but only the amount of release. We also have a different system for liquid effluents.

There are only four waterways leaving our country. Like in the United States, we have special regulations for milk contamination and the guideline for radioanalysis in this case is up to 90 millirems. What is done in Belgium, I think, can be reported better by Mr. Penelle, but the authorized yearly release figures are approximately the same. What is the result of these measures. In our country we manage to give maximum values for the authorization, values which the operator cannot overstep. In the United States the operator shows what his values are and then he tries to reach the objectives of the guideline and if he doesn't he takes measures to do so. In this way the real release is much lower than if calculated by maximum ICRP doses for people in the general population. I could give you some figures but time is short. What really counts is that all these measurements taken in all the countries I mentioned manage to keep radiation exposure of the population below one per cent of natural radiation, that is to say, approximately one millirem per annum; I refer to the Mississippi study for example, which has demonstrated this.

Now Mr. Kasper from Germany refers to monitoring of gaseous effluents and environmental monitoring and asks whether what we have said for light water reactors could be applied to other nuclear power plants. The answer is, in principle, yes, but we still have to look into the details. He also asks about the value of measurement stations and our proposal for environmental monitoring; briefly, we want to have a measurement station in the environment as a point of reference for general atmospheric activity. This includes gamma measurements and aerosol measurements and works in the same way as the official services, and serves as a point of reference.

Mr. Slizewicz from France put a question concerning the monitoring of release of cold water or pumping out of tanks (continuous monitoring). He asks whether there are cases where an installation is cut off if the figures are overstepped. This does not usually happen when you pump out tanks in nuclear power plants, although Mr. Hacke from Germany gave me an example recently. In principle, however, this does not happen, because you don't operate a plant in such a way as to ever reach that stage of risk.

Mr. Kasper has asked another question about liquid effluent and pumping out of liquid effluents. He talks about a certain possibility of contamination of secondary liquid effluent, but the ceilings that Mr. Aurand from Germany mentioned concern liquid effluents and not cooling streams, but samples are taken in the cooling streams too and analysed and monitored.

Dr. E. WALLAUSCHEK, NEA

You emphasized the fact that measures taken in the various countries can be different. I don't think we need try to achieve total harmonization. What is important is that radiation exposure of the population should be kept as low as possible. In this context I would like to report that next year our Agency will be holding a Seminar to discuss practical application of ICRP recommendations and the problems stemming from the best possible interpretation of ICRP recommendations. We expect to hold this Seminar in Paris at the beginning of nest year. Invitations will be sent to you in approximately two months.

Dr. Schwibach felt it would be useful to have a short comment from Mr. Penelle about the Belgian situation. Mr. Penelle, would you be so kind as to add something or are you satisfied with what Dr. Schwibach said.

Mr. G. PENELLE, Belgium

I could perhaps add a small detail to make it clear that in Belgium the situation is not static either as regards the values of the effluent or the population doses. The general regulations do leave the door open and it is at the stage of the authorization decrees concerning each nuclear plant that the problem is settled. The values which I did mention in my statement therefore referred to two specific cases. One cannot from this deduce a general rule but it is very likely that those two first cases will be considered as precedents for the future.

Dr. E. WALLAUSCHEK, NEA

Thank you. I should like now to call upon Dr. Shah to give us his comments.

Dr. J. SHAH, Canada

I think fundamentally what this Seminar has really brought to all of us, is that by our different national approaches we cannot have a unified approach throughout the world for a problem like the release of radioactive materials. Nevertheless, we have the basic items from ICRP, and most of the recommendations followed by the national authorities are based on ICRP.

However, I have noticed two very important undercurrents in this Seminar. Number one: is it possible to reduce our effluent releases from the various nuclear facilities well below the ICRP recommended limits, and secondly, how best we can gain public confidence and public acceptance. Now the first question: it is possible to reduce the effluents well below ICRP limits,

I think basically ICRP limits were based on health facts. Primarily, however, in the United States and Canada, our environmentalists very rightly point out why should we degrade the environment? From their point of view, we have to do everything possible to avoid this, and to this end, both in the United States and Canada, regarding any licensing of nuclear installations, power plants or other facilities, the proponents have to submit environmental impact statements, which not only deal with the impact of radiation releases on the environment but other aspects, for example, land use, esthetics, the problem of thermal discharges. It is my feeling that after the experience of these two countries, the other countries may have to follow suit in the same vein, because people in one country say well, when these things are being done in some other part of the world why is it not possible to do it in Europe, Asia or the Middle East ?

Environmentalists have played a really useful role, but in the beginning both in the United States and Canada it came as a shock because when they've believed the authorities after a certain period of time, people tend to become smug and it's really important for the public to take proper critical view of what the bureaucrats are doing. From their point we are really very grateful to the environmentalists.

This brings us to another point: is zero release possible? I came to believe really firmly that the nuclear industry must be treated like any other industry such as pulp and paper, metal, mining and other industries. It is a general philosophy in Canada that under the Fisheries Act we have been able to control effluents from pulp and paper. We are in the process of developing regulations for mining, and that includes uranium thorium mining. One has to have the same approach and therefore a nuclear power industry should not be treated any differently. However, it does not mean that the nuclear industry should be forced to have zero effluent release. There is no such thing in nature. Our own Good Lord, when he created this world, did not make any provisions that there would be zero effluents, and with the new instrumentation coming up we are reaching very very low limits of detection and the point is whether the cost of producing these levels below certain limits is necessary or can we really afford it. On the other hand, for plutonium or other long-lived alpha activities it would be a really important step to reach or attempt to reach the zero release level. I also feel that although the stating of releases in terms of curies is valid,concentrations from any nuclear installation are good because fundamentally they are the primary measurement.

At the same time, more and more people are concerned with the population dose we are getting because people can better understand what a population dose is; this was all discussed at the Panel meeting in Vienna last year, and it might be the subject for a discussion at Portoroz and many of us are going over there. My colleague, Dr. Schwibach, stated that the population dose should not be more than one per cent of the natural background level. We have looked into what should be the fraction of the natural background one could take as the upper limit. I have not really had any answers, this is a really difficult matter, and fundamentally, the question is can we measure, do we have instrumentation whereby we could really measure one millirem. The limiting factor here is really instrumentation. I don't think there is any point in setting up the population dose at one millirem if we cannot measure one millirem, because legally you cannot enforce it. Any controlling authority must have legal instrumentation to enforce this. Lastly, I also have a feeling that tritium and krypton discharges have relatively long half-lives and since they are being discharged in a gaseous state,they are going to create a global problem because if we discharge anything during land based operations it's a problem for national authorities, but when we discharge radioactive gas through the stack we go beyond the national boundaries and for our own good we have to concentrate a great deal on these essentially global problems. My feeling is that there will be a great deal of activity for the control of tritium and krypton.

Dr. E. WALLAUSCHEK, NEA

You have drawn attention in particular to the fact that we are living more and more in an international world, and measures taken in one country are discussed elsewhere, and we should really in the future look into the questions on the control of effluents on a regional or rather on an international basis. Certainly IAEA, our Agency and the Commission of the European Communities have this in mind; we try to do our best to help attain right conclusions. Before I invite the audience for additional comments, I should mention that we have another question from Mr. Slizewicz from France. "According to the experience which operators have acquired, can one specify the size of storage capacities of liquid effluents in relation to the volume of monthly discharge? (The capacity necessary in order to face a situation where it is impossible to release due to too high activity.)", Mr. Martin is good enough to accept to answer.

Mr. J.J. MARTIN, France

I would first of all like to emphasize how ironical it is for me to answer this question raised by a representative of the Ministry which has tutelage over me on a subject which we are now debating. It is a very important question indeed because you can, in an extreme case, envisage that when the reservoirs for storing liquid effluent are full you might have to stop the source of liquid effluent, or in other words, stop the reactor. This is a situation which we almost had to face in the Chooz Plant if it had not been possible for us to interpret broadly the limits imposed upon us. In point of fact, the study of the volume of storage necessary for liquid effluents is made in the design stage under a certain number of assumptions. They are the conditions of abnormal but acceptable operation, for instance, for pressurized reactors, one per cent rupture of shield and a leak rate between the primary and secondary with a few kilogrammes of primary water per hour.

Also, another assumption: normal operations of the processing plant for the effluent ensuring that sufficient equipment is available. This volume, in fact, depends on a large number of conditions and in particular on the type of authorization given for liquid releases. If this form is expressed in annual permissible activity, there is not much difficulty involved, and in fact Mr. Slizewicz' question would not have been raised, because there is no limit in volume. If there is a limit in volume activity, then another restriction might be the variability of the flow of the stream in which to make your releases.

Another important parameter is the availability of equipment of the effluent processing plant. This availability or non-availability will have greater repercussions if the number of installations or branches running on the site is low. If you have a large number of these installations you can have a stand-by system and you can replace a defective installation by another one. The importance of volumes for storage depends too on the possibilities existing in terms of discussion and interpretation of the official authorization, and you always have a possibility to discuss with the authorities, and if the authorization is in a very official form of the type envisaged in France, that is to say a Government Decree, in that case you have to take a certain number of precautions in the numerical values specified in the Decree. They have to be rather broad because, in that particular circumstance, it is rather difficult to envisage a temporary improvement or rather temporary over-stepping of these very official figures. These difficulties do not exist if the authorization is in the form of a conventional agreement with the supervisory authorities. As a contribution to the answers my colleagues could give to Mr. Slizewicz' question, I would like to say that as far as we're concerned the storage values in our installations were approximately 10 per cent annual release and these volumes had to be increased after a request by the supervisory authorities by 50 per cent for the Chooz Plant and 100 per cent for the Fessenheim Plant.

Dr. E. WALLAUSCHEK, NEA

I think that we should have a few minutes now for some comments on the various opinions presented. I would first like to ask whether the members of the Panel have any additional comments about what their colleagues said.

Mr. L. FITOUSSI, France

I would like to say after what Mr. Shah just said that in France, the general trend is to go along scrupulously with ICRP recommendations and to adopt a rather wary, cautious attitude, and to follow the recommendations made in the last publication No. 22, ICRP, recommending cost/benefit analyses. It is on the basis of these cost/benefit analyses that we think we can determine the possible level of release. For us, the problem of release is just one among many in fact. So we use either absolute methods or comparative methods, because you have to compare risks among themselves and we think that thanks to these comparisons we can reach some reasonable conclusions. I should like to remind you that these cost/benefit analyses take into account the concept of justification and this is a very important point indeed. We will not do what Mr. Shah expressed, but perhaps something slightly different.

Dr. J. SHAH, Canada

I have only one comment and it will be brief. We are not expecting anything; for example, regarding the kind of operations we have in Canada, it's up to other people whether they want to follow them. Now Ontario Hydro have demonstrated that they can reduce the dose rate to one per cent of ICRP limits because - and this is not a comment against ICRP - ICRP has said itself "as low as is readily achievable"; in our case it has been as low as is readily achievable, and I firmly believe that there can be no zero effluent release from a nuclear power plant because the cost/benefit analyses will show that beyond a certain level, the amount of money to reduce the radiation level or dose level involves so much that there is small benefit. So this is why we are not in disagreement with Mr. Fitoussi on this point. But I also have the same problem as my friend in England, John Dunster, who has tried to place a value on human life. I rather remain away from it; people have different ways of doing cost/benefit analyses, but at the same time, we live in a real world, we have to make decisions, not only on an environmental, economical, technical, but also on a political basis. All these do enter into calculations when doing cost/benefit analyses.

Dr. M. BILES, United States

I have just a short comment on what Mr. Fitoussi said. I think we are entering a period right now where the public doesn't accept the ICRP guidelines. When you enter a period like this you have real problems because we can't decide we are going to accept a guideline that is not acceptable to the public. After all, we are working for them, they own the power plants, they finance the private companies, and I think you have to be considerate of what the public want. It's clear, at least in our country, that the average member of the public does not accept the present radiation guidelines; they want them lower.

Dr. E. WALLAUSCHEK, NEA

This kind of question is exactly what we have in mind to discuss at the meeting next year in Paris on problems relating to the interpretation of ICRP recommendations, and I hope to see some of you at this meeting. Are there any further comments from the Panel?

Mr. G. STOTT, United Kingdom

I think getting down to less than 1 per cent of natural background is admirable. I simply want to point out without being controversial that natural background from kilometre to kilometre can vary by 10 per cent and more.

Mr. L. FITOUSSI, France

Concerning the public, I think much effort has to be made and it is up to the scientists to inform the public rather than the journalists. I hope that within OECD you have worked out some means of informing the public. It is up to certain international organisations to help governments to inform the public, rather than to leave this information in the hands of just anyone.

Dr. J. SHAH, Canada

Both in the United States and in Canada questions are raised concerning the basis bureaucrats use for making decisions and we are really now accountable; for example, any impact statements and bickering on proof become a public document. You have to prove to them case by case right from the site selection, on what basis environmental judgments were made in selecting particular releases from that place. I think our situation is entirely different and I tend to strongly support Dr. Biles' statement that fundamentally in a democratic country, frequently, if people want something, the government has no alternative but to do it; and we are in that situation at the present moment. However, for any industrial activity, including nuclear power, there are certain risks and as long as people know what price they have to pay to get power from a nuclear power plant, there will be no problems associated with it.

Dr. E. WALLAUSCHEK, NEA

This discussion has given me some ideas for the preparation of the Paris meeting, and I am very grateful. We are escaping a little from the actual topic, but all these topics are certainly very much interrelated. So, I should like to ask the floor for additional comments of general interest.

Mr. S. AMARANTOS, Greece

I think that we blame the others too much and not ourselves. We have heard that the public does not like all the ICRP standards, but some years ago they did not know what ICRP was. So, I believe there is also some bad management from us, I mean from the people working in radiation protection.

Dr. P. FILSS, F.R. of Germany

Why do we leave medical radiation out? Why are we reducing radiation from nuclear power plants and not even discussing X-rays and other medical problems?

Prof. J. SCHWIBACH, F.R. of Germany

When I go to see a doctor and have an X-ray, it's not the same as if I undergo radiation from a power plant.

Dr. M. BILES, United States

You know that in the United States right now certain people have a rather strong programme to cut down on medical radiation. I don't think we should confuse that with nuclear power plants. These are two different problems and I am sure that will be dealt with just as harshly as we're being dealt with.

Dr. E. WALLAUSCHEK, NEA

I have understood the question raised is not so much to deal with medical exposure but with exposure from other sources, consumer goods, and so on.

Dr. G. HERRMANN, F.R. of Germany

Yes, briefly, I do not agree with Dr. Biles. I do not think that we should give our results based on the situation. The result of this Conference is precisely that we should look for other techniques and other methods, just as Mr. Fitoussi and Mr. Watson have said. I thought the question to have meant nuclide mixtures. This may not be a problem for single nuclides but it is a problem in terms of nuclide mixture with different dose effects.

Prof. K. AURAND, F.R. of Germany

The reduction that we are now asking, that is to say, the lowest possible radiation, has very important consequences in case of accident, because all the installations and all the indications have a particular importance in terms of accidents, and this is particularly important in terms of storage capacity for liquid effluents. I think that the population should understand this aspect as well. The other aspect of the subject is that - and this is something we should be frank about - you said unified measures are not necessary in regulating release. However, we should be aware of the fact that environmental protection is very international and unified measures are to be taken there. Therefore I think it is very important for a single point of view to exist among plant operators and among physicists, so that there are no misinterpretations.

Dr. E. WALLAUSCHEK, NEA

We are now arriving at the concluding point of this Seminar. I wish to thank, first of all, all the Panel members for having agreed to serve here. I am glad the Seminar has grouped together experts from nineteen countries; we have been about 110 people here, including experts from three international organisations. I should also like to thank you all for your interest, for your contributions, to thank the speakers, the Chairmen and last but not least, all those who have so livelily contributed to the discussion. I don't remember a single paper where we have had no questions, in fact we had to cut down on questions and this is always a very good sign. I should like to thank the interpreters, without whose help we could not have had this very useful exchange of views. Finally, I should like to extend my thanks to the staff of the Nuclear Centre here, and to all those who have helped us, behind the scene, outside and inside this room to bring, and I hope you agree with me, our Seminar to a success. The Seminar is closed.

TABLE RONDE : CONCLUSIONS DU SEMINAIRE

M. E. WALLAUSCHEK, AEN

Mesdames et Messieurs, je propose que nous entamions les débats dans le cadre de cette Table ronde ; je déplore qu'elle soit d'une durée assez limitée car, à mon avis, il aurait été préférable de disposer d'un peu plus de temps, mais cela n'était pas possible. Cependant, j'espère que ces quatre jours de discussions nous ont aidés à mieux comprendre les sujets examinés pendant la semaine et à procéder à un échange de vues utile. Comme vous savez, les présidents des cinq séances ont bien voulu accepter de récapituler les résultats de ce Séminaire, de présenter leurs conclusions et de répondre aux questions formulées par les participants. Chacun des cinq présidents a accepté d'aborder un certain nombre de questions et de les faire figurer dans ses conclusions. A la fin, s'il nous reste du temps et que vous ayez d'autres idées, commentaires, voire questions, à formuler, vous pourrez bien entendu nous en faire part. Pour l'instant, j'ai le plaisir d'inviter M. Stott, Président de la première séance, à prendre la parole pour exposer ses conclusions et répondre à un certain nombre de questions.

M. G. STOTT, Royaume-Uni

Ce Séminaire me donne l'impression que nous savons ce que nous attendons de la surveillance des effluents avant rejet, même si nous n'atteignons pas toujours notre objectif. La surveillance avant rejet des effluents liquides est relativement simple et j'insiste sur le terme relativement. Dans les usines de retraitement du combustible, le problème réside dans la précision de l'échantillonnage et de l'analyse, qui s'effectuent en général à la hâte, car on ne dispose pas, pour le stockage, d'un volume appréciable. Ceci est d'autant plus important lorsque les rejets sont sur le point d'atteindre les limites fixées en matière de capacité d'assimilation de l'environnement. La précision de l'échantillonnage et de l'analyse des effluents gazeux est, à mon avis, un problème plus délicat et j'ai personnellement recueilli, à l'occasion de ce Séminaire, certaines informations nouvelles, mais mes collègues examineront ces aspects plus en détail.

Je souhaiterais dire quelques mots de la surveillance des effluents et de la surveillance de l'environnement. L'objectif de la surveillance des effluents a été étudié sous tous ses aspects ces derniers jours et je n'ai nullement l'intention de revenir sur une question déjà débattue. La surveillance de l'environnement présente de l'importance pour les raisons énumérées ci-après et l'on pourrait certainement en ajouter d'autres. Nous ne devons pas oublier que l'environnement est le contexte dans lequel se déroule notre existence et non pas une notion abstraite.

Les principaux objectifs de la surveillance de l'environnement sont les suivants : nous pouvons mesurer l'incidence éventuelle des rejets sur l'environnement, relever tout accroissement de l'activité et, au mieux, prédire ce qui risque d'arriver à l'environnement à l'avenir. Nous pouvons mesurer, soit directement,soit indirectement à l'aide des limites pratiques dérivées, la dose reçue par l'homme et nous pouvons évaluer les doses reçues par la population. Celles-ci peuvent être comparées aux meilleures valeurs que les connaissances humaines ont permis de déterminer du point de vue des doses limites pour l'organisme entier ou pour les différents organes. S'il existe un nucléide critique, nous pouvons éventuellement procéder de façon plus simple que lorsqu'il s'agit d'une grande quantité d'effluents de composition variable ; en outre, la surveillance de l'environnement est axée sur un objectif que je juge extrêmement important, à savoir l'amélioration des relations avec le public. M. Prêtre (Suisse) a raison, à mon avis, de déclarer que la surveillance de l'environnement est la forme ultime et la plus authentique du contrôle car nous mesurons, soit directement soit, comme je l'ai dit à l'aide d'un étalon secondaire, la dose reçue par l'homme qui est le facteur important découlant des rejets dans l'environnement. Nous ne pourrions jamais renoncer totalement à la surveillance de l'environnement car le public ne le permettrait pas.

La notion de dose reçue par la population présente également de l'importance et sera examinée en détail par mes collègues. M. Watson (Canada) demande des conseils sur les types d'effluents qui doivent être soumis à une surveillance continue ; je suggérais, à cet égard, que certains courants d'effluents qui représentent une fraction de la limite pratique dérivée ne nécessitent probablement pas une surveillance continue. En d'autres termes, je pense que M. Watson cherche à savoir jusqu'où l'on peut aller dans l'utilisation des limites dérivées de rejet dans le cas de la surveillance continue et qu'il s'agit là d'une question délicate. C'est ainsi qu'à mon avis il n'est pas réaliste de parler d'un groupe critique lorsque les doses annuelles sont inférieures à 20 % du fond naturel de rayonnement mais, si la surveillance continue des effluents se justifie pour une raison quelconque, il convient d'y procéder. Cependant, je me demande s'il est nécessaire d'exercer une surveillance sur l'argon 41,par exemple, lorsque les rejets de ce gaz rare peuvent être calculés avec précision.

M. Bhat (Inde) suggère que l'on s'efforce d'établir certaines corrélations entre les données relatives aux effluents rejetés et les incidences sur l'environnement, afin de contribuer à simplifier les travaux qui sont effectués dans le domaine de la surveillance de l'environnement. Si les données découlant du contrôle des effluents sont exactes, une telle initiative devrait être prise mais la surveillance de l'environnement devrait toujours être limitée de manière à obtenir des informations utiles qui correspondent à la réalité. La surveillance de l'environnement est un moyen d'évaluer les doses reçues par l'homme et je suggère que les programmes de surveillance fassent l'objet d'un examen critique, par exemple, tous les cinq ans environ, en même temps que sera effectuée une enquête sur les modes de vie afin de s'assurer que les facteurs de voies critiques de transfert ne se sont pas modifiés.

M. E. WALLAUSCHEK, AEN

Je propose d'inviter les participants qui souhaitent prendre la parole à le faire à la fin de notre séance. Je souhaiterais maintenant demander à M. Fitoussi de bien vouloir présenter ses conclusions.

M. L. FITOUSSI, France

Au cours de cette réunion, on a vu poindre un certain nombre de questions relatives à la normalisation et M. le Président m'avait demandé d'en parler; c'est ce que je vais essayer de faire. Je crois que M. Schwibach a été la première personne à en parler au cours de ce Séminaire, dans sa communication sur le contrôle des gaz radioactifs des centrales nucléaires de la République fédérale allemande. Il nous a présenté des propositions de normalisation, en particulier pour les centrales à eau légère, et ces propositions sont incluses dans un rapport établi par le Bureau fédéral de la Santé. On trouve dans ce rapport des principes généraux de base, un seuil de mesures et quelques indications sur les gammes de mesures.

D'autre part, de nombreuses communications nous ont donné des idées sur la façon dont, dans tel ou tel institut, dans telle ou telle organisation, on mesurait la radioactivité d'un certain nombre d'effluents. Dans certaines communications en particulier, je vais citer par exemple celles de M. Stoute des Pays-Bas, de MM. Filss et Hacke de la République fédérale allemande, de M. Watson du Canada, on a même vu des représentations des types d'appareillages. Vous avez pu constater comme moi que tous ces appareils étaient essentiellement différents les uns des autres et que, bien que le but recherché soit le même, les moyens d'y arriver sont souvent différents ; or, si l'on souhaite parler le même langage, il faudrait naturellement pouvoir normaliser les méthodes de mesure.

Ceci m'amène en fait à une question qui nous a été posée par M. Martin, de l'Electricité de France, sur la normalisation des méthodes de mesure. Je crois d'ailleurs que, dans l'un des documents diffusés, figurait une petite phrase qui, sans employer le terme de normalisation, insistait sur la nécessité d'unifier les méthodes de mesure et d'enregistrement pour faciliter l'utilisation et la comparaison des résultats. C'est là un point important si nous voulons nous comprendre sur le plan scientifique.

Comme je vous l'ai déjà dit, lors de ma présidence au cours de la Séance II, il existe une organisation mondiale, la Commission Electrotechnique Internationale, dont le sous-comité 45 B est chargé particulièrement de l'instrumentation de radioprotection. Au sein de ce sous-comité fonctionne un groupe de travail qui a été chargé de préparer des recommandations pour les appareils de contrôle continu des effluents liquides et solides. Lors des premiers travaux de ce groupe de travail, il est apparu nécessaire de fixer un ordre de priorité, compte tenu du volume très important des travaux à effectuer. Il a été décidé de mettre l'accent, d'une part, sur les effluents gazeux radioactifs et, en deuxième priorité, sur les effluents liquides. Pourquoi seulement une deuxième priorité pour les effluents liquides, parce que la plupart des instituts appliquent dorénavant des procédures de rejet qui éliminent, dans la majorité des cas, les risques graves qu'impliqueraient des rejets intempestifs de ces liquides radioactifs dans l'environnement. Le programme de travail porte notamment sur un certain nombre de questions posées par le représentant de l'Espagne, M. De Lucas Carrera, et prouve qu'en examinant les actions à entreprendre nous avons envisagé le problème du seuil de mesure. Plusieurs indications sont fournies à ce sujet mais il semble que, plus la technique et les moyens se perfectionnent, plus on cherche à abaisser les seuils de mesure et ce n'est peut-être pas l'objectif le plus raisonnable. Je ne veux toutefois pas trop m'appesantir sur ces différents points car le temps qui nous est imparti est relativement bref et nous pourrons éventuellement en discuter tout à l'heure.

J'en reviens donc à la proposition de M. Martin qui pose le problème de l'intercomparaison des méthodes de mesure et en souligne la nécessité, en précisant qu'elle devrait se faire sur la base d'une intercomparaison des échantillons. Nous avons d'ailleurs eu une communication, celle de M. Pepper du Royaume-Uni, qui nous a décrit des exercices d'intercomparaison effectués pour déterminer l'activité bêta globale dans des échantillons d'effluents liquides. Comme nous l'avons vu, les résultats en sont tout à fait convenables et les écarts très acceptables. Aussi je me demande, M. le Président, si, dans le cadre des travaux que vous menez au sein de l'OCDE, il ne serait pas souhaitable de prévoir d'éventuelles intercomparaisons de ce genre, non seulement à l'intérieur d'un même pays mais également entre les divers pays qui désireraient y participer.

Il reste une autre question, également posée par M. Martin, et qui concerne les valeurs limites applicables aux rejets. Au cours de ces séances, on a en effet pu constater que ces valeurs limites sont exprimées soit en activité volumique, soit en activité totale rejetée annuellement. Nous n'avons, à cet égard, aucune base précise et nous reportons, comme vous le savez, aux recommandations de la CIPR. Toutefois, chaque pays reste souverain en la matière et décide des dispositions à prendre. Il m'est donc difficile de répondre sur ce point et je préfère que nous en discutions tout à l'heure s'il nous reste suffisamment de temps pour le faire.

M. E. WALLAUSCHEK, AEN

Vous avez demandé si notre Agence ne pourrait pas étudier d'une façon plus approfondie la possibilité de comparer les techniques de mesures. Cette question a été soulevée dans de nombreux domaines et, dans certains d'entre eux, nous avons en fait déjà mis en oeuvre des systèmes de ce type. Votre proposition mérite réflexion et je consulterai à ce sujet l'AIEA à Vienne car des projets de ce type figurent également dans son programme. Je pense que nous devrions rester en relation et je vous remercie de votre proposition. Je souhaiterais maintenant prier M. Biles, président de la troisième Séance, de prendre la parole.

M. M. BILES, Etats-Unis

L'impression générale que je dégage de la Conférence est la suivante : ma position est celle d'une personne engagée à fond dans le programme des Etats-Unis en matière de contrôle des effluents ; j'entends par là un contrôle absolu des effluents et non pas un contrôle reposant sur la surveillance de l'environnement ou les calculs de doses. Je pense très sincèrement que l'industrie nucléaire du monde entier devra se diriger dans cette voie si nous voulons gagner la confiance du public, qui nous est indispensable pour créer des centrales nucléaires dans l'ensemble du monde.

Je suis convaincu que certains pays autres que le mien se sont déjà engagés dans cette voie, comme l'Allemagne et la Belgique, et je suis vraiment convaincu que vous vous y engagerez tous en temps voulu, que vous le souhaitiez ou non. A mon avis, le public va exercer une très forte pression dans ce sens. A cet égard, nous avons manifestement besoin d'être correctement informés au sujet des effluents que nous rejetons et c'est pourquoi nous vous avons présenté cette semaine le programme d'information qui est appliqué aux Etats-Unis. Je pense - et j'espère même - qu'il sera possible de conférer à des programmes d'information de ce type des dimensions internationales ou multinationales car, de toute évidence, nous nous intéressons à vos rejets au même titre que vous vous intéressez aux nôtres ; or nous ne pouvons garder entièrement pour nous ces informations sur les rejets car lesdits rejets ne demeurent pas toujours dans notre propre pays.

En ce qui concerne certaines questions auxquelles j'ai accepté de répondre, je commencerai par celle, très importante, soulevée par M. Winiger (Suisse), qui a demandé un débat général sur les problèmes liés aux procédures d'urgence. Une telle question est très sérieuse et elle n'a manifestement pas été abordée lors de cette conférence. A mon avis, elle prête largement à controverse et il existe probablement autant d'opinions sur les besoins en matière de procédures d'urgence que de personnes présentes dans cette salle. Je pense aussi qu'à l'heure actuelle il n'existe probablement dans le monde aucun programme permettant de faire entièrement face à un accident nucléaire important et de prendre toutes les mesures nécessaires pour protéger le public.

Je vais vous dire ce que nous faisons puisque c'est là ma seule expérience réelle dans ce domaine. Il y a cinq ans environ, notre Comité consultatif sur la protection des réacteurs s'est montré très critique à l'égard du personnel de la Commission de l'Energie Atomique des Etats-Unis, tant sur le plan de la réglementation que sur celui de l'exploitation, car il estimait qu'un accident important pourrait entraîner l'adoption d'un programme d'action qui aurait lui-même des incidences d'une grande portée. Il nous a suggéré d'étudier un programme qui amènerait à prendre une décision en deux minutes, c'est-à-dire dans les deux minutes suivant l'accident, les opérateurs devant décider des mesures à prendre. Nous avons passé énormément de temps à étudier cette question et sommes arrivés à la conclusion qu'il nous serait probablement impossible de prendre une telle décision en une heure, et peut-être même en deux heures. Comme vous le savez, les accidents surviennent toujours à quatre heures du matin, alors que les surveillants sont rentrés dormir chez eux, qu'il n'y a personne sur place pour prendre de telles décisions, etc.

Permettez-moi de vous exposer certaines des conditions requises en pareille circonstance, au cas où vous auriez quelque doute au sujet de mes déclarations : dans l'hypothèse d'un rejet, il conviendrait tout d'abord de savoir quelle en est exactement la source, puis de connaître la météorologie, la distribution de la population, la possibilité de disposer d'équipes et de matériel d'urgence, les types de mesures qu'il est possible de prendre, et enfin de disposer de centres de contrôle protégés car, en cas de rejet, tout laisse à penser qu'il faudra également évacuer le site de sa propre installation. Il conviendrait également de connaître l'état de l'usine et d'être prêt à prendre une décision.

Or, si nous pouvons faire face à la quasi-totalité de ces facteurs, nous ne pouvons résoudre le problème de la source ; en effet, à l'heure actuelle, nous ne sommes pas capables, lorsqu'un rejet survient, d'en identifier la source ; pour ce faire, il faudrait savoir ce qui s'est passé alors que nous n'étions pas sur les lieux et cette méthode n'est guère satisfaisante. Aussi avons-nous décidé d'établir ou de demander, à nos contractants et aux titulaires d'autorisations, d'établir des programmes d'action permettant de prendre certains types de mesures correctives. Dans ces conditions, si un accident particulier se produit, l'opérateur sait automatiquement ce qu'il a à faire et il n'a pas réellement besoin de consulter qui que ce soit pour prendre une décision. Nous avons ensuite passé un contrat avec le Battelle Northwest Laboratory, qui travaille sur ce problème depuis trois ans, afin qu'il mette au point un devis descriptif du matériel nous permettant de circonscrire la source ; le personnel de ce laboratoire a presque achevé ses travaux et son rapport est actuellement sous forme de projet. Une fois en possession de ces informations, nous pensons pouvoir élaborer une procédure d'urgence et la soumettre à notre service de gestion en lui laissant le soin de décider s'il souhaite consacrer les fonds nécessaires à la solution de ce problème. Je suppose que vous êtes tous dans la même situation ; l'instrumentation courante dont sont équipées nos installations ne permettant pas d'identifier l'importance du rejet, on ne sait pas exactement quelle mesure prendre.

J'en ai terminé avec les procédures d'urgence et j'aborderai maintenant une série de questions brèves. La première émane de M. Bhat et porte sur le problème de l'iode 129 qui, à son avis, revêt de plus en plus d'importance ; bien que j'approuve ce point de vue, je pense que, lorsque le moment viendra de rejeter une grande quantité d'iode 131, on pourra faire face à ce problème en recourant au même type de restrictions, directives et limites que celles utilisées actuellement car, en fin de compte, l'iode peut être piégé.

Il ressort de deux questions, posées respectivement par M. Bhat et par M. Herrmann (Allemagne), que nous pourrions envisager différentes méthodes pour établir le relevé des effluents ou traiter ce problème. M. Bhat (Inde) suggère que, dans les relevés, les quantités d'effluents soient exprimées en termes de puissance produite. M. Herrmann nous suggère de ne plus utiliser le curie comme unité de rejet et de le remplacer par des unités qui tiennent compte de la dose. En fait, d'une certaine manière, c'est ce que nous faisons à l'heure actuelle en établissant nos limites par rapport aux limites admises dans l'air, dans les effluents liquides et pour l'iode car l'expérience nous a montré qu'il s'agit là des principaux types de rejets, aussi cette procédure est-elle, à mon avis, beaucoup plus simple. Si nous suivions les conseils de M. Herrmann, nous serions sans doute amenés à traiter chaque nucléide séparément, ce qui me paraît tout à fait superflu. Je suis vraiment convaincu que notre système actuel répond aux besoins ; il a l'avantage de la simplicité et toute ingérence dans ce système aura probablement pour effet d'en diminuer l'efficacité.

J'évoquerai, en dernier lieu, une brève question posée par M. Pepper (Royaume-Uni), qui s'enquiert de la sensibilité qu'il est raisonnable de prévoir pour les moniteurs de cheminée. Cette question est correctement traitée au titre de l'article 121 de nos Directives et étudiée de façon encore plus approfondie dans le nouveau texte des Directives, qui est à l'état de projet et auquel vous pourriez vous référer. En guise de conclusion, je souhaiterais féliciter mon collègue, M. Wallauschek, de cette conférence qui a remporté un grand succès et qui répondait à une nécessité impérieuse. Je pense qu'à elle seule la diversité des opinions émises témoigne du besoin que nous avons de nous réunir pour débattre ces questions.

M. E. WALLAUSCHEK, AEN

Je vous remercie, M. Biles, de vos aimables paroles ; je souhaiterais également associer tous mes collègues à vos louanges, ainsi que tous ceux qui ont apporté leur concours à cette conférence. Vous avez déclaré que nous avons besoin d'être correctement informés de la radioactivité que nous rejetons et vous nous avez exposé le programme très élaboré que les Etats-Unis poursuivent dans ce domaine. Vous avez également mentionné la possibilité de lui conférer un caractère de plus en plus international et je vois là une proposition qui mérite d'être étudiée, mais peut-être pas dans l'immédiat, car vous avez aussi déclaré que certains pays européens se sont engagés dans la même voie. Je pense que nous devrions, dans un premier temps, établir des systèmes nationaux et nous efforcer ensuite de les organiser à l'échelon international ; cependant, nous avons certainement appris avec le plus grand intérêt ce qui se passe dans votre pays et dans d'autres pays, tels que l'Allemagne et la Belgique notamment. Permettez-moi maintenant d'inviter M. Schwibach à présenter ses commentaires.

M. J. SCHWIBACH, République fédérale d'Allemagne

Avant de répondre aux questions assez nombreuses qui m'ont été soumises, je tiens à faire savoir qu'en ce qui concerne les résultats du Séminaire, je souscris entièrement aux déclarations de M. Biles. Je souhaiterais maintenant passer directement aux questions. M. Prêtre (Suisse) s'est enquis des pratiques observées en matière d'autorisation dans les divers pays et l'on s'est accordé à reconnaître que les autorisations ne devraient pas reposer sur le principe de la dose maximale. Il s'est, quant à lui, référé principalement aux Etats-Unis, à l'Allemagne et à la Belgique. Pour autant que je sache, cette remarque est également valable pour la Suisse, l'Autriche et les Pays-Bas.

Nous pourrions formuler les observations suivantes à ce sujet : il est nécessaire de faire la lumière sur les différences qui existent d'un pays à l'autre. Nous devrions tout d'abord nous interroger sur l'objectif des pratiques observées à l'échelon national, soit l'application du principe de la dose la plus faible possible. Cet objectif s'impose sur le plan de la technologie nucléaire car notre industrie est en cours de développement et ce fait doit être pris en considération dès le départ. Cependant, les mesures prises à cet égard diffèrent suivant les pays. Il ressort de la communication de M. Biles qu'aux Etats-Unis les objectifs fixés pour les centrales nucléaires sont exprimés en curies par an. Les calculs montrent que, si l'on s'en tient à ces objectifs, l'environnement n'est soumis qu'à une dose égale ou inférieure à 5 millirems, mais cela n'implique pas qu'une telle condition ne peut être transgressée. Cependant, si tel était le cas, l'opérateur devrait prendre des mesures en vue de veiller à ce que la dose soit ramenée à une valeur inférieure.

En Allemagne, la procédure adoptée en matière d'autorisation est différente ; elle consiste à fixer des valeurs maximales de rejet ; pour déterminer ces valeurs maximales, nous nous fondons sur des doses de rayonnement qui sont définies de façon un peu différente. Tout d'abord, la dose de 30 millirems par an fixée pour le site implique que, si l'on tient compte de tous les effluents rejetés à proximité d'une centrale nucléaire, la quantité totale d'effluents sous forme gazeuse ne devrait pas représenter plus de 30 millirems par an. Compte tenu de ce fait, lorsque nous fixons les valeurs afférentes à un réacteur donné, nous avons à contrôler, non pas les doses, mais simplement le volume des rejets. Nous avons également un système différent pour les effluents liquides.

Il n'y a que quatre cours d'eau qui sortent de notre pays. Comme aux Etats-Unis, il existe en Allemagne une réglementation spéciale sur la contamination du lait et la limite recommandée à des fins de radioanalyse est, dans ce cas, de 90 millirems. Je pense que M. Penelle sera mieux en mesure de nous parler des mesures prises à cet égard en Belgique, mais les valeurs autorisées pour les rejets annuels sont à peu près les mêmes. On peut s'interroger sur le résultat de ces mesures. Dans notre pays, nous faisons en sorte de fixer des valeurs maximales pour les autorisations, valeurs que l'opérateur ne peut pas dépasser. Aux Etats-Unis, l'opérateur indique quelles sont ses valeurs et il s'efforce alors d'atteindre les objectifs fixés par les Directives et, s'il n'y parvient pas, prend les mesures nécessaires à cet effet. De cette façon, les valeurs réelles des rejets sont bien inférieures aux valeurs calculées sur la base des doses maximales fixées par la Commission internationale de protection radiologique pour les personnes du public. Je pourrais vous citer certains chiffres mais le temps manque. Ce qui importe réellement, c'est que, grâce à toutes les mesures ainsi prises dans les pays que j'ai cités, il est possible de maintenir la radioexposition de la population à un niveau inférieur à un pour cent du fond naturel de rayonnement, c'est-à-dire à environ 1 millirem par an. Je me réfère notamment à l'étude du Mississipi qui a démontré ce fait.

M. Kasper (Allemagne) demande, en ce qui concerne la surveillance des effluents gazeux et la surveillance de l'environnement, si les remarques que nous avons faites au sujet des réacteurs à eau légère pourraient s'appliquer à d'autres types d'installations nucléaires. La réponse est en principe affirmative mais il convient encore d'examiner les points de détails. Il s'enquiert également de l'intérêt des stations de mesure et de notre proposition concernant la surveillance de l'environnement. En résumé, nous souhaitons utiliser une station de mesure dans l'environnement comme point de référence pour l'activité atmosphérique générale. Outre le fait qu'elle sert de point de référence, une telle station permet d'effectuer des mesures de rayons gamma et d'aérosols et elle fonctionne de la même façon qu'un service officiel.

M. Slizewicz (France) a posé une question au sujet de la surveillance des rejets d'eau froide ou de tout liquide évacué des réservoirs (surveillance continue). Il demande si, dans certains cas, une installation est mise hors service lorsque les valeurs prescrites sont dépassées. En général, un tel phénomène ne se produit pas lorsqu'on évacue le contenu des réservoirs de centrales nucléaires, bien que M. Hacke (Allemagne) m'en ait cité un exemple récent. Cependant, en principe, cela n'est pas concevable car le personnel d'exploitation d'une centrale fait en sorte de ne jamais atteindre ce niveau de risque.

M. Kasper a aussi posé une question au sujet des effluents liquides et de leur évacuation. Il évoque une certaine possibilité de contamination des effluents liquides secondaires mais les valeurs maximales citées par M. Aurand (Allemagne) concernent les effluents liquides et non pas les courants de refroidissement ; cependant, des échantillons sont également prélevés dans les courants de refroidissement, puis analysés et contrôlés.

M. E. WALLAUSCHEK, AEN

Vous avez souligné le fait que les mesures prises peuvent varier suivant les pays. Moi aussi, je ne pense pas qu'il soit nécessaire de parvenir à une harmonisation totale. Ce qui importe, c'est de maintenir la radioexposition des populations à un niveau aussi faible que possible. Dans ce contexte, je souhaiterais signaler que, l'année prochaine, notre Agence organisera un séminaire sur l'application des recommandations de la Commission Internationale de Protection Radiologique (CIPR) et sur les problèmes liés à la meilleure interprétation possible desdites recommandations. Nous prévoyons d'organiser ce séminaire à Paris au début de l'année prochaine. Des invitations seront adressées dans deux mois environ.

M. Schwibach a estimé qu'il serait utile d'entendre un bref commentaire de M. Penelle au sujet de la situation en Belgique. M. Penelle, auriez-vous l'amabilité d'ajouter quelques mots aux déclarations de M. Schwibach ou les approuvez-vous entièrement ?

M. G. PENELLE, Belgique

Je pourrais peut-être ajouter une brève précision pour qu'il soit bien clair qu'en Belgique la situation n'est gelée ni en ce qui concerne les valeurs des rejets, ni en ce qui concerne les doses à la population. Le règlement général en vigueur laisse à cet égard les portes ouvertes, et c'est au stade des arrêtés d'autorisation propres à chaque installation que le problème est résolu. Les valeurs que je vous ai citées dans ma communication se rapportaient donc à deux cas particuliers. On ne peut pas en déduire une règle générale mais il est quand même très probable que ces deux premiers cas feront jurisprudence pour l'avenir.

M. E. WALLAUSCHEK, AEN

Je vous remercie et souhaiterais maintenant inviter M. Shah à nous présenter ses commentaires.

M. J. SHAH, Canada

La principale impression que je retire de ce séminaire est la suivante : il nous a réellement montré que nos différentes conceptions nationales nous empêchent d'aborder de façon uniforme, à l'échelon mondial, un problème tel que le rejet des substances radioactives. Néanmoins, la Commission Internationale de Protection Radiologique (CIPR) nous procure les éléments fondamentaux à cet égard et la plupart des recommandations auxquelles se conforment les autorités nationales sont fondées sur les normes de la CIPR.

Cependant, il m'a paru que ce séminaire laissait transparaître deux questions très importantes : d'une part, est-il possible de ramener les rejets d'effluents en provenance de nos diverses installations nucléaires bien en dessous des limites recommandées par la CIPR et, de l'autre, quel est le meilleur moyen de gagner la confiance et l'adhésion du public ? En ce qui concerne la première question, soit la possibilité de ramener les rejets d'effluents bien en dessous des limites fixées par la CIPR, je pense que les principaux critères dont la CIPR s'est inspirée pour établir ses limites relèvent du domaine de la santé. Cependant, aux Etats-Unis et au Canada, nos spécialistes de l'environnement font remarquer fort justement qu'il n'y a pas de raison de détériorer l'environnement ; de leur point de vue, nous devons faire tout ce qui est en notre pouvoir pour l'éviter ; à cet effet, aussi bien aux Etats-Unis qu'au Canada, le régime d'autorisation des installations nucléaires, centrales nucléaires ou autres installations veut que les demandeurs soumettent des déclarations relatives aux incidences sur l'environnement, qui se rapportent non seulement aux incidences du rejet de substances radioactives sur l'environnement mais également sur d'autres plans, tels que l'utilisation des sols, l'esthétique et le problème des rejets thermiques. A mon avis, l'expérience de ces deux pays en la matière pourra obliger d'autres pays à suivre leur exemple ; en effet, les ressortissants d'un pays, voyant ce qui se fait dans une autre partie du monde, seront amenés à se demander pour quelle raison il n'en va pas de même en Europe, en Asie ou au Moyen-Orient.

Les spécialistes de l'environnement ont joué un rôle vraiment utile mais, au début, aussi bien aux Etats-Unis qu'au Canada, ils ont créé un choc car, lorsque les gens font confiance aux pouvoirs publics, ils ont tendance, après un certain temps, à perdre le sens critique ; or, il importe réellement que le public adopte une attitude critique appropriée vis-à-vis des activités des bureaucrates. Sous cet angle, nous sommes vraiment très reconnaissants aux spécialistes de l'environnement.

Ceci nous amène à une autre question : un rejet de niveau zéro est-il possible ? J'en suis venu à être fermement convaincu que l'industrie nucléaire doit être traitée comme n'importe quelle autre industrie, qu'il s'agisse de l'industrie des pâtes à papier, des industries métallurgiques, minières ou autres. L'idée qui prévaut au Canada est que, grâce à la loi sur les pêcheries, nous avons été en mesure de contrôler les effluents en provenance de l'industrie des pâtes à papier. Nous sommes en train d'élaborer des règlements pour l'industrie minière, qui englobe les activités d'extraction de l'uranium et du thorium. Comme il convient d'adopter une méthode uniforme, l'industrie nucléaire ne devrait pas être traitée différemment. Ceci ne signifie pas, toutefois, que l'industrie nucléaire devrait être obligée de ramener ses rejets au niveau zéro. Rien de tel n'a été prévu dans la nature. Notre Seigneur, lorsqu'il a créé le monde, n'a pas prévu l'élimination des effluents et la nouvelle instrumentation qui est mise en place permet de détecter des niveaux de doses extrêmement faibles ; il s'agit donc de savoir si les dépenses encourues pour ramener ces niveaux en dessous de certaines limites sont indispensables ou si nous pouvons réellement les supporter. D'autre part, en ce qui concerne le plutonium ou d'autres émetteurs alpha à longue période, le fait d'atteindre ou de chercher à atteindre le niveau zéro dans les rejets constituerait une étape vraiment importante. Je pense également que, pour exprimer l'importance des rejets, les curies sont des unités de concentration valables dans le cas de toute installation nucléaire car c'est ce qu'on mesure en premier lieu.

En même temps, les gens sont de plus en plus nombreux à s'inquiéter de la dose reçue par la population car ils sont mieux à même de comprendre ce qu'est cette dose ; cette question a été examinée sous tous ses aspects lors de la Table ronde organisée à Vienne l'année dernière et elle pourrait constituer le thème d'un débat à la réunion de Portoroz, où bon nombre d'entre nous vont se rendre. Mon collègue, M. Schwibach, a déclaré que les populations ne devraient pas être soumises à une dose supérieure à un pour cent du fond naturel de rayonnement. Nous avons cherché à savoir quelle fraction du fond naturel de rayonnement pourrait servir de limite supérieure, mais il n'a pas été possible d'obtenir de réponse car cette question est vraiment délicate. Le problème est en fait de savoir si nous pouvons mesurer réellement un millirem, c'est-à-dire si nous disposons de l'instrumentation nécessaire à cet effet car c'est l'instrumentation qui constitue, en l'occurrence, le facteur limitatif. Je ne pense pas qu'il y ait lieu de fixer à un millirem la dose susceptible d'être reçue par la population si nous ne pouvons pas mesurer un millirem car, sur le plan juridique, nous serions dans l'impossibilité de faire observer cette norme. Or, toute autorité chargée de procéder à un contrôle doit disposer des moyens juridiques de l'appliquer. En dernier lieu, j'ai également l'impression que le tritium et le krypton contenus dans les rejets ont des périodes relativement longues et, comme ces matières sont rejetées à l'état gazeux, elles vont susciter des problèmes de portée générale ; en effet, si nous évacuons une matière quelconque pendant des opérations terrestres, cela est du ressort des autorités nationales, mais si nous rejetons un gaz radioactif par une cheminée, nous dépassons les frontières de notre pays, aussi aurions-nous tout intérêt à étudier de très près ces problèmes dont la portée est essentiellement générale. A mon avis, le contrôle du tritium et du krypton donnera lieu à de très nombreuses activités.

<u>M. E. WALLAUSCHEK</u>, AEN

Vous avez souligné, en particulier, le fait que nous vivons de plus en plus dans un contexte international, que les mesures prises dans un pays sont examinées dans les autres pays et qu'à l'avenir les questions de contrôle des effluents devraient réellement être étudiées à l'échelon régional ou, de préférence, à l'échelon international. Il est certain que l'AIEA, notre Agence et la Commission des Communautés Européennes s'en préoccupent ; nous cherchons à faire de notre mieux pour contribuer à l'établissement de conclusions judicieuses.

Avant d'inviter les participants à formuler d'autres remarques, je souhaiterais mentionner une question qui nous a été posée par M. Slizewicz (France) et qui est la suivante : "D'après l'expérience acquise par les opérateurs, peut-on déterminer l'importance de la capacité de stockage des effluents liquides en fonction du volume des rejets mensuels (c'est-à-dire la capacité nécessaire pour faire face à une situation dans laquelle il est impossible d'effectuer des rejets en raison du niveau trop élevé de la radioactivité) ?" M. Martin a bien voulu accepter de répondre à cette question.

M. J.J. MARTIN, France

Je voudrais tout d'abord souligner l'ironie du sort qui me fait répondre, moi, exploitant nucléaire, à une question posée par un représentant de mon ministère de tutelle sur un sujet qui est actuellement en discussion entre nous. C'est effectivement une question importante puisque l'on peut envisager, à la limite, que, lorsque les réservoirs de stockage d'effluents liquides d'une centrale sont pleins, il est nécessaire d'arrêter la source d'effluents liquides, c'est-à-dire éventuellement d'arrêter le réacteur. C'est une situation à laquelle nous avons failli être exposés, à propos de la centrale de Chooz, s'il n'avait pas été possible d'interpréter, de nous arranger, au sujet des limites qui nous étaient imposées. Je reviendrai là-dessus tout à l'heure.

En fait, l'étude du volume de stockage nécessaire pour les effluents liquides est faite au stade de la conception, dans certaines hypothèses qui sont, d'une part, des conditions de fonctionnement anormal mais quand même admissibles en exploitation, par exemple, pour les réacteurs pressurisés, 1 % de rupture de gaine et un taux de fuite, entre le primaire et le secondaire, de quelques kilogrammes d'eau primaire par heure, et également dans les conditions de fonctionnement normal de la station de traitement des effluents. Ce volume dépend en fait de beaucoup de conditions et en particulier de la forme de l'autorisation qui est donnée pour les rejets liquides de l'installation. Si cette forme s'exprime en activité annuelle admissible, il n'y a pas beaucoup de difficulté puisqu'il n'y a plus de limite d'activité volumique. S'il y a limite d'activité volumique, il se peut qu'un autre caractère restrictif soit la variabilité dans le débit du fleuve dans lequel on opère les rejets.

Un autre paramètre important, c'est aussi l'indisponibilité du matériel de la station de traitement des effluents et cette indisponibilité aura des conséquences d'autant plus importantes que le nombre de tranches en service sur le site est faible. Lorsque le nombre de tranches est important, il est possible d'envisager des rechanges, c'est-à-dire d'utiliser une installation de traitement pour en remplacer une autre déficiente.

Enfin, l'importance des volumes de stockage dépend beaucoup des possibilités qui existent, de discussions, d'aménagement de l'autorisation qui est donnée par les organismes officiels, possibilités de discussions avec ces mêmes organismes officiels, surtout si l'autorisation prend une forme très officielle, telle que celle que l'on envisage en France pour nos installations, qui est celle d'un arrêté. Eh bien cela conduit à prendre certaines précautions dans les valeurs numériques précisées dans l'arrêté. Ces valeurs numériques doivent être assez larges puisque, dans cette situation, il est assez difficile d'envisager des améliorations temporaires, des dépassements temporaires des valeurs qui sont prévues par une voie aussi officielle, alors que cette difficulté n'existe pas si l'autorisation est sous la forme d'une convention avec les autorités de contrôle.

En tant que contribution aux réponses qui pourraient être données par mes collègues à la question posée par M. Slizewicz, je dirais qu'en ce qui nous concerne les volumes de stockage de nos installations étaient de l'ordre de 10 % du rejet annuel et que ces volumes ont dû être augmentés, sur la demande des autorités de contrôle, de 50 % pour la centrale de Chooz et de 100 % pour la centrale de Fessenheim.

M. E. WALLAUSCHEK, AEN

Je pense que nous devrions maintenant consacrer quelques minutes à des commentaires sur les diverses opinions émises. Je souhaiterais tout d'abord demander aux membres de la Table ronde s'ils ont d'autres remarques à formuler au sujet des déclarations de leurs collègues.

M. L. FITOUSSI, France

Je serai extrêmement bref et dirai, à propos de la remarque de M. Shah, que la tendance en France consiste, pour l'essentiel, à suivre scrupuleusement les recommandations de la CIPR, tout en adoptant une attitude prudente, et à suivre par ailleurs les recommandations formulées dans sa dernière publication, c'est-à-dire la publication n° 22 de la CIPR, qui recommande que l'on effectue des analyses coûts/avantages. C'est à partir de ces analyses que nous pensons pouvoir fixer le niveau éventuel des rejets mais cette question n'est toutefois pour nous qu'un problème parmi tant d'autres. Nous pensons ainsi parvenir à des attitudes raisonnables en appliquant soit des méthodes absolues soit des méthodes comparatives puisqu'il faut, en fait, comparer les risques entre eux.

Je vous rappelle aussi que ces analyses coûts/avantages tiennent compte du concept de justification et, là aussi, c'est un point très important. Nous n'irons donc pas dans le sens souhaité par M. Shah mais suivrons probablement une direction légèrement différente.

M. J. SHAH, Canada

Je n'ai qu'une remarque à faire et elle sera brève. La Société Ontario Hydro a démontré qu'elle peut ramener le débit de dose à un pour cent des limites fixées par la CIPR, et ceci n'est pas une critique à l'égard de cette Commission puisqu'elle a elle-même recommandé de "maintenir toutes les doses aux valeurs les plus faibles auxquelles l'on peut parvenir sans difficulté" ; dans notre cas, elles ont effectivement été maintenues aux valeurs les plus faibles auxquelles il était possible de parvenir sans difficulté et je suis absolument convaincu qu'il n'est pas possible de ramener les rejets d'effluents en provenance d'une installation nucléaire au niveau zéro car les analyses coûts/avantages montreront qu'au-delà d'un certain niveau les dépenses nécessaires pour diminuer le niveau de rayonnement ou le débit de dose sont tellement élevées que l'avantage est minime. C'est la raison pour laquelle nous sommes d'accord avec M. Fitoussi sur ce point. Cependant, j'ai le même problème que mon ami anglais, M. John Dunster, qui a cherché à attribuer une valeur à la vie humaine. Je préférerais ne pas avoir à aborder ce sujet ; les gens ont différentes façons de procéder aux analyses coûts/avantages mais, en même temps, nous vivons dans un monde réel et nous devons prendre des décisions non seulement en fonction de l'environnement, des aspects économiques et techniques, mais également sur une base politique. Il faut tenir compte de tous ces éléments lorsqu'on procède à des analyses coûts/avantages.

M. M. BILES, Etats-Unis

J'ai une brève remarque à faire au sujet de la déclaration de M. Fitoussi. A mon avis, la période que nous abordons à présent sera marquée par le refus du public d'accepter les directives de la Commission Internationale de Protection Radiologique. Un tel contexte va susciter des problèmes réels car nous ne pouvons décider de souscrire à une directive que le public jugera inacceptable. Après tout, c'est pour le public que nous travaillons, c'est à lui qu'appartiennent les centrales nucléaires, c'est lui qui finance les entreprises du secteur privé, et je pense qu'il convient d'être attentif à ses désirs. Il est manifeste, tout au moins dans notre pays, que, dans l'ensemble, les personnes du public n'acceptent pas les directives actuelles en matière de rayonnements ; elles souhaiteraient que la dose admissible soit plus faible.

M. E. WALLAUSCHEK, AEN

C'est exactement ce type de question que nous avons l'intention d'examiner lors de la réunion de l'année prochaine à Paris sur les problèmes liés à l'interprétation des recommandations de la CIPR et j'espère avoir le plaisir de rencontrer certains d'entre vous à cette réunion. Les membres de la Table ronde ont-ils d'autres observations à formuler ?

M. J. STOTT, Royaume-Uni

Je pense qu'il est admirable de vouloir abaisser la dose à moins de un pour cent du fond naturel de rayonnement. Je souhaiterais simplement faire remarquer, sans esprit de controverse, que le fond naturel de rayonnement peut varier de dix pour cent d'un kilomètre à l'autre.

M. L. FITOUSSI, France

En ce qui concerne le public, je crois qu'il y a un très gros effort à faire et c'est aux scientifiques qu'il incombe d'informer le public et non pas aux journalistes. Je sais, M. le Président, que vous avez prévu des moyens d'information du public dans le cadre de l'OCDE et c'est aux organisations, disons à certaines organisations internationales, qu'il appartient d'aider les gouvernements, pour qu'ils puissent valablement informer le public, et de veiller à ce que cette information ne tombe pas entre n'importe quelles mains.

M. J. SHAH, Canada

Aussi bien aux Etats-Unis qu'au Canada, on s'interroge au sujet des critères sur lesquels les bureaucrates se fondent pour prendre leurs décisions et, à l'heure actuelle, nous sommes réellement tenus de rendre compte de nos activités ; c'est ainsi que toute déclaration relative aux incidences et toute querelle sur les preuves devient un document public. Nous devons démontrer au public, cas par cas, et dès le stade du choix du site, les critères dont nous nous sommes inspirés sur le plan de l'environnement pour décider que certains rejets seraient effectués à partir d'un site déterminé. Je pense que notre situation est entièrement différente et je souscris pleinement à la déclaration de M. Biles selon laquelle, dans un pays démocratique, il arrive fréquemment que, si les gens expriment une certaine volonté, les pouvoirs publics n'ont d'autre solution que de s'incliner ; telle est notre situation à l'heure actuelle. Cependant, dans le cas d'une activité industrielle, y compris l'énergie nucléaire, cet état de choses comporte certains risques mais, dans la mesure où les gens savent le prix qu'ils auront à payer pour obtenir de l'énergie à partir d'une centrale nucléaire, il n'y aura probablement pas de problème de ce côté-là.

M. E. WALLAUSCHEK, AEN

Cette discussion m'a donné certaines idées pour la préparation de la réunion de Paris et je vous en suis très reconnaissant. Nous nous sommes un peu écartés du thème de ce Séminaire, mais toutes ces questions sont, sans aucun doute, étroitement interdépendantes. Je souhaiterais donc demander aux participants s'ils ont d'autres remarques d'intérêt général à formuler.

M. S. AMARANTOS, Grèce

Je pense que nous nous en prenons trop aux autres et pas assez à nous-mêmes. Nous avons appris que le public n'apprécie pas du tout les normes de la Commission Internationale de Protection Radiologique mais, il y a quelques années, il ne savait même pas ce qu'était cette Commission. C'est pourquoi je pense qu'il y a des failles dans notre système, c'est-à-dire dans la façon d'agir des spécialistes de la radioprotection.

M. P. FILSS, République fédérale d'Allemagne

Pourquoi laissons-nous de côté l'utilisation médicale des rayonnements ? Pourquoi abaissons-nous le niveau de rayonnement en provenance des centrales nucléaires sans même aborder la question des rayons X et d'autres problèmes médicaux ?

M. J. SCHWIBACH, République fédérale d'Allemagne

Lorsque je vais chez un médecin pour me faire radiographier, ce n'est pas la même chose que lorsque je suis soumis à des rayonnements en provenance d'une centrale.

M. M. BILES, Etats-Unis

Vous savez qu'en ce moment précis, aux Etats-Unis, certaines personnes poursuivent des programmes assez intensifs visant à limiter l'utilisation médicale des rayonnements. Je ne pense pas que nous devions confondre cette question avec celle des rayonnements en provenance des centrales nucléaires. Il s'agit de deux problèmes différents et je suis convaincu que le premier sera traité avec autant de rigueur que nous le faisons actuellement pour le deuxième.

M. E. WALLAUSCHEK, AEN

Si j'ai bien compris, la question qui a été posée porte non pas tellement sur l'exposition due aux traitements médicaux mais sur celle imputable à d'autres sources, comme les biens de consommation, notamment.

M. G. HERRMANN, République fédérale d'Allemagne

Vous avez raison et, dans l'ensemble, je ne suis pas d'accord avec M. Biles. Je ne pense pas que nous devions communiquer des résultats fondés sur la situation présente. Cette Conférence a notamment pour conséquence de nous inciter à chercher d'autres techniques et d'autres méthodes, comme l'ont déclaré MM. Fitoussi et Watson.

M. K. AURAND, République fédérale d'Allemagne

La limitation de dose que nous cherchons actuellement à obtenir, c'est-à-dire le maintien des doses aux valeurs les plus faibles possibles, a des conséquences d'une vaste portée en cas d'accident car toutes les installations et toutes les indications revêtent une importance particulière dans le contexte des accidents, et cette remarque s'applique en particulier à la capacité de stockage des effluents liquides. Je pense que la population devrait également comprendre cet aspect; l'autre aspect de la question - et c'est là un point sur lequel il convient d'être franc - tient à votre déclaration selon laquelle l'uniformisation des mesures ne s'impose pas en matière de réglementation des rejets. Cependant, nous devrions être conscients du fait que la protection de l'environnement a un caractère éminemment international et qu'il conviendrait, sur ce plan, de prendre des mesures uniformes. En conséquence, il est, à mon avis, très important que les opérateurs de centrales et les physiciens adoptent un seul et même point de vue, afin d'éviter des interprétations erronées.

M. E. WALLAUSCHEK, AEN

Nous en arrivons au point final de ce Séminaire. Je souhaiterais d'abord remercier tous les membres de cette Table ronde d'avoir bien voulu y participer. Je suis heureux que le Séminaire ait permis à des experts venus de dix-neuf pays de se rencontrer ; près de 110 personnes ont assisté aux séances, y compris les experts de trois organisations internationales. Je souhaiterais également remercier toutes les personnes présentes de l'intérêt qu'elles ont manifesté et de la contribution qu'elles ont apportée, remercier les orateurs, les présidents, et enfin remercier en particulier tous ceux qui ont participé de façon si vivante aux débats. Je ne me souviens pas d'une seule communication qui n'ait soulevé de questions. En fait, nous avons dû élaguer les questions, ce qui est toujours un très bon signe. Je souhaiterais remercier les interprètes, sans le concours desquels nous n'aurions pas pu avoir cet échange de vues très utile. Enfin, je souhaiterais adresser mes remerciements au personnel du Centre nucléaire de Karlsruhe, ainsi qu'à tous ceux qui, à l'arrière-plan, à l'intérieur et à l'extérieur de cette salle, nous ont aidés à faire de ce Séminaire - et j'espère que c'est aussi là votre sentiment - une réussite. Je déclare la séance close.

LIST OF PARTICIPANTS

LISTE DES PARTICIPANTS

AUSTRIA - AUTRICHE

HAIDVOGEL, H., Dr., Gemeinschaftskernkraftwerk Tullnerfeld GmbH, Marc-Aurel-Strasse 4, 1010 Wien

BELGIUM - BELGIQUE

PENELLE, G., Contrôle-Radioprotection A.S.B.L., Centre d'Etude de l'Energie Nucléaire, Boeretang 200, 2400 Mol

CANADA

SHAH, J., Dr., Environmental Protection Service, Department of the Environment, Ottawa K1A OH3

WATSON, D.A., Ontario Hydro, Pickering G.S., Box 175, Pickering, Ontario

DENMARK - DANEMARK

HANNIBAL, L., Statens Institut for Stralehygiejne, Frederikssundsvej 378, 2700 Brønshøj

ROED, J., Danish Atomic Energy Commission, Forsøgsanlaeg Risø, Helsefysisk afdeling, 4000 Roskilde

FINLAND - FINLANDE

ISOLA, A., Prof., Institute of Radiation Physics, Helsinki

TOIVOLA, A., Institute of Radiation Protection, Department of Reactor Safety, P.O. Box 10268, Helsinki 10

FRANCE

CHANTEUR, J., Prof., Service Central de Protection contre les Rayonnements Ionisants (SCPRI), B.P. n° 35, 78110 Le Vésinet

COHEN, P., Service de Protection contre les Radiations, Commissariat à l'Energie Atomique, Centre d'Etudes Nucléaires de Fontenay-aux-Roses, B.P. n° 6, 92260 Fontenay-aux-Roses

DESCAMPS, A., Commissariat à l'Energie Atomique, Centre d'Etudes Nucléaires de Cadarache, B.P. n° 1, 13115 Saint-Paul-lez-Durance

ESTOURNEL, R., Direction des Productions, Commissariat à l'Energie Atomique, Centre d'Etudes Nucléaires de Marcoule, B.P. n° 106, 30200 Bagnols-sur-Cèze

FERNANDEZ, N., Direction des Productions, Commissariat à l'Energie Atomique, Centre d'Etudes Nucléaires de Marcoule, B.P. n° 106, 30200 Bagnols-sur-Cèze

FITOUSSI, L., Département de Protection, Commissariat à l'Energie Atomique, Centre d'Etudes Nucléaires de Fontenay-aux-Roses, B.P. n° 6, 92260 Fontenay-aux-Roses

ISAAC, M., Département de Génie Radioactif, Commissariat à l'Energie Atomique, Centre d'Etudes Nucléaires de Fontenay-aux-Roses, B.P n° 6, 92260 Fontenay-aux-Roses

KANDEL, L., Electricité de France, Centrale de Fessenheim, B.P. n° 15, 68740 Fessenheim

MARTIN, J.J., Electricité de France, Département de Radioprotection, 6 rue Ampère, 93203 Saint-Denis

PERAY, R., Section d'exploitation du Laboratoire d'examen des combustibles radioactifs, Commissariat à l'Energie Atomique, Centre d'Etudes Nucléaires de Cadarache, B.P. n° 1, 13115 Saint-Paul-lez-Durance

SCHEIDHAUER, S., Direction des Productions, Commissariat à l'Energie Atomique, Centre d'Etudes Nucléaires de La Hague Herqueville, 50440 Beaumont Hague

SLIZEWICZ, P., Service Central de Sûreté des Installations Nucléaires, Ministère de l'Industrie, du Commerce et de l'Artisanat, 29-33 rue de la Fédération, 75015 Paris

FEDERAL REPUBLIC OF GERMANY - REPUBLIQUE FEDERALE D'ALLEMAGNE

AHLFÄNGER, W., Kernkraftwerk Lingen GmbH, Postfach 1640, 4450 Lingen

AURAND, K, Prof., Institut für Wasser-, Boden- und Lufthygiene des Bundesgesundheitsamtes, Postfach, 1 Berlin 33

BLASER, W., Dr., Kernkraftwerk Philippsburg GmbH, Postfach 1140, 7522 Philippsburg

BOJOWALD, J., Technischer Überwachungsverein Stuttgart e.V., Bebelstrasse 48, 7 Stuttgart 1

BUDKE-DAEG, M., Dr., Technischer Überwachungsverein Baden e.V., Postfach 2420, 68 Mannheim 1

DEHL, J., Arnimstrasse 58a, 2400 Lübeck

DIEHL, W., Bayerisches Landesamt für Wasserversorgung und Gewässerschutz, Lazarettstrasse 67, 8 München 19

DIERKES, L., Technischer Überwachungsverein Baden e.V., Postfach 2420, 68 Mannheim 1

DILLMANN, H.-G., Kernforschungszentrum Karlsruhe, Abteilung Strahlenschutz und Sicherheit, Postfach 3640, 75 Karlsruhe

FABIAN, H., Dr., NUKEM GmbH, Postfach 869, 645 Hanau

FILSS, P., Dr., Institut für Chemische Technologie, Kernforschungsanlage Jülich GmbH, Postfach 365, 517 Jülich 1

FINSTERWALDER, L., Dr., Gesellschaft zur Wiederaufarbeitung von Kernbrennstoffen mbH, Postfach, 7501 Leopoldshafen

FRIEDRICH, M., Landesanstalt für Arbeitsschutz und Arbeitsmedizin, Immissions- und Strahlenschutz Karlsruhe, Postfach 4060, 75 Karlsruhe 1

FUCHS, K., RWE-Hauptverwaltung, Kruppstrasse 5, 43 Essen

GAMMEL, R., Badenwerk AG Karlsruhe, Postfach 1680, 75 Karlsruhe 1

GEBAUER, H., Frieseke & Hoepfner GmbH, Postfach 1660, 852 Erlangen-Bruck

GROSSE-SCHULTE, M., Dr., Kraftwerk Union AG, Bereich Kernreaktoren, Gartenstrasse 138-140, 6 Frankfurt 70

HACKE, J., Prof., Division of Radiation Protection, Hahn-Meitner-Institute for Nuclear Research, Postfach 390128, 1 Berlin 39

HANEBECK, N., Dr., INTERATOM, Internationale Atomreaktorbau GmbH, Postfach, 506 Bensberg/Köln

HEINEMANN, K., Dr., Kernforschungsanlage Jülich GmbH, Zentralabteilung Strahlenschutz, Postfach 365, 517 Jülich 1

HEINLE, W., Kernkraftwerk Philippsburg GmbH, Postfach 1140, 7522 Philippsburg

HENNECKE, Dr., KEWA, Kernbrennstoff-Wiederaufarbeitungsgesellschaft mbH, Postfach 800207, 6230 Frankfurt 80

HENNING, K., Gesellschaft für Kernenergieverwertung in Schiffbau und Schiffahrt mbH, Reaktorstrasse 1, 2054 Geesthacht-Tesperhude

HEPP, H., Dr., Preussische Elektrizitäts-Aktiengesellschaft, Kernkraftwerk Würgassen, Postfach 1220, 34/2 Beverungen 1

HERRMANN, G., Dr., Technischer Überwachungsverein Hannover e.V., Postfach 260740, 3 Hannover

HESKE, Hochtemperatur-Kernkraftwerk GmbH, 4701 Uentrop/Kreis Unna

HILLER, S., Dr., Kraftwerk Union AG, Abt. R 533, Postfach 3220, 852 Erlangen 2

HOFFMANN, W., Dr., Gesellschaft zur Wiederaufarbeitung von Kernbrennstoffen mbH, Postfach, 7501 Leopoldshafen

HOLM, D., Institut für Reaktorsicherheit der Technischen Überwachungsvereine e.V., Glockengasse 2, 5 Köln 1

HUPPERT, K.L., Dr., Gesellschaft zur Wiederaufarbeitung von Kernbrennstoffen mbH, Postfach, 7501 Leopoldshafen

KASPER, A., Hochtemperatur-Reaktorbau GmbH, Gottlieb-Daimler-Strasse 8, 68 Mannheim

KIEFER, H., Prof., Kernforschungszentrum Karlsruhe, Abteilung Strahlenschutz und Sicherheit, Postfach 3640, 75 Karlsruhe

KLEIMANN, Strahlenschutzverantwortlicher der Schachtanlage Asse, GSF, Schacht Asse II, 3346 Remlingen

KÖNIG, L.A., Dr., Kernforschungszentrum Karlsruhe, Abteilung Strahlenschutz und Sicherheit, Postfach 3640, 75 Karlsruhe

KOTSCHI, H., Technischer Überwachungsverein Bayern e.V., Eichstätterstrasse 5, 8 München 21

KUHN, L., Kraftwerk Union AG, Reaktortechnik, Postfach 3220, 852 Erlangen 2

LASER, M., Dr., Institut für Chemische Technologie, Kernforschungsanlage Jülich GmbH, Postfach 365, 517 Jülich 1

LENKEIT, S., Dr., Kernforschungszentrum Karlsruhe, Schule für Kerntechnik, Postfach 3640, 75 Karlsruhe

MEHL, J., Dr., Bundesministerium des Inneren, UA II 7, Postfach, 53 Bonn

MÜHLHOFF, W., INTERATOM, Internationale Atomreaktorbau GmbH, Postfach, 506 Bensberg/Köln

PILGENRÖTHER, A., Dr., NUKEM GmbH, Postfach 869, 645 Hanau

PLATTHAUS, D., Rheinisch-Westfälischer Technischer Überwachungsverein e.V., Postfach 7041, 43 Essen

PRINZ, H., Zentralstelle für Atomkernenergie-Dokumentation, Kernforschungszentrum Karlsruhe, 7501 Leopoldshafen

RELIC, M., INTERATOM, Internationale Atomreaktorbau GmbH, Postfach, 506 Bensberg/Köln

RODAT, K., Kernreaktorteile GmbH, Postfach, 8752 Grosswelzheim

ROSNER, G., Dr., Institut für Strahlenschutz, GSF, Ingolstädter Landstrasse 1, 8042 Neuherberg

SCHEIDER, R., Institut für Reaktorsicherheit der Technischen Überwachungsvereine e.V., Glockengasse 2, 5 Köln 1

SCHIEWER, E., Dr., Hahn-Meitner-Institut für Kernforschung, Postfach 39012, 1 Berlin 39

SCHMITT, A., Kernfroschungszentrum Karlsruhe, Abteilung Strahlenschutz und Sicherheit, Postfach 3640, 75 Karlsruhe

SCHÜTTELKOPF, H., Kernforschungszentrum Karlsruhe, Abteilung Strahlenschutz und Sicherheit, Postfach 3640, 75 Karlsruhe

SCHWIBACH, J., Prof., Abteilung für Strahlenhygiene des Bundesgesundheitsamtes, Ingolstädter Landstrasse 1, 8042 Neuherberg

TOLKSDORF, P., Technischer Überwachungsverein Rheinland e.V., Postfach 190207, 5 Köln 1

WALTER, K., Dr., Gemeinschaftskernkraftwerk Neckar GmbH (GKN), Postfach 329, 73 Esslingen

WINTER, M., Kernforschungszentrum Karlsruhe, Abteilung Strahlenschutz und Sicherheit, Postfach 3640, 75 Karlsruhe

WOLTER, R., Institut für Wasser-, Boden- und Lufthygiene des Bundesgesundheitsamtes, Laboratorium für Radioaktivitätsuntersuchungen, Postfach, 1 Berlin 33

ZANGE, E., Dr., Kernforschungsanlage Jülich GmbH, Postfach 365, 517 Jülich 1

GREECE - GRECE

AMARANTOS, S., Greek Atomic Energy Commission, Nuclear Research Center "Democritos", Aghia Paraskevi, Attikis, Athens

INDIA - INDE

BHAT, I.S., Dr., Environmental Studies Section, Health Physics Division, Bhabha Atomic Research Centre, Bombay 400085

ITALY - ITALIE

DE CECCO, G., Divisione di Protezione Sanitaria e Controlli, Servizio di Radioprotezione per gli impianti nucleari, Comitato Nazionale per l'Energia Nucleare, Viale Regina Margherita 125, 00198 Rome

MARZULLO, T., Dr., Ente Nazionale per l'Energia Elettrica, Via G.B. Martini 3, 00198 Rome

LUXEMBURG - LUXEMBOURG

KAYSER, P., Service de Radioprotection, Ministère de la Santé Publique, 37 rue Glesener, Luxembourg

THE NETHERLANDS - PAYS-BAS

MARKESTEIN, T., KEMA, 310 Utrechtseweg, Arnhem

DE REGT, H.J.B., Radiochemistry Division of the National Institute for the Purification of Effluents, Vesteinde 3 A, Vorrburg

OP DEN KAMP, A.M.F., Dr., Ministerie van Volksgezondheid en Milieuhygiene, Doktor-Reijerstraat 12, Leidschendam

STOUTE, J.R.D., Reactor Centrum Nederland, Petten

STRACKEE, L., National Institute for Public Health, Utrecht

VAN DER WERF, B., Nuclear Physical Service, Netherlands Ministry of Social Affairs, Zeestraat 73, La Haye

NORWAY - NORVEGE

GARDER, K., Mrs, Institutt for Atomenergi, P.O. Box 40, 2007 Kjeller

SPAIN - ESPAGNE

DE LUCAS CARRERA, F., Santa Maria de Garona Nuclear Power Plant, Santa Maria de Garona, près Burgos

VELILLA MANTECA, A., Junta de Energia Nuclear, Avenida Complutense 28, Madrid 3

SWEDEN - SUEDE

HULTQVIST, G., ASEA-ATOM AB, Box 53, 721 04 Wästeras 1

SVANSSON, L., AB Atomenergi, Fack, 611 01 Nyköping

WIKDAHL, C.E., Oskarshamnsverkets Kraftgrupp AB, Driftavdelning, 570 92 Figeholm

SWITZERLAND - SUISSE

PRETRE, S., Division pour la sécurité des installations nucléaires, Office de l'Economie Energétique, 5303 Würenlingen

WINIGER, P., Dr., Commission fédérale de la radioactivité, Pérolles, 1700 Fribourg

TURKEY - TURQUIE

AGAOGLU, G., Turkish Electricity Authority, Nuclear Energy Division, Necatibey Cad. n° 26, Yenisehir-Ankara

SARICI, E.L., Turkish Electricity Authority, Nuclear Energy Division, n° 26 Sihhiye, Ankara

UNITED KINGDOM - ROYAUME-UNI

BEIGHTON, J., Deputy Chief Alkali Inspector, Room 274, Queen Anne's Chambers, 28 Broadway, London SW1H 9JU

CARR, J.A., Food Science Division, Ministry of Agriculture, Fisheries and Food, Great Westminster House, Horseferry Road, London SW1

GRIFFITHS, J., Dr., U.K. Atomic Energy Authority, Dounreay Reactor Establishment, Dounreay Caithness, Scotland

HERMISTON, S.T., British Nuclear Fuels Limited, Windscale & Calder Works, Sellafield, Seascale, Cumberland CA20 1PG

HESKETH, G.E., Radiochemical Inspector, Room 381, Queen Anne's Chambers, 28 Broadway, London SW1H 9JU

HUNT, G.J., Health Physics Measurements, National Radiological Protection Board, South Eastern Center, Clifton Avenue, Belmont, Sutton, Surrey SM2 5PU

PEPPER, R.B., Central Electricity Generating Board, Courtenay House, 18 Warwick Lange, London EC4

STOTT, G., H.M. Industrial Pollution Inspectorate for Scotland, Scottish Development Department, 21 Hill Street, Edinburgh EH2 3JY

UNITED STATES - ETATS-UNIS

BARKER, R.F., Product Standards Branch, Directorate of Regulatory Standards, Atomic Energy Commission, Washington D.C. 20545

BILES, M.B., Dr., Division of Operational Safety, U.S. Atomic Energy Commission, Washington D.C. 20545

COMMISSION OF THE EUROPEAN COMMUNITIES - COMMISSION DES COMMUNAUTES EUROPEENNES

BIRKHOFF, Centre Commun de Recherches d'Ispra, Varèse

LUYKX, F., Direction de la Protection Sanitaire, Commission des Communautés Européennes, 29 rue Aldringen, Luxembourg

INTERNATIONAL ATOMIC ENERGY AGENCY - AGENCE INTERNATIONALE DE L'ENERGIE ATOMIQUE

BHAT, I.S., Dr., Environmental Studies Section, Health Physics Division, Bhabha Atomic Research Centre, Bombay 400085

OECD NUCLEAR ENERGY AGENCY - AGENCE DE L'OCDE POUR L'ENERGIE NUCLEAIRE

WALLAUSCHEK, E., Dr., Division de la Protection Radiologique et de la Gestion des Déchets Radioactifs, 38 boulevard Suchet, 75016 Paris

Eurochemic Company - Société Eurochemic

BERG, R., Laboratoire Analytique, Société Eurochemic, Boeretang 200, 2400 Mol

GUSTAFSSON, B., Département d'Opération de l'Usine de Retraitement, Société Eurochemic, Boeretang 200, 2400 Mol

OSIPENCO, A., Département Santé-Sécurité, Société Eurochemic, Boeretang 200, 2400 Mol

SECRETARIAT OF THE SEMINAR - SECRETARIAT DU SEMINAIRE

RUEGGER, B., Dr., Agence de l'OCDE pour l'Energie Nucléaire, Secrétaire scientifique, 38 boulevard Suchet, 75016 Paris

EMMERICH, P., Gesellschaft für Kernforschung mbH, Postfach 3640, 75 Karlsruhe

KOUSNETZOFF, C., Mme, Agence de l'OCDE pour l'Energie Nucléaire, Chargée de la préparation du compte rendu, 38 boulevard Suchet, 75016 Paris

AUTHOR AND SPEAKER INDEX

INDEX DES AUTEURS ET DES ORATEURS

Some other publications of NEA

ACTIVITY REPORTS

Reports on the Activities of the European Nuclear Energy Agency (ENEA)

/On the adhesion of Japan to the Agency on 20th April 1972, its name was changed to the OECD Nuclear Energy Agency (NEA)7

Thirteenth Report (December 1971)
90 pages (crown 4to)

First Activity Report of NEA
85 pages (crown 4to)

Second Activity Report of NEA (1973)
71 pages (crown 4to)

Free on request

Annual Reports of the OECD High Temperature Reactor Project (DRAGON)

Twelfth Report (1970-1971)
140 pages (crown 4to)

Thirteenth Report (1971-1972)
152 pages (crown 4to)

Fourteenth Report (1972-1973)
112 pages (crown 4to)

Free on request

Annual Reports of the OECD Halden Reactor Project

Eleventh Report (1970)
147 pages (crown 4to)

Twelfth Report (1971)
192 pages (crown 4to)

Thirteenth Report (1972)
178 pages (crown 4to)

Free on request

SCIENTIFIC AND TECHNICAL CONFERENCE PROCEEDINGS

Physics Measurements in Operating Power Reactors	Rome Seminar, May 1966 848 pages (crown 4to) £ 6.14s., $ 22, F 92, FS 84 DM 76.50
Radiation Dose Measurements (Their purpose, interpretation and required accuracy in radiological protection)	Stockholm Symposium, June 1967 597 pages (crown 4to) 64s., $ 11, F 44, FS 44, DM 36.50
Technology of Integrated Primary Circuits for Power Reactors	Paris Symposium, May 1968 F 25 (available on application to NEA)
Application of On-Line Computers to Nuclear Reactors	Sandefjord Seminar, September 1968 900 pages (crown 4to) £ 7.5s., $ 20, F 85, FS 78, DM 70
Third Party Liability and Insurance in the Field of Maritime Carriage of Nuclear Substances	Monaco Symposium, October 1968 529 pages (crown 8vo) £ 2.12s., $ 7.50, F 34, FS 28.50, DM 22.50
The Physics Problems of Reactor Shielding	Specialist Meeting, Paris, December 1970 175 pages £ 1.75, $ 5, F 23, FS 20, DM 15.60
Magnetohydrodynamic Electrical Power Generation Fifth International Conference	Münich, April 1971 499 pages £ 4.88, $ 14, F 65, FS 50, DM 43
Marine Radioecology	Proceedings of the Hamburg Seminar September 1971 213 pages £ 1.50, $ 4.50, F 20, FS 15.60, DM 13.60
Disposal of Radioactive Waste	Proceedings of the Information Meeting Paris, 12th-14th April 1972
Power from Radioisotopes	Proceedings of the Second International Symposium, Madrid, 29th May-1st June £ 9, $ 24, F 110, FS 83.50, DM 68.80

The Management of Radioactive Wastes from Fuel Reprocessing	Proceedings of the Paris Symposium 27th November-1st December 1972 £ 12, $ 34, F 140, FS 107, DM 88

SCIENTIFIC AND TECHNICAL REPORTS

Radiation Protection Norms	Revised Edition 1968 Free on request
Radioactive Waste Disposal Operation into the Atlantic 1967	September 1968 74 pages (crown 8vo) 12s., $ 1.80, F 7, FS 7, DM 5.80
Power Reactor Characteristics	September 1966 83 pages (crown 4to) 15s., $ 2.50, F 10, FS 10, DM 8.30
Uranium Resources (Revised Estimates)	December 1967 27 pages (crown 4to) Free on request
Prospects for Nuclear Energy in Western Europe : Illustrative Power Reactor Programmes	May 1968 47 pages (crown 4to) 17s.6d., $ 2.50, F 10, FS 10, DM 8.30
Uranium - Production and Short Term Demand	January 1969 29 pages (crown 4to) 7s., $ 1, F 4, FS 4, DM 3.30
Uranium - Resources, Production and Demand	September 1970 54 pages (crown 4to) £ 1, $ 3, F 13, FS 11.50, DM 9.10
Uranium - Resources, Production and Demand	August 1973 140 pages (crown 4to) £ 1.76, $ 5, F 20, FS 15.60, DM 12.50
Water Cooled Reactor Safety	May 1970 179 pages (crown 4to) £ 1.52, $ 4.50, F 20, FS 17.50, DM 13.60

Basic Approach for Safety Analysis and Control of Products Containing Radionuclides and Available to the General Public	June 1970 31 pages (crown 8vo) 11s., $ 1.50, F 7, FS 6, DM 4.90
Glossary of Terms and Symbols in Thermionic Conversion	1971 112 pages (crown 4to) £ 1.75, $ 5, F 23, FS 20, DM 15.60
Radioactive Waste Management Practices in Western Europe	1972 126 pages (crown 8vo) £ 1.15, $ 3.25, F 15, FS 11.70, DM 10.50
Radioactive Waste Management Practices in Japan	1974 45 pages (crown 8vo) free on request
Radiation Protection Standards for Gaseous Tritium Light Devices	1973 23 pages (crown 8vo) free on request
Radiation Protection Considerations on the Design and Operation of Particle Accelerators	1974 80 pages (crown 8vo) free on request

LEGAL PUBLICATIONS

Convention on Third Party Liability in the Field of Nuclear Energy	July 1960, incorporating provisions of Additional Protocol of January 1964 73 pages (crown 4to) Free on request
Nuclear Legislation, Analytical Study : "Nuclear Third Party Liability"	1967 78 pages (crown 8vo) 14s., $ 2.30, F 9, DM 7.50
Nuclear Legislation, Analytical Study : "Organisation and General Regime Governing Nuclear Activities"	1969 230 pages (crown 8vo) £ 2, $ 6, F 24, FS 24, DM 20
Nuclear Legislation, Analytical Study : "Regulations Governing Nuclear Installation and Radiation Protection"	1972 492 pages (crown 8vo) £ 3.70, $ 11, F 45, FS 34.60, DM 29.80
Nuclear Law Bulletin	Annual Subscription Two issues and supplements £ 1,80, F 18, $ 4,50

OECD SALES AGENTS
DEPOSITAIRES DES PUBLICATIONS DE L'OCDE

ARGENTINA – ARGENTINE
Carlos Hirsch S.R.L.,
Florida 165, BUENOS-AIRES.
☎ 33-1787-2391 Y 30-7122

AUSTRALIA – AUSTRALIE
B.C.N. Agencies Pty, Ltd.,
161 Sturt St., South MELBOURNE, Vic. 3205.
☎ 69.7601
658 Pittwater Road, BROOKVALE NSW 2100.
☎ 938 2267

AUSTRIA – AUTRICHE
Gerold and Co., Graben 31, WIEN 1.
☎ 52.22.35

BELGIUM – BELGIQUE
Librairie des Sciences
Coudenberg 76-78, B 1000 BRUXELLES 1.
☎ 13.37.36/12.05.60

BRAZIL – BRESIL
Mestre Jou S.A., Rua Guaipá 518,
Caixa Postal 24090, 05089 SAO PAULO 10.
☎ 256-2746/262-1609
Rua Senador Dantas 19 s/205-6, RIO DE JANEIRO GB. ☎ 232-07. 32

CANADA
Information Canada
171 Slater, OTTAWA. KIA 0S9.
☎ (613) 992-9738

DENMARK – DANEMARK
Munksgaards Boghandel
Nørregade 6, 1165 KØBENHAVN K.
☎ (01) 12 69 70

FINLAND – FINLANDE
Akateeminen Kirjakauppa
Keskuskatu 1, 00100 HELSINKI 10. ☎ 625.901

FRANCE
Bureau des Publications de l'OCDE
2 rue André-Pascal, 75775 PARIS CEDEX 16.
☎ 524.81.67
Principaux correspondants :
13602 AIX-EN-PROVENCE : Librairie de l'Université. ☎ 26.18.08
38000 GRENOBLE : B. Arthaud. ☎ 87.25.11
31000 TOULOUSE : Privat. ☎ 21.09.26

GERMANY – ALLEMAGNE
Verlag Weltarchiv G.m.b.H.
D 2000 HAMBURG 36, Neuer Jungfernstieg 21
☎ 040-35-62-501

GREECE – GRECE
Librairie Kauffmann, 28 rue du Stade,
ATHENES 132. ☎ 322.21.60

ICELAND – ISLANDE
Snaebjörn Jónsson and Co., h.f.,
Hafnarstræti 4 and 9, P.O.B. 1131,
REYKJAVIK. ☎ 13133/14281/11936

INDIA – INDE
Oxford Book and Stationery Co. :
NEW DELHI, Scindia House. ☎ 47388
CALCUTTA, 17 Park Street. ☎ 24083

IRELAND – IRLANDE
Eason and Son, 40 Lower O'Connell Street,
P.O.B. 42, DUBLIN 1. ☎ 01-41161

ISRAEL
Emanuel Brown :
35 Allenby Road, TEL AVIV. ☎ 51049/54082
also at :
9, Shlomzion Hamalka Street, JERUSALEM.
☎ 234807
48 Nahlath Benjamin Street, TEL AVIV.
☎ 53276

ITALY – ITALIE
Libreria Commissionaria Sansoni :
Via Lamarmora 45, 50121 FIRENZE. ☎ 579751
Via Bartolini 29, 20155 MILANO. ☎ 365083
Sous-dépositaires :
Editrice e Libreria Herder,
Piazza Montecitorio 120, 00186 ROMA.
☎ 674628
Libreria Hoepli, Via Hoepli 5, 20121 MILANO.
☎ 865446
Libreria Lattes, Via Garibaldi 3, 10122 TORINO.
☎ 519274
La diffusione delle edizioni OCDE è inoltre assicurata dalle migliori librerie nelle città più importanti.

JAPAN – JAPON
OECD Publications Centre,
Akasaka Park Building,
2-3-4 Akasaka,
Minato-ku
TOKYO 107. ☎ 586-2016
Maruzen Company Ltd.,
6 Tori-Nichome Nihonbashi, TOKYO 103,
P.O.B. 5050, Tokyo International 100-31.
☎ 272-7211

LEBANON – LIBAN
Documenta Scientifica/Redico
Edison Building, Bliss Street,
P.O.Box 5641, BEIRUT. ☎ 354429 – 344425

THE NETHERLANDS – PAYS-BAS
W.P. Van Stockum
Buitenhof 36, DEN HAAG. ☎ 070-65.68.08

NEW ZEALAND – NOUVELLE-ZELANDE
The Publications Officer
Government Printing Office
Mulgrave Street (Private Bag)
WELLINGTON. ☎ 46.807
and Government Bookshops at
AUCKLAND (P.O.B. 5344). ☎ 32.919
CHRISTCHURCH (P.O.B. 1721). ☎ 50.331
HAMILTON (P.O.B. 857). ☎ 80.103
DUNEDIN (P.O.B. 1104). ☎ 78.294

NORWAY – NORVEGE
Johan Grundt Tanums Bokhandel,
Karl Johansgate 41/43, OSLO 1. ☎ 02-332980

PAKISTAN
Mirza Book Agency, 65 Shahrah Quaid-E-Azam,
LAHORE 3. ☎ 66839

PHILIPPINES
R.M. Garcia Publishing House,
903 Quezon Blvd. Ext., QUEZON CITY,
P.O. Box 1860 – MANILA. ☎ 99.98.47

PORTUGAL
Livraria Portugal,
Rua do Carmo 70-74. LISBOA 2. ☎ 360582/3

SPAIN – ESPAGNE
Libreria Mundi Prensa
Castelló 37, MADRID-1. ☎ 275.46.55
Libreria Bastinos
Pelayo, 52, BARCELONA 1. ☎ 222.06.00

SWEDEN – SUEDE
Fritzes Kungl. Hovbokhandel,
Fredsgatan 2, 11152 STOCKHOLM 16.
☎ 08/23 89 00

SWITZERLAND – SUISSE
Librairie Payot, 6 rue Grenus, 1211 GENEVE 11.
☎ 022-31.89.50

TAIWAN
Books and Scientific Supplies Services, Ltd.
P.O.B. 83, TAIPEI.

TURKEY – TURQUIE
Librairie Hachette,
469 Istiklal Caddesi,
Beyoglu, ISTANBUL, ☎ 44.94.70
et 14 E Ziya Gökalp Caddesi
ANKARA. ☎ 12.10.80

UNITED KINGDOM – ROYAUME-UNI
H.M. Stationery Office, P.O.B. 569, LONDON
SE1 9 NH, ☎ 01-928-6977, Ext. 410
or
49 High Holborn
LONDON WC1V 6HB (personal callers)
Branches at: EDINBURGH, BIRMINGHAM, BRISTOL, MANCHESTER, CARDIFF, BELFAST.

UNITED STATES OF AMERICA
OECD Publications Center, Suite 1207,
1750 Pennsylvania Ave, N.W.
WASHINGTON, D.C. 20006. ☎ (202)298-8755

VENEZUELA
Libreria del Este, Avda. F. Miranda 52,
Edificio Galipán, Aptdo. 60 337, CARACAS 106.
☎ 32 23 01/33 26 04/33 24 73

YUGOSLAVIA – YOUGOSLAVIE
Jugoslovenska Knjiga, Terazije 27, P.O.B. 36,
BEOGRAD. ☎ 621-992

Les commandes provenant de pays où l'OCDE n'a pas encore désigné de dépositaire peuvent être adressées à :
OCDE, Bureau des Publications, 2 rue André-Pascal, 75775 Paris CEDEX 16
Orders and inquiries from countries where sales agents have not yet been appointed may be sent to
OECD, Publications Office, 2 rue André-Pascal, 75775 Paris CEDEX 16

PUBLICATIONS DE L'OCDE
2, rue André-Pascal, 75775 Paris Cedex 16

N° 33736 - 1974
Dépôt légal 2624

IMPRIME EN FRANCE

1x Vwl. Raumordnung, Umweltschutz

Techn: Atomphysik, Atome, Kernph.

Umweltschutz, thf